本书获得国家国际科技合作专项(2012DFR80540)资助

● 侯建文 阳 光 周 杰 贺 亮 等编著

刘付成 主审

深空探测
——火星探测

Deepspace Exploration
— Mars Exploration

U0340780

国防工业出版社

·北京·

内 容 简 介

本书系统地描述了全球各航天大国和组织从20世纪60年代开始至今实施的历次火星探测任务，重点介绍了各次任务的背景和目的、有效载荷、探测器系统、任务过程和探测成果，最后梳理了世界各国未来的火星探测规划。全书共8章：火星探测概述；美国的火星探测任务；俄罗斯(苏联)的火星探测任务；欧洲的火星探测任务；日本的火星探测任务；印度的火星探测任务；中国的火星探测任务；未来火星探测规划。本书辅以大量图片和表格，展现了人类探索火星跌宕起伏的历程，并呈现了各国火星探测工程中大量宝贵的技术细节。

本书可供从事深空探测研究的科研人员、工程技术人员、航天工业管理者以及广大航天爱好者阅读。

图书在版编目(CIP)数据

深空探测：火星探测／侯建文等编著. —北京：
国防工业出版社，2016.7
ISBN 978 - 7 - 118 - 10002 - 0

Ⅰ.①深… Ⅱ.①侯… Ⅲ.①火星探测器 Ⅳ.
① V476.4

中国版本图书馆 CIP 数据核字(2014)第 092421 号

※

国防工业出版社出版发行
(北京市海淀区紫竹院南路23号 邮政编码100048)
国防工业出版社印刷厂印刷
新华书店经售
*
开本710×1000 1/16 印张34¾ 字数696千字
2016 年 7 月第 1 版第 1 次印刷 印数1—2000 册 定价136.00 元

(本书如有印装错误,我社负责调换)

国防书店:(010)88540777　　　发行邮购:(010)88540776
发行传真:(010)88540755　　　发行业务:(010)88540717

前言 PREFACE

德国哲学家康德在《实践理性批判》中说过：世界上有两件东西能够深深震撼人们的心灵，一件是我们心中崇高的道德准则，另一件是我们头顶上灿烂的星空。的确，每当仰望星空，灿烂的群星总是以无比的深邃和静谧向人类展示着神秘而和谐的宇宙的图景。可以说，探索宇宙是人类与生俱来的永恒的欲望。

在茫茫星空中，我们的祖先发现有五颗星星与众不同，它们不但时而明亮，时而昏暗，而且在天空中的位置不是固定不动的。这与众不同的五个天体，古希腊人将它们称为行星（Planet 即为古希腊文漫游者的意思）。而其中有一颗红色的星球格外引人注目。在古代，血红的颜色代表了战争、暴乱和破坏。希腊人用战神阿瑞斯（Ares）为这颗行星命名，罗马人则继承了这个说法，使用了相应的罗马名字马尔斯（Mars——火星）沿用至今。中国古代祖先称这颗行星为"荧惑"，因其荧荧像火，而且亮度常有变化，顺行逆行情形复杂，有眩惑之意。

自人类发明望远镜之后，人们对火星的兴趣不断增大。天文学家通过望远镜可以观测到火星表面的变化，不由让人联想这是火星上植被季节更替的表现。一些观测者认为他们找到了这颗红色星球的表面水流和河道存在的证据，这一发现激发了公众对邻近外星生命的兴趣，包括对地球以外智能生命的期待。

随着太空时代的来临，人们对火星的认识进一步得到了加深。1965 年 7 月 14 日，美国"水手"4 号探测器从距离火星不到 1 万米处飞越火星，成为第一个近距离飞越火星的人造物体,开辟了人类探测火星的新纪元。1976年7月20日,"海盗"1号探测器在火星表面着陆,开启了一个对火星探索热情空前高涨的时代。自20世纪90年代以后,有越来越多的国家和组织加入了火星探测的行列。截至2016年7月,人类已经实施了44次火星探测任务,其中成功或部分成功22次,失败21次,有一颗探测器正在飞往火星途中。

火星探测的意义,一方面在于探索宇宙奥秘,研究诸如火星上是否存在生命的科学问题,使人类能够更好地认识大自然,最终为人类永久生存和保护地球家园贡献力量。另一方面,火星探测作为一项庞大的系统工程,也是一个国家科技实力和创新能力的体现。通过实施火星探测工程,可以突破一批具有自主知识产权的核心与关键技术,获得科技创新成果,带动一个国家基础科学和应用科学若干领域的深入发展,促进众多技术学科的交叉与融合。同时对于提升民族自信心和凝聚力,激发爱国热情具有十分重要的意义。

中国第一个火星探测器"萤火"1号于2011年11月9日由俄罗斯的"福布斯－土壤"探测器搭载,在哈萨克斯坦拜克努尔航天发射中心发射升空。然而由于俄方探测器发生故障,"萤火"1号未能脱离地球引力飞向火星。虽然中国第一次火星探测任务以失败告终,但是在研制"萤火"1号探测器中积累的宝贵经验,可以为后续中国自主火星探测器研制提供很好的借鉴作用。2016年4月22日,中国国家航天局局长许达哲宣布中国首次自主火星探测任务已正式立项,按照计划,中国火星探测器将使用"绕、落、巡"一体的设计,将在2020年7月发射,并于2021年抵达火星。

《孙子兵法》云:知己知彼,百战不殆。参与火星探测工程的管理者、设计师和相关研究人员,很有必要深入了解全球火星探测的过去、现在和未来,学习别人的长处,借鉴他人的经验,可以帮助我们开阔眼界,少走弯路,更快地到达胜利的彼岸。正是鉴于这样的想法,笔者决定编写本书。

本书共分8章。第1章是火星探测概述,简要介绍了火星的概括、火星探测的意义和火星探测的历史。第2章介绍了美国的火星探测任务,是本书的重点。美国是当今全球火星探测的头号强国,本章从任务概述、科学载荷、探测器系统、任务过程和探测成果等方面对美国实施的历次火星任务做了详细介绍。第3章介绍了俄罗斯(苏联)已经实施的火星探测任务。第4章介绍了欧洲已经实施的火星探测任务。第5章介绍了日本已经实施的火星探测任务。第6章介绍了印度已经实施的火星探测任务。第7章介绍了中国已经实施的火星探测任务。第 8 章介绍了未来全球将要开展的火星探测计划,包括近几年夺人眼球的私人火星探测计划。最后是结束语。本书通过大量的数据和图片,客观展现了人类探索火星跌宕起伏的历程,并呈现了各国火星探测工程中大量宝贵的技术细节。本书可供从事深空探测研究的科研人员、工程技术人员、航天工业管理者和高校相关专业师生参考,对于广大航天爱好者也是一本必备手册。

本书第 3、4、5 章和结束语由侯建文编写;第 1、6 章由阳光编写;第 2、8 章由周杰编写;第 7、9 章由贺亮编写;全书由刘付成主审。本书从构思到初稿完成历时将近一年,期间查阅了大量公开发表的文献、资料和书籍,从各大航天机构官方网站下载了大量图片,在这里要对这些作者和机构表示衷心的感谢。

由于本书的涉及面较广,而笔者的水平有限,加之时间仓促,书中存在的缺点甚至错误难免,敬请广大读者批评指正。

编著者

2016 年 7 月于上海

目录 Contents

1

火星探测概述

1.1 火星概况

在很早以前,人们用肉眼发现天空中的绝大部分星星都是固定不动的,但是也有几颗星星会在天空中运动,人们就把这些运动的星星叫做行星(Planet)——字面意思就是"漫游者",而火星(图1-1)就是其中引人瞩目的一颗。天空中红色的火星很容易让古代的观天者与血红色的战争之神联系起来:希腊神话中的阿瑞斯(Ares)和罗马神话中的马尔斯(Mars)。火星在中国古称"荧惑星",这是由于火

图1-1 哈勃太空望远镜拍摄的火星照片(图片来源:NASA)

星呈红色,荧光像火,在五行中象征着火,它的亮度常有变化;而且在天空中运动,有时从西向东,有时又从东向西,情况复杂,令人迷惑,所以中国古代叫它"荧惑",有"荧荧火光、离离乱惑"之意。

火星是离太阳第四近的行星,为四颗类地行星之一。火星半径约是地球的一半,体积为地球的15%,质量为地球的11%,表面积相当于地球陆地面积(图1-2),密度则比其他三颗类地行星(地球、金星、水星)还要小很多。以半径、质量、表面重力来说,火星约介于地球和月球中间:火星半径约为月球的两倍、地球的一半;质量约为月球9倍、地球的九分之一;表面重力约为月球的2.5倍、地球的40%。火星的物理性质和化学性质是太阳系中和地球最为相似的。火星在视觉上呈现为橘红色是由其地表所广泛分布的氧化铁造成的。

图1-2　地球和火星外形比较(图片来源:NASA)

1.1.1　火星的自转与公转

火星与太阳平均距离为1.52天文单位(AU),公转周期为687地球日,1.88地球年(以下称年),或668.6火星日。平均火星日为24小时39分钟35.244秒,或1.027491251地球日。

火星自转轴倾角为25.19°,和地球的相近,因此也有四季,只是季节长度约为地球的两倍。由于火星轨道(图1-3)偏心率大,为0.093(地球只有0.017),使各季节长度不一致,又因远日点接近北半球夏至,北半球春夏比秋冬各长约40天。

火星轨道和地球的一样,受太阳系其他天体影响而不断变动(表1-1)。轨道偏心率有两个变化周期,分别是9.6万年和2100万年,在0.002至0.12间变化;而地球的是10万年和41.3万年,在0.005至0.058间变化。目前火星与地球最短距离正慢慢减小。火星的自转轴倾角是25.19°,但可由13°至40°间变化,周期为1千多万年,不像地球稳定地处于22.1°和24.5°间,这是因为火星没有如月球般的巨大卫星来维持自转轴。也因没有大卫星的潮汐作用,火星自转周期变化小,

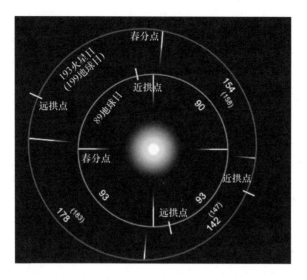

图 1-3　火星与地球的公转轨道示意图

不像地球会被慢慢拉长,因此现今两行星的自转周期相近只是暂时现象。

表 1-1　火星的轨道特性

参数	数　值
远日点/km	249209300(1.665861AU)
近日点/km	206669000(1.381497 AU)
半长轴/km	227939100(1.523679 AU)
偏心率	0.093 315
公转周期/d	686.971
平均轨道速度/(km/s)	24.077
轨道倾角/(°)	1.850 61
升交点黄经/(°)	49.562
近日点幅角/(°)	286.537
自转周期	24h 37min 22s
自转轴与轨道面的倾角/(°)	25.19

　　火星与地球的会合周期为 779.94 个地球日,即每隔 2 年 50 天接近地球一次,称为"冲日",因此发射火星探测器的发射窗口相隔约 26 个月。当火星过近日点前后冲日时离地球最近,称为"大冲",这是从地球上观测火星的最佳时机,大约每 15 年或 17 年发生一次火星的"大冲"。火星在 2010 年至 2020 年间冲日发生时间如表 1-2 所列。

表1-2　火星在 2010 年至 2020 年之间的冲

冲的日期	距离最近的日期	最近的距离/10^6 km	视直径/角秒
2010.01.29	01.27	99.3	14.1
2012.03.03	03.05	100.8	13.9
2014.04.08	04.14	92.4	15.2
2016.05.22	05.30	75.3	18.6
2018.07.27	07.31	57.6	24.3
2020.10.13	10.06	62.2	22.6

1.1.2　火星的物理特性

根据开普勒定律,在确定了火星与地球的距离之后,便可计算出火星的直径。通过计算可以得知,火星远比地球小。它的直径只有 6780km,或只有地球直径的一半。通过火星的直径即可推算出火星表面积为 1.45 亿 km²,相当于地球的陆地面积。因此,尽管火星比地球小很多,其干燥的陆地面积不比地球少。

在 17 世纪 70 年代发现了火卫一和火卫二后,火星的质量才得以算出。根据开普勒定律,知道了火卫自转周期和与火星的距离,就能知道火星的质量,相当于地球质量的 10.74%。在知道了火星质量和直径以后,就很容易计算出火星的密度和火星表面引力。火星的平均密度是水的 3.9 倍。由此可见,火星的密度比地球小。火星表面的引力加速度大约 3.7m/s²,只相当于地球的 38%。

火星没有像地球那样的全球磁场。但火星全球勘测者(Mars Global Surveyor)轨道器测得火星南半球一些区域地壳是高度磁化的,磁化情况跟地球海底的交替磁化带相当,因此有一种理论认为,这些磁化带是火星上以前的板块构造证据。显然,这应当是约 40 亿年前形成的火星壳保留下来的残存的磁场。估计火星的磁矩至少比地球磁矩弱 5000 倍,赤道处磁场强约 0.0004Gs(高斯)[①]。如同金星磁层情况,太阳风与火星电离层作用,形成不大的磁层,产生弱的弓形激波及其他等离子体现象。表1-3 总结了火星的基本物理特征。

表1-3　火星基本物理特性与地球比较

参　　数	地　　球	火　　星
直径/km	12756	6794
质量/kg	5.80×10^{24}	0.642×10^{24}
引力加速度/(m/s²)	9.81	3.73
距太阳的平均距离/km	149.6×10^{6}	227.9×10^{6}

---

① Gs(高斯)为非法定计量单位。$1Gs = 10^{-4}T$(特[斯拉])。

(续)

参 数	地 球	火 星
光照/(cal/cm^2/d)	839	371
倾角/(°)	23.45	25.19
自转周期	24h 00min	24h 39min 35s
公转周期	365d	687d 或 1.88a
磁场/mT	40000	50~100
平均气压/mbar	1013	7
卫星/个	1	2
赤道半径	6378.14km	3397km
体积/km^3	1.084×10^{12}	1.626×10^{11}
平均密度/(g/cm^3)	5.517	3.945
逃逸速度/(km/s)	11.18	5.02
反射率/(%)	37	15
轨道偏心率	0.017	0.093
轨道平均速度/(km/s)	29.80	24.14
远日点距离/km	152.1×10^6	249.2×10^6
近日点距离/km	147.1×10^6	206.8×10^6
表面温度范围/K	200~345	140~295

1.1.3 火星的空间环境

典型的空间环境包括高能辐射、空间等离子体、太阳辐照和高速流星体,其中辐射是最主要的。

1.1.3.1 高能辐射环境

地火转移轨道和火星轨道辐射环境的主要来源是:银河宇宙线(GCR)和太阳质子活动(SPE,一般与太阳耀斑有关)。这两种环境会引起电子系统辐射损伤,包括总电离剂量(TID)效应、单粒子事件效应(SEE),位移损伤和非电离能量损失(NIEL)效应。造成这些效应的环境通常由能量、线性能量转换(LET)或者总电离剂量(TID)进行表征。太阳活动是火星探测最主要的辐射环境,辐射危害的本源称为太阳质子事件(SPE)。太阳质子事件是太阳发生耀斑时发射出的高能带电粒子流,大部分是质子,其次是 α 粒子,产生的等离子能量大多在几十至数百 MeV 之间。这些事件通常仅持续几天时间,但能够使太阳高能粒子的通量比背景增加几个数量级。大的质子事件可造成总剂量效应和单粒子效应的短期增强,成为航天器异常或故障的主要原因之一。

1.1.3.2　流星体环境

探测器可能在行星际轨道飞行过程中遭遇流星群。1967年9月中旬,"水手"4号(Mariner 4)在距离太阳1.273AU的地方遭遇流星群,其位置大约在地火转移轨道的中段。探测器上的尘埃探测器测得流星群通量在约45min的时间里比背景值增加了1000倍。在此过程中,探测器滚动轴产生扭转而且隔热层破裂。该事件很好地示例了流星群的特性:宽度约20×10^5km(以正常的行星间飞行速度约1h的航行)时粒子密度比平时多3到4个数量级。但是缺乏足够的天体动力学研究来确定这些流星体在地火轨道间的位置。火星遭遇的彗星次数是地球的2倍,因此火星周围会有更多的流星群。目前通常认为探测器遭遇流星体的概率很小。

1.1.3.3　太阳辐照和热环境

直接的太阳光照与离太阳距离的平方成反比(1AU距离1367W/m²),红外辐射使温度传递给外层空间。火星大气直接照射的太阳辐射常数在远日点493W/m²和近日点717W/m²之间变化(平均值589W/m²)。可见,由于火星距离太阳较地球远,太阳光照较弱,小于1/2地球的太阳辐射常数(约1367W/m²)。火星的行星际反照率平均值约为0.25,除了两极为0.6,其余在0.1~0.4之间变化。大型尘暴会引起火星行星际的反照率些许增加。由于表面温度在两极夜晚约140K到南部夏天中午约280K之间变化,对外的长波辐射范围在20~350W/m²之间变化。

1.1.4　火星的地貌与地质

1.1.4.1　火星地貌

1) 全球形态

在地球上,用一般的光学望远镜观测火星表面,常见到白色的极冠和一些暗的斑纹特征,且多数特征是随时间和季节变化的。曾有人预测过火星上的暗区是海洋或植被区,甚至有人怀疑是"火星人"开凿的"运河或水渠",意大利语称作Canali。其实,由于当时望远镜的分辨率有限,很多表面特征并不是像人们所想象的那样,而是流动的风沙、云雾及亮暗物质覆盖表面以及未分辨出的陨击坑和断裂排列所造成的错觉假象。直到人类的火星探测器飞近火星表面后,拍摄到了高分辨率的火星图像,火星的神秘面纱才被逐步揭开。

20世纪早期地面以无线电波测量火星地形。1976年"海盗"号(Viking)进行的地形测量,发现了峡谷和南北半球的巨大差异,而衍生出北方平原本是海洋的假说,如1989年Parker等人提出两条可能的海岸线。自1999年火星全球勘测者进行更精确的地形测量,并发现一些支持Parker海岸线的证据。目前广泛使用的全球地形图(图1-4)是火星全球勘测者的火星卫星激光测高仪(Mars Orbiter Laser

Altimeter, MOLA）从 1999 到 2001 年累积六百多万次的激光测量并修正后所得。方法是已知卫星位置，以激光来回时间计算地表至地心的距离，再减去基准面——火星大地水平面即得地形高度。

图 1 - 4　火星地形图（中央为东经 180°，低到高顺序
为蓝、绿、黄、红到最高的白）（图片来源：NASA）

　　火星基本上是沙漠行星，地表沙丘、砾石遍布（图 1 - 5），沙尘悬浮其中，每年常有尘暴发生。与地球相比，地质活动不活跃，地表地貌大部分于远古较活跃的时期形成有密布的陨石坑、火山与峡谷，包括太阳系最高的山奥林帕斯山和最大的峡谷"水手"号峡谷。另一个独特的地形特征是南北半球的明显差别：南方是古老、充满陨石坑的高地，北方则是较年轻的平原。火星两极皆有主要以水和冰组成的极冠，而且上面覆盖的干冰会随季节消长。火星的半球二歧性是未解之谜，它可能是火星历史早期被一颗或多颗大的小行星撞击时形成的，或者是火星的内核形成时发生的内部变化所致。

一·一
火星概况

007

图 1 - 5　火星表面古瑟夫撞击坑充满沙石的地表（图片来源：NASA）

2）高原与火山

火星的火山和地球的不太一样，除了重力较小使山能长得很高之外，缺乏明显的板块运动，使火山分布是以热点为主，不像地球有火环的构造。图 1－6 所示为北极高原。

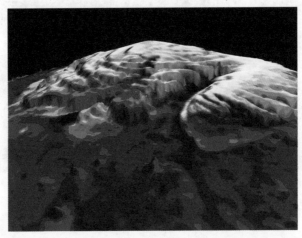

图 1－6　由火星轨道激光高度计绘制的火星北极高原（图片来源：NASA）

火星地形图中，在西半球耸立一个醒目的特征，中央即为塔尔西斯高原，高约 14km，宽过 6500km，伴随着盛行火山作用的遗迹，包含五座大盾状火山，包括太阳系最高的奥林帕斯山（图 1－7），有 27km 高，600km 宽。其他四座包括艾斯克雷尔斯山、帕弗尼斯山、阿尔西亚山和亚拔山。艾斯克雷尔斯山高度大约 18.2km，曾被误认为是火星最高的山，帕弗尼斯山高度也超过 14km，阿尔西亚山高度大约 17.7km，火山口直径大约 116km，亚拔山在塔尔西斯高原最北边，基座宽达 1600km，但是最高点只有 6000m，不过火山口直径却有 136km，是五大火山中最大

图 1－7　奥林帕斯山（图片来源：NASA）

的一个。在大火山之间亦散布着零星的小火山。火星的另一端还有一个较小的火山群,以 14.127km 高的埃律西姆山为主体,北南各有较矮的赫克提斯山和欧伯山。这些火山直径达数百 km,坡度又缓,加上火星小、表面较地球更弯曲,使很多火山从太空才能看得到山顶,从火星地表上只能看到边缘悬崖或半山腰。目前尚未观测到任何火星的火山活动。

3)峡谷

火星的峡谷主要有两类:外流水道(Outflow Channel)和树状河谷(Valley Network)。前者非常巨大,可宽达 100km、长过 2000km,呈流线型,主要分布于较年轻的北半球,如克里斯平原周围的提尔峡谷和卡塞峡谷等。源头常有的混沌地形暗示可能是大量水释出时的洪水所侵蚀而成,但实际上源头似乎无法含有足够水量以造成如此侵蚀,且水道末端没有明显的沉积。树状河谷则广布于古老南方高地,虽形貌类似地球上的河流水系,但火星上此类谷地底部没有类似于河床的地形,因此可能不是地表水流而是由地下水流造成此类谷地——地下水流出后地表崩落成。

此外,火山活动所喷发的熔岩有时会形成熔岩渠道(Lava Channel);地壳受应力而产生裂隙、断层,形成众多平行延伸的槽沟(Fossa),如巨大火山高原塔尔西斯周围放射状分布的众多槽沟,而这亦可能再引发火山活动。另外还有巨大的"水手"号峡谷(图 1 - 8)。

图 1 - 8　在火星腹地的"水手"号峡谷(图片来源:NASA)

4)河床与冲击平原

最古老的火星地形含有许多河床(图 1 - 9),类似于在地球上出现的树枝状河流系统。陨石坑边缘和火山有时被这些河道冲蚀。除了这些树枝状系统外,火星行还有其他河流作用特征,类似大的河床系统,或称为"外流河床",它们起始于高原,排泄到低的北部平原。在外流河道中出现的泪滴状"岛屿"表明,巨大的水流淹没了平原。某些火星河床可能是由岩浆流动形成的。大多数河道的形态表明,它们肯定是被水流所切割,即由流体的流动维持着。

图1-9 火星上一处疑似河床的地形(图片来源:NASA)

5) 极冠

火星极区出现的白斑称为"极冠",随火星季节变化而变化。由于火星公转轨道是偏心率较大的椭圆,火星过远日点时恰是其南半球冬季,南极冠范围很大,可达南纬50°;过近日点时南半球是夏季,南极冠几乎完全消融。北半球冬季则是在火星过近日点时期,北极冠(图1-10)范围要小些,也可达北纬55°;北半球夏季是过远日点时期,北极冠仍留下小范围未消融。

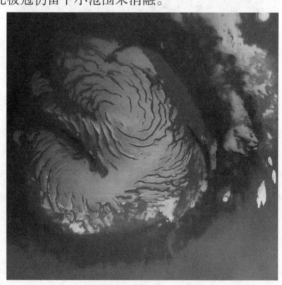

图1-10 火星北极的极冠(图片来源:NASA)

极冠现象的原因是二氧化碳和水的凝结和消融。由于火星极区冬季气温会降至 −125℃，大气中很大部分（约30%）二氧化碳凝结，成为干冰降落在极区表面，形成较薄（约22cm）的白色极冠，到了春季，干冰又蒸发，极冠消融。除了二氧化碳，水蒸气也凝结，形成水冰极冠。由于水冰的融化温度较高，甚至到了夏天，水冰极冠也不完全消融。

火星北极的冰冠在北半球夏季时直径约1000km，并包含 $1.6 \times 10^6 km^3$ 水冰，如果平均分布的话，冰冠将厚达2km（相较之下，格陵兰冰原含有 $2.85 \times 10^6 km^3$ 水冰）。火星南极冰冠的直径约350km，最大厚度约3km。火星两极的冰冠都有螺旋状的槽，其形成一般认为是由于日照加热差异、水冰升华和水蒸气凝结产生。从火星勘察卫星上可穿透冰层的浅地层雷达（SHARAD）资料分析，发现螺旋状的槽形成于来自极区高处搬运冰和产生大波长底形的高密度下降风的独特区域。螺旋状的形成是因为科里奥利力对风向的影响，类似地球上螺旋形的飓风。槽并没有和冰冠一起形成，而是在四分之三的冰冠形成之后的大约50万~240万年前开始形成。这显示了气候的变化激发槽的开始形成。两极冰冠的消退和增长跟随火星季节的温度变化而变化；而它们的长期变化模式目前仍未完全被了解。

6）沙丘

"水手"9号（Mariner 9）探测器证实了火星上风的存在，"海盗"号着陆器也揭示了火星表面明显由风形成的特征，包括各种类型的沙丘和风成条纹。

火星上的风速一般为每秒几米，但有时会刮起50m/s的飓风。局部沙尘暴在火星上是司空见惯的，几乎每年都有区域性或全球性的沙尘暴。由于火星土壤含铁量很高，导致火星沙尘暴染上了橘红的色彩，空气中充斥着红色尘埃。由于风的侵蚀，尘埃的输送和沉积，对火星表面状态有很大影响。像沙丘、沟槽、磨蚀面和凹地，都是在风的长期作用下形成的。图1-11显示的是火星表面一处沙丘地形照片。

图1-11　火星表面Endurance撞击坑中的沙丘（图片来源：NASA）

1.1.4.2 火星地质

1）地表成分

经过半个多世纪的探测,火星的地质状况逐步由各个探测器揭开了神秘的面纱(图1-12)。探测表明,火星表面可能覆盖着玄武岩,它们已风化成含水氧化铁。我们在地球上观测到火星表面或暗或亮的部分,其实也是由于不同的矿物所致。暗区富含橄榄石或辉石,亮区可能是氧化或水化的风化产物。"水手"9号飞船的红外资料表明,火星表面有水冰(或含水的矿物),大气中尘粒中含约55%~65%的二氧化硅。苏联的探测器的探测结果表明,火星表面铀、钍、钾含量相当于地球的基性火成岩。

图1-12 "凤凰"号(Phoenix)探测器在采集火星表面土壤(图片来源:NASA)

"海盗"1号和"海盗"2号着陆器共收集到了22个火星表面土壤样品,并做了X射线荧光分析。火星表面土壤在成分上跟地球和月球的土壤差别并不大,最丰富的重元素有Si(15%~30%),Fe(12%~16%),Mg(5%),Ca(3%~8%),S(3%~4%),Al(2%~7%),Cl(0.5%~1%),Ti(0.5%~2.0%)。许多氧跟这些元素化合,但仪器不能直接测出氧的含量。火星表面土壤中也有相当数量的磁性物质。元素分析结果跟火星表面土壤由富含铁的黏土、镁硅酸盐、氧化铁、碳酸盐组成的推断符合。火星上硫含量为地球100倍,而钾含量仅为地球的1/5。火星表面土壤跟地球土壤最重要的差别是没有有机物。火星元素丰富度跟任何已知的单一矿物或岩石型不同,显然代表多种矿物的混合物,火星表面黄褐色是由于含有磁赤铁矿。

2）内部结构

对于火星结构,目前无法像地球那样是以地震波测量,而是分析探测器的轨道资料,以开普勒第三定律推得星球质量,再由转动惯量推得内部可能的分层结构

（如不同的地核大小会造成不同的自转周期）。再加上既有经验,分为地核、地函和地壳。

地核半径约为火星半径的一半,除了主要的铁外还包含 15% ~17% 的硫,较轻元素含量亦为地球的两倍,故熔点较低,使地核部分为液态,如地球的内外核。核外包覆硅酸盐的地函,曾形成火星地表的构造与火山,但现今似乎不存在活动的迹象。

相对于其他固态行星而言,火星的密度较低,这表明,火星核(图 1 – 13)中的铁(镁和硫化铁)可能含带较多的硫。如同水星和月球,火星也缺乏活跃的板块运动;没有迹象表明火星发生过能造成像地球般如此多褶皱山系的地壳平移活动。由于没有横向的移动,在地壳下的巨热地带相对于地面处于静止状态。再加之地面的轻微应力,造成了 Tharis 凸起和巨大的火山。但是,人们却未发现火山有过活动的迹象。虽然火星可能曾发生过很多火山运动,但是从外观上看从未有过任何板块运动。

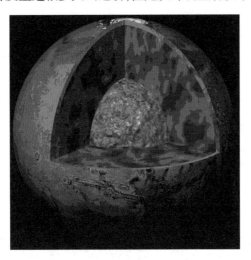

图 1 – 13　火星内核示意图

3）地质年代

对于火星地表年龄,在能直接取样定年以前,只能靠探测照片推定,因而发展出撞击坑计数法:依照一地的撞击坑密度来估算地表年龄,越密则越古老,越疏则越年轻,因为自太阳系诞生以来,太空中的小行星会随着时间推进渐渐被清空,撞击频率因而越来越少,且越老的地表本就可能累积较多撞击坑。

若某个地点撞击坑密布、甚至相邻相叠,此地可能老于 35 亿年,包括约 41 亿至 38 亿年前的后期重轰炸期。如月球撞击坑普遍密布的高地,约有 38 亿 ~44 亿年;而撞击坑小而稀的月海则较年轻(32 亿 ~38 亿年)。火星南方高地撞击坑密布,较古老;平坦的北方低原则较年轻,所以地表的不同地方有不同年龄。依照这个方法,火星地质年代分为四个阶段:

（1）前诺亚纪（Pre - Noachian Period），46亿至41亿年前。火星的撞击与火山事件会使早期地表不复存在，因而将没有留下实质地表的最早的数亿年归为前诺亚纪。此时期包括了北方低地形成、乌托邦平原的形成。此时期并没有被广泛接受，有些将之纳入诺亚纪。

（2）诺亚纪（Noachian Period），41亿至37亿年前，再分为早、中、晚诺亚纪。这时期火山活动旺盛，陨石撞击频繁，大气层较厚（至少早期是如此），也可能更温暖，而水分多，可能存在湖泊甚至海洋，侵蚀旺盛，形成河谷，水流也带来沉积物沉积。塔尔西斯形成。此时期是以南半球的诺亚高地（Noachis Terra）命名。

（3）赫斯珀利亚纪（Hesperian Period），37亿至30亿年前，再分为早、晚赫斯珀利亚纪。此时期是一个转换到现在的过渡期，大量的水开始渗入地底冻结，由于水的减少，侵蚀搬运减少，虽然有时会有地下水层爆发造成地方性的崩塌、洪水。地质作用减少，主要是大片熔岩平原形成。此时期是以南半球的赫斯珀利亚高原命名。

（4）亚马逊纪（Amazonian Period），30亿年前至现在，再分为早、中、晚亚马逊纪。此时期与现在类似，干、冷，地质作用和陨石撞击更少、但更多样，而不时有些许水分自岩石溢出至大气或地表，形成溪壑。奥林帕斯山和熔岩平原在此时形成。此时期是以北半球的一个被熔岩填平的亚马逊平原来命名。

1.1.5　火星的大气与气候

1.1.5.1　大气与天空

火星的大气（图1-14）密度只有地球的大约1%，非常干燥，温度低，表面平均温度零下55℃，水和二氧化碳易冻结。在火星的早期，它与地球十分相似。像

图1-14　火星大气（图片来源：NASA）

地球一样,火星上几乎所有的二氧化碳都被转化为含碳的岩石。但由于缺少地球的板块运动,火星无法使二氧化碳再次循环到它的大气中,从而无法产生意义重大的温室效应。因此,即使把它拉到与地球距太阳同等距离的位置,火星表面的温度仍比地球上的冷得多。

火星表面的平均大气压强仅为大约7mbar(1mbar=100Pa),这比地球上的1%还小,但它随着高度的变化而变化,在盆地的最深处可高达9mbar,而在奥林帕斯山脉的顶端却只有1mbar。但是它也足以支持偶尔整月席卷整颗行星的飓风和大风暴。火星那层薄薄的大气层虽然也能制造温室效应,但那些仅能提高其表面5℃的温度,比金星和地球的小得多。

"海盗"号和"火星探路者"号(Mars Pathfinder)登陆器的照片显示火星的天空大致为黄褐色,而在晨昏时则带点儿粉红色。火星大气一直充满着尘埃,因此大气中的悬浮微尘对天空颜色有很大的影响。这些尘埃含有褐铁矿,而根据"海盗"1号着陆器所测得天空颜色所做的日光散射计算机模拟显示,另外还有体积含量约1%的磁铁矿。这些尘埃的大小可由小于可见光波长(0.4~0.7μm)至数十微米大。大的粒子倾向对不同波长均匀散射,使天空呈现白色,就像地球的云一样。不过尘埃粒子还会吸收蓝光,使天空缺乏蓝色而呈现黄褐色,也使肉眼所见的火星呈现红色(图1-15)。假如火星大气没有尘埃,就会和地球一样因大气分子(在火星主要为二氧化碳)的瑞利散射而呈现蓝色天空,但因大气稀薄很多,会呈现暗蓝色,就像在地球高山所见的天空。

图1-15　火星着陆器拍摄到的火星天空(图片来源:NASA)

1.1.5.2　大气成分

着陆器在火星大气降落的过程中,直接测量了大气成分。在125km以下的高度,火星大气被湍流混合得很均一。火星的那层薄薄的大气主要是由二氧化碳(95.3%)加上氮气(2.7%)、氩气(1.6%)和微量的氧气(0.15%)和水汽(0.03%)组成的。

二氧化碳是火星大气主要成分(表1-4)。冬天时,极区进入永夜,低温使大气中多达25%的二氧化碳在极冠沉淀成干冰,到了夏季则再度升华至大气中。这个过程使得极区周围的气压与大气组成在一年之中变化很大。和太阳系其他星球相比，火星大气有着较高比例的氩气。不像二氧化碳会沉淀，氩气的总含量是固定的，但也因为二氧化碳会在不同时间进出大气，氩气在不同地点的相对含量会随时间而改变。南极区在秋季时氩气含量提高，到了春季则会降低。

表1-4　火星低层大气的成分

主要气体	质量分数/%	微量气体	质量分数/%	同位素比率	质量分数/%
CO_2	95.32	Ne	0.00025	D/H	5
N_2	2.7	Kr	0.00003	$^{15}N/^{14}N$	1.7
Ar	1.6	Xe	0.000008	$^{38}Ar/^{36}Ar$	1.3
O_2	0.13			$^{13}C/^{12}C$	1.07
CO	0.07				
H_2O	0.03				

在火星大气中，水汽是有效饱和的，但表面却没有液态水，而主要以水汽和冰的形式存在。"海盗"号的轨道器观测到火星大气的水含量会随一个火星年的四季变化而变化。在高度10~15km以下，水汽是均一混合的，跟季节有纬度梯度。最大的变化发生于北半球，二氧化碳的极冠在夏季完全消失，残存有水冰，水冰升华导致大气中的水汽浓度有很大的南北梯度。在南半球，夏季仍保留小的二氧化碳极冠，仅探测到少量水冰，水汽浓度梯度不大。在纬度40°以上，普遍存在地下冰层，因为地下温度很低，其冰不升华。奥德赛轨道器的观测证实，高纬度表面1m内就存在冰，但不知道冰层有多深。相反地，低纬度的冰是不稳定的，表层冰必然升华为大气的水汽。2008年7月31日，美国国家航空航天局（NASA）"凤凰"号任务的科学家证实地下冰的发现。"凤凰"号的热电传导性探针（Thermal and Electrical Conductivity Probe）显示当地大气中的水分在火星晚上时会消失，同时土壤的水分则会增加。

火星大气的微量成分跟金星大气不同，没有硫化物或酸。火星大气中含量为十亿分之一级的微量甲烷，首次的发现来自2003年一支在NASA戈达德太空飞航中心的团队。2004年3月，火星"快车"号和自地面观测的天文望远镜也支持甲烷的存在，浓度约10×10^{-9}。甲烷的存在十分吸引人，因为这是不稳定的气体，要存在必有某种来源。甲烷的分布不是全球性的，表示它在充分分布均匀之前就已被破坏。在地球海洋中，生物产的甲烷常伴随着乙烯，而火山作用产生的甲烷则伴随着二氧化硫。如果要证明甲烷的分布与生物有关，探测器需要携带质谱仪来分析火星上碳12与碳14的比例（即放射性碳定年法），便可辨别出是生物还是非生物源。但是从2011年发射的"好奇"号得到的进一步测量数据，并没有侦测到大气甲烷（Atmospheric Methan）存在迹象，测量值为$(0.18 \pm 0.67) \times 10^{-9}$，对应于1.3×

10^{-9}上限(95% 置信限),因此总结甲烷微生物活性概率很低,可能火星不存在生命。但是,很多微生物不会排出任何甲烷,仍旧可能在火星发现这些不会排出任何甲烷的微生物。

"海盗"号测量了大量大气的同位素组成,主要结果有:①碳和氧的同位素比率跟地球类似,说明火星上存在 CO_2 和水冰的大储库,且从储库来的气体跟大气的气体进行了交换;②过去在大气中存在大量二氧化碳、氮和氩,在历史早期可能失去(或逃逸到太空,或潜藏于陆地—化学上封锁于岩石内)很多挥发物。惰性气体 40Ar(放射元素钾衰变产生)与 36Ar 的比率大,最近又确认存在痕量(约占体积的 1 亿分之一)甲烷(CH_4),说明这两个行星的大气化学成分和演化不同。

火星大气是一个可在任何登陆地的资源,因此,有人建议载人火星任务可用大气中二氧化碳作为原料制造回程的燃料。这些研究包括罗伯特·祖布林的直达火星和 NASA 的设计参考任务(Design Reference Mission)。两个主要方法包括:沙巴提尔反应——二氧化碳加氢气产生甲烷与氧气;以氧化锆的固体氧化物电解质将二氧化碳分解为氧气与一氧化碳。

1.1.5.3　大气结构

按照成分、温度、气体同位素特征以及大气气体的物理性质,火星大气可以分为若干个层次。火星着陆器在穿越火星大气的过程中测量到了压力、密度以及温度。这些数据为火星大气结构的研究提供了最为详细的信息,但这仅仅是单就位置和时间而言的大气分层的瞬时信息。利用无线电掩星和红外探测等技术,火星轨道器对火星进行了长期观测,对于大区域和长时段的火星大气结构有了更深入的了解。根据这些探测结果,可以将火星大气细分为三层:低层大气、中层大气和高层大气。

低层大气从火星表面一直延伸到高度约 40km 处。火星低层大气的特征温度约 200K(-73℃),低于表面白昼平均温度(250K,即 -23℃),这相当于地球南极的冬季温度。在火星的夏季,暗表面之上一人高处,白昼气温高达 290K(17℃)。在高度约 40km 内,温度随高度增加而降低,"海盗"号和"火星探路者"在降落过程中测得的温度梯度为 1.5℃/km,低于预料的 5℃/km,可能是悬浮尘埃造成如此差异。到对流层顶(高度约 40km),温度大致在 140K(-130℃)左右变化。往上,有一系列冷暖层,跟太阳辐射加热和潮汐作用有关。对流层高度也随地域变化很大。跟地球不同的是,火星的气压随季节的变化很大,因为火星大气的主要成分二氧化碳在冬季的极区凝为雪而气压减小,到了春季又蒸发而气压增大,"海盗"号的测量表明,气压的年变化达 30%,相当于 7.9 万亿吨二氧化碳在固态—气体之间季节循环,或冬季极冠至少有 23cm 厚的干冰。

火星低层大气的垂直结构有两个决定因素——纯二氧化碳和悬浮尘埃含量。

由于二氧化碳在火星大气中能够有效地辐射能量,大气对接收的太阳辐射变化很快响应。悬浮尘埃直接吸收大量的太阳辐射,提供遍及低层大气的能量分布源。表面温度跟纬度有关,且昼夜变化范围很大。在"海盗"1 号和"火星探路者"着陆点一人高处,温度规则变化于 189K(−84℃,日出前)至 240K(−33℃,中午)之间,这比地球上沙漠地区的温度变化大得多。由于火星大气稀疏而干燥,表面在夜间能够很快地散发掉热量,因而近表面的温度变化大。在沙尘暴期间,表面温度变化范围减小。在高度几 km 范围内,温度的昼夜变化变得不十分明显,但因太阳辐射直接照射情况的不同而呈现遍及大气的温度和压强振荡,有时称为"大气潮汐"。因此火星大气的垂直结构很复杂。

火星中层大气,又称中间层,距离火星表面 40 ~ 100km 之间。由"海盗"号着陆器和"火星探路者"获得的中层大气剖面图表明其温度随时间的变化非常明显。这些温度变化源于二氧化碳对太阳辐射近红外波段的吸收和辐射以及大气波动。通常大气波动在低层大气中产生,日半球和夜半球之间的热力潮可以加强这些波动。

火星高层大气,又称热层,高度在 110km 以上。热层的主要能量为 10 ~ 100eV,波长为 10 ~ 100nm 的太阳极紫外辐射加热。太阳极紫外的输出功率随着太阳活动周期改变,会导致 120km 高度以上的热层温度发生较大的变化。太阳活动低峰年份的温度较低,但随着太阳黑子达到周期最大值,温度也逐渐上升。130km 以上的区域中,大气分子可被太阳辐射电离,这一区域又被称为电离层。火星电离层中的电子大部分来自二氧化碳。电离层中突出的是 F1 层:O_2 占 90%、CO_2 占 10%,其高度和温度有相当大的变化。火星大气中 CO_2 也有温室效应,可使表面温度提高 5℃。

1.1.5.4 大气密度及其模型

"海盗"号(Viking)和"火星探路者"(Pathfinder)号探测器测量结果表明大气密度与高度有关,详见图 1 − 16,其中大气密度随高度升高急剧降低。

根据气体的成分、温度和物理性质,火星大气可以分为多层结构。火星表面以上压强(P)和密度(ρ)随着离地高度(z)的变化满足如下静力平衡:

$$\frac{\mathrm{d}P}{\mathrm{d}z} = -g(z)\rho(z) \tag{1-1}$$

式中:$g(z)$ 为离地高度 z 处的重力加速度。大气中的压强和温度的关系由理想气体关系可以得到:

$$P = NkT \tag{1-2}$$

式中:N 是单位体积内的气体粒子数;k 是玻耳兹曼常数($k = 1.38 \times 10^{-23} \mathrm{J} \cdot \mathrm{K}^{-1}$)。本质上,$N$ 就是气体密度除以单粒子质量。单粒子质量等于以原子质量(amu)

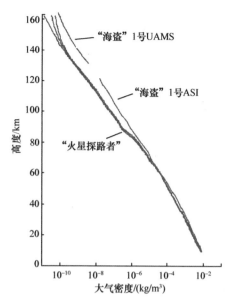

图 1-16 火星大气密度随高度变化图

（ASI 是大气结构探测器，UAMS 是大气质量分光计）

（μ_a）为单位的粒子的分子量与单原子质量（$m_{amu} = 1.660539 \times 10^{-27} kg$）的乘积：

$$N = \frac{\rho}{\mu_a m_{amu}} \qquad (1-3)$$

由上式可以推导出密度的表达式：

$$\rho = \frac{P\mu_a m_{amu}}{kT} \qquad (1-4)$$

大气压强随高度的变化可以由气压方程得到：

$$P(z) = P(0)\exp\left(-\int_0^z \frac{\mathrm{d}z}{H(z)}\right) \qquad (1-5)$$

式中：$P(0)$ 为地表的压强（$z = 0$，通常对应于行星平均半径或者水平面）；$P(z)$ 指的是离地高度 z 处的压强；$H(z)$ 是行星大气的标高，与温度（T）、重力加速度（g）和所关注高度的平均分子量（μ_a）相关：

$$H(z) = \frac{kT(z)}{g(z)\mu_a(z)m_{amu}} \qquad (1-6)$$

大气压强标高 H 是压强减小到原来的 $1/e$ 上升的距离。H 值减小意味着大气压强随高度迅速减小。由此推导得到密度随高度变化的公式：

$$\rho(z) = \rho(0)\exp\left(-\int_0^z \frac{\mathrm{d}z}{H^*(z)}\right) \qquad (1-7)$$

式中，$H^*(z)$ 为大气密度标高，由下式得到：

$$\frac{1}{H^*(z)} = \left(\frac{1}{T(z)}\right)\frac{dT(z)}{dz} + \frac{g(z)\mu_a(z)m_{amu}}{kT(z)} \qquad (1-8)$$

在大气温度不随高度变化的区域，$H^*(z) = H(z)$。

根据 NASA 公布的大气密度模型拟合的经验公式如下所示：

$$T = 1.4e^{-13}h^3 - 8.85e^{-9}h^2 - 1.245e^{-3}h + 205.3645 \qquad (1-9)$$

$$P = 559.351005946503e^{-0.000105h} \qquad (1-10)$$

$$\rho = P/188.95110711075/T \qquad (1-11)$$

式中：h 为距离火星表面高度（km）；T 为温度（K）；P 为压强（Pa）；ρ 为大气密度（kg/m³）。

1.1.5.5 天气现象

1）云雾

火星大气中也发生一些气象现象，望远镜观测只能看到某些迹象，例如，火星表面地貌在短时间被遮掩，常解释为大气中的气体和尘埃凝结的白云或黄褐云所致。探测器返回的照片揭示了很多云、雾霾、霜等气象现象。火星有对流云、波状云、山岳云和雾。火星上最重要的是秋冬季极区上空的极冠云，它也是最长久的。近表面的大气在白昼被加热，上升后变冷，形成对流云，常在中午出现于赤道高地区域上空。强风吹过山脊等障碍，若湿度和温度适宜，在下拨形成波状云，例如直径 100km 的米兰科维奇陨击坑下风侧的波状云绵延达 800km。空气沿山坡上升且冷凝，形成山岳云，常在春季午后出现在低纬山岳上空。火星中纬地区冬季，出现西向运动的螺旋风暴系统。火星云一般是水冰白云，有时也有高空的干冰（CO_2 冰）云。而含沙尘多的云则呈黄褐色。火星的平均云量比地球小得多。

在飞船所拍摄到了火星黎明前后半小时的照片，在低谷和陨击坑常出现多种很低的云和雾，明显看出谷底或坑底由模糊变清晰，这是由于云雾消失了。在火星的寒冷夜晚，H_2O 和 CO_2 都可能冻结成霜。自 1892 年以来，地面望远镜多次观测到火星的几个局部发生闪亮（Flare）现象。据推测这是由冰晶云、霜、雾在特殊方向的反射太阳光增强造成的。

2）大气环流

火星的大气环流是复杂而多变的。火星的自转跟地球相似，因此可以预见火星有类似地球的大气环流，例如，低纬区有子午方向的哈德莱环流，一定季节在中纬出现斜压涡旋，地势高程度大（到 25km）的地方出现驻波等。但是，火星低层大气环流也跟地球有差别，由于火星大气稀疏、云量少、没有海洋，表面直接被太阳直射,夏季最热的地方不是赤道区,而是在热带或亚热带,结果是单一层次的哈德莱环流从最热处上升,分开两支向南、北(其中一支跨过赤道),到高纬区再沉降。冬季半球中纬区温度变化大,出现准周期的斜压波,向上转移动量,维持季节性二氧化碳极冠云的凝聚流,也向极区转移物质。火星上还有从太阳直射的热区上升,流向周围别处,而低层气流又流向照热区,形成"热潮汐"风。"海盗"号和"火星探路者"直接测量了风速。登陆点地表风的行为很规则,平均风速小于2m/s,也记录到了40m/s的狂风。由于极冠边缘在秋冬季的水平温度梯度大,预料风跟季节有很大关系。在冬季,高纬形成约100m/s的东向强"急流"。

3) 沙尘暴

沙尘暴是火星上时常发生的自然现象。由于火星气压低,当太阳普照地表时,大气便能快速增加动能,风速大,加上低重力,尘埃很容易被卷入空中。而就在南半球春夏季时,增温快,易形成强烈的风,卷起的狂沙再加强增温,风速更快,最终形成尘暴,从太空可看到一片褐色尘云旋转、移动。当火星上的风速达到临界值(50~100m/s)时,100μm的尘沙也被吹到大气中,形成区域性(几百千米到几千千米)尘暴。每个火星年约发生上百次的区域性尘暴,主要在季节性二氧化碳极冠边缘和亚热带高地,持续几星期。每2年或3年,几个区域性尘暴偶然联合起来,把大量尘沙卷到30km空中,发展成全球性大尘暴(图1-17),遮住火星表面,可持续几个月。火星的大尘暴可以从地球上用望远镜观测到。在火星运行到近日点附近时期,南半球春季和夏季,表面温度最高,大气变为不稳定,成为尘暴发源地。尘暴不仅改变大气温度,而且尘沙也成为水汽和二氧化碳气体的凝结核,最终沉降到极区。

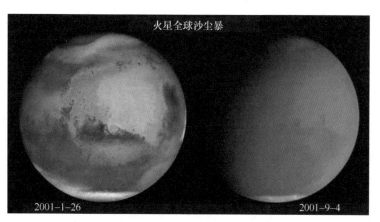

图1-17 2001年由哈勃太空望远镜拍摄到的火星全球性尘暴(图片来源:NASA)

当"水手"9号在1971年到达时,全世界都希望能看到火星表面的细节。实际上却看到几乎是行星尺度的沙尘暴,除了巨型火山奥林帕斯山在沙尘暴云上方之外。该风暴持续了一个月,让科学家了解沙尘暴在火星上相当常见。"海盗"号轨道探测器的观察则发现,当全球性沙尘暴发生时,日间温差变化大幅缩小,从50°缩小到只有10°,风速也快速改变,只在一个小时内平均风速就达到17m/s,阵风更达到26m/s。但是并没有在任何位置上观察到实际上的物质搬运,只有当尘埃落下时亮度逐渐增加和表面物质对比的下降。2001年6月26日哈勃太空望远镜拍摄到了希腊平原正在形成沙尘暴。一日后该沙尘暴爆发性发生并成为全球性事件。

2007年中一次全球性的沙尘暴(图1-18)对太阳能驱动的"勇气"号和"机遇"号"火星探测漫游者"造成了严重威胁,太阳能板提供的电能降低,必须关闭大部分科学仪器等待沙尘暴结束。沙尘暴之后因为太阳能板上沉积了尘埃而降低了供电量。

图1-18 火星地平线合成延时影像显示2007年7月阳光被沙尘暴遮蔽(图片来源:NASA)

1.1.5.6 火星气候

火星气候是数个世纪的科学家感兴趣的课题,因为火星是唯一可从地球观测其表面细节的类地行星。虽然火星质量只有地球的11%,距离太阳比地球远50%,两颗行星的气候仍有明显相似之处,例如极冠、季节变化和可观测的天气模式,因此吸引了行星科学家和气候学家持续的研究。虽然火星的气候类似地球,包括季节和周期性的冰河期,但也有重要的差异,如没有液态水(虽然存在水冰)和低得多的热惯性。火星大气层的大气标高大约是11km,比地球高60%。气候和生命现在或过去是否曾经存在于火星上有很大的关联性。

火星的转轴倾角是25.2°。这代表火星就像地球一样有季节变化。火星的轨道偏心率是0.1,远大于地球的0.02。较大的轨道偏心率造成火星的日射量在一个公转周期中变化(火星年约687日,接近两个地球年)。像地球一样,火星的转轴倾角主导了季节变化,但因为其大轨道偏心率,火星南半球的冬季长而寒冷,这时是北半球短而温暖的夏季。火星的季节长度是不同的,如表 1-5 所列。

表 1-5 火星季节长度

季 节	火星太阳日	地球太阳日
北半球春季、南半球秋季	193.30	92.764
北半球夏季、南半球冬季	178.64	93.647
北半球秋季、南半球春季	142.70	89.836
北半球冬季、南半球夏季	153.95	88.997

虽然火星没有地球般受海洋影响的复杂气候,但仍有以下特殊之处:火星轨道偏心率比地球大,造成日射量在一年当中变化更大,位于近日点时,南半球处夏季,比北半球远日点夏季所造成的升温更强;随季节交替,二氧化碳和水汽会升华和凝结而在两极冠间迁移,驱动大气环流;地表反照率特征,因颜色深浅和沙、岩性质差异而造成的热惯量(Thermal Inertia)不同,可影响大气环流;易发生的尘暴会将沙尘粒子卷入高空,沙尘粒子吸收日光与再辐射会使高层大气增温,但遮蔽天空的沙尘会使地表降温;自转轴倾角和轨道离心率的长期变化则造成了气候的长期变迁。火星表面的平均温度比地球低 30℃ 以上。

火星有过温暖、潮湿,乃至适于生命存在的时期。火星在诺亚(Noachian)、赫斯珀利亚(Hesperian)、亚马逊(Amazonian)各时期的三种地貌——"谷网"(Valley Network)、"河床"(Channels)、"沟渠"(Gullies),有力地说明以前经历了流体改造表面。

关于火星过去温暖气候的产生机制,有以下几种可能性:①二氧化碳的温室效应,如果火星大气过去含更多的二氧化碳,再加上水汽,温室效应很强,但遇到没有碳酸盐沉积等困难;②陨击加热,大的小行星或彗星陨击蒸发表面岩石,可以使火星变暖和降水;③二氧化硫的温室效应,火山活动喷发有可能使大气有很多二氧化硫,但还需仔细研究;④甲烷帮助温室效应,但存在火星是否具有足够甲烷的问题;⑤流动的火山岩浆也可能造成上述地貌。

1.1.6 火星的卫星

火星的两颗卫星是在 1877 年火星冲日期间发现的。美国海军天文台的霍尔(Asaph Hall)于 1877 年 8 月 12 日发现了距离火星较远的卫星德莫斯(Deimos),6 天之后又发现了距离火星较近的卫星福布斯(Phobos),德莫斯和福布斯是古希腊战神阿瑞斯(Ares)的两个儿子的名字。早在 1610 年,开普勒就预言了火星有两颗卫星;更加有趣的是,1726 年斯维夫特在小说中《格利弗游记》中相当准确地描述了这两颗卫星的大小和绕转周期。这两颗卫星都不大,且形状也不规则。

1.1.6.1 火卫一

火卫一福布斯(图1-19)是一个形状不规则的小天体。围绕火星运动,轨道距火星中心约9400km,也就是距离火星表面6000km。福布斯到其母星的距离比其他已知行星的卫星都要近。福布斯是太阳系中反射率最低的天体之一。由于轨道离火星很近,福布斯的转动快于火星的自转。因此从火星表面看福布斯从西边升起,在4h15min或更短的时间内划过天空在东边落山。由于轨道周期短以及潮汐力的作用,福布斯的轨道半径在逐渐变小,最终它将撞到火星表面,或者破碎形成火星环。

福布斯表面崎岖不平,Stickney坑是福布斯上最大的陨击坑,它的直径长达11km。另外还有两个陨击坑Hall和Roche,直径也有5km。此外还有很多直径5km以下的陨击坑。除了布满大大小小的大量陨击坑之外,福布斯表面另一显著特点是有大量的长沟槽,有些长达5km,宽约100~200m,深10~20m,组成几簇平行纹。沟槽上还星罗棋布一些陨击坑。

1.1.6.2 火卫二

火卫二德莫斯(图1-20)是火星较小的一颗卫星,也是距离火星较远的那一颗卫星。如同福布斯一样,它的形状不规则,与福布斯类似内含空洞,或由碎石堆积而成。德莫斯平均半径为6.2km,逃逸速度为5.6m/s。德莫斯与火星的距离是23460km,以30.3h的周期环绕火星,轨道速度为1.35km/s。德莫斯表面与福布斯有些差别,它表面较为平坦。德莫斯表面也布满了陨击坑。但大的陨击坑较少。德莫斯表面有一些高返照率区,而不像福布斯那样有沟槽。

图1-19 火星勘测轨道器在 2008年3月23日拍摄的火卫 一照片(图片来源:NASA)

图1-20 火星勘测轨道器所拍摄 增强影像的火卫二彩色照片 (图片来源:NASA)

表1-6 为火星卫星相关参数。

表1-6 火星卫星相关参数

参　　数	火卫一	火卫二
天体尺寸/km³	$13.1 \times 11.1 \times 9.3$	$7.6 \times 6.2 \times 5.4$
质量/kg	1.06×10^{16}	2.4×10^{15}
平均密度/(g/cm³)	1.9	1.75
轨道半径/km	9378	23500
轨道周期/d	0.31897	1.26244
自转周期/h	7.654	30.299
轨道偏心率	0.0151	0.0005
轨道倾角/(°)	1.08	1.79

1.1.6.3　火卫来源假说

火星两颗卫星的起源目前仍有争议。火卫一、火卫二和碳质小行星（C型小行星）有很多共同之处,其光谱、反照率以及密度与C型或者D型小行星很相似,因此有一种假设是两颗卫星都是被捕获的主带小行星。两颗卫星的轨道很圆,几乎就在火星的赤道面内。因此,就需要一种机制把初始偏心率高且倾斜的轨道调整为赤道面内的圆轨道。这种机制很可能就是大气阻力加上潮汐力,但对于火卫二,还不清楚是否有足够的时间来完成这种轨道调整。捕获还需要能量的耗散。但是对于目前的火星,稀薄的大气不足以通过大气阻尼来捕获火卫一大小的天体。

另外一个假设是,火星周围曾经有很多火卫一、火卫二大小的天体,可能是火星与大的星体撞击溅射出来的。火卫一内部多孔,这与其来自小行星的假设不相符。对火卫一的热红外观测表明,其成分主要是层状硅酸盐,这是火星表面上的物质。火卫一的光谱不同于各种球粒陨石,再次说明它并非源自小行星,两方面的发现都说明,火星被撞击后,溅射出来的物质在火星轨道上重新吸积,形成了火卫一。这与月球的主流起源理论类似。

1.1.6.4　对火卫的探测

历史上已经有几个火星探测器给火卫一拍摄了近照。这些探测器的主要任务是对火星成像,包括"水手"9号、"海盗"号(图1-21)、"火星全球勘探者"、"火星快车"和"火星勘测轨道器"。2005年8月25日,"勇气"号火星车由于风吹散了太阳能电池板上的尘土,获得了额外的能量,从火星表面拍摄了几张曝光时间较短的夜晚天空照片,照片上可以清楚看到火卫一和火卫二。专门的火卫一探测器是苏联1988年发射的"福布斯"1号和"福布斯"2号。前者在奔火途中失踪,后者（包括着陆器）返回了一些数据和图像,但在开始卫星表面详查后不久后失效。俄罗斯在 2011 年 11 月发射了到火卫一采样返回的任务——"福布斯 - 土壤"探测器，但是探测器点火失败未能进入地火转移轨道，任务失败。

(a)　　　　　　　　　　　　(b)

图 1-21　"海盗"1 号拍摄的火卫一(a)和"海盗"2 号
拍摄的火卫二(b)（图片来源：NASA）

1.2　火星探测的意义

开展火星探测任务，具有十分重要的科学意义、工程意义和社会效益。

1.2.1　科学意义

人类探测火星的目的除了探索宇宙的奥秘之外，还在于火星是地球的近邻，它的特征在很多方面都与地球极为相似。有人认为，火星的现在就是地球的未来。因而开展火星探测和研究，对于认识人类居住的地球环境，特别是认识地球的长期演化过程，是十分重要的。人类开展的火星探测的主要科学意义有以下几个方面：

1）寻找生命存在的痕迹

火星是太阳系中少有的一颗类地行星，它和地球在同一时期形成，其早年的自然环境和地球曾经非常相似。在宇宙中寻找生命的起源或许可以在火星上实现，如果生命真的在火星上出现过，我们就能在火星上寻找到证据。火星和地球是非常相似的行星，生命既然在地球上出现并赖以生存下来了，那就没有理由排斥火星上出现过生命的可能性，正是基于这种考虑，人类探索火星的脚步从未停止。人们有理由认为，火星上也可能出现过生命前的化学活动，并且也可能在火星上产生过生命。如果这些假设成立，火星上 30 多亿年前的证据很可能仍旧保留至今，因为火星的地质活动比地球稳定得多，特别是没有地球上那样的大陆板块漂移。人类几十年来对火星探测活动中逐渐认识到，火星是太阳系中寻找生命起源证据最佳星体，在火星上保留着 30 多亿年前火星表面活动的大量证据。如果火星上曾经出现过这种化学活动，生命出现前的化学活动的迹象也许尚还存在。研究这些活动至少可以提出一种关于生命出现时的火星和地球环境的新见解。也许还可以指出地球上生命起源的特殊环境条件和化学途径。从这点来说,探索火星是研究生命起源的无可比拟的好机会。

2)火星上水的存在及其消失过程

人们根据观测结果推论,火星上有干枯的河川,在远古时期,火星表面大部分地区掩盖着水,也可能存在过生命。火星表面水的消失可能是生命消失的主要原因。那么地球上的水会不会消失,地球上的生命会不会也随之消失,是需要通过火星探测来进行比较研究的一个问题。关于火星表面水的消失过程的理论机制问题,科学界主要有两种观点。一种认为火星表面的水以沉积岩的形式存在于火星的地表以下。另一种认为水是通过蒸发和电离,变成带电粒子沿着火星的磁力线逃逸出了火星的大气。第一种观点的研究,需要对火星的地质进行进一步的探测,从而研究火星的地质成分以及火星上岩石的形成机制。第二种观点的研究需要对火星磁场的长期变化进行探测。通过探测火星岩石中的剩余磁场,从而研究火星上组成水的离子成分如何在不同历史时期的不同强度磁场的控制之下进行逃逸的过程。

3)火星大气的演化过程

如果火星上曾经存在过类似于地球上的生命的话,那么火星在远古时期应该有一个类似于地球那样的大气层来保护生命的存在。现在火星上大气条件根本不适合生命的存在,火星的大气是如何演变成今天这样一个状态的,这是一个非常有意义的研究问题。地球的大气经过长期的演变会不会像火星现在一样,也是需要通过火星探测来进行比较研究的一个重要科学问题。

4)火星固有磁场的演变

探测研究还表明,现在火星的固有磁场比地球固有磁场弱得多,但在火星表面局部地区观测到了很强的剩余磁场,这说明火星在远古时期有很强的固有磁场,经过长期演变,火星的固有磁场已经变得很小。火星的固有磁场使得火星大气与太阳风相互作用的结果发生改变,使得火星的磁层由地球型变为金星型。这无疑对火星大气的演变,对火星上水的消失过程起着重要的作用。因而研究火星磁场的变化,对研究火星大气环境的变化,也具有重要的研究意义。

5)研究火星的大气和气候的演化过程

这也是探测火星的主要目标之一。远古气候和大气的状况以及火星大气和气候长期演变的原因,对于研究火星上生命存在与消失问题也是非常重要的。对火星大气的直接探测是研究火星现状的一种方法,通过对火星上岩石的取样研究可以揭示火星过去气候和大气的资料,测量火星大气层(从火星表面到海拔近10km)的温度剖面。

6)掌握火星的地貌和地质特征

对火星的表面进行直接照相来研究火星的地貌。研究结果表明,火星表面分布着大峡谷和高山,高差约为 12~14km,有水流过的痕迹。初步探测资料分析表明,火星表面大部分地区覆盖着土壤。火星岩石元素成分中,氧元素含量最高,其次是硅,然后依次为铁、镁、钙和硫。但这是否具有火星的全球代表性,仍然需要进一步的探测来回答。探测火星的岩石成分,除了对研究火星表面水的消失过程、火星本底磁场的长期变化以及火星大气和气候的长期演化过程具有重要意义外,还对于研究火星的形成过程、火星地质的长期演变过程,火星表面成分的长期演化过程,岩石和空气的相互作用,岩石和水的相互作用过程以及火星地貌的长期变化,都具有重要的科学意义。

1.2.2　工程意义

火星探测是一项庞大的系统工程,开展一项火星探测任务需要涉及到多领域多交叉学科的关键技术,这些技术包括了火星探测器轨道设计技术、自主姿态确定与控制技术、火星大气气动设计技术、高速进入减速伞技术、着陆制导导航与控制技术、着陆缓冲技术、自动巡视勘察技术、遥控操作和遥控分析技术、地面大口径深空测控天线技术、深空测控通信等关键技术。未来开展火星取样返回任务需要突破重型运载火箭、火星表面自动采样与封装、火星表面起飞、火星轨道交会及样品捕获、地球大气高速再入、多目标高精度测控通信、火星样品储存等关键技术。

因此火星探测工程涉及了众多高新技术领域,无疑将促进系统工程、自动控制、计算机、推进、能源、材料、通信、遥感、测试等学科的迅速发展,在这些领域突破一批具有自主知识产权的核心与关键技术,获得科技创新成果,带动一个国家基础科学和应用科学若干领域的的深入发展,促进众多技术学科的交叉与融合,从而带动国家科技水平的总体提升。

1.2.3　社会效益

开展火星探测任务还将带来十分可观的社会效益,包括:

1) 国家威望和民族自豪感

包括火星探测在内的深空探测是展示高精尖最新科技成果的舞台,是国家综合国力的体现,是国家现代化和国际地位的衡量标志之一。深空探测的领先地位对国家政治、经济、文化等层面都有着广泛影响,对民族精神也是巨大激励。未来将要开展的载人登陆火星工程将是全人类开拓性的壮举,是树立国家威望和凝聚民族精神的重大举措。

2) 教育与激励

火星探测任务对民众——尤其是对青少年和学生——能起到很好的教育和激励作用。火星探测工程可激励青少年热爱科学,努力学习工程、技术、数学等专业,并在将来从事相关职业,进而提高全民族科学素质和自主创新意识。

3) 经济效益

虽然人类对火星的了解程度还不高,目前尚未通过火星探测获取直接经济效

益,但火星上存在开发有用资源(矿产资源、环境资源等)的潜质。如果将来建造永久性火星基地,开展太空旅游,进而开展火星移民,即可创造直接经济价值。从间接经济效益而言,未来载人火星探测工程的实施,可带动和促进相关产业的发展。

4)国际合作

目前国际上已有多个国家和组织开展了火星探测的国际合作,而对于未来载人火星探测这样的大型工程,无论从技术还是经济上考虑,任何一个国家都难以独立完成。因此需要通过国际合作的模式,由多个国家组成团队共同完成任务。通过火星探测这类大型工程项目的合作,有利于各国的交流与互惠,建立良好的合作伙伴关系。

1.3 火星探测的历史

1.3.1 太空时代之前的火星探测

在很早以前,人们用肉眼发现天空中的绝大部分星星都是固定不动的,但是也有几颗星星会在天空中运动,它们就把这些运动的星星叫做行星(Planet)——字面意思就是"漫游者"。最初的时候人们毫无疑问地认为星星都是围绕着地球转,但是尼古拉斯·哥白尼(Nicolaus Copernicus)却不赞同这个看法。他认为除了月球确定绕着地球转,包括地球在内的其他行星都是围绕太阳旋转的。"日心理论"第一次提出了"太阳系"的概念。

天空中红色的火星很容易让古代的观天者与血红色的战争之神联系起来:希腊神话中的阿瑞斯(Ares)和罗马神话中的马尔斯(Mars)。它在欧洲文艺复兴的科学革命中扮演了重要的角色。弟谷·布拉赫(Tycho Brahe)通过精确的四分仪和肉眼记录了行星的运动规律。尽管哥白尼认为行星是在圆形轨道上绕太阳旋转的,但是弟谷的助手约翰内斯·开普勒(Johannes Kepler)在对前者留下的数据认真分析后得到的结论是:行星实际上是在椭圆轨道上运动的。开普勒基于这些观测数据提出了著名的开普勒三定律,并由后来的伊萨克·牛顿(Isaac Newton)给出了严格的数学证明。

在发明望远镜之后,人们关心的是行星是如何在天空中运动的。伽利略(Galileo Galilei)首次将望远镜对准了天空的行星,开创了天文学的新纪元。伽利略在1610年第一次使用望远镜观测火星,但是除了看到一个橘红色的星球以外并没有发现任何新的信息。惠更斯(Christiaan Huygens)在1655年11月留下了首份可以信赖的火星表面手绘图,其中显示了一个具有三角形特征的区域,后来被命名为Syrtis Major。惠更斯还认为火星自转周期略大于24h——十年后卡西尼(Cassini)确认了这个结论。卡西尼还观测了火星掩星的现象,也即火星从一颗恒星前方掠过,由此得到火星具有大气层的结论(图1-22)。1672年,惠更斯可能是第一个观测到火星具有一个明亮的南极盖,卡西尼后来认识到南北两极都存在。

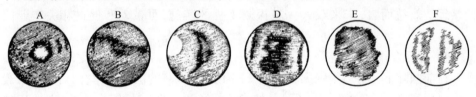

图1-22 1666年卡西尼(Cassini)绘制的火星

贾科莫·马拉迪(Giancomo Miraldi)在1704年确定火星南极冰盖的中心并非位于火星自转极轴。之后在1719年的火星冲期间马拉迪观测了火星的南北极冰盖和火星冰盖的短时间变化。到了1783年,威廉·赫歇尔(William Herschel)仔细研究了两极盖如何随着季节的变化而变化。赫歇尔还将火星的自转周期精确地确定为24h39min21.67s,并推断火星表面存在稀薄的大气。奥诺雷·弗洛热尔格(Honore Flaugergues)于1809年发现了火星表面的"黄色云",这是首次观测到火星沙尘暴的纪录。弗洛热尔格也于1813年观测到了火星春季期间极地冰冠明显的退缩。他因此错误推测火星气候比地球温暖。

到了19世纪30年代,利用望远镜观测并绘制火星地图已经相当普遍。1840年,两个德国天文爱好者约翰·海因里希·冯·梅德勒(Johann Heinrich von Mädler)和威廉·比尔(Wilhelm Beer)出版了第一幅火星地图,这是第一张用经纬度标注地球以外行星的地图。他们还测量了火星的自转周期为24h37min22.6s(与目前测得的结果只相差了0.1s)。到了19世纪70年代,火星被描绘成与地球非常类似:它一天的时间长度与地球接近;具有大气层;有一年四季的变化,尽管由于轨道半径的原因它的持续时间几乎是地球的两倍;它有极盖,而且很有可能是水冰构成的;除此之外,火星上还可能存在大量液态水(Open Water)——所有这些得到的结论是火星上肯定存在某种形式的生命。

天文学家长久以来就推测过火星存在卫星,德国天文学家约翰内斯·开普勒甚至曾经成功预测火卫的数目,虽然根据的是错误的逻辑推论:他认为木星拥有4颗卫星,而地球则有1颗,所以火星应该有2颗卫星存在。也许是受到开普勒的启发,乔纳森·斯威夫特的著名讽刺文学作品《格理弗游记》在第3章拉普达之旅中就提出火星拥有2颗卫星的想法。法国文学家伏尔泰可能受到斯威夫特的影响,在1750年创作的短篇故事《微型巨人》(Micromégas)描述火星人造访地球,其中提到火星拥有2颗卫星。1877年火星大冲,天文学家和爱好者们纷纷把望远镜指向了火星。美国海军天文台的霍尔(Asaph Hall)(图1-23)在8月10日发现了火星的第一颗卫星,一周后发现了另一颗更接近火星的卫星。他把这两颗卫星命名为德莫斯(Deimos)和福布斯(Phobos),意为恐怖和惊慌。

在米兰布雷拉天文台工作的意大利天文学家斯基帕雷利(Schiaparelli)

（图1-24）发现自己观测到的火星表面和现有的地图存在不一致，因此决定自己绘制火星地图。斯基帕雷利先后就读于都灵大学和柏林天文台（Berlin Observatory），1859—1860年间曾在普尔科沃天文台任职，之后在米兰的布雷拉天文台工作了超过40年。1877年9月（当年9月5日为火星近日点冲），斯基帕雷利首先出版了详细的火星地图（图1-25）。他在火星上的明亮区域发现了一些细长的线条，斯基帕雷利采用了几十年前Angelo Secchi引入的一个词"渠道"（Canali）来命名这些线条。他认为这些渠道是自然形成的，但是这个单词也可以翻译为人工运河的意思。1892年，坚信存在地外生命的法国天文学家Camille Flammarion在他的《火星及其宜居条件》中推测这些运河可能是由高等生命建造的一种全球性的灌溉系统。

图1-23　发现了火星两颗卫星的霍尔

图1-24　意大利天文学家斯基帕雷利

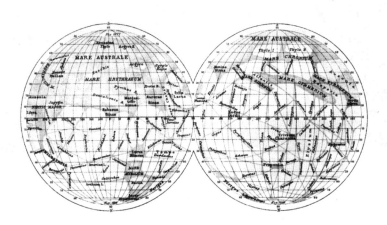

图1-25　斯基帕雷利绘制的火星地图

　　1892年，William Henry惊奇地发现在火星的黑暗区域发现了一条微弱的暗线。这也就是说黑暗区域肯定不是海洋。早在1860年，Emmanuel Liais认为当季节变化周期变暗时水就不再存在,而是干枯的河床,当极盖中的水分蒸发进入大气后用于灌溉。1894 年,Pickering 接受了罗维尔(Lowell)的邀请去观测火星。罗维尔对科学的贡献包括发现冥王星,但是他早期的活动关注火星。罗维尔于 1894 年在亚利桑那州的弗莱斯达夫建立了一座私人天文台,专门用来研究火星上的"渠道"。在这里,罗维尔利用 0.6m 口径的反射式天文望远镜观测到了数百条"渠道"(图 1 –26),并写了《火星》(1895)、《火星与运河》(1906)以及《生命的居住地火星》(1908)三本书来阐述他关于这些"渠道"形成的原因。根据罗维尔的观点,古代的火星曾经存在较厚的大气层,使得火星表面温度适宜,且存在大量的水。一种火星的智慧生物种群生活在这样的自然环境中,并遍布整个火星。但由于火星的体积只有地球的 52%,大气逐渐向太空逃逸,使得火星表面温度降低,火星上的水大量消失。这使得火星上的智慧生物种群逐渐向温暖的赤道地区转移,并建造了水渠网络将火星两极的水引向缺水的赤道地区。

　　1896 年,受到罗维尔第一本著作《火星》的启发,威尔斯(Herbert George Wells)完成了科幻小说《世界大战》,根据其改编的广播剧因内容过分逼真甚至导致了美国大量家庭的恐慌。1911 年,Edgar Rice Burroughs 出版了第一本关于火星的科幻小说。Alexei Tolstoy 在 1923 年出版的"Aelita"对苏联的空间项目尤其是火星探测具有重大的影响(图 1 –27)。

图 1 –26 罗维尔在观测火星

图 1 –27 《世界大战》中的火星人形象

　　1867 年,William Huggins 和 Janssen 各自利用分光镜探测火星大气中水蒸气。随后 H. C. Vogel 和 E. W. Maunder 分别在 1872 年和 1875 年做了类似的观测,但是这种视觉的观测方法并不是很严格。1894 年,W. W. Campbell 发现没有水蒸气存在的证据。但是 Vogel 在 1895 年获得了光谱照片,坚称找到了水蒸气存在的证据。1908 年,V. M. Slipher 利用电影胶片拍摄了火星的光谱照片。在 1909 年的大冲,Campbell 证明了火星大气是干枯的。同年,一个长期观测火星的天文学家 An-toniadi 被邀请使用在巴黎的 83cm 口径的"Grand Lunette"反射望远镜。在 9 月 20 日,一个晴朗的夜晚,他惊奇地发现之前观测到的连续的线条实际上是由大量的节点、暗条纹、斑点组成。尽管对于大多数天文学家而言,1909 年标志着罗维尔认为火星存在智慧生命时代的结束,但是直到进入太空时代之前,暗黑区域是植被的说法仍然没有受到怀疑。而且被 NASA 采纳的用于第一次火星探测任务的火星地图由 E. C. Slipher 绘制,上面仍然使用了"运河"的标记。

在 1909 年大冲以后,对火星的研究不再集中于绘制地图,而是研究火星的表面压力和温度、获取详细的光谱数据,以及确认极盖的成分。1924 年,Edison Pettit 和 S. B. Nicholson 第一次对火星温度进行了测量,得到的全球温度约为 -30℃。事实是暗黑区域的温度达到了 20℃。如果罗维尔的估计是准确的,那么极盖必定是水冰。1947 年,人们第一次借助分光镜获得了大气成分的证据。当时 G. P. Kuiper 使用一个由军方研制的新型红外探测器探测到了二氧化碳。人们从地球大气的成分推断,认为火星大气的主要成分是氮气。但是这无法从地球表面观测,因为它的吸收线位于紫外频段,而无法穿透地球大气。1957 年,美国天文学家 William M. Sinton 研究近红外波段的吸收特征,他认为是有机分子的碳氢化合物。

随着观测设备的发展,人们重新开始寻找火星的水蒸气。1954 年,有法国天文学家将望远镜绑在气球上以避免地球大气的干扰来观测火星,但是任务失败了。1963 年,Audouin Dollfus 在瑞士建造了一台特殊的分光镜,试图通过地球和火星相对运动产生的多普勒效应来分解光谱特征。几乎同时,Hyron Spinrad 和 Mount Wilson 利用一种新的红外敏感胶片获得了光谱图。他们的结果被后来一个美国天文学小组利用气球上的望远镜在平流层观测所证实。尽管认为水蒸气只是微量的,但是计算表明液态水能够存在于火星表面,假定 87hPa 的压力而且气温不超过 35℃。1961 年,Harold Urey 提出了一个激进的看法,认为火星大气中不存在氮气,如果这是真实的话,那么火星环境会变得非常严酷,即使低级植物也很难生存。

1965 年 3 月 9 日,火星到达了自望远镜发明以来 167 次大冲,这并不是一个特别适合望远镜观测的机会,但是在 4 个月以后,这颗红色的星球会被第一个机器人使者造访。

1.3.2 太空时代的火星探测

1957 年 10 月 4 日,苏联的第一颗人造卫星"斯普特尼克"1 号(Sputnik - 1)发射升空,标志着人类太空时代的来临。将人造物体送入太空的实践开启了太空探索的一个新领域。自从人类进入太空时代之初,火星就是航天器探测器的主要目的地之一。这部分是由于火星和地球如此接近,但使人类对火星感兴趣的主要还是想探索这个地球的近邻上是否存在生命。时至今日,探索火星计划的初衷还是为了解答火星在过去和现在是否支持生命存在的问题。尽管人类对火星探测的兴趣高涨,但是火星并不是一个容易到达的地方。在历史上大约有三分之二的火星探测任务部分或全部失败。截至 2014 年 10 月 1 日,美国、苏联/俄罗斯、欧洲、日本以及印度共实施了 43 次火星探测任务,成功或部分成功 22 次,失败 21 次。

在 1960 年到 1975 年间,掀起了人类火星探测的第一个高潮。在此期间,苏联于 1960—1969 年发射了火星 – 19××(Mars – 19××)系列 6 颗,1964—1965 年发射了探测器(Zond)系列 2 颗,1971 年发射了宇宙神(Cosmos)1 颗,遗憾的是全部失败。在 1962—1973 年间发射了火星 – ×(Mars – ×)系列(图 1 – 28)7 颗,其中成就较大的是"火星"2 号、3 号和 5 号。"火星"2 号轨道器在八个多月的时间里不断送回观测数据。"火星"3 号于 1971 年 12 月 2 日首次实现了火星表面的软着陆,遗憾的是在着陆后密封舱只在 20s 里送回电视电波,随后信息就中断了。"火星"5 号探测了火星温度和臭氧层等数据,但在绕火星运行 9 天后与地面失去联系。

图 1 – 28　苏联"火星"4 号、5 号探测器外形图

美国的火星探测起步晚于苏联,但首先获得了成功。美国于 1964—1970 年发射了"水手"(Mariner)系列,其中"水手"4 号是第一个成功飞越火星的探测器,于 1969 年 7 月 15 日返回了 22 张火星近距离照片,"水手"9 号于 1971 年 11 月 13 日进入围绕火星轨道,成为火星第一个人造卫星。美国于 1976 年实现了"海盗"1 号和 2 号探测器在火星表面成功软着陆的壮举(图 1 – 29),其中"海盗"1 号着陆于克里斯平原,一直工作到 1985 年结束寿命,"海盗"2 号着陆在乌托邦亚平原,一直工作到 1980 年 4 月 11 日。

此后,苏联到 1988 年都没有再进行火星探测,直到 1988 年 7 月发射了"福布斯"(Phobos)1 号和 2 号,对火星的卫星进行探测。"福布斯"1 号在发射 2 个月后与地球失去联系,"福布斯"2 号在 1989 年准备着陆火卫一之前与地球失去联系。1996 年,俄罗斯发射了"火星"96 探测器,它由一个轨道器、两个着陆器和两个撞击穿透器组成,但是由于运载火箭故障,探测器坠毁在太平洋中。2011 年 11 月 9 日,俄罗斯"福布斯 – 土壤"(Phobos – Grunt)探测器(图 1 – 30)搭载中国首个火星探测器"萤火"1 号(YH – 1)在拜科努尔发射升空,由于俄探测器的主发动机未能

图 1-29 美国"海盗"号着陆火星(图片来源:NASA)

图 1-30 俄罗斯"福布斯-土壤"探测器

按计划点火因而无法成功变轨进入地火转移轨道,任务宣告失败。

"海盗"号任务之后,美国的火星探测进入了一个持续的低谷,直至 20 世纪 90 年代,"火星观察者"号(Mars Observer)于 1992 年 9 月 25 日发射,吹响了重返火星的号角。然而"火星观察者"号于 1993 年 8 月 22 日即将进入火星轨道时与地球失去了联系。经过 4 年技术改进后,美国相继于 1996 年 11 月 6 日和 12 月 4 日成功地发射了"火星全球勘探者"(Mars Global Surveyor,MGS)探测器和"火星探路者"(Mars Pathfinder,MPF)探测器,其中"火星探路者"是继 1976 年"海盗"号之后再次着陆火星表面,任务取得了圆满成功。然而,美国在 1998 年和 1999 年发射的"火星气候轨道器"(Mars Climate Orbiter,MCO)和"火星极地着陆者"(Mars Polar Lander,MPL)探测器相继失败,对美国的火星探测造成了巨大的打击。在吸取了深刻的教训之后,美国终于在 2001 年又成功地发射了"火星奥德赛"(Mars Odyssey)探测器。2003 年 6 月 10 日和 7 月 8 日,又相继发射了"火星探测漫游者"A 和 B(Mars Exploration Rover,MER),分别命名为"勇气"号(Spirit)和"机遇"号(Opportunity)。2004 年 1 月 3 日"勇气"号安全地在古谢夫坑(Gusev Crater)区域着陆。1 月 24 日,"机遇"号也成功地在梅里迪亚尼平原(Meridiani Planum)着陆。

随后在 2005 年 8 月 12 日成功发射了"火星勘测轨道器"（Mars Reconnaissance Orbiter，MRO），迄今仍在火星轨道运行。2007 年 8 月 4 日成功发射了"凤凰"号（Phoenix）着陆器，它是首个成功着陆火星北极的探测器。2011 年 11 月 26 日，迄今为止全球最先进、最复杂的火星探测器——"火星科学实验室"（Mars Science Laboratory，MSL）——成功发射，并于 2012 年 8 月 6 日在火星表面着陆，被命名为"好奇"号（Curiosity）的火星漫游车（图 1 – 31）迄今仍在火星表面运行。图 1 – 32 为"海盗"号之后美国发射的火星着落器和漫游车比较。

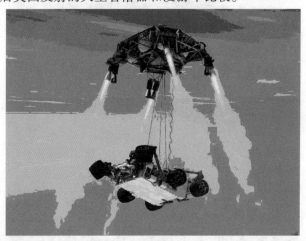

图 1 – 31　"好奇"号着陆火星（图片来源：NASA）

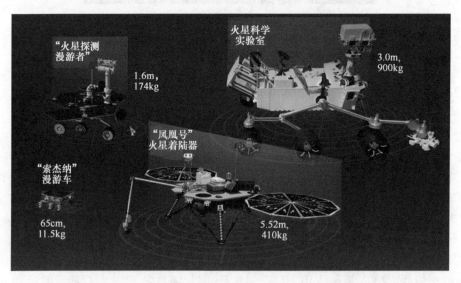

图 1 – 32　在"海盗"号之后美国发射的火星着陆器和漫游车比较

除了美国和俄罗斯，其他国家也相继开展了火星探测任务。日本于 1998 年 7 月发射的"希望"号（Nozumi）火星探测器（图 1 – 33），由于一次错误的机动消耗了过多的燃料而无法按计划在 1999 年 10 月进入环火轨道,任务小组决定在行星际飞行 4 年后,利用地球借力飞行于 2003 年 12 月再次到达火星,然而"希望"号最终未能进入环火轨道,日本首次火星探测任务宣告失败。

图 1-33　日本"希望"号火星探测器

欧洲空间局(ESA)于 2003 年 6 月发射的"火星快车"(Mars Express)于当年 12 月顺利进入火星轨道,并陆续发回所拍火星照片,而"火星快车"所携带的"猎兔犬"2 号(图 1-34)着陆器与"火星快车"轨道器分离,没有返回任何信号。

图 1-34　"猎兔犬"2 号效果图

中国的第一个火星探测器"萤火"1 号于 2011 年 11 月搭载俄罗斯的"福布斯-土壤"探测器在拜科努尔发射升空,由于俄方探测器发动机故障,"萤火"1 号未能进入地火转移轨道,中国首个火星探测任务宣告失败。

印度于 2013 年 11 月成功发射了首个火星探测器"曼加利安"号(Manga-lyaan),并于 2014 年 9 月到达火星。此次探测任务是技术论证项目,目的是发展印度的行星探测任务的设计、计划、管理以及操作方面的技术。

美国的火星探测任务

2.1 "水手"3号、4号(1964 Mariner 3,4)

表2-1为"水手"3号、4号概况。

表2-1 "水手"3号、4号概况

探测器名称	Mariner 3,4
任务类型	飞越火星
发射日期	1964.11.05/1964.11.28
到达日期	未进入行星际轨道/1965.07.15
探测器尺寸/m	2.9×6.85
探测器质量/kg	261
运载火箭	"阿特拉斯-阿金纳"D(Atlas-Agena D)
科学载荷	等离子探测器、辐射探测器、磁力计、离子腔室、宇宙射线探测器、宇宙尘埃探测器以及视频相机
控制系统	12个N_2推力器,3个陀螺,老人星敏感器,地球敏感器,火星敏感器,2个主太阳敏感器,2个次太阳能敏感器
电力	28224块太阳能电池片,4块太阳能帆板(176cm×90cm),总面积6.5m^2,火星附近提供310W电力,1200W·h银锌电池

（续）

探测器名称	Mariner 3,4
通信	双向 S 波段,10W TWTA 发射机,单个接收机,全方位低增益天线,抛物面高增益天线,磁带记录仪
推进	单组元肼推进剂,225N 发动机,4 个矢量控制推力器

2.1.1 任务概述

2.1.1.1 任务背景

1)"水手"系列的诞生

20 世纪 50 年代末,位于加州理工学院(California Institute of Technology, Caltech)的喷气推进实验室(Jet Propulsion Laboratory,JPL)开始了行星际任务的研究,计划中的第一个行星际飞行任务称为"维加"号(Vega)。该任务计划进行三次飞行:1960 年飞往月球和火星,1961 年飞往金星。使用的运载工具是"阿特拉斯 – 维加"(Atlas – Vega)火箭。但是在当时 NASA 刚开始启动"水星"(Mercury)载人任务,计划要将一位宇航员送上环绕地球的轨道,这个昂贵的项目使 NASA 的财政状况变得拮据,因此"维加"号计划没有得到 NASA 的批准。随后 JPL 又开始转向研制新系列的行星际探测器,并将其命名为"水手"(Mariner)系列。"水手"系列探测器的质量相对比较大,需要使用以液态氢作为燃料的"半人马座"(Centaur)上面级。按照研制的先后顺序,"水手"系列分为两类:"水手"A 和"水手"B。

"水手"A 是一个金星飞越探测器,计划于 1962 年发射。"水手"A 的发射质量为 686kg,探测器主体是一个六边形的框架,其内部包含了电子设备舱,外部支撑着一个高增益抛物面全向天线、一个低增益全向天线、两块太阳能帆板(总面积 $3.6m^2$, 在地球附近能提供 300W 的电力, 金星附近提供 600W 电力)以及四个敏感器。科学载荷包括了一只用于测量金星大气温度的辐射计、一台用于研究金星高层大气成分的紫外光谱仪、一只用于研究行星际空间的磁场并确定目标天体是否存在磁场的磁力计, 另外还装备了一台等离子探测仪、一只辐射计数器和一台微流星体探测仪。

"水手"A 采用了三轴姿态稳定方式。为了确保紫外光谱仪和磁力计在飞越金星期间能够精确指向金星, 它们安装在一个可以转动的万向节平台上。"水手"A 使用一个单组元肼燃料发动机用于轨道中途修正, 目的是消除入轨误差。第一次中途修正将会在发射后几周内进行, 并计划在到达金星前进行第二次轨道修正。

"水手"B 是一台更大更具野心的探测器, 用于探测金星和火星。当探测器接近火星时, 它将会释放一个小型着陆舱进入火星大气并通过降落伞在火星表面着陆。它将携带一个气压计、一个温度计、一个分光计和一个气体色谱仪来研究火星大气, 在着陆后将会使用一只全景照相机来拍摄着陆点附近的环境。而探测器从距离火星 15000km 处飞越, 其携带的科学载荷与"水手"A 类似, 还包括了一个分辨率为 1km 的照相机。"水手"B 系列计划安排不少于 4 次任务: 1964 年两次飞往火星, 1965 年两次飞往金星。

2) 第一次行星际任务——"水手"1 号、2 号

由于"半人马座"低温上面级的研制遇到了技术上的难题, 似乎在短时间内无法攻克, NASA 在 1961 年初考虑取消原定 1962 年飞往金星的"水手"A 任务, 以集中精力准备 1964 年飞往火星的"水手"B 任务。但是出于政治上的考虑, 为了防止苏联人在行星际探测上抢先获得又一个令美国人耻辱的"第一次", JPL 提出了一个新的任务——"水手"R, 它实际上是"水手"A 任务的简化版本, 继承了"徘徊者"(Ranger)月球探测器的技术, 目的是通过飞越金星来获得行星际探测的经验。预计"水手"R 任务将会花费几百万美元, 但是其潜在的科学和工程回报是值得的。最终, NASA 在 1961 年 8 月 31 日正式决定取消"水手"A 任务, 而由"水手"R 任务取而代之。两个完全一样的"水手"R 探测器分别命名为"水手"1 号和"水手"2 号。

1962 年 7 月 22 日, "水手"1 号从卡纳维拉尔角发射升空。但是发射后不到 5min, 阿特拉斯火箭偏离了预定轨道, 进而对大西洋上的航线产生了威胁, 地面控制中心按程序发出了火箭自毁指令, "水手"1 号坠入了大西洋。事后经过调查发现, 火箭偏离预定轨道的原因是阿特拉斯火箭的制导软件中一个计算火箭平均速度的公式出现了错误。

在经过 1 个月的仔细检查后, "水手"2 号于 1962 年 8 月 27 日发射升空。起飞后 26min, "水手"2 号进入日心转移轨道。9 月 3 号进入三轴稳定模式以准备第一次轨道中途修正, 9 月 4 日按计划进行了第一次中途修正, 速度增量为 33.1m/s。

"水手"2号持续109天的巡航段故障不断:首先是探测器姿态失稳,这可能是由于微流星体撞击导致的;然后是抛物面天线上的敏感器无法跟踪地球;在发射65天后其中一块太阳能帆板无法提供能源。1962年12月14日19:59 UTC,"水手"2号从距离金星34854km处飞越,是世界上第一个成功到达金星的探测器,在飞越期间进行了35min时间的科学观测。"水手"2号于1963年1月3日与地球失去了联系,此时距离地球8670万km,已经在太空飞行了129天。

尽管"水手"2号的科学成果比较有限(当时利用地面望远镜甚至能获得更加详细的金星红外地图),而且遇到了一系列的技术故障,但是"水手"2号还是获得了如何管理和实施一次简单行星际任务的宝贵经验。"水手"2号任务的经费约为1亿美元(按照2000年的购买力)。

3)启征火星——"水手"3号、4号

1962年5月8日,用于发射行星际探测器的"阿特拉斯-半人马座"(Atlas-Centaur)火箭第一次飞行测试宣告失败,这对1964年准备发射飞往火星的"水手"B任务产生了很大影响。随后NASA重新审查了探测太阳系的计划,决定将首个探测火星的"水手"B任务从1964年推迟到了1966年。但是1966年的窗口已经计划用于发射第一个"旅行者"(Voyage)任务,为了充分利用1964年的火星发射窗口,NASA考虑从两个新提议的火星探测方案中选择一个实施。第一个方案是由戈达德太空飞行中心提出的,该方案中探测器携带一个着陆舱用于收集火星大气的物理和化学数据,并在火星表面软着陆。第二个方案来自JPL,并命名为"水手"C,计划建造两个完全相同的探测器飞越火星,每个探测器的质量只有几百千克,用"阿特拉斯-阿金纳"(Atlas-Agena)火箭就可以发射。

NASA对这两个方案进行了评估,主要考虑因素包括以下几个方面:第一是科学载荷的研究进度,以可能在最优的发射窗口内发射;其次是该任务会对未来的着陆任务产生多大的贡献;最后是尽可能采用现有的成熟技术,以使任务的风险、研制时间和经费最小化。戈达德的方案看起来是非常具有吸引力的,但是要面对两个艰难的技术挑战。首先,它包括了一系列关键的事件,如释放着陆舱并以合适的角度进入火星大气,然后展开降落伞并在火星表面着陆,这些关键技术在此前都没有进行过验证。同时该任务还有可能将地球的微生物污染火星的风险,因为此时NASA还没有掌握严格的消毒技术。在经过慎重考虑后,NASA在1962年底正式宣布JPL的方案胜出,届时"水手"C系列——命名为"水手"3号、4号——将会执行第一次飞越火星的任务。"水手"C任务共花费了3.7亿美元(按照2000年的购买力)。

2.1.1.2　任务目的

"水手"3号和4号(图2-1、图2-2)的目标是通过飞越火星来研究火星大气,对行星际空间环境进行观测,积累制造行星际探测器的工程经验。

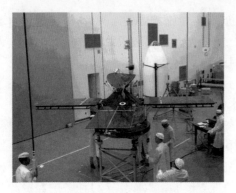

图2-1 "水手"4号探测器在JPL进行系统
测试（图片来源：NASA/JPL）

图2-2 "水手"4号质量和质心测定
（图片来源：NASA/JPL）

2.1.2 科学载荷

"水手"3号、4号安装了7个科学载荷（表2-2），包括宇宙射线探测器、宇宙
尘埃探测器、捕获辐射探测器、电离腔室、等离子探测器、磁力计以及视频相机，总
重15.5kg，不需要精确对准行星的安装在探测器本体上，需要精确对准行星的安
装在可移动的平台上。视频相机是一个5.1kg重的照相机，采用了直径为38mm、
焦距305mm的卡塞格林光学系统，成像在一个摄像机屏幕上，每张照片被转换成
200×200像素的阵列。一个磁带记录仪储存摄像机输出的图像，过后通过回放传
输到地球。根据标称飞越程序，一个宽视场敏感器会搜索火星，在行星被确认后，
驾驶系统转换到跟踪模式，等待行星进入窄视场敏感器的视野，随后开始拍摄
程序。

表2-2 "水手"3号、4号的科学载荷

科学载荷	质量/kg	功耗/W	构　成	功　能
宇宙射线探测器	1.17	0.598	1个固态检测器，电子逻辑电路	测量火星附近的带电粒子，行星际空间的太阳耀斑粒子，以及1到1.5个天文单位内太阳系的宇宙射线密度
宇宙尘埃探测器	0.95	0.201	1个敏感器，1个转换器，1个放大器和1个存储器	测量地月系统、火星及其卫星系统和行星际空间宇宙尘埃粒子的动量和质量分布
捕获辐射探测器	1.00	0.350	3个盖革-穆尔（Geiger-Mueller）计数器，1个35-μ表面格栅探测器，放大器和鉴别器	测量火星附近磁场捕获的带电粒子，同时还可以监测行星际空间的宇宙射线和高能电子

（续）

科学载荷	质量/kg	功耗/W	构　　成	功　　能
电离腔室	1.23	0.460	1个氩离子腔室和1个盖革-穆尔计数器	氩离子腔室测量收集到气体的电离电流,盖革-穆尔计数器测量行星际空间穿越敏感器件带电粒子的总通量
等离子探测器	2.91	2.65	1个敏感器和电子设备	测量来自太阳的等离子体的光谱分布、通量密度和时间记录
磁力计	3.40	7.30	1个敏感器和电子设备	测量火星和行星际空间的磁场,测量其大小和相对行星自转轴的方位
视频相机	5.12	8.0	1个敏感器,2个彩色滤光镜	在飞越火星期间拍摄火星照片,照片被记录在磁带记录仪上,在经过火星背面后传回地球

2.1.3　探测器系统

为了避免重复发生"水手"2号在巡航飞行过程中的故障,"水手"3号、4号专门针对行星际探测进行了优化设计。由于使用了创新的超轻型组合结构,尽管"水手"3号、4号比"水手"R更先进,但是质量几乎相同。探测器(图2-3、图2-4)发射质量261kg,由13.8万个零部件组成,探测器高度2.9m,宽度6.85m(含太阳能帆板)。主体是一个由镁金属制成的八边形框架,高度45.7cm,宽度138.4cm,其中安装了序列发生器、通信系统、蓄电池和推进剂舱。太阳能帆板固定在探测器本体上,其指向相对探测器本体保持不变。太阳和老人

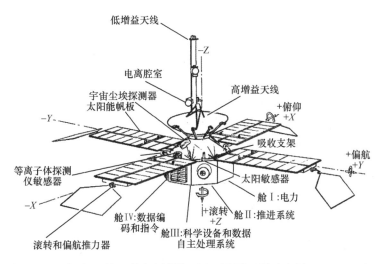

图2-3　"水手"3号、4号探测器构型(上视图)(图片来源:NASA/JPL)

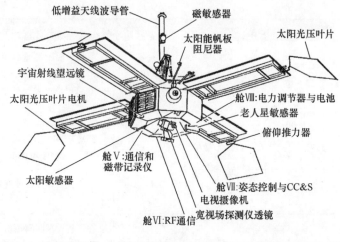

低增益天线波导管　　　　磁敏感器
　　　　　　　　　　　　太阳能帆板
　　　　　　　　　　　　阻尼器　　　　太阳光压叶片

宇宙射线望远镜

太阳光压叶片电机　　　　　　　舱Ⅷ:电力调节器与电池
　　　　　　　　　　　　　　　老人星敏感器
　　　　　　　　　　　　　　　俯仰推力器

舱Ⅴ:通信和
磁带记录仪
太阳敏感器　　　　　　　　　舱Ⅶ:姿态控制与CC&S
　　　　　　　　　　　电视摄像机
舱Ⅵ:RF通信　宽视场探测仪透镜

图2-4　"水手"3号、4号探测器构型(下视图)(图片来源:NASA/JPL)

星提供姿态稳定的基准。通信系统包括了无线电、指令和数据编码子系统,不但提供地面和探测器之间的双向通信能力,而且提供精确的探测器径向速度和距离信息用于轨道确定。

　　"水手"3号、4号探测器包括以下8个子系统:

　　1)姿态控制子系统

　　探测器的姿态由安装在太阳能帆板末端的12个低温气体(氮气)推力器来保持稳定。这些推力器由来自陀螺或者星敏感器和太阳敏感器的信号进行控制。姿态控制系统根据这些信号命令某几个推力器喷气,这样就会对探测器施加一个反作用力,从而来控制探测器的姿态。偏航和俯仰控制由两个太阳敏感器提供,滚转控制由星敏感器提供。"水手"2号有一个地球敏感器作为姿态确定系统的一部分,但是后来证明是不可靠的。因此"水手"3号、4号安装了太阳敏感器和指向老人星的星敏感器(图2-5),选择老人星作为参考是因为它的亮度比较合适,而且它的位置几乎垂直于黄道面。

　　探测器还有一个辅助的姿态控制系统用于修正太阳光压造成的姿态不平衡,它是由安装在太阳能帆板末端的舵片来实现的。但是后来的飞行结果表明在太阳能帆板末端安装的舵片没有作用,经过分析认

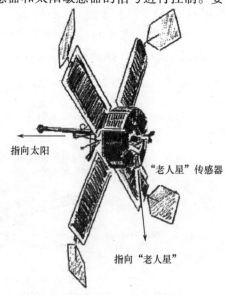

指向太阳

"老人星"传感器

指向"老人星"

图2-5　"水手"3号、4号探测器
利用太阳和老人星确定姿态
(图片来源:NASA/JPL)

为这是由于太阳光压导致的摄动可以忽略,而且姿态控制产生的力和力矩小于氮气推力器气体缓慢泄漏造成的摄动。因此在"水手"4号以后的深空探测器都没有安装此类舵片。

　　姿态控制系统的操作分为三种模式:巡航模式、机动模式和惯性滚转模式。在巡航模式,姿态控制系统利用太阳和老人星建立并保持三轴稳定姿态(图2-6)。在机动模式,姿控系统(图2-7)根据中央计算机和程序子系统(CC&S)的指令将推进系统的推力轴指向所需的方向。在惯性滚转模式,姿控系统接收来自滚转通道的惯性位置误差信号,而不是来自老人星敏感器的位置误差。

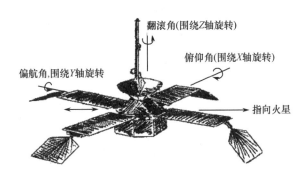

图2-6　"水手"3号、4号探测器的三轴定义(图片来源:NASA/JPL)

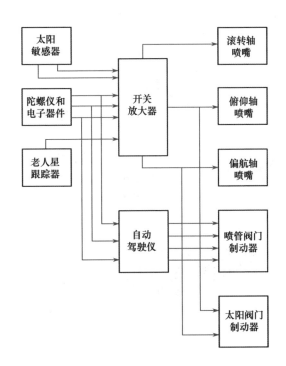

图2-7　"水手"3号、4号探测器姿态控制子系统(图片来源:NASA/JPL)

2）中央计算机和程序子系统

该子系统给探测器提供基本的序列信号，比如太阳能帆板展开、轨道修正、姿态控制系统的激活、飞越火星的相关事件，以及探测器传输速率的改变、不同通信天线之间的转换和星敏感器锥角的改变。

3）指令子系统

探测器的接收机将地面上传的复合信号进行解调，并将含有指令的载波信号发送到指令子系统。指令子系统检测到指令序列以后，对其二进制信息进行解码并发送指令信息到相关的探测器子系统。每个"水手"任务总共有 30 条指令需要上传到探测器。其中的 29 条指令是固定不变的，有 1 条是在轨道修正时建立探测器的姿态并确定发动机的点火时间，需要根据当时的轨道确定结果计算调整。

4）数据编码子系统

从探测器下传到地面的数据结构由工程数据和科学数据组成，数据之间的排序由数据编码子系统来决定。这个数据结构由 420bit 组成，前 140bit 用于工程数据，剩余 280bit 供科学子系统应用。

5）无线电子系统

该系统由发送机和联合两个天线操作的接收机组成。发送机由两个冗余无线电功率放大器和两个冗余的激励器组成。在探测器八边形主体结构的顶部安装了一个铝制的蜂窝状高增益天线（图 2-8），它的指向是固定不变的，根据飞越火星期间相对太阳和地球的指向进行了优化设计。在高增益天线旁边一根 2m 长度的

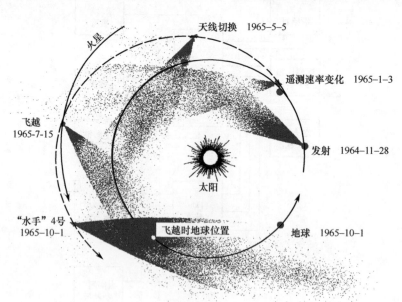

图 2-8 "水手"3 号、4 号探测器在飞行过程中的
高增益天线波束示意图（图片来源：NASA/JPL）

桅杆上安装了一个低增益天线。

和地面通信主要依靠低增益天线,它能在整个飞行阶段(包括中途轨道修正时)接收来自地面的指令。低增益天线和高增益天线之间的转换由地面指令决定。高增益天线的目的是在巡航轨道的后半段以及在飞越火星20天后对地发送遥测信息。

"水手"4号传输的10W信号被地球上的接收机接收到已经衰减到1×10^{-10}W,如此小的能量需要地面及其敏感的接收设备。NASA在全球120°经度分布的深空站装备了26m口径的雷达天线,在每个天线中心的可调带宽微波接收放大器是一个放置在液态氦里面的合成红宝石晶体。这样的设计可以保持内部或"系统"噪声足够小以能够接收到探测器及其微弱的信号。

6)电力子系统

探测器的主要电力来自四块太阳能电池板,太阳能帆板面积为$6.5m^2$,在地球附近能够产生700W的能量。第二个动力来源是一块可充电的银—锌1200W·h蓄电池,在探测器发射、轨道修正和其他机动期间提供电力。

7)推进子系统

中途修正发动机与"水手"R类似,可以进行两次点火。推力器推力大小为225N。原计划采取两次修正,因第一次修正效果很好,所以取消了第二次修正。推进剂由肼和四氧化氮组成,发动机最少的点火时间是50ms,最长时间是100s,相应产生的速度增量从0.2m/s到80m/s(基于270kg的有效载荷)。

2.1.4 任务过程

2.1.4.1 发射

1964年9月11日,运载三个"水手"C探测器(其中一个为备份)的专用货车经过4天的长途跋涉,从加利福尼亚州帕萨迪纳(Pasadena)的JPL到达了佛罗里达州肯尼迪角的空军东方试验场(Air Force Eastern Test Range)。在这里,两架"阿特拉斯 – 阿金纳"D(Atlas – Agena D)运载火箭(图2 – 9)已经待命。11月初,经过一系列繁杂的检查测试后,探测器和运载火箭矗立在发射台上开始进行发射前的最后演练,发射窗口于11月4日正式打开,持续约1个月的时间。

"水手"3号定于1964年11月5日发射,当天天气状况良好,发射倒计时也一切顺利。19:22:04.920 UTC,搭载着"水手"3号的"阿特拉斯 – 阿金纳"运载火箭从13号发射台发射升空。发射后约8min进入一条圆形停泊轨道,在停泊轨道滑行23.32min后,"阿金纳"上面级第二次点火。当上面级发动机点火结束后,地面通过遥测信息计算得到探测器所具有的能量只有4.06km²/s²,远低于到达火星所需的10.26km²/s²,这意味着"水手"3号将无法到达火星。

Deepspace
Mars
Exploration
Exploration

2.1 "水手"3号、4号(1964 Mariner 3,4)

047

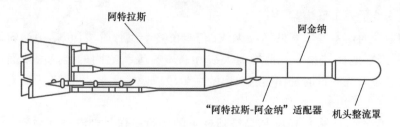

阿特拉斯

阿金纳

"阿特拉斯-阿金纳"适配器　　机头整流罩

图 2-9　"阿特拉斯－阿金纳"运载火箭（图片来源：NASA/JPL）

　　一个 JPL 领导的事故调查小组立即展开了调查,调查发现导致探测器无法获得足够逃逸能量的原因在于火箭的整流罩未能按计划分离。火箭在大气层中高速飞行时会受到强烈的大气摩擦力,整流罩是安装在火箭顶部用来保护探测器的装置,待火箭飞出大气层后整流罩也就完成了使命,将会按飞行程序分离,使探测器暴露在太空中。为了节约质量,NASA 采用蜂窝状玻璃纤维代替金属作为整流罩的制作材料,但是这种设计没有经过充分的测试,结果火箭在飞出大气层后整流罩未能按照预期程序分离,导致探测器与火箭上面级分离后无法展开太阳能电池板,因而探测器也无法获得能源。随后地面控制小组立即命令探测器进入故障模式,关闭科学设备尽量减少能量损耗,并不断通过点燃探测器上的发动机产生冲量试图使整流罩脱离,但是没有取得成功。发射后 8h43min,探测器上的蓄电池耗尽,美国首个飞往火星的任务宣告失败。

　　为了吸取"水手"3 号的教训,NASA 在"水手"4号发射前对运载火箭做了大量改进工作。除了对整流罩的改进,还包括了取消"阿金纳"上面级反推火箭。该反推火箭是为了防止上面级撞击火星设置的,取消反推火箭后则要求运载火箭的入轨瞄准点需要偏离火星约 60 万 km 距离,以保证"阿金纳"上面级撞击火星的概率小于万分之一。这个偏差将由巡航段的中途修正来消除,修正量在中途修正发动机的能力范围内。

　　1964 年 11 月 28 日 14:22:01.309 UTC,"水手"4 号使用同样的"阿特拉斯－阿金纳"运载火箭发射升空(图 2-10)。在整流罩分离的预定时间地面接收到来自探测器的载波能量增加了 15dB,这预示着整流罩成功分离。在第一级"阿特拉斯"分离后,上面级"阿金纳"保持惯性滑行一段时间,随后"阿金纳"第一次点火,点火结束后"阿金纳"和探测器进入一条高度为 188km 的近圆停泊轨道。

图 2-10　"水手"4 号发射
（图片来源：NASA/JPL）

在停泊轨道经过 32.25min 的滑行,地面发出指令使"阿金纳"的发动机第二次点火 96s 时间,点火结束后"阿金纳"和探测器结合体便进入了地火转移轨道。星箭分离后,探测器需要进行一系列操作建立对日稳定姿态。太阳能帆板展开开始搜索太阳。搜索太阳的过程可达到 30min,期间由蓄电池进行供电。在对日定向后,探测器绕着日-器连线滚转直到星跟踪器被激活。一旦搜索到老人星后"水手"4 号就进入了巡航阶段。

11 月 29 日 06:59:03 UTC,地面接收到的遥测信息表明星敏感器已经通电,探测器进入正常滚转搜索模式。经过约 60.5° 的搜索,一个物体进入星敏感器的视场,随即陀螺仪关闭。但是遥测信息显示这个物体并不是需要定位的老人星。地面通过分析认为这是由于地球反照的亮度比预期的要大,因此星敏感器捕获了一颗比较暗的恒星。地面控制中心决定在地球的背景变得更暗的时候再次进行星敏感器的搜索。

之后在 11 月 29 日 13:12:57 UTC,两个敏感器锁定太阳。11 月 29 日凌晨 6 点左右,"水手"4 号开始搜索老人星,直到 11 月 30 日上午 11 点成功锁定老人星。这样"水手"4 号的一条轴指向太阳,另一条轴指向老人星,探测器在巡航段的指向就固定了。

"水手"4 号入轨后地面持续对其进行跟踪测量,得到了初步的轨道确定解。结果表明运载火箭的入轨精度良好(在 3σ 误差范围内)。"水手"4 号的发射过程如图 2-11 所示。

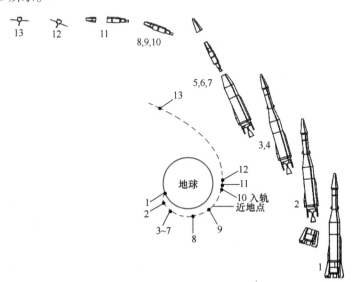

图 2-11 "水手"4 号的发射过程(图片来源:NASA/JPL)

1—发射;2—助推发动机关机并抛弃;3—主级发动机关机;4—微调发动机关机;5—整流罩抛弃;
6—"阿金纳"分离;7—"阿金纳"第一次点火;8—进入停泊轨道;9—"阿金纳"第二次点火;
10—"阿金纳"第二次关机;11—星箭分离;12—探测器获得太阳能;13—探测器锁定"老人星"。

2.1.4.2 行星际巡航

从完成姿态稳定到开始飞越火星称为巡航阶段。

"水手"4号在巡航段的大部分时间是无动力惯性飞行,但是为了消除入轨误差,需要进行一次轨道中途修正。因为即便是非常小的初始误差,在经过长达七个半月的飞行后将会放大到无法容忍的程度,而且为了防止"阿金纳"上面级撞击火星,"水手"4号的飞行轨道在火箭入轨时故意没有瞄准火星。同时在行星际巡航飞行的过程中,"水手"4号不但会受到太阳、地球和火星的引力作用,同时还会受到太阳系其他天体的引力作用,另外太阳光压作用在探测器上,也会对"水手"4号的飞行轨道产生干扰。所有这些施加在探测器上的摄动力会使其偏离预定的标称轨道,因此需要进行中途修正来重新瞄准目标点。

地面测控站对"水手"4号进行了持续几天时间的跟踪,估算了"水手"4号的飞行轨道,计算结果表明若探测器在巡航段不进行轨道中途修正,它将会在1965年7月17日从距离火星253800km处飞越。根据计划,第一次中途修正将在1964年12月4日进行。然而在当天,在"水手"4号已经接收到了地面的指令后突然失去了惯性空间的定向基准——星敏感器无法锁定目标恒星老人星,中途修正被迫推迟。

地面控制人员最终确认了发生故障的原因,原来是一粒只有针尖大小的灰尘悬浮在星敏感器的镜头前方,灰尘在阳光的照射下显得非常明亮,因此星敏感器不再锁定老人星而是进入恒星搜索模式开始跟踪这粒灰尘。最终在地面控制人员的干预下排除了这个故障。

在推迟一天后,第一次中途修正于1964年12月5日顺利执行(图2-12)。从地面发出的3条指令告诉"水手"4号需要进行的动作:首先转动俯仰角-39.16°;其次转动滚装角+156.08°;最后发动机于16:09:25 UTC开始点火,点火时长20.07s。发动机点火产生的速度增量是16.7m/s,这使得"水手"4号飞越火星的时间变为1965年7月15日01:46:00 UTC,飞越最近距离减小到9850km。

1965年2月11日和12日,地面总共向"水手"4号发出12条指令对飞越火星时需要进行观测的科学设备进行检查,并移除视频摄像机的镜头盖。

在整个飞行阶段,探测器硬件发生了两处故障:一次是1965年1月,等离子探测器无法识别数据,原因是一个电阻器(Resister)被开启了,后来调低了数据传输速率问题得以解决;另一次是1965年2月,离子腔室中的盖革-穆尔(Geiger-Mueller)计数器在记录到几次太阳耀斑后出现故障,到了3月17日便完全停止了功能。

巡航段飞行的大部分时间里,地面与"水手"4号的通信都是单向的,也就是只

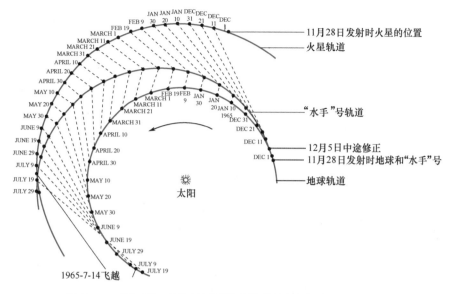

图 2 - 12 "水手"4 号的行星际转移轨道(图片来源:NASA/JPL)
JAN—1 月;FEB—2 月;MARCH—3 月;APRIL—4 月;MAY—5 月;
JUNE—6 月;JULY—7 月;DEC—12 月。

有探测器向地面站"下传"数据。只有少数场合安排了双向通信以获得精确的多普勒数据用于轨道确定。在巡航段前期,"水手"4 号采用的是全向低增益天线进行双向通信,直到 1965 年 3 月 5 日才转换到高增益天线,因为从这时开始固定在探测器上的高增益天线才能够指向地球。

1965 年 4 月 29 日,"水手"4 号与地球的直线距离达到了 1.056 亿 km,创造了当时空间通信的最远距离。

尽管在 1965 年 1 月离子腔室失效,并且等离子敏感器的数据接收也产生了故障,但是探测器仍然能够在长达 8 个月的行星际飞行中展开科学观测活动。观测发现,尽管太阳处于 11 年活动周期的最低潮,但远不止是平静的,在观测期间太阳耀斑爆发了 20 次。

2.1.4.3 飞越火星

飞越段定义为到达火星近火点前 9h 直到飞过近火点后 4h 这段时间。

从 1964 年 12 月 5 日中途修正到 1965 年 7 月 10 日"水手"4 号开始进入火星影响球(即从此刻开始火星引力成为"水手"4 号的主要引力源),地面不断对探测器进行跟踪并反复计算其飞行轨道。最终的轨道预报结果表明"水手"4 号将于 1965 年 7 月 15 日 01:04:49.5 UTC 到达火星近火点,此刻距离火星表面12322km。在达火星近火点前 1h 最新的轨道预报结果显示"水手"4 号将于 01:

00:58 UTC到达近火点,近火点高度13201km。造成与此前计算结果存在差异是由于天文单位(AU)大小的误差以及姿态机动时对轨道造成的微小摄动造成的。

飞越火星前10h开始启动一些列动作准备科学观测。7月14日15:41 UTC中央计算机和星载序列器开启扫描平台(视频相机和两个火星敏感器)搜索火星。视频磁带记录仪开始预热,准备开始记录照片。这些指令是发射前装载在探测器上的,如果无法自动执行,位于南非约翰内斯堡的跟踪站能够发送备份指令。

7月15日00:18 UTC,探测器从距离火星17600km处开始拍照,持续到00:43,此时距离火星12000km。到达距离火星最近时刻为01:01,距离火星9846km,相对速度5.12km/s。在飞越期间,火星在摄像子系统视角中的时间有20min,期间总共拍摄了21张照片并记录在磁带中。"水手"4号从火星下方飞越而过,并使"水手"4号的轨道倾角改变了2.67°。当"水手"4号飞越到火星背面时,地球上便无法看到探测器,这样当探测器开始被火星遮挡以及离开火星背面时就可以通过无线电信号来研究火星的大气和电离层效应(图2-13)。在被火星遮挡了53min53s后,7月15日03:13:04 UTC,探测器离开火星遮挡区。8.5h后"水手"4号开始向地面传输储存在磁带记录仪上的21张照片。

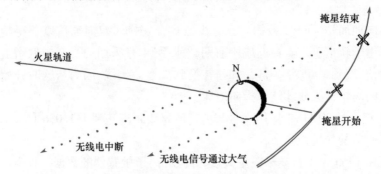

图2-13 "水手"4号飞越火星期间无线电被火星遮挡(图片来源:NASA/JPL)

在飞越火星后几个月地面定期与"水手"4号保持联系,在1966年3月到1967年初间断性地保持联系,从1967年7月到距离地球5×10^7km处再次保持持续联系。期间轨道修正发动机进行了第二次点火作为工程试验。与"水手"4号的最后一次联系是在1967年12月31日。

图2-14为"水手"4号飞越火星前后的轨道。

2.1.5 探测成果

"水手"4号在发射后两天内穿越了地球引力影响球,对范-艾伦(Van Allen)带的磁场进行了精确测量。在飞往火星的途中,"水手"4号持续测量了起伏不定的太阳活动,并记录到了200个微流星体的撞击。尽管当时处于太阳活动平静时

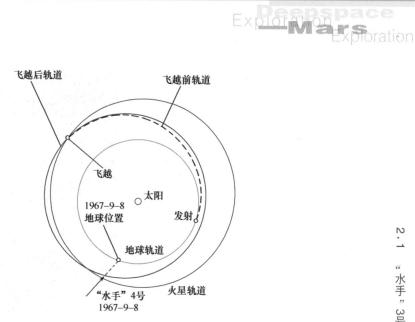

图2-14 "水手"4号飞越火星前后的轨道(图片来源:NASA/JPL)

期,但是"水手"4号还是探测到12～20次的太阳耀斑爆发活动。其中有几次被地面望远镜和地球卫星所证实。

在飞越火星期间,"水手"4号的无线电掩星数据给出了一个惊人的发现,自从罗维尔那个时代以来,人们相信火星大气主要成分是氮气,表面大气压为87hPa(1hPa=100Pa),温度接近于冰点。但是"水手"4号发现火星大气相当稀薄的,进入时表面大气压估计在4.5～5hPa之间,离开时估计为8hPa(具体值取决于大气成分,但是"水手"4号无法确定)。"水手"4号的观测数据暗示火星大气的主要成分是二氧化碳,而且表面温度比预期的要低,约为-100℃。如果着陆器要在火星表面软着陆,仅用降落伞是不够的,还必须使用反推火箭来减速。飞越火星期间通过多普勒跟踪数据计算探测器的飞行轨道可以推算火星的质量,其精度有了大幅提高。通过掩星现象还可以测量火星的直径。尽管飞越时的几何位置并不利于测量火星磁场,但是磁力计还是测量到了相当微弱的火星磁场,其强度不大于地球磁场强度0.03%。

在飞越火星期间,"水手"4号共拍摄了21张火星照片(图2-15～图2-17),覆盖了大约火星1%的表面积。照片中最明显的特征是火星与月球类似布满了大大小小的环形山,根据"水手"4号的观测结果可以得到的结论是:火星的地质历史与月球更类似,而不是和地球类似;环形山是由于撞击造成的,而且形成的速度与月球类似,暗示火星表面有20亿～50亿年的寿命;现存的环形山的状态表明火星大气没有腐蚀性作用,而且必定是非常稀薄的;通过对拍摄的照片分析,以及探测到火星没有磁场,意味着火星没有遭受大规模的地理活动;尽管"水手"4号不能证明火星上曾经存在过生命,但是上述几个发现也不能否定火星曾经存在生命。

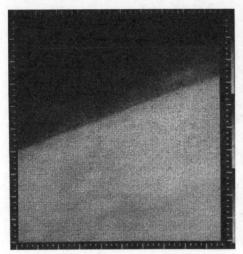

图 2-15 "水手"4 号拍摄的第一张
火星照片(图片来源:NASA/JPL)

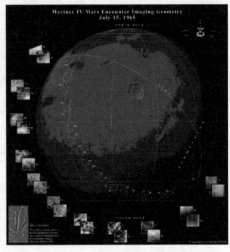

图 2-16 "水手"4 号在飞越火星期间
拍摄的照片(图片来源:NASA/JPL)

图 2-17 NASA 赠送给美国总统约翰逊(Lyndon B. Johnson)
"水手"4 号拍摄的火星照片(图片来源:NASA/JPL)

"水手"4 号是美国首个成功飞越火星的探测器,在 10 个月的飞行过程中提供了大量的行星际空间和火星的信息,探测成果任务颠覆了几个世纪通过望远镜对火星研究的认识,"水手"4 号任务可以说开启了火星探测的新纪元。

表 2-3 所列为"水手"2 号和 4 号的比较,表 2-4 所列为"水手"4 号飞行过程中的关键事件。

表 2-3 "水手"2 号和 4 号比较

参数名称	"水手"2 号	"水手"4 号
发射日期	1962 年 8 月 27 日	1964 年 11 月 28 日
飞越行星日期	1962 年 12 月 14 日	1965 年 7 月 15 日
成果	首次成功飞越金星	首次成功飞越火星
飞行时间/d	129	307
飞越最近距离/km	34833	9846
行星发现	<ul><li>表面高温,明暗处相同</li><li>云层低温,没有突变</li><li>微弱的磁场</li><li>没有探测到辐射带</li><li>没有探测到尘埃带</li><li>金星质量精度提高 10 倍</li><li>辐射≈3 伦琴①</li><li>太阳等离子特征</li><li>磁场特征</li></ul>	<ul><li>表面有环形山</li><li>4~7mbar 大气层</li><li>在火星大气不存在电离层通信问题</li><li>微弱的磁场</li><li>没有探测到辐射带</li><li>没有探测到尘埃带</li><li>火星质量精度提高 20 倍</li><li>辐射≈30 伦琴</li><li>太阳等离子特征</li><li>磁场特征</li></ul>

① 伦琴(R)为非法定计量单位。$1R = 2.58 \times 10^{-4} C/kg$

表 2-4 "水手"4 号飞行过程中关键事件

时间(UTC)		事件
1964.11.28	14:22:01.39	火箭起飞
	15:07:10	星箭分离
	15:15:00	太阳能帆板展开
	15:30:57	锁定太阳
1964.11.29	06:59:03	开始搜索老人星
1964.11.30	11:02:47	锁定老人星
1964.12.04	13:05:00~24:02:44	地面发出中途修正的指令;探测器突然失去对老人星的锁定。地面发出指令取消中途修正并开始搜索老人星
1964.12.05	13:05:00~16:58:19	成功执行中途修正
1964.12.06		等离子探测器部分组件故障,无法获取正常的科学数据
1964.12.07~12.09		失去对老人星的锁定,重复锁定船帆座 γ 星(Gamma - Vela)
1964.12.17		失去对老人星的锁定,地面指令搜索后重新锁定。地面发出指令降低星敏感器对过亮光源的敏感度

时间（UTC）		事　件
1965.01.03		由星上计算机指令将遥测速率从33.33b/s转换到8.33b/s；等离子探测器数据提高传输速率
1965.02.05		观测到太阳耀斑爆发
1965.02.11		摄像机盖被移除，观测行星的科学载荷检查并准备
1965.03.03		等离子体失效机理分析，恢复70%的数据
1965.03.05		星上计算机指令将低增益天线转换到高增益天线
1965.03.17		电离子枪故障
1965.04.16		观测到太阳耀斑
1965.05.26		观测到太阳耀斑
1965.06.05和06.15		观测到太阳耀斑
1965.07.14	14:27:55	地面发出火星飞越科学观测序列指令
	14:40:32	探测器接收到指令，开始进入火星飞越科学观测阶段
	17:10:18	从地面发出相机指向指令
	17:22:55	探测器接收到指令，相机指向所需方向
1965.07.15	00:17:21	摄像机开始拍照记录
	00:43:45	拍照记录完成
	01:00:57	到达近火点
	02:19:11	探测器从55°S，177°E上方进入火星背面
	02:31:12	地球无法接收探测器信号
	03:13:04	探测器从60°N，34°W上方出火星背面
	03:25:06	地面重新可以接收探测器信号
	11:41:50	照片回放模式初始化
	13:01:58	地面开始接收到第一张照片的数据
	21:38:07	地面接收到第一张照片的完整数据
	23:32:27	地面开始接收第二张照片的数据
1965.07.24		照片回放结束；第二轮开始
1965.08.02		第二轮照片回放结束；地面命令探测器重新回到巡航模式
1965.08.26		在飞越火星后，地面适时发送指令到探测器以防止进入意外的中途修正序列
1965.08.30—09.02		摄像机测试，拍摄5张黑暗天空的照片并传回地球
1965.10.01		地面发出指令从高增益天线转换到低增益天线，地面从此无法接收到探测器的遥测信息
1967.12.31		地面最后一次与"水手"4号联系

2.2 "水手"6号、7号(1969 Mariner 6,7)

表2-5为"水手"6号、7号概况。

表2-5 "水手"6号、7号概况

探测器名称	Mariner 6,7
任务类型	火星飞越
发射日期	1969年2月24日/1969年3月27日
到达日期	1969年7月31日/1969年8月5日
探测器质量	412.8kg
运载火箭	"阿特拉斯-半人马座"(Atlas-Centaur)
科学载荷	宽视场和窄视场电视摄像机,红外频谱仪,紫外频谱仪,红外辐射仪
控制系统	2组氮气推力器(每组6个),3个陀螺仪,老人星敏感器,2个主太阳敏感器,4个次太阳敏感器
电力	17472块太阳能电池片,4块太阳能帆板(215cm×90cm),总面积7.75m²,地球附近提供800W电力,火星附近提供449W电力,1200W·h银锌电池
通信	双向S波段,10W/30W发射机,单个接收机,全方位低增益天线,磁带记录仪
推进	单组元肼推进剂,225N发动机,4个矢量控制推力器

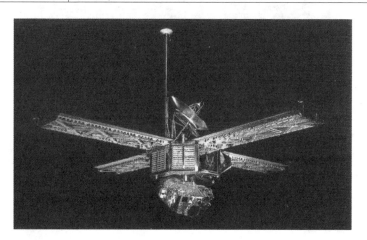

2.2.1 任务概述

2.2.1.1 任务背景

早在"水手"4号发射之前,NASA就开始考虑如何利用相同的技术开展未来的火星任务。一个设想是携带一个大气探测器。雷神（Raytheon）公司研制了一个直径为 60cm 的球形舱，它被安装在一个圆柱形防菌罩中。根据对"水手"4 号发射前的分析，探测器从进入大气到接触火星表面（硬着陆）需要 40s 时间，在这段时间内，探测器将会提供基本的测量数据，其上安装的小型设备有：一个三轴加速度计，一个气压计，一个热电偶，以及一个红外辐射计。尽管发射一个大气探测器比 NASA 戈达德太空飞行中心提出的着陆器设想要简单得多，而且是"水手"4 号任务结束之后一个合乎逻辑的探测计划，但是 JPL 对此并不热情，而且由于资金的问题，无法在 1966 年的窗口发射。1965 年 10 月，在决定用于发射"旅行者"（Voyager）号的"土星"V 火箭的首次发射推迟到 1973 年以后，NASA 选择发射一对改进的"水手"探测器从 3200km 处飞越火星。

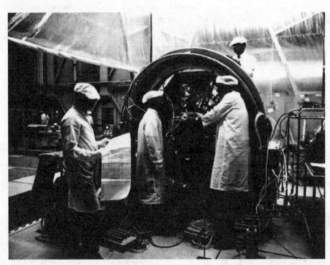

图 2 – 18　工作人员在组装"水手"6 号探测器（图片来源：NASA/JPL）

1965 年 12 月 22 日，NASA 分管空间科学和应用的副局长 H. E. Newell 给 JPL 主任皮克林（W. H. Pickering）发了一封电报，正式授权 JPL 执行"水手—火星"1969 项目，即"水手"6 号、7 号任务，包括任务的操作、跟踪和数据的获取。NASA 还授权 Lewis 研究中心负责运载火箭的研究。"水手"6 号（图 2 – 18）和 7 号总共花费了 5.7 亿美元（按 2000 年的购买力）。

2.2.1.2　任务目的

这个任务的目的是：通过飞越任务对火星开展研究，为未来的火星探测活动——特别是搜寻地外生命——打下基础；发展下一次火星任务所需的关键技术。本次任务将会开展 6 个科学实验：照片拍摄、红外光谱观测、红外辐射观测、紫外光谱观测、S 波段掩星和天体力学实验。前四个实验需要星载设备观测行星，后两个实验无需设备，但是需要使用跟踪和数据系统设备获得无线电跟踪数据。

2.2.2 科学载荷

每个探测器都安装了同样的设备(图2－19):两个电视摄像机,其中一个中分辨率(宽视场),另一个高分辨率(窄视场);一个红外光谱仪;一个紫外光谱仪;以及一个红外辐射仪。这些载荷安装在一个单独的扫描平台上,能够绕轴转动215°,锥角69°。载荷和平台总重75kg。

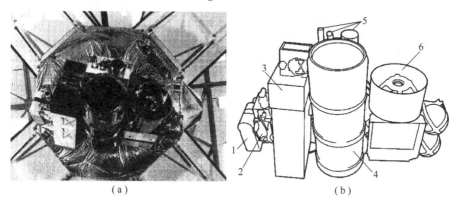

(a)　　　　　　　　　　　　(b)

图2－19　"水手"6号和7号的扫描平台及其结构示意图(图片来源:NASA/JPL)

1—红外辐射仪;2—宽视场电视摄像机;3—紫外光谱仪;4—窄视场电视摄像机;
5—行星敏感器;6—红外光谱仪。

1)摄像机

"水手"6号和7号分别安装了窄视场和宽视场两台摄像机,用来拍摄尽可能多的火星表面和大气照片,以此来了解明亮面和阴暗面的不同特征以及更多季节性的变化,搜寻更多火星起源和演化的物理线索。

宽视场电视摄像机覆盖的面积是"水手"4号摄像机的12到15倍,但是表面的分辨率是基本相同的。宽视场相机的视场为11°×14°,光圈设定为f/3.0;焦距50mm。自动快门控制,提供的高速快门速度为90ms,低速为180ms,摄像机配备了红色、绿色和蓝色滤光镜。

窄视场相机在远距离相遇(Far－encounter)阶段单独拍照,与宽视场相机在同一瞄准轴上;改进的施密特—卡塞格林镜头提供的线性分辨率是宽视场相机的10倍以上。在近火点附近,摄像机覆盖的面积约为70km×90km;其分辨率约为300m。光圈设定f/2.5;焦距508mm。高速快门速度6ms,低速12ms。安装有黄色滤光镜。

2)红外光谱仪

由加州大学伯克利分校设计并建造了红外光谱仪(图2－20、图2－21)。红外光谱仪实验的目的是确定大气成分、确定表面温度、搜寻关于火星表面成分的证据、通过二氧化碳光谱吸收的强度提供地形信息、提供火星极盖组成成分的证据,以及检测火星明亮面的红外散射信息。

图2-20　由加州大学伯克利分校建造的红外光谱仪(图片来源:NASA/JPL)

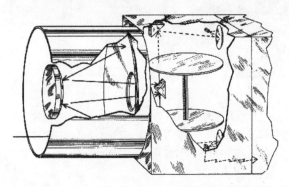

图2-21　红外光谱仪结构图(图片来源:NASA/JPL)

3) 紫外光谱仪

由于紫外线不能穿透地球大气层,因此在地面无法通过望远镜对火星进行紫外波段的观测。紫外光谱实验通过探测各种分子、原子和离子来确定火星高层大气的成分,并确定它们的数量大小。紫外光谱仪(图2-22)通过波长的吸收或辐射来确定元素种类。火星大气成分的数据不但提供了大气本身起源和演化的知识,同时也提供了火星演化和年龄的信息。

4) 红外辐射仪

"水手"6号和7号上安装的红外辐射仪(图2-23)用于测量电视摄像机扫描的火星区域的红外辐射来获得温度地图;获得火星极盖的热力学温度来确定覆盖物是否由二氧化碳或者水或者两者混合组成。

两个频段的辐射计质量为3.4kg,与窄视场摄像机同轴。该设备观测火星大气两个不同的频段。

5) S波段掩星实验

这个实验最初由"水手"4号进行,它能提供火星大气压力、密度和电子密度的数据,发现火星的大气密度只有地球的1%。本次任务的目的是改进这些参数,另

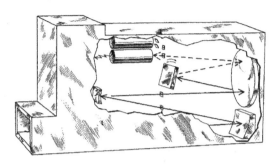

图 2 – 22 紫外光谱仪结构图
（图片来源：NASA/JPL）

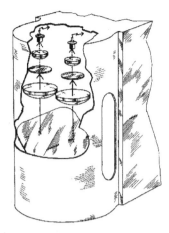

图 2 – 23 红外辐射仪结构图
（图片来源：NASA/JPL）

外对火星半径进行更加精确测量，并尝试测量无线电波从火星表面的反射信号，后者联合其他实验数据能够获得火星大气电子特性。这个实验不需要专门的有效载荷，只要在轨道设计时保证探测器能够从火星后方飞过。无线电信号经过火星大气的折射后其频率和强度发生变化，测量这些改变量就可以获得火星大气密度和压力的数据。

6）天体力学实验

这个实验只需通过跟踪信息而不需特别的硬件装置。实验的短期目标是确定火星质量、地球 – 月球质量比率和探测器与火星相遇时地球到火星的距离。长期目标是获得并提高火星的星历及尝试在巡航段测量广义相对论效应。

2.2.3 探测器系统

"水手"6 号和 7 号干重 385kg，发射质量 413kg，需要由更大动力的"半人马座"（Centaur）上面级来发射。新的"水手"探测器仍然沿袭了六边形的框架结构，但是每个子系统都做了改进：升级了中途修正发动机，改进了姿态控制系统，高增益天线的直径增加到了 102cm，低增益天线安装在 223cm 高的桅杆上，总的高度达到了 3.35m。携带了一个电池的扫描平台总质量到达了 57.6kg。其核心设备是一对摄像机。探测器还安装了两个数据记录仪器：一个模拟磁带记录仪用于记录图像，另一个数字记录仪用于储存来自其他设备的数据。升级后的通信系统其数据传输速率增加到了 16200b/s。当探测器飞行到火星背面时，利用无线电掩星技术研究火星大气。图 2 – 24 为"水手"6 号和 7 号在巡航段的配置。

1）姿态控制

探测器在巡航段和行星相遇段的姿态稳定是通过安装在四块太阳能帆板末端的 12 个冷气推力器来实现的。这些推力器通过逻辑电路与三个陀螺仪、星敏感器

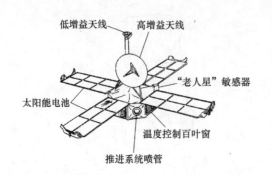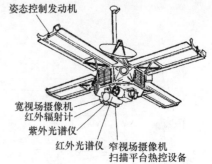

低增益天线　高增益天线

"老人星"敏感器

太阳能电池

温度控制百叶窗

推进系统喷管

姿态控制发动机

宽视场摄像机
红外辐射计
紫外光谱仪
红外光谱仪　窄视场摄像机
扫描平台热控设备

图 2-24　"水手"6 号和 7 号在巡航段的配置（图片来源：NASA/JPL）

和太阳敏感器相连。喷气系统分成两组互为备份，每组包括 6 个推力器，采用独立的气体供应、调节阀、线路和电子管，这样一个泄漏或者电子管的故障不会导致任务的失败。

主太阳敏感器安装在探测器的正阳面，次太阳敏感器安装在背阳面。敏感器是光敏二极管，当它敏感到太阳时通知给姿态控制系统。姿态控制系统根据这些信号转动探测器并将太阳能帆板指向太阳用于两轴稳定并获得太阳能。氮气从某个喷管喷出，赋予探测器一个反作用力来修正角位置。

星敏感器将会提供第二个天体参考系作为中途修正的基础。星敏感器将会促使推力器喷气，使探测器沿着已经确定的纵轴或滚转轴滚转，直到它"锁定"巡航姿态。星敏感器敏感到的目标天体的亮度将会传回地面，以验证其是否捕获到了正确的天体。在飞行过程中星敏感器会定期更新数据，用于补偿探测器和恒星之间变化的角度关系。

一旦接收到来自中央计算机和序列器（CC&S）的指令，姿态控制系统将探测器的中途修正发动机的推力方向指向轨道修正所需的方向。在中途修正发动机点火期间，探测器的姿态由四个安装在发动机喷管中的类似方向舵的喷气阀控制。在发动机点火期间，探测器的自动驾驶仪通过陀螺敏感到探测器三轴运动来控制探测器的姿态。每个调节阀都有各自的控制系统，因为中途修正发动机不是沿着任何一个三轴方向所安装的，每个都是由来自三个陀螺的混合信号来控制的。

2）中央计算机和序列器

除了轨道中途修正，"水手"6 号和 7 号的基本任务操作无需地面指令。这个自动控制能力是由星载的中央计算机和序列器（CC&S）来实现的，本次任务中采用了改进的中央计算机和序列器，可以在飞行过程中重新编程，它可以更加灵活地应对飞行过程中出现的问题。时序和序列在发射前已经编程到 CC&S 里面。但是关键的事件仍然由地面指令来控制，在飞行过程中能够通过地面指令修改。

CC&S 对 4 个不同任务序列进行初始化：发射、巡航、机动和相遇。

发射序列包括了太阳能帆板展开、开启星敏感器和姿态控制系统建立探测器的稳定姿态,并对太阳能进行转化用于长时间巡航。

巡航序列控制探测器从发射到飞越前除中途修正外的事件。巡航序列的 CC&S 指令包括转换探测器的遥测传输从高比特速率到低比特速率;打开扫描平台;高增益和低增益天线之间转换;预测飞越火星时间并设置星敏感器相应的锥角。

机动序列控制中途轨道修正。JPL 经过对跟踪数据进行分析以后产生编码指令,在中途修正机动初始化之前将指令发送到探测器并储存在 CC&S 中。它们告诉探测器在什么位置并且在什么方向上转动俯仰轴和滚转轴,以及发动机点火多长时间。

飞越序列开始于探测器的发射机在第一幅飞越视频照片前转换到高功率,并持续到存储的数据回传结束。CC&S 指令包括两轴科学平台运动的控制、开始和停止两个磁带记录仪;转换无线电发射机到高功率;选择遥测数据速率;以及控制记录数据的回传。

CC&S 质量 11.8kg,嵌定在姿态控制系统的电子设备中。

3)电力

"水手"6 号和 7 号的主要能源来自四块太阳能帆板,在飞往火星的大部分时间中面向太阳收集太阳能并转换为电能。相比"水手"4 号,太阳能帆板面积增大到了 $7.75m^2$,在地球和火星附近分别能够提供 800W 和 449W 的功率。

一个可以再充电的银－锌蓄电池将会在探测器发射、中途修正和太阳能帆板没有朝向太阳期间提供能量。蓄电池将会保持充满电的状态在飞越火星期间作为备份能源。

4)热控

飞往火星的探测器的热控问题是维持探测器的温度在可允许的范围内。在真空中,正阳面和背阳面的温度有几百度的差别。探测器的正阳面利用隔热装置降低温度。背阳面覆盖热隔离装置防止热量的急速流失。

"水手"6 号和 7 号八边形基本构架的顶部通过一个安装在高增益天线支撑结构上的铝聚四氟乙烯多层防护罩来屏蔽太阳光。底部也安装了一个类似的装置来保持探测器能量消耗产生的热量。

5)通信

星载通信系统包括一个遥测子系统、指令子系统、数据储存子系统和高、低增益天线。

探测器的 S 波段接收机能够在任务期间连续工作。接收机将只会使用一个天线——低增益全向天线。它接收由地面深空网上传的指令信号和测距信号。为了提供标准多普勒跟踪数据,探测器接收来自地球的无线电信号,乘以一个已知的系数改变其频率并返回给地面。一个由 JPL 研制的测距技术使用自动编码信号提供距离测量信息,其精度能够在地火距离的尺度上精确到几米。

探测器和地面之间所用的通信都是数字形式。发送到探测器上的指令信号将会由指令子系统进行编码——从二进制形式转换到电子脉冲。

6）中途修正发动机

探测器的中途修正发动机使用一个液态单组元推进剂，能够两次点火。发动机喷管位于八边形主体框架下部的一边，在两块太阳能帆板之间。发动机喷嘴的方向几乎平行于太阳能帆板，因此垂直于探测器径向轴或者滚转轴。

中央计算机和序列器（CC&S）控制发动机的点火，CC&S 接收地面控制中心上传的点火时间、方向和持续点火时间信号。在发动机点火期间，安装在火箭喷管口的喷气舵偏转喷气流来保持探测器姿态的稳定。中途修正发动机能够点火最少到 100ms 最大点火时间是 102s，速度改变量在 0.40~215km/h 之间。

中途修正发动机系统的发射质量是 21.3kg，包括 7.8kg 燃料。

7）扫描控制

"水手"6 号和 7 号的科学设备安装在一个扫描平台上，这个扫描平台位于探测器八边形构架的底部，质量 75.8kg。它由电动机来驱动，能够绕两个轴旋转使科学仪器在飞越火星期间指向火星。这些科学设备是紫外光谱仪、红外辐射计、红外光谱仪、宽视场电视摄像机和窄视场电视摄像机。另外还有三个行星敏感器和两个红外光谱仪。

当探测器接近火星时（到达近火点三天前），扫描平台控制三个光学敏感设备之一——远距离飞越行星敏感器——跟踪火星的中央亮点，窄视场电视摄像机开始记录一系列满整个火星圆盘的图片。在飞越火星前 12h，扫描平台会根据地面指令旋转其指向。

2.2.4 任务过程

2.2.4.1 发射

"水手"6 号和 7 号在"水手"系列中第一次使用了"阿特拉斯 – 半人马座"（Atlas – Centaur）火箭发射。"水手"3 号 4 号使用的是"阿特拉斯 – 阿金纳"（Atlas – Agena）火箭。前者具有更大的有效载荷能力，它是第一次用于行星际任务，过去该火箭用于发射"勘探者"号月球探测器。"半人马"座由 NASA 下属的刘易斯（Lewis）研究中心研制，是美国研制的第一个使用高能量液氧液氢混合推进剂的火箭。火箭由"阿特拉斯"SLV – 3C 助推器和"半人马座"上面级组成。"半人马座"安装了绝缘板和整流罩，在飞出大气层后抛弃。绝缘板安装在第二级推进剂舱周围，用于防止大气摩擦的热量导致液氢的蒸发。

1969 年 2 月 24 日 01:29:02 UTC，"水手"6 号从佛罗里达州肯尼迪角 36B 发射台起飞，发射方位角为北偏东 108°，火箭采用单次点火模式将探测器送入地火转移轨道。火箭起飞后 15s 俯仰转弯。起飞 152s 后，助推器发动机关闭（BECO）

并被抛弃。当"半人马座"上的加速度计敏感到 5.7g 的加速度时,由"半人马座"的制导系统发出信号进行 BECO。"阿特拉斯"的主发动机继续点火 1min41s 将火箭送到 133.6km 的高度,速度为 13363km/h。在燃料耗尽后主发动机熄火(SECO)。"半人马座"的绝缘板和整流罩在 SECO 前抛弃。随后一、二级分离。

  飞行 4min24s 后,"半人马座"上面级的两个 RL-10 发动机启动,点火持续 7min15s。这次点火将"半人马座"和探测器以 39876km/h 的速度送入行星际转移轨道。通过点燃爆炸螺栓,压紧的弹簧将探测器以 0.64m/s 的速度与"半人马座"分离。星箭分离后 4.5min,"半人马座"上面级的姿态控制推力器点火进行减速机动,目的是确保上面级不会撞击火星导致污染。

  星箭分离时刻探测器的高度控制系统已经工作,主、次太阳敏感器被激活,同时对搜索太阳序列进行初始化。此外,中央计算机和序列器开启,火工品子系统用于展开太阳能帆板,星敏感器开启,磁带记录仪关机。磁带记录仪在发射期间打开,这样可以保持压力以防自由转动使磁带缠绕。

  星箭分离 30min 后探测器将完成捕获太阳的过程。捕获老人星将会在分离后 1~4h 完成。星敏感器在搜索过程中将会忽略亮度低于或者超过老人星亮度的光源。如果锁定了老人星外的光源,地面将会发出一个忽略指令。

  "水手"6 号的初始轨道与最终的目标点设置了偏差。这是为了防止"半人马座"或者未杀菌完全的探测器撞击火星而污染火星环境。偏差的方向需要考虑用于中途修正机动的 220N 发动机推力的限制。

  1969 年 3 月 27 日 22:22:01 UTC,"水手"7 号从佛罗里达州肯尼迪角的 36A 发射台发射升空,发射方位角 102.79°,不需要偏航机动。BECO 发生在 22:24:32,动作序列与"水手"6 号类似。"阿特拉斯-半人马座"火箭再次以相当高的入轨精度将探测器送入转移轨道。"水手"7 号仍然设置了瞄准偏差,并用中途修正来消除。

2.2.4.2　行星际巡航

  每个探测器都有执行两次中途修正的能力。在正常发射的前提下,"水手"6 号可能需要两次修正,"水手"7 号只需要一次。前者需要两次主要是因为它的飞行时间比较长。越长时间的飞行对初始误差越敏感。图 2-25 为"水手"6 号、7 号行星际巡航轨道示意。

  中途修正的指令给出了俯仰和滚转的方向以及大小,还有发动机点火的时间。这些指令储存在中央计算机和序列器中直到地面发出执行指令开始执行中途修正机动。中途修正由探测器上的中央计算机和序列器控制,如果姿态未能按照计划改变,它能够发出终止机动的指令,同时地面也能够发出指令来终止机动。在俯仰和滚转机动 8.5min 后,中央计算机和序列器将会命令中途修正发动机点火,同时会计算所需的点火时间并且命令发动机关机。然后给出必需的内部命令用于重新

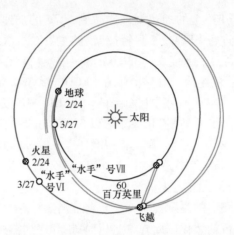

图2-25　"水手"6号、7号行星际巡航轨道示意图(图片来源:NASA/JPL)

获取太阳和老人星。

1969年3月1日,"水手"6号实施第一次中途修正,探测器改变俯仰角-23.44°,滚转角78.72°,00:54:44 UTC点燃发动机5.35s。中途修正后探测器飞越火星目标点偏离所需的位置为440km。在4月20日"水手"6号发生了一次小的意外事件,星敏感器的锥角反常地转到了错误位置。随后老人星从星敏感器中消失,多个滚转推力器点火试图捕获大麦哲伦星云中最亮的点,这导致了"水手"6号径向速度分量2mm/s的变化,从而导致在火星B平面上瞄准点50km的微小偏差,到达时间12s的偏差。

1969年4月8日,"水手"7号实施第一次中途修正。探测器在中途修正前不再锁定老人星,重新搜索新的恒星——天狼星。因为从天狼星方位开始机动能够减小俯仰和滚转的角度。中途修正的太阳方位俯仰角改变-35.6°,滚转角-12.8°,点燃发动机7.6s。中途修正的速度增量约为4m/s,使探测器的飞越目标点偏离所需的位置约190km。中途修正完成后,探测器将回到巡航模式直到第二次修正或者飞越火星。巡航期间的比特速率将会是8.33b/s或者33.33b/s,取决于通信性能。这个速率由地面指令来改变。

"水手"6号在发射后不久遇到了无线电故障,当探测器的测距频道开启以后,无线电子系统就试图自锁而无法跟踪来自地面的信号。测距是地面给探测器发送一个信号,探测器接收到信号后立即将其返回地球,从地面发出信号和接收到反馈信号的时间差就可以计算出此时探测器到达地球的距离。最后解决的方法是关闭了测距功能几周时间。在任务后期,当打开测距功能进行测试时,无线电信号就会神秘地自锁,原因不明。"水手"7号遇到了不同的无线电问题。在行星际飞行的前几周时间里,无线电接收机的灵敏度下降到了正常水平的约20%,随后一直保持在这个低水平上,推断这是因为温度过低所致。在任务后期,发射机转换到了高功率状态,这样使得无线电部件温度有所升高,随后接收机的灵敏度恢复到了正常水平。

在"水手"4号的行星际飞行过程中,星敏感器镜头前方悬浮的一粒灰尘曾经导致了不小的麻烦,由于灰尘的亮度超过了星敏感器跟踪的老人星亮度,探测器就失去了方位基准,进而会不断滚转搜索目标恒星。"水手"6号和7号在中途修正期间都观测到了灰尘,但是在那个时候星敏感器处于不控状态。需要值得注意的是,当探测器在接近火星时需要释放科学扫描平台(扫描平台在发射前被固定以防止火箭振动对其造成损害),这个动作产生的振动可能产生灰尘干扰星敏感器,从而导致探测器姿态失去控制而无法使科学载荷对准火星。设计师们采用的解决方法是利用陀螺仪而不是恒星来确定姿态。尽管对于长时间的飞行陀螺仪会产生漂移,但是对于几天或者几个小时来说其精度是足够的。在发射后不久,"水手"6号和7号在中途修正期间就使用了陀螺仪来保持姿态稳定,在飞越火星的关键时刻时也会采取同样的方法。

2.2.4.3 飞越火星

飞越过程可以分为远距离相遇、近距离相遇、掩星和数据反馈四个阶段。

远距离相遇开始于相遇前48h("水手"6号)和相遇前72h("水手"7号)。相遇(Encounter)定义为探测器飞越火星时距离火星最近的点。在到达远距离相遇之前,中央计算机和序列器将会发出指令开启科学载荷、数据自动控制系统、磁带记录仪和扫描平台控制系统。并在合适的时间命令扫描平台转到远距离相遇位置,同时开启远距离行星敏感器。科学设备在即将到达远距离相遇前开始预热,一旦火星被敏感器捕获到,扫描平台控制系统将会转换到自动跟踪状态。除了红外光谱仪,所有的科学设备在这个阶段开始采集数据。

近距离相遇从接近图像序列的末端开始。远距离相遇行星敏感器无法确保平台扫描仪在该阶段不会自动跟踪,中央计算机和序列器命令扫描平台转向近距离相遇位置。在近距离相遇前,两个行星敏感器开启。

掩星开始于飞越后11min,持续约25min。在飞越后7h中央计算机和序列器将会命令扫描控制系统、数据自动系统和科学设备关闭。探测器在飞越火星后将数字磁带记录仪和模拟记录仪中的数据传回地球,完成数据反馈以后两个探测器将会进入巡航模式。

1969年7月29日,到达近火点前50h,"水手"6号的中央计算机和序列器命令扫描平台指向火星,以使远距离行星敏感器能够观测到行星并跟踪中心亮度,这样就能保持高分辨率窄视场视频摄像机精确指向火星。随后中央计算机和序列器激活除了驱动电动机外的所有科学设备并低温冷却红外光谱仪。

2h后"水手"6号的窄视场相机开始拍摄火星照片,拍摄过程持续了20h,从距离火星1240800km一直到724990km,总共拍摄了33张火星照片。这些照片记录在探测器的模拟磁带记录仪上。在获取最后一幅照片后,数据以高比特速率被传送到加州金石(Goldstone)的64m天线。然后磁带被擦除,准备接受下一系列拍摄距离从561000km到175000km的照片。第二系列的照片最优分辨率约为24km,相比地球上望远镜的最优分辨率是160km。在拍完这一系列照片后,探测器距离近火点还有7h,接着将数据传回金石并再次擦除磁带。在此期间,中央计算机和序列器命令扫描平台转动到合适的方位用于近距离相遇阶段的任务。这个机动也使红外光谱仪的散热盘指向深空以在近距离相遇前冷却。

到达近火点前35min,两个行星敏感器中的一个观测到火星的一部分,从而触发启动电动机并开始低温冷却红外光谱仪的1频道。20min后,第二个窄视场火星敏感器也观测到火星的一部分,在7月31日05:03 UTC开始了近距离相遇阶段,同时开启了模拟和数字磁带记录仪。前者记录视频信息,后者以数字形式记录其他的科学数据。两个相机总共拍摄了24张火星表面照片。在05:19:07 UTC,"水手"6号到达近火点,此时距离火星3431km。

模拟磁带记录仪在探测器进入火星夜晚的边界后关机,但是数字磁带记录仪继续获得火星暗面的光谱数据6~7min。这些数据实时通过高速率遥测频道传输。飞越火星(图2-26)后11min,"水手"6号进入火星背面,与地球的通信中断25min,S波段掩星实验开始。掩星结束后,数字磁带记录仪以270b/s的速率向地球返回数据。第二天,模拟磁带记录仪上的视频数据以16200bit/s的速率传送到金石站的64m天线。

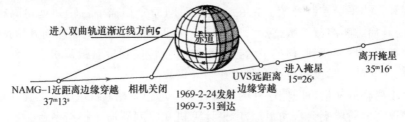

图2-26 "水手"6号飞越火星示意图(图片来源:NASA/JPL)

在"水手"6号开始近距离相遇序列之前几个小时,南非的跟踪站突然与"水手"7号失去了联系。故障原因不明,初步猜测是一个微流星体撞击了探测器,也有可能是探测器的某个部件,如电池或者红外光谱仪的冷却系统发生了故障,气体发生泄漏并产生了不正确的电信号。

8月2日09:32:33 UTC,"水手"7号开始了远距离相遇阶段。窄视场相机在前两个20h周期拍摄了33张照片,在到达近火点之前的17h周期内拍摄了第三系列的25张照片。在到达近火点前"水手"7号冷却气体的泄漏导致了探测器至少8cm/s,最多50cm/s的速度增量,从而导致"水手"7号轨道飞越火星的近火点偏离了130km,近火点高度略微增加,到达时间延迟了几秒钟。"水手"7号飞越火星距离表面高度为3430km。

在飞越火星后的环绕太阳轨道上,探测器转换到巡航模式进行额外的工程试验,通信性能测试,以及科学操作。地面定期跟踪探测器用来验证爱因斯坦的广义相对论。

　　除了"水手"7 号电池爆炸造成的影响,两个探测器都成功飞越了火星,并在火星引力的作用下沿着两条略微不同的轨道继续在太阳系中飞行。在 8 月,"水手"6 号持续 10.5h 对银河系紫外光谱进行了观测。在 1969 年 4 月末和 5 月中旬,两个探测器都飞行到了地球上看来太阳的对面。在发射接近 2 年后地面才与两个探测器失去了联系,但具体日期没有公开报道。

2.2.5　探测成果

　　"水手"6 号和 7 号获得了前所未有详细和全面的关于火星的信息。在接近和飞越阶段,"水手"6 号和 7 号的电视摄像机拍摄了 200 张火星的照片(图 2 - 27),同时还获得了 1100 张数字图片。"水手"6 号在飞越阶段拍摄的 24 张宽视场和窄视场照片的轨迹跨越了火星赤道区域。"水手"7 号在飞越阶段拍摄了跨越火星南北方向的 33 张照片。

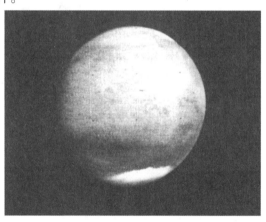

图 2 - 27　"水手"6 号在距离火星 537000km 处拍摄的火星照片(图片来源:NASA/JPL)

　　两个探测器最初的远距离相遇阶段拍摄的照片并没有比地球上望远镜拍摄的照片分辨率高。由于火星自转轴的倾斜,所拍摄的照片主要位于南半球,那里的极盖延伸到了南纬 60°附近。北极区域没有拍摄到。Edom 区域被发现是一个大的陨石坑(后来以 Schiaparelli 命名)以及一个明亮的区域 Nix Olympus,据信这是一个高原。在飞越火星后几个月,对照片更加详细的分析发现有三张"水手"7 号拍摄的照片里面有火星较大的一颗卫星——福布斯(Phobos)。拍摄最好的一张照片是在 8 月 5 日在距离 138000km 处拍摄的。尽管福布斯占据了 40 个像素,但是仍然可以分辨出它具有椭圆形状,长轴 22.5km,短轴 17.5km,并可以确定它具有较低的反照率,表面非常暗。实际上这是当时已知的太阳系中最暗的物体。因为福布斯出现在了几张照片中,因此可以精确测定它的轨道根数。

在即将飞越火星前夕,"水手"7号使用宽视场相机上的滤光镜从距离44000km处拍摄了几张照片。这些照片没有存储在磁带上而直接传回了地球,然后拼接成了一副彩色照片,清楚显示了南极区域的蓝色薄雾,验证了地面望远镜观察到的现象。

尽管"水手"6号探测器上的长波频道没有打开,但是"水手"6号和7号在飞越阶段的红外光谱实验获得了相关光谱信息。紫外光谱实验测量了火星高层大气的发散特征。红外辐射计的视线轴方向与电视摄像机一致,以高精度测量拍摄照片区域的表面温度特征。S波段掩星实验获得了四个地点处的火星大气和压力状况。天体力学实验使用了"水手"6号和7号的测距和跟踪数据确定了天文学常数。

红外和紫外光谱实验获得了关于火星大气组成成分的丰富数据,S波段的掩星实验获得了有关温度和大气压力的数据。电视摄像机同样获得了关于火星大气的信息。紫外光谱实验表明火星大气的主要成分为二氧化碳,大气中氮气的含量少于1%。在高层大气含有少量氧原子。从S波段掩星实验的数据推断大气中二氧化碳占90%。

"水手"4号拍摄的照片表明火星上布满了与月球类似的环形山。"水手"6号和7号利用电视摄像机拍摄的照片覆盖了超过20%的火星表面,表明火星地貌与月球存在很大区别,说明火星的演化历史与月球不同,并且可能在太阳系中也是唯一的。

窄视场相机拍摄的火星南极盖照片显示在其边缘地区有多个环形山(图2-28),这说明在吸收太阳光压后覆盖的"雪"消失了。红外辐射测量实验的主要目的是根据南极盖的温度确定其成分。

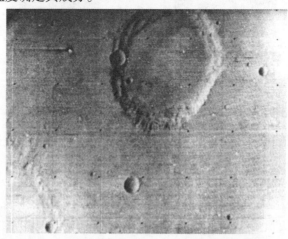

图2-28 "水手"6号窄视场相机拍摄的火星表面照片,
照片中大环形山的直径约为38km(图片来源:NASA/JPL)

"水手"6号和7号获得的数据不能证明火星上存在生命,但同时也不能排除存在生命的可能性,而且如果存在的话必定是微生物形式。限制火星生命存在的因素包括大气中缺少氮气,以及可以穿透大气的紫外线。从地球上的观测可知火星大气中存在水蒸气,这个结论已被红外辐射实验验证,但是仍然不足以在火星表面形成液态水。

尽管"水手"6号的红外光谱仪有一个频道产生了故障,但是其他设备的功能正常。通过测量二氧化碳的吸收光谱获得火星表面红外光谱的地形图。这与无线电掩星实验得到的火星表面压力数据是一致的。对"水手"7号红外光谱实验初步分析表明火星大气不存在氨和甲烷,而这两者都是存在生命的重要迹象。但是更进一步的分析表明这些数据被误读了。"水手"7号上的科学设备只探测到了三种大气成分:二氧化碳、一氧化碳和水蒸气。并没有在科学设备的敏感度之内找到氨,氮氧化合物或者碳氢化合物。即使在今天,"水手"6号和7号的红外光谱仪所获得的波长数据是独一无二的。红外辐射仪测量得到的温度从赤道地区的 -27℃ 到阴影区 Syrtis 平原的 -73℃。而在南极附近温度到达了 -125℃。气压和温度都很低意味着南极盖主要是由冰冻的二氧化碳而不是以前估计的水冰组成。红外光谱仪的数据被误读成氨和甲烷可能是由于太阳光反射冰冻的二氧化碳造成的。紫外光谱仪发现了氧气的发射特征,以及位于高层大气的二氧化碳和一氧化碳的离子形式。该实验的一个主要目的是搜寻氮气的痕迹(在可见光波长难以探测到),但是探测结果没有发现氮气的存在。"水手"7号探测到了南极区域上空的臭氧,探测结果验证了火星大气本质上由二氧化碳组成。

"水手"6号和7号任务的主要成果可以用下面这句话来概括:在太空年代以前,火星被认为像地球;在"水手"4号之后,火星被认为像月球;而"水手"6号和7号发现火星具有不同于太阳系其他天体的特征。

2.3 "水手"8 号、9 号(1971 Mariner 8,9)

表 2-6 为"水手"8 号、9 号概况。

表 2-6 "水手"8 号、9 号概况

探测器名称	Mariner 8,9
任务类型	环绕器
发射日期	1971 年 5 月 9 日/1971 年 5 月 30 日
到达日期	坠入地球大气层/1971 年 11 月 14 日
探测器质量	997kg
运载火箭	"阿特拉斯 – 半人马座"(Atlas – Centaur)
科学载荷	宽视场和窄视场电视摄像机,红外频谱仪,紫外频谱仪,红外辐射仪
控制系统	2 组反作用控制推力器(每组 6 个),老人星敏感器,巡航太阳敏感器,太阳门

探测器名称	Mariner 8,9
电力	17472 块太阳能电池片,4 块太阳能帆板(215cm×90cm),总面积 7.7m² ,地球附近提供 800W 电力,火星附近提供 500W 电力,20A·h 镍镉电池
通信	双向 S 波段,10W/20W 发射机,单个接收机,全方位低增益天线,中增益天线,高增益天线,磁带记录仪
推进	甲肼和四氧化二氮推进剂,1340N 发动机,5 次重启功能,发动机转向 ±9°

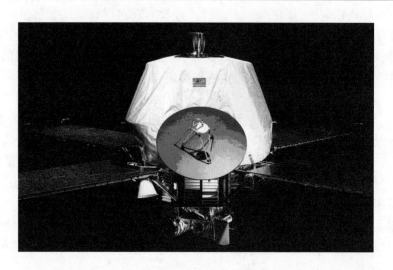

2.3.1 任务概述

2.3.1.1 任务背景

继 1965 年"水手"4 号首次飞越火星之后,两个更先进的探测器"水手"6 号和 7 号于 1967 年再次成功飞越火星。为了获得更加详细的观测数据,很有必要在环火轨道上对火星整个表面以及大气的季节性变化进行详细勘测。于是 NASA 在 1968 年提出了"水手火星"1971(MM'71)计划。在"水手火星"1971 项目之后,按计划两个"海盗"号(Viking)火星探测器将会在 1975 年发射,每个探测器将携带一个着陆器在火星表面着陆。"水手"9 号获得的数据将会帮助"海盗"号选择合适的着陆点。

"水手"1971 任务 A("水手"8 号)设计成一个 90 天的勘测任务;探测器将会以尽可能高的分辨率对火星表面进行拍照。它将会利用相对火星赤道 50°~80° 的火星同步或准同步轨道,近火点高度在 1600~2000km 之间;远火点高度约为 17000km,典型的轨道周期为 12h。

"水手"1971 任务 B("水手"9 号)(图 2 – 29、图 2 – 30)主要研究火星大气和表面随时间变化的特征,环火在轨寿命设计为 90 天。它将会使用相对火星赤道 50° ~ 60°倾角的火星同步或调谐同步轨道,近火点高度在满足最低隔离安全高度到 1800km 之间,远火点高度在 41500km,典型的轨道周期为 32.8h。

图 2 – 29 工程人员在组装"水手"9 号
探测器(图片来源:NASA/JPL)

图 2 – 30 "水手"9 号
(图片来源:NASA/JPL)

2.3.1.2 任务目的

"水手"1971 任务的主要科学目标包括:
(1)搜寻地外生命活动的线索,探寻火星上可能支持生命存在的环境;
(2)搜寻太阳系形成和演化的信息;
(3)收集与行星物理学、地质学、宇宙学和行星科学的基本科学数据;
(4)收集有助于未来火星着陆任务计划和设计的数据。

"水手"1971 任务的主要工程目标是发展并验证如何管理两个探测器同时在火星轨道上工作所需的硬件、软件和相关操作程序的技术。操作程序包括火星捕获制动、轨道调整、获取科学数据、工程与科学数据的对地传输、地面数据处理和分析以及探测器在轨控制。次要工程目标是延长探测器的在轨寿命至 1 年。

JPL 负责"水手"1971 任务的探测器系统、任务操作系统,以及跟踪与数据系统。NASA 的刘易斯(Lewis)研究中心负责运载火箭系统。

2.3.2 科学载荷

"水手"4、6 号和 7 号在飞越火星时只是对火星进行了"抽样检查",因为火星在探测器的视野中只有很短的时间。为了更为深入地观测火星,探测器必须成为火星的环绕卫星。"水手"8 号和 9 号计划了 6 次科学任务:电视摄像、紫外光谱实验、红外光谱实验、红外辐射实验、S 波段掩星实验和天体力学实验。其中后两个实验无需科学载荷,只需探测器无线电子系统获得的数据。

1）电视摄像实验

该实验的目的是拍摄火星以更深入理解火星的动力学特性、历史演化、环境和地理特征;拍摄合适的照片用于绘制火星地形图。

这个实验或许无法提供火星上存在生命的直接证据,但是可以提供火星上是否具备适合生命存在的环境的间接证据。实验将会开展两种不同对象类型的科学研究:固定特征对象研究和可变特征对象研究。

电视摄像子系统包括了安装在探测器扫描平台上的宽视场和窄视场两个电视摄像机。摄像机的光学系统和一些电子部件与“水手”6 号、7 号的相同。宽视场相机具有 11°×14° 的矩形视场,焦距 50mm。窄视场相机具有 1.1°×1.4° 的矩形视场,焦距 500mm。它们的数据见表 2-7。拍摄照片的分辨率取决于摄像机到火星表面的视线距离。当探测器在 1250km 的高度垂直拍摄火星表面照片时,宽视场相机(图 2-31)和窄视场相机(图 2-32)分别能够分辨出 1km 和 0.1km 的物体。

表 2-7　宽、窄视场相机数据比较

参数名称	宽视场相机	窄视场相机
焦距/mm	50	500
焦比	f/4.0	f/2.35
快门速度/ms	48,96,192	6,12,24
视场角/(°)	11×14	1.1×1.4
光导摄像管靶/mm	9.6×12.5	9.6×12.5
每帧扫描线	700	700
每行像素	832	832
比特/像素	9	9
帧时间/s	42	42

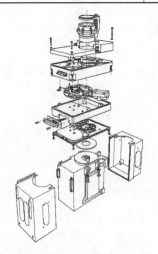

图 2-31　宽视场摄像机结构图
（图片来源:NASA/JPL）

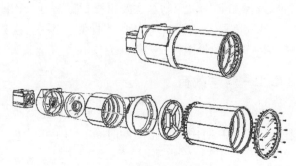

图 2-32　窄视场相机结构图
（图片来源:NASA/JPL）

2）紫外光谱实验

该实验观测火星表面和低层大气的紫外光谱,用于确定大气压力、低层大气的散射特征和臭氧浓度,另外还具备近紫外波段的光度计功能。实验获得的数据可以提供云层季节性变化的线索,而高臭氧浓度的区域暗示在哪里可以寻找适合微生物生存的环境。

实验还会提供的数据包括:

（1）上层大气随着经纬度和时间变化的成分和结构;

（2）电离层成分及其变化情况;

（3）氢原子在外大气层的分布和逃逸速度;

（4）紫外极光的分布和变化,探索可能的磁场。

实验用到的科学载荷是一个 Ebert – Fastic 型光谱仪,紫外光线穿过该仪器,通过一个反射的衍射光栅分离出各种波长,两个出射裂缝只允许两个特定波长的光线射出。敏感器是一个带有光电阴极的光电倍增管。

"水手"9号上的紫外光谱仪(图2 – 33)与"水手"6号、7号上的基本相同,但是做了一些改进。频道1的光电倍增管(F)具有的光谱范围是 1450 ~ 3500Å（$1Å = 10^{-10}m$)。将视场从 $0.25° \times 2.5°$ 减小到 $0.20° \times 0.55°$ 可以使分辨率最大。2频道的光电倍增管(G)光谱范围是 1100 ~ 1900Å,视场是 $0.20° \times 2.0°$。

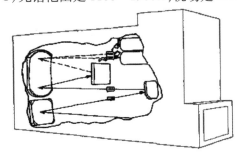

图2 – 33 紫外光谱仪结构图(图片来源:NASA/JPL)

3）红外光谱实验

该实验通过测量从火星大气和表面散发的辐射强度来确定火星大气和表面参数。这些参数用于研究大气的物理特性和火星表面的组成成分与结构。该实验将会提供垂直火星地表方向上的温度结构、成分和大气动力学数据。从数据还可以分析得到大气中水分的容量、水蒸气的变化状况以及火星表面的热状况。

该实验使用的科学载荷是一个迈克尔逊干涉光谱仪,与地球气象卫星 Nimbus3 号和 4 号使用的类似,机械和电子部件做了适当改进。载荷的关键部位是电子束分裂器,它将入射光线分成相等的两份,分别经过固定和移动的镜子反射后两束光线产生了干涉。

"水手"9号的设备覆盖的光谱范围是 200 ~ 1600cm。使用 45°视场锥角在

1250km 高度的空间分辨率能够达到 100km。

4）红外辐射实验

该实验的科学目标是测量火星表面（包括背面）土壤的温度。"水手" 9 号的红外辐射仪（图 2 - 34）通过折射透镜聚焦在敏感器上，后者使用 13 个温差热电堆形成两个独立的通道。每个通道具有 0.6°～0.7° 的视场，在 1250km 高度能够达到 13～15km 的分辨率。"水手" 9 号上的红外辐射仪与 "水手" 6 号、7 号上面的基本相同，但是分辨率更高。

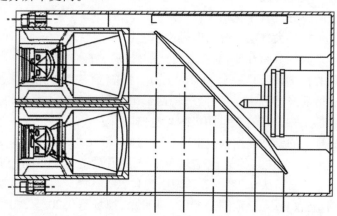

图 2 - 34　红外辐射仪机构图（图片来源：NASA／JPL）

5）S 波段掩星实验

该实验通过无线电波穿过火星大气层造成的扭曲进行分析。有两次测量的机会，分别是探测器被火星遮挡开始时以及从火星背面出来时。该实验将会提供火星的形状，大气随纬度和季节变化的特征，证实先前测量的大气密度和压力，并建立火星大气循环模型。对电离层的测量将会更深入了解火星上层大气的光化学过程和反应。

该实验无需科学载荷，只需使用探测器的无线电子系统。

6）天体力学实验

与 S 波段掩星实验一样，天体力学实验也无需科学载荷。观测数据由探测器的无线电子系统获得。通过观测探测器的运动获得的天体力学信息可以用于确定火星的大小、形状、距离和位置，并获得火星质量密集区域的信息。通过长期观测的实验数据用于校验爱因斯坦广义相对论，并研究火星引力场的变化。

2.3.3　探测器系统

"水手" 8 号和 9 号的设计与 1969 年的 "水手" 6 号、7 号基本一致（表 2 - 8），只是做了一些改进以满足本次任务的需求。其中最明显的改进是增加了一台 1334N 的发动机，该发动机用于火星捕获制动。

表2-8 水手系列任务比较

参 数	水手火星 1964 任务	水手火星 1969 任务	水手火星 1971 任务
探测器名称	"水手"4 号	"水手"6 号、7 号	"水手"9 号
发射质量/kg	261	384	1031
科学载荷质量/kg	23	59	68
推进剂质量(发射时)/kg	10	10	476
姿态控制气体(氮气)/kg	2.36	2.45	2.45
推进剂加压气体(氮气)	N/A	N/A	14.5
计算机内存容量	无计算机	128 字节	512 字节
在火星能够提供的能量/W	194	380	450
火星附近工作时间	30min	30min	至少 90d
近火点高度/km	9844	3379	1250

探测器(图 2-35)包括了 19 个子系统:4 个科学载荷,3 个直接支持科学子系统,12 个探测器半自动化设备。探测器系统包括:

(1)三轴姿态控制子系统,包括用于中途轨道修正、火星捕获和轨道调整的高精度自动驾驶仪;

(2)飞行中可以编程的中央计算机和序列器(CC&S),包括512 字节容量的内存;

(3)推进子系统具备执行最少五次机动的能力;

(4)全数字化存储和处理设备;

(5)具备可变高速率遥测通信的多频道遥测子系统;

(6)基于一个低增益天线、一个中增益天线和一个高增益天线的双向通信和指令功能;

(7)四块太阳能帆板,一块电池,以及能量转换装置;

(8)温度控制设备;

(9)一个可以地面遥控的,二自由度扫描平台用于支撑和科学设备并精确指向;

(10)行星科学设备。

探测器发射质量约为 1031kg,高度 2.9m,太阳能帆板展开后的宽度为 6.9m。在进入环火轨道后,探测器的质量为 590kg,所消耗的燃料用于中途修正和火星捕获制动。

1)结构

基本的八边形结构是一个 18.2kg 的镁金属框架,环绕探测器分布 8 个电子设备舱(图 2-36),分别包括以下设备。

舱Ⅰ:功率调节器电子部件。

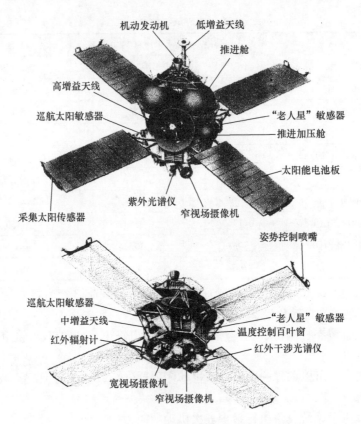

机动发动机　　低增益天线

推进舱

高增益天线

巡航太阳敏感器

"老人星"敏感器

推进加压舱

太阳能电池板

采集太阳传感器

紫外光谱仪　　窄视场摄像机

姿势控制喷嘴

巡航太阳敏感器

中增益天线

红外辐射计

"老人星"敏感器

温度控制百叶窗

红外干涉光谱仪

宽视场摄像机

窄视场摄像机

图 2-35　"水手"1971 任务探测器(图片来源:NASA/JPL)

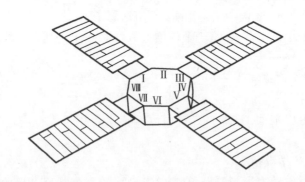

图 2-36　探测器电子设备舱结构图(图片来源:NASA/JPL)

舱 Ⅱ:红外干涉光谱仪,行星扫描平台,能量转换电子部件。

舱 Ⅲ:姿态控制和 CC&S 电子部件。

舱 Ⅳ:指令和遥测电子部件。

舱 Ⅴ:数据储存电子部件。

舱 Ⅵ:无线电电子部件。

舱Ⅶ:数据自动操作和电视电子部件。

舱Ⅷ:电池部件。

电子部件紧紧固定在八边形隔离舱内部,同时提供探测器的结构支撑。这个八边形框架也是连接探测器其他部件的基础,这些部件包括推进支持、适配器、天线、太阳能帆板、姿态控制气体部件和行星扫描平台。电子部件中的六个由外表面的百叶窗进行温度控制,其余部分覆盖了热防护罩。探测器通过一个适配器与"半人马座"上面级相连接。

2)无线电

无线电分系统用于接收地面深空站发出的指令和测距信号,并传输科学数据和工程数据。无线电系统使用 S 波段接收和传输信号。当没有接收到上行信号时,传输频率由星上一个备用的晶体振荡器来控制。当接收机获得上行信号的相位锁,下行信号频率为接收频率的 240/221 倍。

无线电分系统使用 3 个 S 波段天线(高增益、中增益和低增益)。高增益天线由一个直径为 1m 的反射镜和在其焦点处的玻璃纤维桁架结构组成。该天线使用的频率为 2295 ± 5MHz,在地火转移后半阶段和环绕火星阶段以最优的角度朝向地球。中增益天线有一个 10cm 宽 30cm 长的圆形波导管,末端装有一个 24cm 宽的反射天线,工作频段为 2115 ~ 2295MHz。该天线固定在探测器上,探测器在捕获制动期间天线会指向地球。低增益天线是一个 10cm 宽 1.45m 长的圆形波导管,末端装有一个锥形反射天线。这个天线在高增益天线无法使用时用于接收和传输。它安装在探测器的向阳面,并且沿着滚转轴是一个对称的安装模式。

当地面用 S 波段无线电与探测器联系时,探测器会通过低增益或者中增益天线接收到上行信号。这个信号可以是单独的 S 波段载波,或者是包含了指令或测距信息的 S 波段载波。指令数据被发送到飞行指令子系统;上行信号中的测距数据被发送到无线电 – 频率子系统测距频道进行调制,以实现测距功能。测距频道的开关由地面指令来实现。

3)飞行指令

探测器接收的指令由地面或者星载中央计算机和序列器(CC&S)发出。无线电 – 频率子系统(RFS)接收这些地面指令,然后发送给飞行指令子系统。飞行指令子系统对指令进行分析和鉴别,并发送给相应的子系统。地面指令用于轨道修正以及更新轨道操作相关的功能。

4)电力

电力分系统提供电力用于探测器上电子设备的运行。从四块光电太阳能帆板和一块可充电电池得到的电能被转换为以下形式:

(1)2.4kHz,单相,用于科学和工程子系统,以及推进模块和加热器的需求;

(2)400Hz,三相,用于姿态控制子系统中的陀螺电动机;

(3)400Hz,单相,用于扫描平台;

（4）调制 30VDC 电源用于发动机阀门和万向节传动装置；

（5）未调制 DC 电源用于电池充电，加热器，以及无线电—频率子系统。

四块太阳能帆板的总面积为 $7.7m^2$，每块帆板长 $2.14m$，宽 $0.90m$。太阳能帆板在发射时处于收拢状态，星箭分离后通过一个展开机构装置使太阳能帆板展开。展开后，太阳能帆板平面与探测器的中心线垂直。

从发射到太阳捕获，初始电力由探测器的镍镉电池提供，它的最小容量为 $20A \cdot h$。巡航段的电力由太阳能帆板提供。在中途修正期间，电力由三相 400Hz 提供，2.4kHz 电源用于姿态控制陀螺电子部件，用于发动机阀门和万向节传动装置的调制 DC 电源被开启，等待来自姿态控制子系统的信号。在捕获制动期间，电源子系统的输出与中途修正期间本质上是一样的。在捕获制动的偏航转动时，探测器的电力来源由太阳能帆板转变为电池，因为转动期间太阳能帆板指向太阳的角度在不断变化。环火轨道期间电源子系统的输出与巡航段类似，初始电力由太阳能帆板提供。主要的单相电源用于科学载荷、数据自动处理子系统、数据储存子系统和扫描平台。400Hz 三相转换器在需要时开启，以提供电力给滚转陀螺。

5）中央计算机和序列器

中央计算机和序列器（CC&S）子系统为探测器的其他子系统提供时间和序列。时间和序列（除了固定序列）在发射前已经编入到 CC&S 中，在飞行期间能够通过编码指令（CC）进行修改。

中途轨道修正属于正常的操作模式，其滚转和偏航序列是固定的。探测器的速度增量通过编码指令获得，是可变化的。正常操作模式定义为串联模式。如果由直接指令（DC）直接发出的命令，计算机或者固定序列器都能够独立执行机动。

整个任务由以下六个基本序列构成：

（1）发射。该序列开始于发射前装载程序到 CC&S 上，结束于探测器建立稳定姿态。

（2）巡航。开始于发射，持续到任务结束。巡航段包括了发射、机动和环火轨道阶段。

（3）机动。该序列开始于 DC 指令或计算机 5A 指令。存在三种机动序列模式：串联模式（正常）、固定序列模式以及计算机模式。

（4）捕获制动预备。该序列包括科学数据的获取，开始于火星捕获前几天科学设备开机时。

（5）捕获制动。该序列开始于 DC 指令或者计算机 5A 指令。该序列是计算机和序列器操作并行的混合模式。

（6）环火轨道。该序列开始于探测器到达正确的环火轨道后，持续到任务结束。

6）飞行遥测

飞行遥测分系统，通过对无线电子系统 RF 信号的适当调制，使数据格式化并通过三个通道传输,分别传输科学数据、工程数据和高速率数据。这个分系统同时也规定了数据传输速率、数据模式和调制指数开关。

7）姿态控制

姿态控制(A/C)分系统使探测器在星箭分离后保持姿态稳定。探测器利用太阳和老人星的位置构建参考坐标系。一旦接收到来自 CC&S 的指令,姿态控制分系统命令探测器发动机喷管转到中途修正、捕获制动或轨道调整所需的点火方向。在机动期间,姿态控制分系统在俯仰和偏航方向上通过火箭发动机的两轴万向节,在滚转方向上通过姿态控制推力器(安装在太阳能帆板末端的小型推力器)来保持探测器的指向和姿态稳定。加速度信号被发送到 CC&S 中的序列器用于控制速度大小。在机动序列结束时,来自 CC&S 的信号命令探测器重新对准太阳和老人星。

星箭分离后,姿态控制分系统被激活。姿态控制分系统使探测器的自旋速率减小到一个可以接受的阈值,然后使探测器对准太阳。如果在发射和捕获太阳期间太阳进入了老人星敏感器的视野,一个太阳百叶窗将会打开用于保护星敏感器。

探测器捕获太阳以后,姿态控制分系统使滚转轴的自旋速率保持在阈值,直到 CC&S 发出指令开始捕获老人星。一旦接收到指令后,星敏感器被加上电压,并将输出信号送入到滚转开关放大器,使得探测器按照一定速率按滚转轴逆时针方向滚转来搜索滚转轴的参考恒星。老人星以外的其他恒星由于锥角和亮度的限制将不会被星敏感器捕获。目标天体的锥角定义为从探测器 – 目标天体连线到滚转轴的角度(图 2 – 37)。天体的时钟角定义为在太阳、探测器和老人星确定的平面以及太阳、探测器和目标天体确定的平面两者之间的夹角。

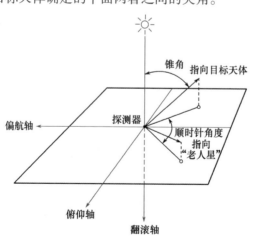

图 2 – 37　锥角和时钟角示意图(图片来源:NASA/JPL)

锥角的分辨率由敏感器锥角视场标称值 ±5.5° 所限制。为了适应老人星锥角的变化,老人星敏感器的锥角视场在 CC&S 的指令下会周期性地变大。当一颗满足亮度逻辑门的恒星被探测到时,姿态控制子系统终止滚转搜索。在完成太阳和老人星的搜索后,巡航模式开启。

CC&S 发出机动指令后,姿态控制分系统命令探测器指向中途修正、捕获机动或者轨道调整所需的方向。这个姿态机动通过一次滚转/偏航序列来实现。转动速率是一个常值,转动角度大小由指令发出的持续时间来控制。探测器的姿态由三个单轴陀螺敏感。

发动机点火时,俯仰和偏航开关放大器失效,自动驾驶仪中的轨道制导回路开启。从陀螺仪和相关电子设备获得的速度和位置信号用于探测器自动驾驶仪的控制。俯仰和偏航通道的控制力矩通过火箭发动机的万向节转动获得,滚转通道通过姿态控制系统的推力器获得。发动机点火结束后,轨道制导回路失效,开关放大器开启。发动机关闭的瞬时影响由姿态控制系统的推力器消除。加速度信号送到CC&S 用于提供机动所需速度增量的闭环控制。一旦完成机动序列后,姿态控制子系统在 CC&S 的指令下使探测器重新获取太阳和老人星。

捕获制动和环火巡航模式的执行过程与中途修正类似。

8) 火工品

电子爆炸装置用于星箭分离、太阳能帆板释放、高增益天线位置改变、扫描平台释放以及推进系统阀门的变化。该动作可以通过地面指令或者储存在探测器上的 CC&S 指令来执行。电容放电使火工品点火。

9) 机械装置

机械分系统包括了:

(1) 太阳能帆板阻尼器;

(2) 太阳能帆板展开和闭锁装置;

(3) 高增益天线展开装置;

(4) 行星扫描平台;

(5) 火工品引信开关;

(6) 探测器初始化定时器;

(7) 探测器分离装置;

(8) 探测器 V 形夹板(与"半人马座"上面级适配器分离);

(9) 中增益天线能量衰减插头。

10) 推进

推进分系统的功能是根据指令提供正向脉冲来完成中途轨道修正、火星捕获制动以及后续的轨道调整。

这个双组元推进分系统是一个加压式可多次启动的固定推力分系统,它使用四氧化二氮和甲肼作为推进剂。该系统的主要部件是一个氮气储存罐、一个加压控制组件、两个安全阀门、两个推进剂储存罐、两个推进剂隔离装置、一个带有电动阀门的 1334N 推力火箭发动机万向节部件以及推进舱模块结构。火箭发动机包括一个能够快速传导热量并在内壁上由燃料喷雾冷却的铍燃烧室,喷管由高强度回火钢制成。

在火箭发射时,推进剂和高压气体的供给由火工品阀门装置进行隔离。在第一次轨道修正前,发动机的阀门必须打开进行放气。阀门驱动使推进剂舱进行加压并将推进剂沉底,然后发动机阀门打开进行轨道修正机动,使推进剂流入推力室,通过自燃直到速度增量达到所需的值后发动机阀门关闭。随后推进剂和加压舱管道关闭以防止气体泄漏,等待下一次轨道机动。

加压舱和推进剂舱管道在第二次中途修正前再次打开,第二次中途修正发动机的点火时间为 1~2s 时间,捕获制动时间为 15min,其后还有两次短时轨道调整将探测器送入正确的目标轨道。

11) 热控

太空中恶劣的环境以及探测器产生的热量需要热控分系统以确保探测器各部分能够正常运作。影响探测器温度的四个主要因素为太阳辐射、电力消耗、各部件之间热量转移,以及探测器向太空散发的热辐射。热控分为被动和主动两种,前者包括热防护罩、表面覆盖物、表面涂料以及表面磨光处理,后者包括可变化的辐射百叶窗装置。

多层热防护覆盖物安装在探测器顶部和底部的太阳照射面。在顶部安装的目的是隔离推进舱和探测器平台的阳光;在底部安装的目的则是使探测器平台和扫描平台的热梯度最小,并促使内部散发的热量通过百叶窗传递到太空中。

除了舱Ⅳ和舱Ⅵ,探测器其他的舱都安装了热控百叶窗。舱Ⅳ覆盖了一层磨光的低辐射铝制防护罩,舱Ⅵ覆盖了一层高辐射的白色涂料。

12) 数据储存

在任务的大部分时间里,探测器获取数据的速度要高于向地球传输数据的速度。因此探测器上的数据储存分系统首先将获取的数据储存在数字磁带记录仪上,然后以较低的速率传输给地球。

该分系统记录的数据由数据自动控制分系统以一系列脉冲流的形式提供。记录数据的速率达到 132.2kb/s,由来自电视子系统和其他科学设备的数据组成。当满足下列条件时,数据记录自动停止:①磁带记录仪被记录满;②CC&S 发出指令;③地面发出指令。当地面天线准备接收数据时,数据通过飞行遥测子系统回传给无线电 – 频率子系统(radio – frequency subsystem)。其传输速率有 16.2,8.1,4.05,2.025 和 1.0125kb/s 共 5 挡可供选择。

13) 数据自动处理

数据自动处理分系统作为科学设备和探测器其他所有子系统的信号接口,其主要功能如下:

(1) 按固定的时序控制和同步科学设备,并发送指令到设备;

(2) 提供所需的采样速率,确保科学数据是有用的;

(3) 对科学数据进行必要的转换和编码;

（4）对科学数据进行缓存，并在适当的时候以50b/s的速率发送给飞行遥测子系统或者132.2kbit/s的速率发送给数据储存子系统；

（5）接收和发送科学设备与探测器其他子系统之间的指令。

2.3.4　任务过程

2.3.4.1　发射

图2-38为"水手"8号和9号发射。运载火箭由"阿特拉斯"（Atlas）SLV-3C第一级和"半人马座"（Centaur）第二级组成（图2-39）。与1969年"水手"任务使用的火箭基本一致。

图2-38　"水手"8号和9号发射（图片来源：NASA）

"阿特拉斯"SLV-3C的配置分为主体和助推两个部分。火箭的稳定和控制通过发动机喷管的万向节调节来实现。推进系统由两个助推发动机、一个主发动机和两个2940N推力的微调发动机组成。五个发动机的总推力达到1794248N。发动机使用液态氧和煤油作为推进剂。所有五个发动机在起飞时全部点火工作。大力神的遥测子系统通过VHF天线传输数据。

"半人马座"上面级具备两个液氢和液氧发动机，可以提供总共130000N的推力。"阿特拉斯"和"半人马座"由同一个惯性制导系统控制。上面级通过直接上升模式将探测器送入行星际轨道。上面级携带一个VHF遥测系统和C波段信标用于雷达跟踪。

"水手"8号于1971年5月9日01：11：02.394 UTC发射升空。直到"半人马座"上面级主发动机点火后飞行一切正常。但是点火后不久"半人马座"俯仰失去稳定，随即俯仰轴失去控制，并造成火箭翻转、发动机关机。在发射600s后运载火

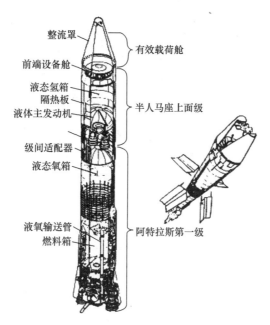

图2-39 "阿特拉斯—半人马座"运载火箭(图片来源:NASA)

箭和探测器坠落大西洋。

"水手"9号于1971年5月30日22:23:04 UTC发射,发射过程一切顺利。发射后13min18s星箭分离。23:15:59探测器成功捕获太阳。捕获太阳后探测器的俯仰和偏航轴得到了稳定,滚转轴的稳定需要捕获老人星。02:25:10探测器捕获老人星后三轴稳定。

发射当天还完成两个主要事件:22:31:01由地面指令对扫描平台进行解锁,以及00:30发动机喷管排气。在前面几次任务中,解锁扫描平台的爆破动作经常导致灰尘进入星跟踪器的视野中,导致失去对老人星的锁定。本次任务通过保持惯性控制避免了该现象的发生。

发射后28h的轨道确定数据表明探测器入轨精度良好,轨道递推到火星的飞越距离只有30000km(轨道确定误差约为300km)。

2.3.4.2 行星际巡航

在巡航段,地面上的各个深空站将会交替跟踪探测器,工程遥测数据显示了探测器的状况,将会连续发送到地球。图2-40显示了日心系下的巡航轨道。"水手"9号安排了两次轨道中途修正,用于消除由于行星保护要求的入轨偏差和运载火箭的入轨误差。

第一次轨道修正的准备工作在"水手"9号发射后不久开始,发射当天成功进行了轨道确定计算,并制定了轨道机动策略。轨道机动策略给出了发动机点火时探测器姿态机动的最优变化过程。从太阳和老人星稳定指向,首先沿着发动机喷

图中标注:
整流罩
有效载荷舱
前端设备舱
液态氢箱
隔热板
液体主发动机
半人马座上面级
级间适配器
液态氧箱
液氧输送管
燃料箱
阿特拉斯第一级

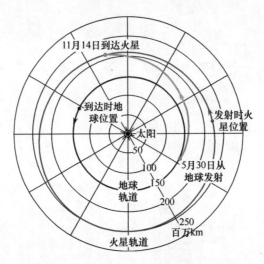

图2-40 "水手"9号探测器日心巡航轨道(图片来源:NASA/JPL)

管轴滚转141°(从太阳方向看逆时针),然后沿偏航轴滚转-45°。这两个动作将使"水手"9号的发动机几乎对准地球。

1971年6月3日,JPL对第一次轨道修正的操作计划进行了测试验证。当天19:30:00 UTC,地面发送指令到"水手"9号,将轨道机动参数装载到中央计算机和序列器(CC&S)上。探测器在推进系统加压之前进入滚转惯性模式,以防加压时的推力使灰尘影响星跟踪器而导致失去对老人星的定向。21:17:25 UTC,地面发送指令使得推进系统的管道阀门打开,氧化剂和燃料储箱同时加压,促使推进剂通过管道进入主发动机阀门。

第一次轨道修正在1971年6月4日开始执行,22:19:04 UTC,一条关键的指令上传到探测器开始机动序列,随后陀螺开启。6月5日00:22:00 UTC,主发动机阀门打开,四氧化氮(氧化剂)和肼(燃料)点燃5.1s直到阀门自动关闭。发动机点火结束后,探测器将姿态调整至原先的三轴稳定姿态。00:48:44 UTC,在短暂搜索后,"水手"9号捕获了太阳和老人星。陀螺关闭了3min36s时间。

遥测数据显示第一次轨道中途修正执行相当精确,机动执行误差在B平面上只有79km,时间误差只有4s。表2-9给出了轨道修正的相关参数。

表2-9 第一次中途修正参数

参 数	设 计 值	实 际 值
滚转角度/(°)	-140.806	-140.717
偏航角度/(°)	-44.725	-44.828
滚转时间/s	777	777
偏航时间/s	247	247
速度改变量/(m/s)	6.731	6.723

在成功进行第一次中途修正后,地面发送指令至"水手"9号的CC&S来解除机动序列,并命令探测器转入巡航模式。几天后,推进系统关闭,CC&S重新装载火星捕获制动自动初始化的备份程序,它可以在探测器无法接收到地面指令时自动执行。

"水手"9号任务的第二次中途修正计划在到达火星前10到30天之内进行,用于修正轨道确定误差和第一次中途修正的执行误差。第二次中途修正主要影响的轨道参数包括近火点高度和轨道倾角。预计被火星捕获时的轨道倾角为63.9°±2.7°。

由于进行中途修正存在一定的风险,而所需要修正的目标量并不是太大,通过权衡利弊,"水手"9号项目总管决定取消第二次中途修正,以集中精力应付将于1971年11月13日进行的火星捕获制动。

2.3.4.3 捕获制动

"水手"9号到达火星的准确时间由中途修正来确定,要求在捕获时刻火星位于加州金石站64m天线上空。这个到达时间也能够使单独的一次轨道调整机动在飞过金石站2到8天后执行,以使最终的火星轨道完成相位调整。在金石站上空进行轨道机动能够通过64m天线获得工程遥测数据(探测器信息)。"水手"9号发动机将会在到达近火点前15min开始启动,点火时间持续约15min,直到探测器的速度增量减小1600m/s。发动机关闭后,探测器进入一条12.5h周期的椭圆轨道,近火点高度为1300km,远火点高度为17917km。标称的1300km近火点高度确保捕获制动后的最低高度不低于1200km,并且不需要轨道调整机动来修正近火点高度。

在捕获制动前几小时的轨道跟踪数据表明"水手"9号与火星的飞越距离变化明显,这意味着在捕获制动时需要作一些调整,否则将会影响目标轨道参数。通过对原捕获制动方案和新捕获制动方案的评估,最后决定采用前者。1971年11月14日00:17:39 UTC,"水手"9号主发动机开始点火,整个捕获制动过程持续了15min。捕获后的环火轨道周期为12h34min1s,近火点高度1398km,轨道倾角64.4°(图2-41)。

2.3.4.4 火星环绕

轨道调整机动将会同时调整轨道周期和时间相位,以使"水手"9号能够在每次飞越金石站上空时发回磁带记录仪上的数据,在飞越近火点时记录另一个磁带的数据,并在下次飞越金石站时传回。

第一次轨道调整(OTM-1)将轨道周期从12h34min减小到11h58min48s,这样可以使得"水手"9号经过近火点时位于金石站的天顶附近。OTM-1按计划于11月16日2:37:53 UTC执行,产生的速度改变量为15.25m/s。在捕获制动和第

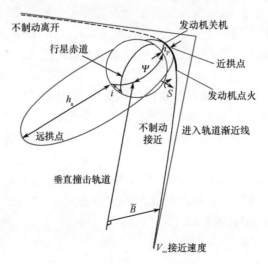

图2-41 "水手"9号火星双曲进入轨道和捕获椭圆轨道(图片来源:NASA/JPL)

一次轨道调整这段时间内,探测器将会计划以及执行一些与科学探测相关的活动。后者包括将最新的科学数据回传给地面,在CC&S上重装载下一步的科学观测活动程序。

"水手"9号的环火初始轨道按计划用于执行CC&S的科学序列,轨道第1、第2和第3圈用于测绘火星地图,同时调整扫描平台的角度。这个序列被OTM-1打断,OTM-1期间需要将科学仪器关闭。第4圈的近火点执行OTM-1之后,在第五圈近火点地面发出测绘序列的指令。在接下来的几圈地面继续更新并上传科学观测序列的指令,这样从第10圈开始能够开始部分科学观测。

第二次轨道调整(OTM-2)在捕获制动后47天的1971年12月30日执行,将轨道周期增加了78s,以确保与金石站的DSS-14站观测站同步,近火点从1387km提高至1650km,以使得探测器能够覆盖70%的火星表面进行拍摄。在完成第二次轨道调整后,探测器开始对火星表面进行测绘。

在火星捕获后122天,探测器高增益天线的指向偏离了地球,造成通信更加困难。1972年3月21日进行了第一次高增益天线机动的测试。6月5日发生最后一次太阳掩星。在任务延伸期间,用于姿态控制的气体耗费过快,除了用于科学平台的转动,主要是用于高增益天线机动的测试,因而在夏季减少了天线机动。

9月7日地球和火星上合,导致通信中断,科学平台的科学探测被迫推迟。10月13日和17日再次进行了高增益天线机动。但是姿态控制子系统几乎耗尽了压缩气体,导致探测器失去对太阳的锁定。1972年10月27日,遥测信息显示探测器无法保持住固定姿态,并且电池即将耗尽,随后地面发送最后一条指令使其停止传输信号。缓慢翻滚的"水手"9号将在火星轨道上停留至少50年时间,直到其坠毁在火星大气中。

2.3.5 探测成果

"水手"9 号在接近火星时拍摄了几幅照片,这些照片给出了被尘暴包围的火星图像,在照片中只有 5 个区域可以分辨出:南极盖和 4 个暗点,如图 2-42 所示。由于火星尘暴肆虐,探测器无法获得火星表面的细节。其中 1 个暗点后来被证实是奥林帕斯山。

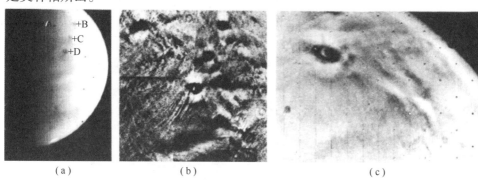

(a)　　　　　　　　　(b)　　　　　　　　　(c)

图 2-42　(a)照片显示的 4 个暗点(奥林帕斯山 A,北 B,中 C 和南 D;
(b)经计算机处理过的 4 个暗点图像;(c)计算机处理过的南极图片
(摄于 11 月 25 日)(图片来源:NASA/JPL)

在捕获制动以后,南极盖成为观测的首要目标,因为它能够被紫外光谱仪、红外干涉光谱仪和紫外辐射计所观测。"水手"9 号拍摄的照片显示了南极盖逐渐消失的过程(图 2-43)。

在 11 月,"水手"9 号拍摄了火星两颗卫星的照片。两颗卫星都是不规则形状,表面分布环形山,福布斯的尺寸为 28km×23km×20km,德莫斯的尺寸为 16km×12km×10km,福布斯上最大的环形山直径约为 10m。

"水手"9 号共传回了 7329 张照片和 54 万比特的数据,是先前"水手"4 号、6 号和 7 号下传数据总和的 27 倍。"水手"9 号的科学成果相当精彩。首先,它揭露了火星南北半球不同的地貌特征:南半球环形山比较密集,而北半球的环形山比较少。在北半球,最令人感兴趣的地形特征是火山,其中最大的一个是直径 600m 的叫做奥林帕斯(Olympus)山。在火星另一面的 Elysium 平原还发现了一系列小型环形山。据分析,Tharsis 平原的火山在 2000 万年前活动过,而奥林帕斯山的某些火山则相对年轻。"水手"9 号发现的第二个感兴趣的特征是水手大峡谷。地球上分辨率最高的望远镜仍然无法获得峡谷的一些细节,科学家曾推测这是由水流的腐蚀性作用造成的,认为火星表面曾经存在大量的液态水。但是如果液态水要稳定存在于火星表面,那么当时的火星必须要有更浓密的大气层,因为现在火星表面压力低于水的三相点——这意味着如果将液态水放置在火星表面,那么它或者会结冰,或者会挥发。

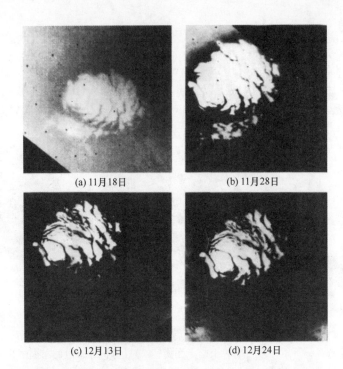

(a) 11月18日　　　　　　　　(b) 11月28日

(c) 12月13日　　　　　　　　(d) 12月24日

图2-43　"水手"9号拍摄到的南极盖变化过程(图片来源:NASA/JPL)

　　"水手"9号利用宽视场和窄视场相机总共拍摄了80张火卫一和火卫二的照片,通过分析能够使两个卫星的轨道参数更加精确。分析结果还表明潮汐效应导致了福布斯向火星缓慢螺旋形靠拢。

　　"水手"9号还观测了火星南北两极,见证了南极盖在南半球夏季来临时逐渐消退的过程,证明了南极盖是干冰和水冰的混合物。红外光谱仪探测到了水蒸气的存在。极盖的形状和其周围的地形显示火星的自转轴随时间发生了变化。先前的计算显示自转轴相对于垂直轨道面轴线的夹角以160000年的周期在15°~35°之间变化。然而最近的研究表明自转轴的变化可能是无序的。

2.4 "海盗"1号、2号(1975 Viking 1,2)

　　表2-10为"海盗"1号、2号概况。

表2-10　"海盗"1号、2号概况

探测器名称	Viking 1,2
任务类型	环绕/软着陆
发射日期	1975年8月20日/1975年9月9日
到达日期	1976年6月20日/1976年9月3日

（续）

探测器名称	Viking 1,2
巡航段飞行时间	304.1d/332.7d
探测器质量	轨道器 2328kg(包括燃料 1426kg)；着陆器 663kg(包括燃料 73kg)；着陆舱 109kg；大气防护罩 269kg(包括燃料 88kg)；生物防护罩底座 74kg；生物防护罩盖 54kg；总发射质量 3527kg
运载火箭	"泰坦ⅢE－半人马座"(TitanⅢE－Centuar)
科学载荷	电视摄像机,红外光谱仪,红外辐射计,延迟电压分析仪,质量频谱仪,压力、加速度和温度敏感器,代谢和成长探测器,大气色谱仪,X射线频谱仪,地震检波器,磁体阵列
控制系统	轨道器:2组反作用控制推力器,每组 6 个;老人星敏感器;太阳敏感器;太阳门;6 个陀螺,2 个加速度计 着陆器:4 个陀螺;大气减速器;雷达高度计;终端下降和着陆雷达
电源	轨道器:348000 太阳能电池阵,帆板 157cm × 123cm(8 块),总面积 15.4m² ,地球附近 1400W,火星附近 620W,2 个镍镉 30A·h 电池 着陆器:放射性热电发生器,2 个 RTG 单元,90W,4 个镍镉 8A·h 电池
通信	轨道器:S 波段,20W 发射机,2 个 10W 和 20W TWTAs,二自由度高增益天线,固定低增益天线, 2 个磁带记录仪,无线电中继,381MHz 着陆器:S 波段,20W 发射机,2 个 20W TWTAs,二自由度高增益天线,固定低增益天线, 2 个磁带记录仪,无线电中继,381MHz
推进	轨道器:单组元肼和四氧化氮,1323N 推力器 着陆器:反作用控制/离轨,单组元肼,35N 推力器,12 个喷管 终端下降:单组元肼,最大 2650N 推力,3 个发动机

2.4.1　任务概述

2.4.1.1　任务背景

"海盗"号项目是 20 世纪六七十年代一系列火星探测使命的顶峰,这个系列始于 1964 年发射、1965 年到达火星的"水手"4 号飞越探测器,继之 1969 年"水手"6 号、7 号的火星飞越,以及 1971 年与 1972 年的"水手"9 号火星轨道器。"海盗"号任务于 1976 年首次将探测器(图 2 – 44)安全着陆在火星表面。

早在 1965 年美国就进行火星着陆器的概念设计,着陆器名为"旅行者"(Voyager),计划最早于 1971 年着陆火星。"旅行者"着陆器方案最初采用一个大的圆锥形飞行器,用于下降与着陆的气动力制动。但是 1965 年 7 月"水手"4 号探测器飞越火星时发现火星表面气压太低,空气阻力太小,仅依靠飞行器本体的气动阻力制动不足以保证安全着陆。因此,火星着陆器更有效的减速方法是应用降落伞制动,并添增终端降落推力器(反推火箭),以进一步减小着陆速度。为此,NASA 于 1966 年 4 月启动了行星进入降落伞规划(Planetary Entry Parachute Program,PEPP),着力研制用于火星着陆器的减速伞系统。PEPP 是行星进入减速器规划(Planetary Entry Decelerator Program,PEDP)的一部分。但是在 1967 年,"旅行者"着陆器项目因庞大的研制费用与技术复杂性而被取消,取而代之的是 1968 年获准的"海盗"号着陆器,而"旅行者"这个名称后来为 1977 年的水手木星/土星(Mariner Jupiter/Saturn)任务采用。

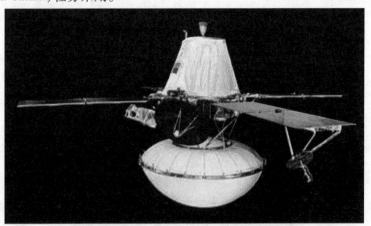

图 2 – 44　"海盗"号探测器外形图(图片来源:NASA/JPL)

2.4.1.2　任务目的

"海盗"号项目的科学目标是通过直接观测火星大气和表面对火星进行全方位考察。轨道器和着陆器将会对火星的生物学、化学和环境等方面开展研究,以确认火星是否存在生命的迹象。

2.4.2　科学载荷

"海盗"号的科学设备可以分成四组:轨道器、进入器、着陆器和无线电。着陆器携带了迄今为止最为复杂的科学仪器,它实际上是一个小型的自动化实验室。进入实验的设备安装在着陆器的保护壳上,这个实验将会分析火星大气的特性。相关科学设备如表2-11所列。

表2-11　"海盗"号科学目标和载荷

实验类型	科学目标	科学实验(载荷)
轨道器	● 搜索合适的着陆地点 ● 监测着陆点 ● 获取火星其他地区的数据 ● 搜索未来的着陆点	● 可见光成像(2个电视摄像机) ● 大气水分测绘(红外光谱仪) ● 表面温度测绘(红外辐射计)
进入器	● 离子和电子(延迟电压分析仪)	● 确定电离层和大气层的成分和结构 ● 惰性气体(质量光谱仪) ● 压力和温度(压力、加速度和温度敏感器)
着陆器	● 光学设备检查着陆点 ● 搜索生命存在的证据 ● 搜索并研究有机和无机物成分 ● 确定大气成分并随时间变化特性 ● 确定压力、温度和风速的变化特性 ● 确定火星地震特性 ● 确定火星表面磁场特性 ● 确定火星表面物理特性	● 光学成像(2个相机) ● 生物学实验(3个代谢和成长探测器) ● 分子学分析(大气色谱仪和质量光谱仪)和X射线光谱仪 ● 地震学(3轴地震检波器) ● 磁场特性(2个磁体阵列和放大镜) ● 物理特性
无线电	● 利用无线电和雷达系统进行科学观测	● 无线电(轨道器和着陆器无线电设备)

1)轨道器上的科学载荷

轨道器的扫描平台上安装了三种光学设备观测火星表面。它们是一对高分辨率电视摄像机,一台红外大气水分探测器,以及一台红外辐射计用于大气和火星表面绘制。红外设备可以查询到温暖潮湿的区域。这些区域可以作为着陆的候选地点。

每个轨道器电视摄像机(图2-45)由一个46cm的光导摄像管、望远镜、机械百叶窗和滤光轮组成。拍摄的图片达到1056×1182像素。在实际操作中每4.48s拍摄一张照片。在1500km高度拍摄分辨率约为40m,能够分辨出足球场尺寸大小的物体。

光导摄像机容易受到光线改变的影响。在接近火星时,当探测器的导航敏感器

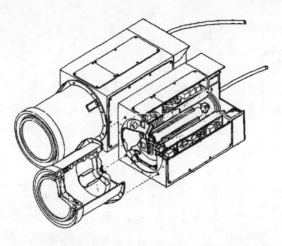

图2-45 轨道器视觉成像子系统(图片来源:NASA/JPL)

仍然锁定太阳和老人星的时候,相机将会拍摄未知的恒星用于标定。同时也会拍摄一些火星照片与"水手"9号拍摄的照片比较,发现火星表面是否有大规模的变化。

在着陆前轨道器重点对火星遥感成像检查潜在的着陆点,在"海盗"号着陆火星以后,轨道器的近火点将会保持在着陆点附近以便于数据中继。

"海盗"号将重点搜寻火星上生命存在的线索,在火星表面寻找水分的存在。最终的着陆点选择需要考虑这个因素。"水手"9号拍摄的照片几乎可以肯定火星过去存在液态水。火星大气水分探测仪(MAWD)(图2-46)的目的是搜寻火星表面水蒸气的浓度比较高的区域。这些信息将结合地形、地质和温度等数据综合分析从而选择最终的着陆点。

"海盗"号轨道器的红外热量绘图仪(IRTM)(图2-47)用于测量火星表面的红外光强度。IRTM是一个四波段的红外辐射计。类似IRTM的辐射计,并没有通过光栅或者棱镜来分散光谱,而是通过滤波器来获得所需的光谱。轨道器上的IRTM由4台望远镜组成,每个都含有滤光片,只允许通过相应的光谱。

图2-46 火星大气水分探测仪(MAWD)
(图片来源:NASA/JPL)

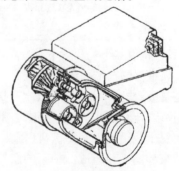

图2-47 红外热量绘图仪(IRTM)
(图片来源:NASA/JPL)

2）大气进入期间的实验

火星具有非常寒冷的低层大气,主要成分是二氧化碳,而不是早先认为的氮气。另外,无线电传播实验表明有一个稀薄但是具有一定浓度的电离层存在于130km 高度处。但是之前没有一个"水手"号探测器飞行到距火星表面 130km 以下。"海盗"号着陆器将会穿越火星电离层和大气,能有几分钟珍贵的时间采集大气样本。

在大气防护罩前方安装了一个延迟电压分析仪和一个质量分光计(图 2 – 48)。其他三个设备将会提供额外的大气数据,它们是压力盒,一个用于测量温度的传感器和惯性测量单元中的加速度计。这些设备主要关注火星大气动力学特性,但是也会提供有关大气密度和压力等数据。

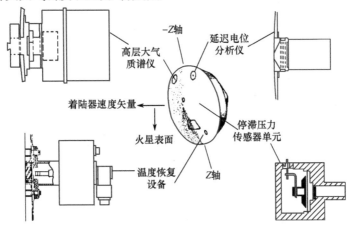

图 2 – 48　大气防护罩上的科学设备(图片来源:NASA/JPL)

延迟电压分析仪已经安装在近地卫星和空间探测器上。它们主要是由一系列类似老式真空管的金属栅格组成。它安装在大气防护罩的边缘,它的中心是一个直径为 3.8cm 的圆孔。

火星大气中的大部分粒子都是电中性的,科学家们需要知道它们随高度的浓度变化以了解火星大气的化学特征。尽管之前在一些科学卫星上已经做过类似的实验,但是"海盗"号与这些典型的卫星任务存在重要区别。"海盗"号的测量必须在很短暂的进入时间内并在超高速情况下完成。

"海盗"号质量分光计的原理图如图 2 – 49 所示。当大气防护罩进入火星大气时,气体进入质量分光计。分光计对进入的中性原子、分子进行轰击并对其电离化。这些离子首先被格栅加速通过一条狭缝进入被平行板隔离的区域。其中一个是负电极,另一个是正电极。离子进入一个固定的磁场,磁场使得离子具有确定的电荷和动量。因此这种设备也叫做双聚焦质量分光计。质量分光计的范围足够宽用于测量碳、氧、一氧化碳和二氧化碳。所有这些都应该出现在由二氧化碳为支配地位的大气中。

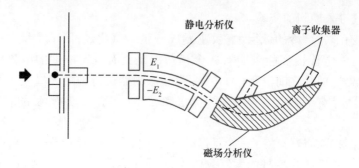

图 2-49 质量分光计(图片来源:NASA/JPL)

3）着陆器上的科学载荷

"海盗"1 号与"海盗"2 号着陆器载有相同的科学有效载荷,包括相机、气象与地震台,以及表面物质分析设备(图 2-50)。"海盗"号任务的所有实验设备将提供着陆点附近的表面环境信息,如当地温度、风速与风向、大气成分,以及表面物质的元素组成与磁性。"海盗"号着陆器上的科学仪器主要有传真相机、质谱仪,以及生物实验仪器。这些仪器用于研究火星有机物化学演变问题。

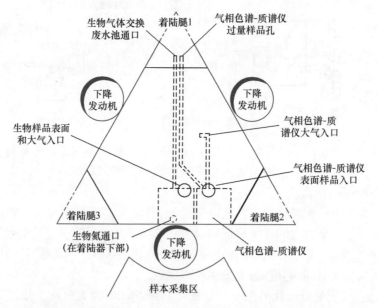

图 2-50 着陆器上科学载荷的安装位置(图片来源:NASA/JPL)

(1) 传真相机。

每个着陆器上载有 2 台传真相机,获取立体图像。相机利用可见光与红外频段对着陆点区域扫描。检验着陆点周边地形有可能揭示过去或现在生命系统的证据,而频繁的扫描也许可显示生命过程的迹象(表现为颜色的变化)。

（2）生物实验仪器。

该仪器支持 3 个分开的生物学实验,即热解析出(或碳光化学同化)实验、同位素(^{14}C)标记析出实验,以及气体交流实验。这些实验基于可能的火星生物学特性的不同假说,试图回答下列 3 类代谢问题:①是否存在证据标明从^{14}CO 或^{14}CO:开始构造含碳分子;②小的放射性有机分子能否向^{14}CO 衰变;③除 CO_2 以外的气体是否被产生或被吸收使用。生物学实验仪器包含 4 个实验间,每个实验占一个实验间,另一间是共用服务间,包括氦源(用于升高或减低保温培养容器,净化保温培养室),共用间还有一个气体与废液出口系统。总之,"海盗"号着陆器上的生物学实验试图用多种途径测定火星上的合成代谢反应与分解代谢反应,直接研究火星有机物化学演变问题。

（3）气体色谱质量光谱仪（GMMS）。

GMMS 对火星土壤进行有机体化学分析,并对火星表面的大气成分进行分析。总共 100mg 的样品被加热到不同的温度,蒸发出不同成分的有机物。GMMS 对这些蒸气进行分析,可以揭示火星上过去和现在支持生命存在的线索。

（4）X 射线荧光分光计（XRFS）。

XRFS 用于研究无机物的化学特性,分析火星表面采集的样本的化学元素。这个设备能够检测太阳系中大部分的已知元素。

（5）气象学设备。

该设备是一组安装在着陆腿 2 附近的敏感器,在着陆以后立即展开并锁定。这些设备用于测量大气温度、风速和风向。这些着陆器获得的数据与轨道器获得的数据一起可以理解火星大气和气象状态。

（6）地震学研究。

该设备使用一个三轴地震检波器,可以用于检测火山活动、行星结构变化和火星表面的流星撞击。这些数据可以揭示火星的动力学结构。

2.4.3　探测器系统

"海盗"号任务包括两个相同的行星际探测器,即"海盗"1 号与"海盗"2 号,每个探测器(图 2-51)由着陆器与轨道器组成。轨道器/着陆器一起飞行,进入火星轨道,然后着陆器与轨道器分离,并下降飞向火星表面。

2.4.3.1　轨道器

在飞往火星的途中,轨道器是探测器系统的主要部分,着陆器属于休眠状态,而轨道器保持探测器的稳定姿态,与地面深空网(DSN)保持通信联系,并提供给着陆器电力能源。轨道器会定时将着陆器的状态信息发送给 DSN,从而地面可以获知着陆器的状态。

当探测器接近火星时,由轨道器的发动机点火制动被火星捕获。在进入捕获

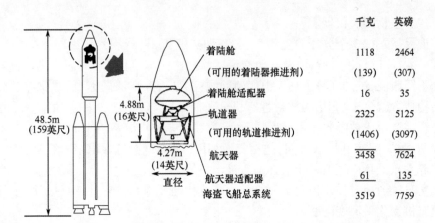

	千克	英磅
着陆舱	1118	2464
(可用的着陆器推进剂)	(139)	(307)
着陆舱适配器	16	35
轨道器	2325	5125
(可用的轨道推进剂)	(1406)	(3097)
航天器	3458	7624
航天器适配器	61	135
海盗飞船总系统	3519	7759

图 2-51 "海盗"号探测器质量分配(图片来源:NASA/JPL)

轨道后,轨道器利用电视摄像机和其他设备对火星拍照寻找合适的着陆点。在着陆器分离并进入火星大气期间以及在火星着陆以后,轨道器作为与地球通信的中继卫星。

图 2-52 为"海盗"号和"水手"9 号比较图。

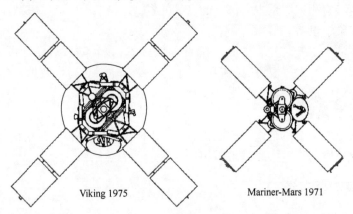

Viking 1975   Mariner-Mars 1971

图 2-52 "海盗"号和"水手"9 号比较图(图片来源:NASA/JPL)

"海盗"号轨道器重 2328kg(包括燃料 1416kg),轨道器运作寿命需求是在轨 120 天,着陆后 90 天。轨道器高 3.3m,跨越延伸的太阳能电池的横宽为 9.7m,轨道器构建在八角环形基本框架上。环形框架直径约 2.4m。框架的 8 个侧面高 45.7cm,长边 1.4m,短边 0.6m。在八角框架面上装配推进舱与 16 个电子仪器室(外露单元)。轨道器构型如图 2-53 所示。

"海盗"号轨道器由如下主要分系统组成。

1)姿态控制分系统

姿态控制分系统由两组备份的惯性参考单元、一个老人星敏感器、太阳敏感

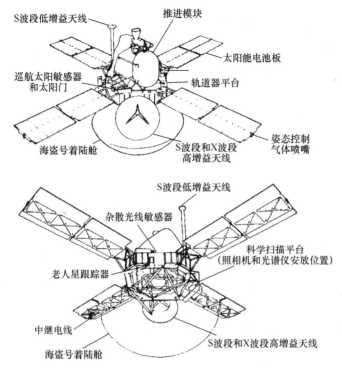

图 2-53　轨道器(包含着陆器)构型图(图片来源:NASA/JPL)

器、两组备份的姿态控制电子组件、一个双重反作用喷气控制系统和一个万向节转动发动机组成。轨道器以太阳作为俯仰与偏航定向星,以老人星(Canopus)作为滚转定向星,通过锁定太阳与老人星实现三轴姿态稳定。姿控系统运用位于太阳能帆板顶端的氮气喷管保持稳定姿态。喷管点火修正姿态偏移,而巡航太阳敏感器与老人星敏感器提供姿态偏差信号。

2)计算机指令分系统

轨道器计算机指令分系统包含 2 台通用计算机,所有轨道器事件由计算机指令系统控制,包括修正机动、发动机燃烧、科学序列以及高增益天线指向。

3)通信分系统

通信分系统包括一个 20W 的 S 波段(2.3GHz)发射机、两个 20W 行波管放大器。为了无线电科学研究和通信实验设置的 X 波段(8.4GHz)下行链路。S 波段(2.1GHz)上行链路。1.5m 双轴稳定抛物面天线、固定低增益天线、两个 1280 兆位磁带记录器和一个 381MHz 中继无线电装置。

S 波段高速无线电波段提供地球指令、无线电跟踪以及科学与工程数据的返回。这个波段运用可操纵的 1.5m 抛物面高增益天线或全向低增益天线,这两种天线都安装在轨道器上。在地球附近,运用低增益天线发送与接收信息;当轨道器远离地球时,运用高增益天线。从轨道器的转发是通过装在太阳板外缘的中继天线实现的。中继天线在分离前激活,在着陆器分离、进入、着陆和表面运作整个过程中接收来自着陆器的信息。

轨道器作为通信中继的角色,它能够建立着陆器和 DSN 之间的直接通信链路,也能够建立轨道器 A 和着陆器 B 以及轨道器 B 和着陆器 A 之间潜在的通信链路(图 2 - 54)。

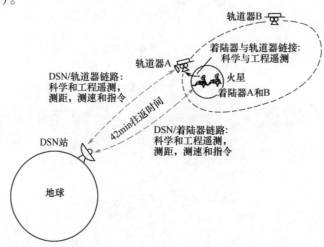

图 2 - 54 通信链路(图片来源:NASA/JPL)

4)数据储存分系统

数据被存储在轨道器上两台八磁道数字记录器上,七个磁道用于图像数据,第八磁道用于红外数据或转发的着陆器数据。

5)推进分系统

推进分系统为四次轨道修正、捕获制动和轨道调整机动提供推力。单个 1323N 主发动机使用一甲基肼和四氧化二氮燃料。六个姿态控制推力器安装在太阳能帆板的末端。轨道器的姿态控制系统能控制推力器阀门的闭与开来控制探测器到达期望的方位。

"海盗"号轨道器的设计来源于"水手"系列轨道器。"海盗"号整个轨道器的结构受到更大燃料储箱需求的影响。轨道器不但要减速制动被火星捕获,而且还要减速附着在轨道器上的着陆器。因此"海盗"号燃料箱的容量达到了"水手"9号的 3 倍——两个储箱总共 1600kg,每个储箱高度为 140cm,直径 91cm。

6)热控分系统

热控分系统对于电子和其他分系统来说是相当重要的。围绕八边形结构的百叶窗能够自动关闭与开启,以达到冷却的效果。燃料储箱由多层的绝缘材料覆盖,以避开太阳光的直接照射。

7)电力分系统

"海盗"号的四块太阳能帆板总面积超过了 $15m^2$。在火星附近,该太阳能帆板

能够产生620W的电力,但是仍然无法充分满足探测器的峰值需求,因而配备了两块30A·h的镍镉蓄电池作为辅助电源。图2-55为轨道器的电子舱。

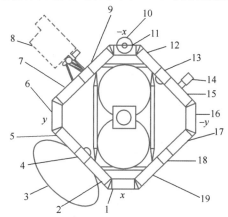

图2-55 轨道器的电子舱(图片来源:NASA/JPL)

1—舱1 射频和调制/解调系统;2—舱2 中央计算机和序列器;
3—高增益天线;4—舱3 姿态控制高压模块;5—舱4 数据存储子系统;
6—舱5 姿态控制和关节控制系统;7—舱6 飞行数据子系统;
8—扫描平台;9—舱8 视觉成像系统、火星大气水分探测仪、电子设备;
10—低增益天线;11—舱9 电池;12—舱10 电源;
13—舱11 姿态控制高压模块;14—"老人星"跟踪器;15—舱12 电源;
16—舱13 电池;17—舱14 数据存储子系统;
18—舱15 无线中继和遥测中继子系统、火工品;19—舱16 射频子系统。

2.4.3.2 着陆舱

与轨道器分离后的着陆舱(图2-56)由三个基本系统组成:生物防护罩(包括生物罩帽与生物罩座)、大气防护罩(包括热罩与后壳/降落伞)和着陆器(包括着陆器本体与着陆器分系统)。

"海盗"号着陆器在火星表面所有支架都展开后,着陆器类似于NASA在"阿波罗"计划之前的"勘测者"号(Surveyor)无人登月器,"海盗"号着陆器继承了大量"勘测者"号的技术,但是设计师必须解决三个新问题:杀菌技术、由于信号延迟而所需的高度自主能力以及长时间的休眠技术。

NASA签署了针对火星和其他行星际探测的国际行星保护条约,它要求从1969年1月1日开始的50年之内,来自地球的微生物污染火星的概率必须小于0.001,因为在这段时间内可能会有相当多的无人探测器飞往火星,在发射时"海盗"号的杀菌标准更加严格:要求污染火星的概率小于0.0001。为了达到这个标准,整个"海盗"号着陆器在封入防护罩后会烘烤几天时间。着陆器最冷的部分必须达到约112℃,以有足够时间确保消灭微生物而满足污染火星的概率约束。加热杀菌不但杀死了微生物组织,同时也有可能破坏着陆器的一些部件。在"海盗"号测试期间重新设计了一些由于加热杀菌导致损坏的部件,以减少高温对其的损害。

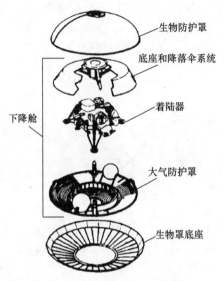

生物防护罩

底座和降落伞系统

着陆器

下降舱

大气防护罩

生物罩底座

图 2 - 56　着陆舱分解图(图片来源:NASA/JPL)

1) 生物防护罩

在"海盗"号探测器发射前的处理(包括被封装的飞行器的灭菌)过程中,以及在发射期间,生物防护罩保护大气防护罩免受地球环境污染。在着陆舱与轨道器分离后不久,生物罩帽就被抛弃掉,但飞行器仍保持与生物防护罩的另一半(即生物罩座)相连,直到准备在火星着陆。

2) 大气防护罩

大气防护罩由热罩与后壳两部分合成,降落伞及其抛射器安装在后壳顶部。"海盗"号着陆器包含在后壳与热罩围成的气壳中,后壳外面是生物罩帽,热罩外面是生物罩座。

热罩内壁包含 12 个小型反作用控制发动机,每 3 个发动机一簇,共 4 簇,安装在热罩的周边。两个球形钛合金贮箱容纳 85kg 肼单组元推进剂。发动机控制着陆器姿态的俯仰与偏航运动,校准着陆器姿态为大气进入做准备,并且在早期进入期间减慢着陆器速度,且保持滚转控制。在长时间的巡航阶段,经由热罩脐带连接,从轨道器向着陆器提供电能,飞行器内务数据也是经由脐带连接流动。

热罩设计是着陆器在进入阶段保持姿态稳定、减速与防热的关键问题。热罩设计的要点是外形、结构与防热材料的选择。"海盗"号热罩为 3.5m 直径的 70°钝(截头)半圆锥形。截头钝锥外形具有较小的弹道系数,即良好的阻力特性,可达到所期望的减速目的,并且稳定性足够好,仅需运用小型推力器进行最低量的姿态控制。

后壳(基底盖)装在生物罩帽与着陆器之间。后壳由铝与玻璃纤维制成,玻璃纤维允许在部分进入段期间向轨道器发送遥测数据。降落伞由质量轻的涤纶聚酯制成,直径为16m,重50kg。伞被包装在直径38cm的抛射器内部,并安装在后壳中。抛射器点火,以大约139km/h(38.6m/s)的速度抛伞。降落伞有一根特长的悬挂线,将降落舱伸展出,悬挂在下面约30m。

3)着陆器

着陆器(图2-57)是六面的铝质结构,每面1.09m高,0.56m长。由三条支撑脚支持。三个支撑脚构成边长2.21m的等边三角形。携带的科学仪器用于着陆器主要科学研究目的:生物研究、化学成分分析(有机与无机)、气象、地震学、地磁学以及地貌、火星表面和大气物理。

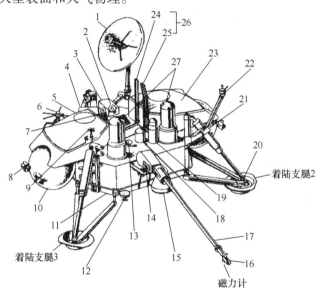

图2-57 "海盗"号着陆器(图片来源:NASA/JPL)

1—S波段高增益天线(着陆器与DSN直接连接);2—放大镜;3—雷达测高仪电子器件1;
4—地震仪;5—放射性同位素热电发生器电源(在覆盖物下面)(2);6—超高频天线(中继);
7—磁铁和相机测试目标;8—滚转发动机(4);9—S波段低增益天线;10—终端下降推进剂储存箱(2);
11—终端下降着陆雷达(在着陆器下侧);12—雷达高度计天线;13—X射线荧光实验漏斗;
14—视镜(2);15—终端下降发动机(3)(18个喷嘴配置);16—收集器;17—可伸缩支架;
18—生物处理器;19—气相色谱—质谱仪处理器;20—温度传感器;21—气象臂组件;
22—气象敏感器;23—放射性同位素热电发电机风罩(2);24—放射性同位素热电发电机冷却线;
25—推进剂填充和N_2填充线;26—无功能降落配置;27—照相机(2)。

着陆器由以下分系统组成。

(1)制导和控制分系统。

制导和控制(G&C)分系统由制导控制和序列计算机(GCSC)、飞行软件、惯性参考单元(IRU)、雷达高度计(RA)、终端下降和着陆雷达(TDLR),以及电子管驱动放大器(VDA)组成。所有部件除了 GCSC 均安装在着陆器本体外部。GCSC 和飞行软件接收并处理所有 G&C 敏感器的数据,并处理所有控制指令。

惯性参考单元由三个陀螺和加速度计组成,还有第四个与三个主轴垂直的陀螺作为冗余,以及第四个加速度计。这些敏感器提供的数据用于 GCSC 的软件算法来计算探测器的姿态、角速率、速度和高度。在着陆后,IRU 提供着陆器的方位数据。

雷达高度计有两套冗余,RA 从 137160m 到 42m 的高度使用四个模式来确定高度。RA 在 243840m 高度的进入点打开,在着陆后关闭。RA 的数据用于消除导航高度误差。

终端下降和着陆雷达由四个独立的多普勒雷达综合成一个单元,用于测速。雷达测量相对火星表面的射束速度,GCSC 软件算法将这些数据转化为主轴上的速度。TDLR 在大气防护罩分离后打开,一直工作到着陆。四个雷达中的任意三个就可以确定主轴的速度。

电子管驱动放大器解码并执行 GCSC 的指令用于反作用控制发动机、终端下降发动机和终端滚转推力器。

GCSC 管理着陆器的所有子系统,它的功能是:①着陆器所有分系统的能源管理;②用于科学、通信和数据处理的指令和序列;③上传指令解码和处理;④着陆器从分离到着陆期间的制导和控制;⑤着陆后着陆器方位和 S 波段天线指向计算。每个 GCSC 有两个阵列(叫做 A 面和 B 面),每个阵列包含 18,432 字节的内存、处理器、输入输出线路和能源供应。从分离到着陆首先使用其中一面,在着陆以后如果该面损坏则自动转换到 GCSC 的另一面使用。

GCSC 的内存包含了控制着陆器的软件(飞行程序)。在从轨道器分离前,飞行程序序列开始对电池充电,着陆器检查并校准,飞行程序更新,从轨道器分离的指令由飞行小组通过轨道器给出。从轨道器分离后,由飞行程序执行导航、制导与控制。利用敏感器获得的数据,推进系统输出离轨、进入、终端下降和着陆所需的燃料。在下降期间,飞行程序同样控制其他所有的功能,包括科学实验、遥测操作和火工品操作。在着陆后,飞行小组控制着陆器各项功能,包括着陆后的科学实验,中继通信和直接通信。

(2) 电力分系统。

电力分系统由生物防护罩动力组件(BPA)、电力调节和分布组件(PCDA)、电池、放射性同位素热电式发电机(RTG)和两个储箱组成。

BPA 位于生物防护罩底座,具备三个功能:在巡航和火星捕获期间调节和分配轨道器提供的能源给着陆器各分系统;对着陆器电池进行充电;以及在分离前提供轨道器到着陆器指令、数据和控制。

PCDA 解码 GCSC 的指令并转换为 114 电力负荷开关。RTG 的 8.8V 由 PCDA

转换为标准的 28V。RTG 同样由 PCDA 转换来装载电阻器、着陆器载荷或者电池充电。

两个 RTGs 安装在着陆器顶部。RTGs 同时作为着陆器的电源和热源。作为电源，它们提供至少 60W 功率；作为热源，能够最多提供 120W 的热量。RTG 应用热电器件将来自衰变的 ^{236}Pu 转换为 70W 的电能；废热或未转换的热能由热转换器送至需要热能的内部仪器间。RTG 上面的盖子防止热能向外部环境散发。4 只可再充电的镍镉蓄电池成对装在着陆器里面；在着陆器峰值活动时期，蓄电池帮助供电。当其他功率需求低于 RTG 功率输出时，RTG 为蓄电池充电。

（3）遥测分系统。

遥测分系统用来获取、处理、储存并调制在发射、巡航、分离、离轨、进入、下降和着陆期间所有着陆器的科学和工程数据并将其发送。遥测分系统包含一个数据获取和处理单元（DAPU）、磁带记录仪（TR）和数据储存器（DSM）。遥测接口通向 GCSC、科学设备、通信以及所有获得着陆器工程数据的硬件。DAPU 能够由 GCSC 转换为超过 200 种模式，接收的数据能够储存在 DSM 或者磁带记录仪上或者直接发送到通信分系统。

数据存储设备收集并控制着陆器科学与工程数据流，包括数据捕获与处理单元，数据存储器及磁带记录器。数据捕获与处理单元收集科学与工程信息，并将其传送至地球（经由 S 波段高增益天线），或数据存储器，或磁带记录器。信息在数据存储器中短期保存，存储器一天多次地将数据向磁带记录器传送，或返回至数据捕获与处理单元，由该单元进一步传送。在磁带记录器中的数据将长期保存。磁带记录器可通过数据捕获与处理单元及超高频（UHF）线路传回飞经的轨道器。磁带记录器可存储 40Mb 信息，能以两种速率记录，以 5 种速率重放。

（4）通信分系统。

通信经一个 20W 的 S 波段发射机和两个 20W 行波管放大器。一个双轴稳定高增益抛物面天线安装在基座一侧的吊杆上。一个全向低增益 S 波段安装在基座上。二者均可直接与地球通信。一个 UHF 波段（381MHz）天线提供由轨道器中继的单工通信。UHF 在离轨、进入、终端下降和着陆期间传输工程和科学数据。发射机有三种模式：1W、10W 和 30W。传输速率为 4kb/s 或者 16kb/s。数据存储于 40Mb 容量的磁带记录器中。着陆器计算机具有 6000 字容量的存储器用于指令存储。

（5）推进分系统。

推进分系统由反作用控制系统（RCS）和终端下降（TD）系统组成。前者用于离轨机动和进入段的姿态控制，后者在终端下降期间用于速度和姿态的控制。

RCS 由安装在基座的四个发动机模块以及安装在基座内部的两个燃料储箱组成。它们与热罩上的推力器相同，应用肼单组元推进剂，成对安装在推进剂储箱上,在终端降落期间控制着陆器的滚转姿态。

TD发动机共3台,提供姿态控制并减低抛伞后的着陆器速度。发动机的设计基于"勘探者"(Surveyor)月球着陆器的推力器。发动机应用肼推进剂,推力可调,最大推力为2600N。3台发动机相隔120°分布于着陆器下部的侧梁上。2个球形钛储箱位于着陆器本体两边,提供降落发动机85kg的肼推进剂。

(6)火工品子系统。

火工品子系统由火工控制线路和相关的机械设备组成。火工品爆炸的指令来自轨道器和GCSC。这个子系统包括着陆器火工品控制组件(LPCA)、火工品(触发器、压力模块和降落伞发射器模块)和火工机械设备。

(7)热控子系统。

热控子系统为着陆器各个设备和结构提供一个可以接受的温度环境。在所有的任务阶段热控都由被动和主动相结合来达到目的。被动热控制是通过一定的几何构型和选择具有光学特性的材料来达到热控目的。被动控制技术包括电加热器和各种热变电阻设备。

(8)结构和机械子系统。

结构和机械子系统的主要部件包括着陆器本体、着陆腿,以及高增益天线展开机构。

着陆器本体在终端下降和着陆以后为所有设备提供适当的热环境整体结构。所有的能源、通信、遥测、制导与控制,以及科学设备都安装在着陆器本体上。本体是一个铝钛合金的三角形结构,每个顶点安装了着陆腿。

着陆器的三条着陆腿完成如下功能:①使着陆更加稳定;②吸收能量,使得着陆时的振动达到最小化;③在一个腿着陆后关闭终端下降发动机的开关;④在着陆期间满足地震检波器可传递的需求以及着陆器相机和高增益天线的刚度需求。

高增益天线展开机构提供了在着陆过程中高增益天线的结构支撑。在着陆后它依次释放、竖立、锁定,使HGA在合适的位置。

2.4.4 任务过程

2.4.4.1 发射

"海盗"号环绕器和着陆器加上推进剂的总质量约为3600kg,相比之下,"水手"9号只有978kg,不到"海盗"号的三分之一。用于发射"水手"9号的"阿特拉斯-半人马座"(Atlas - Centaur)火箭对于"海盗"号来说运载能力欠缺。另一方面,NASA用于"阿波罗"计划的"土星"5号(Saturn V)火箭却过于大了。最经济的方案是使用"泰坦"3号(Titan III)火箭和"半人马座"上面级的综合体,它能够将3600kg物体运往火星。

"泰坦"3号-"半人马座"结合体是一具相对新颖的运载火箭(图2-58),尽管它每个部分在其他任务中已经应用过。在发射台上竖立的高度是 48.5m,"泰坦"3 号由一个作为二级核心的"泰坦"2 发动机和两个固体助推发动机组成。固体火箭发动机直径为 3.05m,长度为 25.9m。

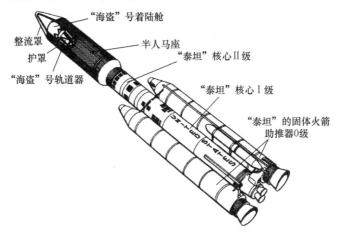

图 2-58 发射"海盗"号的"泰坦-半人马座"火箭构型(图片来源:NASA)

"半人马座"是 NASA 的高性能上面级,主要用于行星际发射任务。它的两个发动机总共能够产生约 133452t 的推力。"半人马座"的发动机具备二次点火功能,这对于"海盗"号任务来说是非常重要的。在"大力神"第二级抛弃后,"半人马座"的第一次点火将"海盗"号进入一条 165km 的地球停泊轨道,然后等待 6~30min 时间,在一个合适的位置"半人马座"再次点火将"海盗"号送入行星际轨道飞往火星。"半人马座"的最后一个动作是与"海盗"号分离,并排出其残留的推进剂,使其偏离"海盗"号的飞行轨道,避免与火星相撞。

在轨道器、着陆器和运载火箭在卡纳维拉尔角会合前,它们会经过一系列的测试。所有系统和部件都会在模拟太空条件下进行振动和加热等测试。最后的检验和组装是在 NASA 的肯尼迪太空中心进行。着陆器的杀菌在"海盗"号装配的密封建筑中进行。一旦进入密封环境后,已经相当干净的着陆器在 112℃ 的环境下烘焙不少于 3 天时间。

1975 年 8 月 20 日,"海盗"1 号探测器在卡纳维拉尔角发射升空。9 月 9 日,"海盗"2 号发射升空。"泰坦"3 号固体发动机首先点火,约 2min 后"泰坦"3 号的液体火箭发动机点火,熄火后,"半人马座"上面级将探测器送入一条高度为 165km 的地球停泊轨道。随后火箭上的制导计算机命令"半人马座"第二次点火,将探测器送入地火转移轨道。

2.4.4.2　行星际巡航

星箭分离后探测器展开太阳能帆板并使用惯性参考平台搜寻太阳;然后进行

滚转搜索老人星建立巡航姿态。飞往火星需要305～360天时间,在巡航段,"海盗"号着陆器基本处于休眠状态,轨道器也并不活跃,但是在此期间需要完成若干项重要任务。首先需要确认探测器确实在与火星交会的轨道上,探测器与DSN在合适的位置时可以进行导航和轨道修正(在巡航段大约需要执行三次中途修正)。在巡航段DSN将会频繁跟踪轨道器(但不是连续的),DSN天线在获得足够的轨道数据后计算出中途轨道修正需要多大的速度增量。大约每隔15天,轨道器将会对着陆器进行检查并开展简单的维护操作。"海盗"号的行星际巡航轨道如图2-59所示。

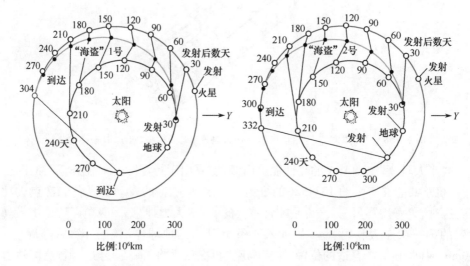

图2-59 "海盗"1号、2号的行星际巡航轨道(图片来源:NASA/JPL)

每个探测器在地球附近只需要进行一次中途修正。对于"海盗"1号,第一次轨道修正(TCM-1)直接瞄准了最终被火星捕获的目标点,因为此时已经满足了行星保护政策的约束条件而无需设置偏差。

对于"海盗"2号,由于探测器推进系统的高度可靠性,TCM-1可以直接瞄准的最终目标点即可满足行星保护政策的约束。但是为了防止探测器在撞击火星的轨道上,需要在地球附近安排另一次中途修正。另一方面,无论TCM-1是否设置了偏差,在接近火星时至少需要进行一次中途修正。综上考虑,决定将TCM-1的瞄准点设置一定的偏差,从而使探测器在撞击火星轨道上的概率小于1%。

"海盗"1号在地球附近的中途修正控制误差很好,但是执行误差较大,以及在后续的行星际飞行中未建模的非重力加速度影响,使得探测器到达火星附近时有较大的偏差。到达火星前10天的中途修正用于修正到标称的目标点及到达时间,预计所需的ΔV小于4m/s。最终决定在这个日期进行中途修正,而取消了原计划在到达火星前30天进行的中途修正。然而,当推进系统在这次修正前进行加压时,发现加压调节阀出现泄漏现象,这将会导致在火星捕获前燃料箱和氧化剂箱的压力异常。基于探测器可靠性的原因,决定不再关闭加压阀,而是执行一个比较大的发动机点火机动(50m/s),这样可以确保开启加压调节阀希望其能够复位从而不再泄漏。这次机动通过改变到达火星的时间,从而对任务的影响减少到最小程度。

这次修正在到达火星前9.5天设计并执行。在轨道修正后加压调节阀继续以相同的速率泄漏气体,仍然导致火星捕获前的压力是不可接受的。因此,类似于第一次轨道修正,设计了第二次轨道修正,这次机动不是希望能够抑制泄漏,而是产生足够的损耗来保持火星捕获前的压力在低于可以接受的水平上。在到达火星前4.5天,执行了大约60m/s的轨道机动,成功地达到了预期目标。这两次轨道机动在B平面的目标点与标称值相比有了改变,这是为了优化火星捕获制动。

对于"海盗"2号,在火星附近的中途修正需要较大的ΔV,这是由于在地球附近的中途修正设置了偏差,同时在行星际飞行过程中非重力加速度的影响,以及最终到达火星时目标状态的改变所导致的。但是预计在到达火星前10天执行的中途修正需要大约10m/s的ΔV仍然是比较小的,能够满足轨道控制精度,因此没有必要执行原计划到达火星前30天进行的中途修正。

随着探测器不断接近火星,轨道器的扫描平台和科学设备开始进行校准,因为在到达火星之前这些设备将会开展工作。在到达火星前10天,扫描平台解锁并指向火星。此时探测器距离火星仍有上万千米,从探测器看火星仍然是一个微小但是逐渐变亮的光斑。"海盗"号在到达火星前的科学实验的目的是获得火星全球温度和水蒸气的分布,并获得火星和它两个卫星的图像用于导航。

捕获制动前5天,"海盗"1号开始了科学实验和光学导航。电视摄像机获得了整个火星圆盘、恒星和火星卫星的照片。7月14日使用红色和蓝紫色滤光器拍摄了8张整个火星圆盘照片。7月15日开始拍摄用于光学导航的照片。两个电视摄像机轮流拍摄火星和恒星背景照片。需要交替拍摄是由于拍摄火星和恒星的曝光时间不同。在捕获制动前,还拍摄了火星卫星德莫斯的照片用于辅助导航。

"海盗"2号在6周以后重复类似的过程。捕获前15天,与相机安装在同一个扫描平台上的红外热量绘图仪器(IRTM)进行了标定。在捕获前最后几天利用该设备对火星表面进行低分辨率的热成像绘图。捕获前5天,红外水蒸气实验——火星大气水蒸气探测仪(MAWD)——对火星进行首次扫描。随后每天扫描一次。

2.4.4.3 捕获制动

当探测器接近火星时,轨道器调整姿态使主发动机喷管指向合适的方向,随后发动机点火使探测器的速度减小了约1480m/s被火星引力捕获。探测器首先依次进行滚转、偏航和滚转使得高增益天线对准地球,确保在捕获制动期间具备与地球进行通信的条件,此时地火距离达到了3.8×10^8km。在捕获制动期间不进行任何科学实验,但是工程数据继续回传给地球,除了在两次滚转期间高增益天线没有对准地球导致通信被中断。当地面再次接收到工程遥测数据时,这意味着探测器已经在可以捕获制动点火的正确姿态上。捕获制动后探测器重新调整姿态以进行后续的科学观测。

"海盗"1号的火星捕获在1976年6月19日进行,捕获轨道的近火点高度为1513km,远火点高度为33000km,周期为24.6h,与火星自转速度相同。

"海盗"2号的火星捕获在1976年8月7日进行。捕获轨道的近火点高度为1500km,远火点高度为33000km,周期为24.6h。

2.4.4.4 环绕火星

当"海盗"号进入环火轨道后,执行三个主要动作:

(1) 传输着陆点确认数据;

(2) 将着陆器导航至所选着陆点;

(3) 检查着陆器,更新着陆器下降分离指令。

1976年6月20日,"海盗"1号在被捕获后不久,首先对相机进行了标定。随后相机测试拍摄火星表面的立体照片。所有拍摄都在近火点着陆点附近进行。在捕获制动和着陆器分离这段时间内可以进行多次轨道调整。第一次轨道调整在第二圈的近火点进行,用于消除轨道周期的误差,以达到和火星自转周期一致的同步轨道。这次轨道调整同样调整了轨道面的方位,这样近火点就可以在着陆点的上方。第二次轨道调整在第五圈进行,更进一步调整轨道周期和方向。在第十圈,如果需要的话,在近火点可以进行一次小的轨道调整,用于修正近火点的高度和轨道周期,以执行精确的着陆。

第一圈:获取测试数据。

第二圈:轨道修正。

第三圈:主要集中于拍摄着陆点照片,该圈拍摄的照片提供了着陆点确认的基本数据。

第四圈:主要集中于拍摄着陆点立体照片。

第五圈:第二次轨道调整机动。

第六圈:扩展第四圈的覆盖范围。

第七圈:红外观测。

第八圈:重复第四圈的立体照相。

从捕获到着陆器分离15天时间内的主要任务就是确认着陆点的安全性。这是通过使用轨道器上的科学设备和地面的雷达来实现的。在发射前已经根据"水手"9号拍摄的照片选择了首选和备份着陆地点。轨道器的相机、水蒸气探测仪和热量测绘装置将会详细分析着陆地点。如果首选着陆点比较危险,轨道器会分析备选着陆点。一旦最终的着陆点选定之后,轨道器通过轨道调整将会固定近火点在着陆点上空。

科学家希望着陆点是一个相对潮湿和温暖的地方,并且具有较厚的土层。工程师们设计着陆器是按照完全不同的标准:

(1)探测器轨道要求着陆点纬度在南纬25°和北纬75°之间。

(2)表面不能太崎岖或者有大的坡度(大于19°)。

(3)着陆点必须处于足够低,以使降落伞能够利用足够浓密的火星大气使探测器减速。

(4)着陆器上的雷达要求着陆地点具备较高的微波发射率,以获得清晰的回波。

在权衡科学和工程因素后,一旦选定着陆点,轨道器将会唤醒处于休眠状态的着陆器。在分离前36h的第13圈(1976年7月3日),一系列着陆相关的指令由地面上传到着陆器。这些相同的指令同时发送到位于丹佛的 Martin Marietta 航天公司,它们使用计算机进行模拟火星的着陆,用于确保这些指令没有任何差错。

2.4.4.5 进入、下降和着陆

"海盗"号的着陆器是在火星捕获制动(MOI)后在环火轨道上向火星下降,而不是像以后的单一着陆器由行星际转移轨道直接进入火星大气。控制人员发出着陆器与轨道器分离的指令,在离轨推力器作用下,着陆器降轨朝向火星飞行,主要飞行事件序列如下:

(1)着陆舱与轨道器分离(图2-60),着陆舱离轨机动,大气进入;

(2)降落伞减速;

(3)后壳/降落伞抛弃;

(4)终端降落发动机点火(1.4km);

(5)着陆运作。

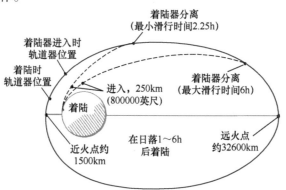

图2-60 "海盗"号着陆器与轨道器分离示意图(图片来源:NASA/JPL)

在分离前39h(S-39h)选择了最终的下降轨道,在S-30h轨道器激活着陆器,着陆器进行分离前的检查。检查结束后,着陆器四个电池再次充满电准备分

离。在 S-3.5h,最终的分离程序开始。在这个最终阶段,着陆器的 IRU 被加热,并对着陆器的状态进行最后检查,确认所有状态都正常后,在 S-1h,JPL 的飞行小组发送指令命令着陆器分离,所有事件均按计划进行,"海盗"1 号于 1976 年 7 月 20 日 08:51 UTC 从轨道器分离,"海盗"2 号于 1976 年 9 月 3 日 19:39 UTC 从轨道器分离。

分离序列装载到轨道器和着陆器上是完全自主的。探测器一旦接收到分离指令后,自主的分离序列就开始了。在分离时刻,火工品装置点火,利用弹簧将着陆器从轨道器分离。离轨机动的姿态和离轨发动机点火持续时间已经储存在着陆器中。在程序预定的时间,安装在大气防护罩上的离轨发动机点火约 20min,从椭圆轨道上减速。着陆器开始 3h 的滑行,最终进入火星大气。

在分离后 4min 内,对着陆器的加速度计进行标定。姿态控制系统被激活,着陆器进行姿态调整准备离轨机动点火。

分离后约 10min,大气防护罩 4 个发动机点火进行离轨机动,点火持续22.5min。这些发动机加上其他 4 个用于滚转控制的发动机一起用于控制着陆器的姿态,使得蜂窝状可烧蚀表面能够保护着陆器遭受高压和高温的腐蚀,并且在进入段提供一个小量的升力。

在离轨机动点火后,着陆器再次调整姿态,离轨滑行段开始,持续约 2.5h。分离后约 3h,着陆器调整姿态准备进入,进入子系统被激活。在大气进入段,着陆器经历了比预想更高的升阻比,但是有助于降低进入速度。

进入大气前 6min,存储的指令对着陆器进行姿态调整。调整 X 轴使探测器具有 -20° 的攻角。选择这个角度是处于科学的目的。在即将进入高层大气之前,在 243km 的高度,按照预定程序进行偏航,使着陆器具有 -11° 的攻角。探测器在这个姿态会受到一定的升力,这样进入轨迹不会过于陡峭,从而大气摩擦力产生的热量也不会过大。两个极限高度/速度数据在着陆器分离前已经装载到了探测器计算机中。基于探测器装载的燃料和发动机的能力,它表示了在每一个高度所允许的极限速度。着陆器在下降期间的速度只有在这两个极限速度之间才可能在火星表面安全着陆。

在进入后,"海盗"1 号在 6km 的高度约以 250m/s 的速度打开直径为 16m 的降落伞。7s 后大气防护罩分离,8s 后三个着陆器支腿展开。降落伞在打开 45s 的时间内将着陆器的速度减小到了 60m/s。在 1.5km 的高度,反推火箭点火,最终使着陆器的速度降低到 2.4m/s。"海盗"2 号的降落过程与此类似。

"海盗"1 号于 1976 年 7 月 20 日 11:56 UTC 在 Chryse 平原斜坡着陆,"海盗"2 号于 1976 年 9 月 3 日 22:37 UTC 在 Utopia 平原着陆(图 2-61)。"海盗"1 号先于"海盗"2 号在火星着陆,因此"海盗"1 号在着陆过程中将会发回一些在下降段和着陆点的工程和科学数据,以提供给"海盗"2 号参考。

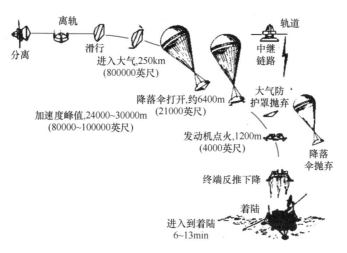

图 2 - 61   "海盗"号着陆过程(图片来源:NASA/JPL)

2.4.4.6   火星表面运作

地面接收到的安全着陆的第一个信号可以从通信网络返回的信号中识别出来。

（1）下降时着陆器到轨道器的数据传输速率为 4kb/s，着陆以后 12s 其速率改为 16kb/s，这个速率的改变是安全着陆的信号。

（2）着陆以后，一个称为 ENABLET 的数据字节将会在屏幕上显示。在下降阶段它是关闭的，一旦安全着陆后随即打开。

（3）另一个显示的字节是 ENGON，它显示的是着陆器上减速发动机的温度。在下降阶段它是打开的，一旦安全着陆以后随即关闭。

（4）另一个可以显示安全着陆的信号是着陆器核电源的电压和电流信号。着陆以后电流信号明显变小，因为下降期间所有使用的设备在着陆后立即关闭。

（5）着陆后 12s 内持续的 IRU 遥测信号表明安全着陆。

当然，数据链路可能由于一些不可预料的原因而中断，因此没有收到上述遥测信号并不表示"海盗"号没有安全着陆。数据链路可能在稍后重新连接。

着陆器一旦在火星表面安全着陆后，第一件事就是建立与轨道器和地面 DSN 的通信链路。由于火星在自转，而且轨道器的位置相对着陆器会产生微小的进动，因此两条链路都不是连续的。当轨道器能够在火星地平线 25° 以上看到轨道器并在 5000km 之内时，轨道器与着陆器之间的超高频链路可以启用。这个窗口每天将会开启 10 ~ 40min 时间。着陆器与地球的直接通信每天有 12h 可用，但是只有着陆器的高增益天线能与地面 DSN 的 64m 天线联系。着陆器的电力能源限制了每天的无线电通信只能持续 2h。

在着陆后，HGA、气象杆、微生物处理和分布装置分别展开，着陆器上的相机 2

首先给支架 3 拍摄照片,然后提供了一副着陆地点的宽视场全景照片。这些照片和着陆器的工程数据由轨道器中继转发给地球。这些数据表明着陆器的状态良好,照片也非常清晰。

"海盗"2 号轨道器在 1978 年 7 月 25 日终止功能;但"海盗"1 号轨道器继续运作并送回数据,直到 1980 年 8 月姿态控制燃料耗尽为止。来自"海盗"2 号着陆器的最后的传输在 1980 年 4 月 11 日到达地球;而"海盗"1 号着陆器发送最后传输是在 1982 年 11 月 11 日,一个由地面控制中心送出的错误指令造成再也无法联络,"海盗"1 号着陆器的工作寿命超过 6 年(表 2 – 12)。

"海盗"号任务传回地球的科学数据与图像是相当多的,它们是成功着陆火星的首批探测器(在这之前试图着陆火星的俄罗斯探测器未能成功),但它们在火星表面还是不能移动,探测范围受到了限制。

表 2 – 12 "海盗"号探测器工作寿命

探测器	到达火星日期	失效日期	持续运作时间	失效原因
"海盗"1 号轨道器	1976 年 6 月 19 日	1980 年 8 月 7 日	4 年 1 月 19 天	姿态控制推进剂耗尽后关闭
"海盗"1 号着陆器	1976 年 7 月 20 日	1982 年 11 月 11 日	6 年 3 月 12 天	错误的地面控制信号导致失去联系
"海盗"2 号轨道器	1976 年 8 月 7 日	1978 年 7 月 25 日	1 年 11 月 18 天	推进系统推进剂泄漏后关闭
"海盗"2 号着陆器	1976 年 9 月 3 日	1980 年 4 月 11 日	3 年 7 月 8 天	电池失效后关闭

2.4.5 探测成果

两个"海盗"号轨道器在绕火星探测期间,发回了 5 万多张火星表面图像的传真照片(图 2 – 62、图 2 – 63),它们所放出的着陆器在火星表面着陆后,又发回了着陆地附近火星表面的大量近距传真照片。

图 2 – 62 "海盗"号着陆器拍摄的火星全景照片(图片来源:NASA/JPL)

两个"海盗"号环绕器在大约两个火星年的观测中获得了大量火星表面和大气的观测资料,包括第一次近距离长期观测火星的季节变化。其上搭载的科学载荷提供了大气中水蒸气的凝结和运动的信息,揭示了火星大气和两极之间季节性的水循环规律,还记录了火星全球温度、反照率和热惯量数据,其中热惯量为火星表面物质颗粒大小的区域变化提供了重要的定量条件。

图 2 - 63 火星 3D 照片,由"海盗"1 号着陆器的相机拍摄(图片来源:NASA/JPL)

两个"海盗"号环绕器的探测表明,火星是一个荒凉的世界。其表面也有环形山,但比月面上要少得多,还有大峡谷、山脉以及蜿蜒曲折、外貌酷似河床的结构物。由于火星表面大气极其稀薄,紧挨固体表面处的大气压相当于地球上海拔30000m高度处的大气压,一旦有液态水存在,就会立即蒸发。所以现在这些"河床"中肯定没有液态水。火星表面的水,很可能与固态二氧化碳一样,被冻结在南北两极的极冠中。

"海盗"号着陆器在降落过程中测量了不同高度上的大气温度、密度和成分。着陆后发回了火星表面的第一张彩色照片,照片揭示出火星表面的岩石和沙化地貌。两个"海盗"号着陆器都有一个重要任务,即进行生物探测实验。它们都装有一个可以挖取火星表面之下土壤的机械臂,将采集的土壤(图 2 - 64)放到着陆器的特殊实验室中,用 ^{14}C 作示踪原子,并用气相分析分光仪来寻找有机化合物的痕迹,实验结果未能找到有微生物存在的迹像。但是,火星表面大量酷似干涸河床的结构物似乎表明,火星在过去遥远的地质年代中,当时表面大气压比现今高得多,表面温度也比现今高,很可能有大量的液态水在这种"河床"中流动。现今观测到的河床结构物很可能正是那时火星上汹涌澎湃的江河。有人认为,那个时候火星

图 2 - 64 "海盗"号着陆器采集火星表面土壤样本(图片来源:NASA/JPL)

上是一个有生命的世界,但是没有获得可靠的证据来支持这种说法。图 2 - 65 为
"海盗"号着陆器拍摄的火星表面。

图 2 - 65　"海盗"号着陆器拍摄的火星表面(图片来源:NASA/JPL)

直到 2007 年,在美国天文学协会的一次会议上,有科学家发表论文称,"海盗"号在 30 年前可能无意中已经发现火星微生物,但是由于没有意识到,在随后的操作中可能误将所发现的微生物杀死。来自华盛顿州大学的地质学教授舒尔策 - 马库赫在一份论文中指出,1976 年 NASA 发射的"海盗"号探测器可能无法辨认火星上可能存在的微生物。

该论文指出,由于"海盗"号在寻找的是类似地球的生命形式,这种生命形式的特点是盐水是活细胞内部液体。由于火星表面又干又冷,它上面生命形式的基本单位可能是由水和过氧化氢的混合物组成,并据此进化。水和过氧化氢混合物能在极短低温的情况下保持液态,因而细胞在冰冻的情况下并不会死亡,甚至可以吸收火星上的稀薄水蒸气。舒尔策 - 马库赫在论文中称,由于技术以及认知局限性,"海盗"号探测器在 20 世纪 70 年代无法识别以过氧化氢为生命基础的火星微生物,相反可能会在无意的操作中"溺死"或者"热死"这些微生物。

而以墨西哥大学纳 W. 罗·冈萨雷斯为首的研究人员对"海盗"号的研究结果同样提出了质疑。他们通过实验发现"海盗"号着陆器上的气相色谱分析仪(GCMS)存在很大设计问题。他们发现 GCMS 甚至都不能从与火星类似的地球土壤中探测出生命物质的存在,冈萨雷斯通过其他的方法探测出了智利北部的阿塔卡马沙漠中获取的土壤标本中含有微生物,但是 GCMS 却没有发现。这些样本还包括来自西班牙西北部的里沃提诺河床上提取的含铁土壤,它的成分与火星表面的土壤非常相似。

至于目前火星上是否还有生命存在,尽管在"海盗"号任务之后,美国又多次发射探测器探测火星,但这个问题至今还没有确切的结论。

2.5 火星观察者(1992 Mars Obverdser)

表 2 – 13 为"火星观察者"概况。

表 2 – 13 "火星观察者"概况

探测器名称	Mars Observer
任务类型	环绕器
发射日期	1992 年 9 月 25 日
到达日期	原定 1993 年 8 月 24 日
探测器平台尺寸	1.0m×2.1m×1.5m
探测器质量	干重 1125kg,燃料 1440kg,总质量 2565kg
运载火箭	"泰坦"Ⅲ - 转移轨道级(TitanⅢ - TOS)
科学载荷	γ射线频谱仪,热量发射频谱仪,激光高度计,压力调节红外辐射计,磁力计/电子反射计,超稳定振荡器(无线电科学实验),相机

探测器名称	Mars Observer
控制系统	三个反作用动量轮,太阳敏感器,星敏感器,火星水平敏感系统,惯性测量单元(IMU)包含了陀螺和加速度计
通信	X 波段,Ka 波段,指令速率最大 2.5 条/s,上传数据速率最大 85.3kb/s,上传无线电频率功率 44W,磁带记录仪 3 个,每个容量为 1.38×109bit
电力	6 块总面积为 24.5m^2 的太阳能电池阵列、电源调节和分配装置,以及一个自动电池能量管理设备,太阳能帆板输出功率最大 1130W
推进	双组元—甲基肼和四氧化二氮,单组元肼,4 个 490N,4 个 22N,8 个 4.4N(用于轨道调整),4 个 0.9N(用于动量轮卸载)

2.5.1 任务概述

2.5.1.1 任务背景

自 1970 年代成功开展了"海盗"号任务以后,NASA 将重点转向了航天飞机的研究。JPL 在"海盗"号任务结束后提出了几项新的探索任务,但是都没有得到经费支持。NASA 顾问委员会在 1980 年建立了太阳系探索委员会(SSEC),SSEC 的职责是在 1980 年代科研经费紧张的背景下研究制定行星际探索任务计划。1983年,SSEC 提出了一项延续到 2000 年的行星际探索核心计划。

SSEC 的报告提出的一系列深空探测任务分为两类。第一类是"观察者"项目,探测目标是类地行星和近地小行星,并且探测器平台继承地球轨道卫星任务,如国防部气象卫星项目(DMSP)和通信卫星项目(SATCOM)。第二类叫做"水手"

2号项目,探测目标是外太阳系行星、彗星和小行星,这个项目将会建造新的探测器平台。

"火星地质和气象轨道器"(MGCO)就是SSEC推荐的核心任务中的一个。在1985财政年度,"火星地质和气象轨道器"被正式命名为"火星观察者"(MO)。NASA空间科学和应用办公室指派JPL负责火星"观察者"的管理。火星"观察者"号原计划于1990年8月采用航天飞机发射,但是在1986年1月"挑战者"号航天飞机发生事故后,推迟到了1992年发射。"火星观察者"的主要承包商是位于普林斯顿的Martin Marietta公司宇航分部。"火星观察者"(图2-66)探测器价值5.11亿美元,加上发射费用和操作费用等总计达8.91亿美元。

图2-66 "火星观察者"在进行组装(图片来源:NASA)

2.5.1.2 任务目的

"火星观察者"任务的科学目标为:

(1)确定火星表面岩石和土壤的化学和矿物质成分;

(2)测量火星引力场,搜索火星磁场,研究火星地形;

(3)在一个火星年内记录火星大气的组成成分、大气压和动力学特性;

(4)观测火星大气、极盖和土壤中水分、二氧化碳和尘埃的季节性变化规律。

多个科学载荷采用了20世纪80年代新开发的技术,比以前的任何火星任务都要先进。按照原计划,"火星观察者"将会在一个火星年内传回地球超过6000亿字节的科学数据,比之前所有火星任务的总和还要多。在任务的科学观测段,"火星观察者"将作为数据中继卫星参与计划在1994年底发射的俄罗斯-法国火星'94任务。

2.5.2 科学载荷

"火星观察者"携带了7个科学载荷(表2-14)。包含了高增益天线的探测器通信子系统也被认为是科学载荷,因为无线电科学实验将会利用无线电波测量火星引力场和大气。

表2-14 科学载荷主要特性

科学载荷	主要研制单位	质量/kg	功率/W (平均/峰值)	观察对象
γ射线光谱仪	亚利桑那州大学	24.4	16.3/16.3	火星表面成分;极冠季节性变化;大气密度;固态水;宇宙射线光谱和特性
热量发射光谱仪	亚利桑那州大学	14.4	15.6/18.2	火星表面成分;大气观测,压强,沙尘暴,极盖
激光高度计	戈达德太空飞行中心	25.9	28.7/28.7	火星地貌;地质结构和演化
压力调节红外辐射计	JPL	40.2	34.1/34.7	温度、水蒸气、灰尘、大气的垂直分布特性
磁力计/电子反射计	戈达德太空飞行中心	5.4	4.6/4.6	火星全球磁场;表面磁场特征;火星-太阳风交界区域;电子的能量光谱
超稳定振荡器 (无线电科学实验)	JPL	1.3	3.0/3.0	引力场;大气折射特性
MO相机	亚利桑那州大学	21.1	22.8/29.8	火星表面和大气;全球监测;极盖监测

1)表面成分和地形研究

(1)伽马(γ)射线光谱仪(Gamma - Ray Spectrometer,GRS)。

GRS(图2-67)将会探测并分析从火星表面散发的γ射线。通过测量γ射线的能量和强度,科学家能够确定产生射线的化学成分。GRS能够确定诸如钾、铀、钍、钙、镁、铝和铁等元素的裕度。

根据GRS获得的数据,科学家能够确定放射元素的数量和行星内部的热变化历史。其他元素的数据能够帮助地理学家辨别火星表面不同类型的岩石。除此之外,GRS能够探测来自氢、氧和碳元素的中子,这样科学家就能够确定火星表面的二氧化碳和水的数量。

(2)热量发射光谱仪(Thermal Emission Spectrometer,TES)。

TES(图2-68)用于分析火星表面散发的红外辐射。根据TES测量的光谱,科学家能够确定火星表面岩石和土壤的重要特性。

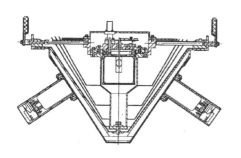

图 2 - 67　γ 射线光谱仪(图片来源:NASA)

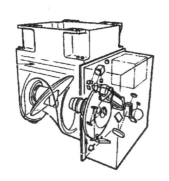

图 2 - 68　热量发射光谱仪(图片来源:NASA)

　　TES 获得的数据同样还可以确定岩石和沙丘的矿物质材料,这对于了解火星地下岩床演化的历史,TES 特别对碳酸盐和硫酸盐矿物敏感。TES 还可以获得火星大气的数据,特别是短期出现的风和尘暴的位置和特性。

　　(3) 激光高度计(Mars Observer Laser Altimeter,MOLA)。

　　MOLA(图 2 - 69)用于测量火星表面特征物的高度。激光器会以 10 次每秒的频率发射红外线脉冲,通过测量发射和接收反射光波的时间差,科学家能够确定表

图 2 - 69　激光高度计(图片来源:NASA)

面物体的距离。根据这些测量数据,火星"观察者"号能够绘制火星表面海拔地图,精度在几米左右。

MOLA 获得的数据还可以用于绘制火星的地形图。平原、峡谷、凹地和山脉的细节将会提供火星表面特征物高度的重要信息。

2)大气研究

压力调节红外辐射仪(Pressure Modulator Infrared Radiometer, PMIRR)。

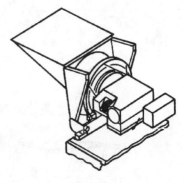

PMIRR(图 2 – 70)用于测量火星稀薄大气的温度、水分和压力。与 TES 相同, PMIRR 测量红外辐射,但是后者的重点是测量大气成分、结构和动力学。PMIRR 将会确定火星表面 80km 高度以下的温度、水蒸气和灰尘的特性。科学家能够通过 PMIRR 的数据来构造火星大气模型并监测大气和极盖的季节性变化。

图 2 – 70　压力调节红外辐射仪
(图片来源:NASA)

3)内部

(1)磁力计/电子反射计(Magnetometer/Electron Reflectometer, MAG/ER)。

MAG/ER(图 2 – 71)用于搜寻火星磁场,如果存在的话并测量其强度。磁场的测量有助于了解火星早期的历史和演化过程。MAG/ER 同样会扫描火星表面来探测残留的远古磁场。

图 2 – 71　磁力计/电子反射计(图片来源:NASA)

(2)无线电科学探测(Radio Science, RS)。

RS 是科学家利用探测器环绕火星时速度变大或变小过程中,利用通信子系统的设备来研究火星引力场的变化。速度的改变反映了引力场强度的变化。

通过无线电观测可以绘制出火星的引力场地面(图 2 – 72),结合地形测量数据,引力场数据能够确定火星地壳的强度和垂直密度。同样还可以探测火星近表面质量密集区域(质量瘤)。

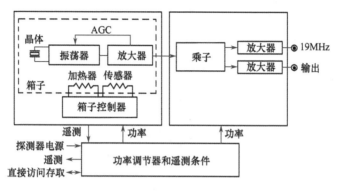

图 2－72　探测器的超频振荡器利用无线电科学观
测绘制火星引力场（图片来源：NASA）

RS 数据还可以帮助科学家绘制火星大气的垂直结构图，每次探测器进入或离开火星背面时，无线电波必须通过火星大气才可以到达地球，火星大气的温度和压力可以通过无线电波受到大气的影响而计算出来。

4）光学图像

图 2－73 所示"火星观察者"相机（Mars Observer Camera，MOC）采用了卡塞格林式光学系统，焦距 3.5m，相对孔径 f/10。提供火星全球完整的低分辨率照片，以及部分区域的中分辨率和高分辨率照片。宽视场相机拍摄火星全球图像，分辨率约为 7.5km，窄视场相机拍摄火星表面更小的区域，分辨率约为 2~3m。如此分辨率可以显示火星表面很小的地形特征，如大的岩石和沙丘，甚至是"海盗"号着陆器。MOC 拍摄的照片还用于选择未来火星着陆任务的着陆地点。

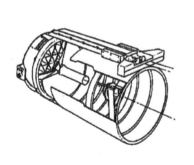

图 2－73　"火星观察者"相机（图片来源：NASA）

2.5.3　探测器系统

探测器系统继承了国防部气象卫星项目、图像和红外观测卫星（TIROS）的大部分电子设备（如通信和数据处理、遥测、制导与控制、电源电子等），以及 Satcom－K 系列通信卫星的结构、热控和电源设备。"火星观察者"号新发展的技术包括一个可操纵的高增益天线,一个用于功率调节和控制的分流通道组件,一个双组元推进系统,以及一个指令检测单元。探测器平台安装了计算机、无线电系统、磁带记录仪、燃料箱和其他设备。在平台外部安装了 20 个推力器,在巡航段进行轨道控制并进行火星捕获制动。图 2-74 为探测器的三种构型。

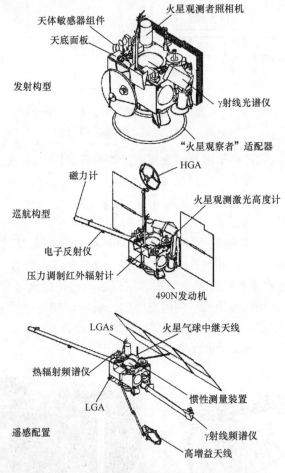

图 2-74　探测器三种构型(图片来源:NASA)

在任务的科学观测飞行阶段,探测器的其中一面始终朝向火星表面,这一面叫做天底面板(Nadir Panel)。七个科学载荷中的四个("火星观察者"相机、激光高度计、压力调节红外辐射计和热量散发光谱仪)安装在这一面上。磁力计/电子反射仪和 γ 射线光谱仪两个载荷安装在 6m 长的桅杆上,目的是为了避免来自探测器本体发出的磁场和 γ 射线的干扰。同样安装在天底面板上的数据中继天线用于俄罗斯-法国火星 94 任务。

探测器平台有两个附属物:太阳能帆板和高增益天线。6 块太阳能帆板提供了 1130W 的电力用于探测器电子设备的操作,并对两块 42A·h 的镍镉电池充电。

当探测器在火星背面时使用电池供电。高增益天线安装在5.3m长的桅杆末端，从而与地球的通信不会被太阳能帆板遮挡。高增益天线的方向可调，因此即使在探测器姿态变化时仍可以指向地球。两者在巡航段均部分展开，到科学环绕阶段才全部展开。探测器大部分暴露的部分，包括科学载荷，都包裹了防热材料用于保持合适的温度。

探测器系统结构包括9个硬件分系统和1个软件分系统，分别为：

1）姿态和关节控制分系统（Attitude and Articulation Control Subsystem，AACS）

AACS的功能是通过使用行星和恒星历表提供探测器惯性参考系，并为科学载荷提供天球上的指向，同时通过动量轮控制消除干扰，通过推力器控制进行姿态机动，并为太阳能帆板和高增益天线提供指向。AACS能够通过一个水平敏感器和星载敏感器提供的天体数据，以及上传的星历表进行闭环指向控制。

AACS继承了TIROS和DMSP卫星系统的三轴稳定零动量控制探测器平台的技术。除了在机动期间由推力器进行控制，探测器由三个反作用动量轮进行指向控制。在巡航段和捕获制动期间，探测器保持一个约0.01r/min的惯性滚转速率。姿态由定期的动量轮卸载来保持，利用低污染的肼推力器进行自主控制。进入科学观测轨道后，一个天球指向姿态由类似的动量轮控制来保持。

在探测器与TOS分离后由一个太阳敏感器提供姿态参考，惯性姿态敏感由天体敏感器组合来实现，一个固定恒星敏感器能够观测到旋转轴周围的一圈恒星。在科学观测轨道，探测器利用闭环火星水平敏感系统进行姿态控制。惯性测量单元（IMU）包含了陀螺和加速度计，用于测量探测器角速率和线加速度。这些IMU测量数据在机动期间用于固定参考指向，在科学观测期间用于测量偏航姿态。

姿态确定软件是基于两个敏感器指向模型：水平敏感器组件姿态确定软件（HADS）和天体敏感器组合姿态确定软件（CADS）。在巡航和捕获制动阶段，CADS使用天体敏感器/IMU测量数据和储存在星上的星历表来对地球和太阳指向。在科学观测阶段，两个软件模型被激活：HADS，使用火星水平敏感组件（MHSA）和IMU测量进行天球指向控制；CADS，使用天体敏感器组合/IMU测量用于惯性指向。CADS也使用行星历表控制HGA指向地球。

2）电力分系统（Electrical Power Supply Subsystem，EPS）

EPS为探测器平台和载荷的电子设备提供电源。EPS是基于DMSP/TIROS系列卫星研制的，做了适当更改。它包括了一个6块总面积为24.5m^{2}的太阳能电池阵列、电源调节和分配装置，以及一个自动电池能量管理设备。

太阳能电池阵以串并联形式排列，具有冗余的二极管，对温度和电流输出进行控制。两块镍镉电池（每块42A·h）在日食时提供电力。为了确保操作生命周期超过8000圈，电池的温度被控在±5℃。

3）推进分系统（Propulsion Subsystem，PROP）

PROP在任务所有阶段为AACS提供推力，包括轨道修正、捕获制动、轨道调整和轨道保持。PROP 使用两个推进系统:双组元推进系统用于大推力机动,使用偏二甲肼和四氧化二氮作为推进剂;单组元推进系统用于轨道保持、动量轮卸载和小推力机动,使用肼作为推进剂。PROP 同样提供分离和展开/释放所需火工品爆炸的控制。

所有主要的机动,包括轨道修正机动(TCMs)和火星捕获制动(MOI),将会由双组元推进系统完成,主要的速度增量由 4 个中的 2 个 490N 发动机来完成。4 个 22N 推力器用于力矩控制,也用于产生速度增量。两个直径为 1.07m 燃料储箱和 1 个直径为 0.66m 的氦气压力储箱携带了任务所需的 1300kg 燃料和 5kg 加压气体,它们相当于 1369kg 燃料。

单组元肼推进系统在科学任务段用于轨道调整机动、检疫机动以及某些姿态控制,包括动量轮卸载。单组元推进系统使用 63kg 燃料。4 个 0.9N 反作用装备组件(REAs)提供反作用轮卸载和轨道调整机动,有 8 个 4.4N 的 REAs 专门提供 Z 轴方向上的控制和调整机动。两个直径为 0.48m 的储箱可以携带 84kg 肼燃料。

4)结构分系统(Structure Subsystem,STR)

STR 提供了立体构型和探测器设备的物理接口,并通过界面适配器提供了与 TOS 的接口。"火星观察者"号本体是基于 Satcom－K 卫星平台建造,中间柱体用于主要载荷转移。这个结构主要是为了适应运载火箭的接口,其次是诸如太阳能帆板、HGA 桅杆以及其他有效载荷的接口。为了适应"泰坦"Ⅲ运载火箭,探测器的发射质量设计为 2522kg,包括 166kg 的有效载荷。

5)热控分系统(Thermal Control Subsystem,TCS)

TCS 使探测器的设备在允许的温度范围内。热温度性和热梯度的最小化是探测器的重要约束,由 TCS 来满足。TCS 同样是继承了 Satcom－K 通信卫星的技术。探测器平台需要对有效载荷和平台各部件提供热控,但是设备内部的热控由各自设备来提供。热控是通过多层热毯、油漆和胶带、主动和被动加热器,以及局部散热器来实现的。

6)指令和数据处理分系统(Command and Data Handing Subsystem,CDHS)

CDHS 可以认为是探测器各个电子设备的总指挥,它包括了探测器的主计算机和控制处理器,为探测器平台和有效载荷提供接收和发送指令。CDHS 还具备验证指令有效性的功能;为所有探测器提供基本的时间参考;收集、储存和发送遥测信号数据;并对电源管理进行控制。CDHS 包含了飞行软件分系统,与 AACS 和遥测分系统需要频繁交互。

CDHS 是一个全电子分系统,继承了 DMSP/TIROS 的设计,并作为科学载荷的数据接口。作为指令功能,CDHS 接收上传的调制信号,进行星上计算,并对探测器平台和科学载荷执行指令。CDHS 安装了所有用于姿态控制、探测器平台容错包含和设备状态管理的软件。数据处理功能包括收集、格式化、发送、储存,并回传地面如下类型的数据:科学设备数据、工程数据、指令验证、科学和工程联合数据。

计算能力由带有冗余的微处理器提供,包括 96Kb 的 RAM 和用于探测器控制处理器(SCP)的 20Kb 的 ROM 和工程数据格式器(EDF)的 18Kb 的 ROM。

7)通信分系统(Telecommunications Subsystem,TCM)

TCM 提供了与深空网(DSN)相容的 X 波段通信,用于地面无线电跟踪、遥测、指令和无线电科学实验。探测器通信设备同时具备进行 Ka 波段的验证试验的能力。

探测器所有的通信使用一个 X 波段发射机和一个指令检波器来处理。在地球附近的通信使用一个低增益发射天线和两个低增益接收天线,在巡航段末期、捕获制动和科学观测阶段使用一个二自由度的高增益天线。

8)机械(Mechanical Subsystem,MECH)和电缆(Cabling/Harness Subsystem,CBL)分系统

MECH 提供探测器平台和有效载荷的展开和万向节转动装置。包括一个两级太阳能帆板展开和转向系统,一个两级高增益天线展开和转向系统,一个四级 γ 射线光谱仪桅杆展开系统,以及一个两级磁力计/电子光谱仪桅杆展开系统。同时还包括了用于初始化展开的火工品装置。

一旦展开完成后,太阳能帆板和 HGA 由两轴万向转动装置指向太阳和地球。用于控制指向的软件使用了储存在星上计算机中的行星星历数据。

CBL 包含了所有探测器平台和内部载荷的电缆。

9)飞行软件分系统(Flight Software Subsystem,S/W)

S/W 包含在指令和数据处理分系统内。它提供了自主飞行操作所需的姿态控制、数据处理、电源和热控管理、转动关节控制、发射序列控制、机动、容错保护,以及指向算法。

飞行软件提供所有星载计算机执行的功能。所有功能都从 RAM 操作,处理引导程序和安全模式软件安装在 SCP 的永久储存器中。

软件算法直接继承了 DMSP/TIROS 系列卫星,并对行星际任务做了适当改进。软件编码与 CDHS 处理器的 1750 结构相兼容。软件还包括了容错保护算法。

2.5.4 任务过程

"火星观察者"任务分为五个阶段:发射、行星际巡航、捕获制动、轨道调整和科学观测。飞行程序如图 2 - 75 所示。

2.5.4.1 发射

用于发射"火星观察者"的"泰坦"Ⅲ火箭是从"泰坦"34 系列演变而来的商业运载火箭。它是一枚两级固体火箭,具有两个捆绑式固体火箭助推器(RSMs)。第 0 级 RSMs 能够产生 12420000N 推力。火箭第一级采用双组元推进发动机,能够产生 2429000N 推力。火箭第二级使用一个单独的发动机,能够

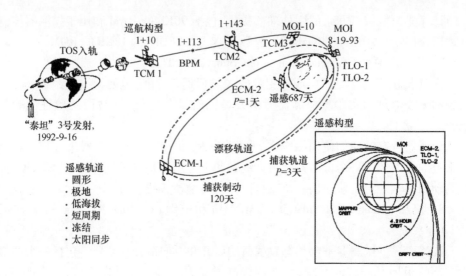

图 2 - 75 "火星观察者"飞行程序(图片来源:NASA)

产生463000N推力。火箭的电子设备安装在第二级,提供自主制导导航和飞行控制功能。由"火星观察者"探测器和TOS组成的有效载荷安装在第二级上面的整流罩中。TOS上面级采用三轴稳定控制,具有一个环形激光惯性制导系统。在发射时,太阳能帆板和高增益天线(HGA)收拢在探测器本体,两个科学桅杆呈缩进状态。

1992年9月25日,搭载了"火星观察者"和转移轨道级(TOS)的"泰坦"Ⅲ运载火箭从卡纳维拉尔角发射进入一条地球停泊轨道(图2-76)。

图 2 - 76 搭载"火星观察者"的"泰坦"火箭发射(图片来源:NASA)

火箭起飞前,首先对"泰坦"Ⅲ和TOS导航系统初始化,并对探测器加电。探测器的反作用轮和陀螺开启,以防在火箭上升期间损坏,探测器推进系统和火工品装置关闭。RSMs在起飞时点火。助推器在起飞后执行一个滚转机动以达到所需的方位角。火箭第一级点火后助推器分离。在第一级分离第二级点火后整流罩分离,TOS遥测系统开启。火箭第二级点火直到进入所需的椭圆停泊轨道。从起飞到进入停泊轨道所需时间为900.5s。

探测器和TOS的联合体在停泊轨道上飞行不到1圈,在火箭起飞后34.1~38.1min之内,TOS点火持续约2.5min将探测器送入地火转移轨道。在火箭起飞后53.5min,探测器与TOS分离,随后TOS执行一次约2.0m/s的机动,以避免撞击探测器。探测器从TOS分离后,太阳能帆板和HGA立即展开为巡航构型。

探测器分离的姿态经过特别设计,在相对太阳(能源供应)和地球(在发射期间利用低增益天线通信)的有利方位上。在TOS点火8.6~14.3min后探测器进入DNS堪培拉站视野。地面站经过约30min的跟踪将会更新探测器的轨道数据,下传数据将会评估探测器的健康状况。

一旦地面对探测器进行跟踪后,探测器即开始姿态初始化序列。首先通过一次滚转机动,探测器建立三轴姿态状态矢量。此时天体敏感器组件(Celestial Sensor Assembly,CSA)搜索到恒星,并更新惯性测量单元参考系。在建立三轴姿态参考系后,当探测器的Y轴在地球—探测器—太阳平面内时,滚转机动停止,然后旋转轴转移到Y轴。

2.5.4.2 行星际巡航

巡航段持续约11个月,并根据探测器指向和通信分为两个阶段:内巡航段和外巡航段。

地火转移段的前3~4个月为内巡航段,此时探测器与地球距离比较近,因而可以使用低增益天线与地球进行通信。在这个阶段太阳能帆板如果朝向太阳将会提供过多的能量,因此探测器将会保持+Y偏离太阳某个角度的惯性姿态,同时满足低增益天线的指向能够很好地覆盖地球。探测器偏离太阳的角度随着日期的变化而变化,太阳入射角约束在65°~30°之间。

当地球与低增益天线的通信不能满足250b/s这个遥测速率后,探测器转换为外巡航段构型。探测器+Y轴将会转向地球方向,从而确保高增益天线能与地球进行通信。外巡航段开始的日期为1993年1月3日。在外巡航段,过剩的太阳能帆板输入不再是一个问题,高增益天线和太阳能帆板同时指向了地球。而作为备份,低增益天线能够在任何方向上随时以较低的速率与地球保持通信。

在整个巡航阶段(图2-77),除了轨道机动期间,探测器将会保持绕Y轴0.01r/min的速率自旋。地面每天都会接收到探测器的工程数据,同时地面通过遥测对探测器所有子系统的状况进行监测,除了轨道机动没有特殊的指令需要上

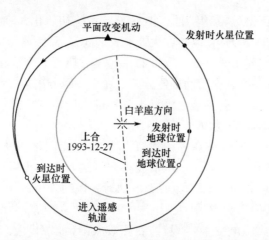

图2-77 "火星观察者"行星际巡航轨道(图片来源:NASA)

传给探测器。

在双组元发动机第一次点火前,需要对推力器的加热器进行检验,双组元燃料管道将会被燃料充满,推进系统加压。在机动期间天体星历不需要更新。姿态参考系由机动开始时装载在探测器中央处理器单元中的状态矢量确定。磁带记录仪在机动期间开启,记录的遥测数据在机动后传回地面。

在巡航段,为了节省燃料,日心转移轨道期间包含了一次确定的平面改变机动(Broken-Plane Maneuver,BPM)。探测器如果在为期24天的发射窗口前4天发射则需要用到BPM,在发射窗口的第五天以后发射则无需BPM。

巡航段的轨道修正机动(TCMs)用于修正上面级的入轨误差、机动执行误差和没有建模的外力干扰。TCM-1在发射后第15天进行。随后科学载荷短暂开机以检查发射以后的健康状况。γ射线光谱仪和磁力计/电子反射计继续开机一个月时间用于收集巡航标定数据。在11月中旬,热发射光谱仪执行一次短暂的检查序列。同时进行了几次通信系统的测试。在12月,磁力计/电子反射计进行了一次特殊的实验,它在距离4000个地球半径的距离测量了地球的磁场。每周进行一次差分单向测距(△DOR)用于提供探测器的导航信息。

1993年1月上旬,探测器的通信从低增益天线转换到高增益天线。随后进行了为期10天的Ka波段通信实验。1月中旬,对星载飞行软件进行了更新,升级了自主容错保护功能,并准备第二次轨道修正(TCM-2)。TCM-2在1993年2月8日执行。在2月和6月再次进行了通信系统的测试。

1993年3月18日进行了第三次轨道修正(TCM-3),使探测器瞄准了捕获制动的目标点。在4月1日左右进行了为期4个星期的重力波实验,该实验是"火星观察者"与"伽利略"(Galileo)和"尤利西斯"(Ulysses)探测器共同进行的。在4月中旬,"火星观察者"相机拍摄了一幅木星照片用于标定相机的焦距。在4月下旬和7月上旬,磁力计/电子反射计进行了标定。5月下旬,再次对飞行软件进行了更新用于修正恒星处理误差。

　　磁力计/电子反射计从 6 月到捕获制动当天继续收集标定数据。"火星观察者"相机在 7 月 27 日拍摄火星照片。最后一次轨道修正(TCM − 4)在 8 月 4 日进行。捕获制动前 10 天安排了一次备份修正(TCM − 4C),如有需要则进行。

　　1993 年 8 月 22 日,捕获制动前 68h,"火星观察者"飞行到了距离火星 4 × 10^5 km 处。按照预定程序,当天通过火工品爆炸打开阀门对探测器的双组元推进系统进行了加压。为了防止无线电电子设备中的敏感部件受到火工品爆炸震动的干扰,地面命令探测器的发射机在此期间关闭。遥测信息在当天凌晨 00:40 UTC 被中断发送,但是在 14min 以后没有按预期重新出现。此后地面一直无法收到来自"火星观察者"的信号。到了 9 月下旬,地面向"火星观察者"发送了一个信号打开探测器上的气球中继,希望这个微弱的信号(1W)能够揭示探测器的一些状况,但是地面 DSN 的 70m 天线仍然没有接收到任何信号。尽管此时"火星观察者"已经没有希望进行火星捕获制动,但是地面控制人员仍然没有放弃尝试对探测器的联系,并且制定了探测器在飞越火星 30 天后进行轨道修正以在 10 个月后再次被火星捕获的计划。但是所有的努力都没有凑效。初步推测探测器在推进系统加压时遭遇了灾难性的故障。"火星观察者"(或者它的残骸)在飞越火星后进入了一条周期为 585 天的日心轨道。

2.5.4.3　捕获制动

　　火星捕获制动(MOI)原计划于 1993 年 8 月 24 日太平洋时间下午 1:30 进行。目标捕获轨道的近火点高度为 553km,轨道倾角为 92.9°(与科学任务轨道一致),MOI 的速度增量约为 767m/s。捕获制动是整个任务机动序列中最关键的时刻。在进行其他机动时,如果检测到状况异常,比如一个较大的姿态控制误差,或者一个较大的太阳矢量误差,机动将会中止。而捕获制动必须在精确的时间进行,而且在捕获制动期间机动无法中止,探测器系统将会提供充分的自主冗余管理能力来完成机动。如自主转换到备份的双组元发动机,计算机故障时自动转换到备份的计算机。同时,发动机点火时间限制也会作为加速度计 ΔV 关机条件的备份。

　　MOI 使用 4 个 490N 发动机中的两个,剩余两个作为备份。点火采用等偏航角指向、同平面机动的方式。开始点火时的真近点角在 − 54° ~ − 48°之间(取决于发射日期),点火运行弧段为 89° ~ 100°,点火时长从 1440 ~ 1674s。在进行蒙特卡罗分析时,MOI 是唯一按照非脉冲机动来仿真的。

　　对于速度增量较大的有限点火机动,如捕获制动和两次转移到低轨道机动(Transfer − to − Low − Orbit Maneuver,TLOs),选择了绕着固定惯性轴的常值速率转向模式。有限点火机动需要设计成将重力损耗最小化。在机动期间,探测器对指向有约束,从而确保太阳能帆板能提供足够的能量。推力器矢量沿着探测器 Z

轴,机动期间 Z 轴沿着指定的俯仰轴旋转。捕获制动后,探测器进入一条 72h 周期的大椭圆捕获轨道,探测器在这条轨道上停留约 21 天时间。

2.5.4.4 轨道调整

从捕获轨道到科学观测轨道的调整过程称为轨道调整阶段。轨道调整阶段包括了一系列的轨道机动和轨道漂移,将会持续 3 个月时间,探测器先后进入轨道周期分别为 72h、24h 和 4.2h 的调相轨道,如图 2-78 所示。这样的设计可以减少有限推力积累的重力损失,使得燃料消耗最小,并最终进入一条 378km 高度的太阳同步科学观测圆轨道。一旦进入这条轨道后,探测器会进行初始重力校准,以在科学观测期间能够进行最优的导航控制。重力校准后,对探测器的科学载荷进行检查,准备进入科学观测阶段。

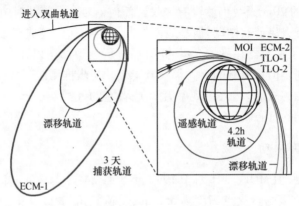

图 2-78 "火星观察者"轨道调整段(图片来源:NASA)

MOI 后 10.5 天,在捕获轨道的远火点进行第一次椭圆修正机动(ECM-1),ΔV 约为 3m/s,它会使近火点高度下降 100km。

ECM-1 后 10.5 天,在近火点处进行 ECM-2,ΔV 约为 124m/s。探测器从 3 天周期进入一条 1 天周期的漂移轨道。探测器将在这条漂移轨道上飞行 59 天,从初始的下午 5 点方向漂移到所要求的下午 2 点方向。

ECM-3 将在第一次低轨转移机动(TLO-1)前 14 天进行,作用是在漂移期间微调轨道倾角和近火点高度。然后探测器通过两次低轨转移机动(TLO-1 和 TLO-2)从 1 天周期的椭圆轨道进入 2h 周期的近圆形科学任务轨道。这两次机动在近火点附近实施,用于降低远火点高度,并将近火点转移到火星南极上空,最终形成目标科学任务轨道。将这个转移过程分成两次机动是为了提高效率,如果合并成单独一次机动点火时间过长,效率较低。

TLO-1 首先将探测器从 1 天周期轨道进入到 4.2h 周期轨道,接着通过 TLO-2 进入到 2h 周期的科学任务轨道。这两次机动的 ΔV 分别大约为 565m/s 和 640m/s。TLO-2 执行的时间安排在 TLO-1 执行 10 天以后,这个时候 4.2h 周期轨道正好到达了所需的下午2点方向。

为了修正 TLO-2 的执行误差,在开始进行重力场标定前需要进行一次轨道修正机动(OCM-1),OCM-1 在 TLO-2 执行 7 天后进行。重力场标定用于完善火星的引力场模型。标称科学任务轨道的周期是 1.96h,近火点在火星南极上空。

但是 TLO-1 和 TLO-2 也同样具有较大的有限点火重力损失。在轨道捕获阶段总的重力损失为 38~47m/s。

2.5.4.5 科学观测

科学环绕轨道是通过精心选择的,它的高度足够低(378km),这样科学载荷能够在较低的高度观测火星,但是火星大气摩擦力还不至于将探测器拖拽进入火星。轨道接近于极轨,因此探测器可以逐渐对整个火星表面进行观测,这条轨道也叫做太阳同步轨道。这样探测器在每天同一个时间经过火星一个特定区域上空。

探测器一旦进入科学观测轨道后,太阳能帆板将会完全展开。GRS 和 MAG 的桅杆也会完全伸展开。在科学观测构型,探测器使用火星水平敏感器组件(Mars Horizon Sensor Assembly,MHSA)偏航陀螺平台作为主要的姿态控制敏感器。太阳能帆板跟踪太阳,高增益天线跟踪地球,而天球设备面板保持指向火星表面。这种构型能够保持所有的科学载荷数据的获取和通信链路的建立。

在进入科学观测轨道后,地面会花费 10 天时间对探测器进行检查。随后有 30 天时间对火星重力场进行标定,进而修正火星引力场模型和轨道偏心率。地面每周进行导航预报探测器的位置,精度为沿迹(Downtrack)方向 100km,横迹(Crosstrack)方向 8km,径向 8km。每周上传新的星历表支持 CSA 备份姿态模式。

探测器在近火点或远火点附近每两周进行一次轨道维持机动。科学载荷将持续工作到 1996 年 2 月。当科学任务结束后,探测器的发动机点火将轨道高度提升到 405km,探测器近火点高度必须遵照禁止污染火星的国际协定并满足 NASA 的行星保护约束,即要求探测器到 2009 年仍在环火轨道上运行的概率为 99.9%。在这个高度火星大气对探测器的影响可以忽略不计,根据行星保护国际公约,要将探测器污染火星的可能性降到最低。"海盗"号着陆器在发射前进行了严格消毒,轨道的消毒程序相对简单。

2.5.5 故障原因分析

在确认"火星观察者"任务失败后,JPL 内部和 NASA 总部各自成立了两个"火星观察者"事故调查委员会,最终的调查结果在 1994 年 1 月份发布,由于再未能取得与探测器的联系,因此无法肯定具体是什么原因导致了任务失败。调查报告提出了六种可能的故障原因:

（1）发动机增压系统管线中自燃性氧化剂和燃料意外混合，引起增压剂与推进剂不可控地外流，探测器因此失去了姿控和通信能力。

（2）在推进系统加压期间增压调压阀未能关闭，过大的压力导致推进剂储箱破裂。

（3）火工品爆炸时阀门组件中用来固定炸药的螺栓损坏，导致发火管从阀门中弹出击中燃料储箱使其破裂。

（4）电源系统电子器件故障导致电路短路。

（5）火工品爆炸时由于某种原因导致电子线路故障，从而使探测器计算机功能失效。

（6）由于通信分系统电子设备闭锁导致无法开启发射机。

综合分析来看认为推进系统发生故障的可能性最大，这种观点认为关键是由于阀门不完善导致了泄漏，特别是电动单向阀的软座可以导致扩散，而其硬座的密封也容易出问题。在近地卫星的推进系统中，微小量的泄漏不会造成大的问题，因为只需飞行几天即开启发动机进行工作。而"火星观察者"在太空中飞行了 11 个月才启动发动机，而且深空的空间环境也与近地空间存在很大差别，不仅管道可能发生冷凝，其温度也不均匀，还会有一些蒸气可能聚集和冷凝在空端轨道。在几个月时间内可以有大量氧化剂聚集在管道中，这些氧化剂碰到一甲基肼燃料时就会自燃，引起管道受热和爆炸，使燃料和氦气增压剂逸出，逸出产生的推力使探测器姿态失控，燃料形成的云雾还会使电子设备腐蚀或短路。

由于在"火星观察者"推进系统加压期间缺乏遥测信号，因而无法获得故障发生时探测器的真实动力学信息。而决定在推进系统加压期间关闭发射机是因为在发射前为了节约 37.5 万美元的经费而取消了电子元器件的震动测试。

"火星观察者"任务的失败是当时 NASA"哈勃"空间望远镜（HST）镜面移位和"伽利略"（Galileo）号木星探测器高增益天线无法展开后遇到的第三例具有重大负面影响的航天事故。也是 JPL 成立以来丢失的第四个深空探测器，上一次失败任务是 1967 年的一次月球探测任务。

2.6　火星全球勘探者（1996 Mars Global Surveyor）

表 2-15 为"火星全球勘探者"概况。

表 2-15　"火星全球勘探者"概况

探测器名称	Mars Global Surveyor
任务类型	环绕器
发射日期	1996 年 11 月 7 日
到达日期	1997 年 9 月 11 日

（续）

探测器名称	Mars Global Surveyor
探测器尺寸	主结构 $1.2m \times 1.2m \times 1.8m$
发射质量	1060kg
运载火箭	Delta II 7925
科学载荷	热辐射光谱仪,激光高度计,磁力计与电子反射计,超稳定振荡器,相机,无线电中继系统
控制系统	四个反作用轮,一个火星水平敏感器,一个星敏感器,多个太阳敏感器,陀螺和加速度计
通信	两个 MO 发射机、两个汤普森25W 电子管放大器、一个高增益天线和四个低增益天线(两个用于接收,另两个用于发射)
电力	两块太阳能帆板提供探测器电力,每块面积为 $6.0m^2$,容量为 20A·h,提供 $660 \sim 980W$ 的功率
推进	四氧化氮和肼燃料的双组元推进系统,主发动机的最大推力为 659N,12 个 4.45N 推力器

135

2.6.1 任务概述

2.6.1.1 任务背景

1976 年"海盗"号任务的两个环绕器和两个着陆器的观测表明火星具有复杂的地质和气象,并且其环境和气候处于动态变化当中。通过对"海盗"号任务数据的分析,越来越多的关于火星的问题被提出来,包括火星上河床的起源和演变历史、主要地壳单元的矿物成分,以及关于火星大气的问题。在 20 世纪 80 年代,当时明确认为下一个火星探测任务应该是一个轨道器,它包括了用于一个火星年时间观测火星大气、表面和陆地的设备。"火星观察者"(MO)原本用于执行该任务,但是它在即将被火星捕获时与地球失去联系。

在失去"火星观察者"后,时任 NASA 局长丹尼尔·戈登(Daniel Goldin)指示JPL 成立三个小组来研究 1994 年或 1996 年发射"火星观察者"2 号的可行性。根据研究结论,NASA 在 1994 年 2 月给 1995 财年批准了 7700 万美元用于开展"火星勘探者"(Mars Surveyor)项目,该项目由 JPL 管理。任务的总体目标是搜索火星上过去和现在生命存在的证据、了解火星的气候和变化规律,并对火星表面进行测绘。该项目设想在 1996 年发射一枚轨道器,在接下来的每次发射窗口发射一对轨道器和着陆器,直到 2005 年和 2010 年期间完成一次低成本的取样返回任务。在经过短暂的 2 个月时间的筛选后,JPL 在 1994 年 4 月宣布"火星全球勘探者"(Mars Global Surveyor,MGS)由科罗拉多州的 Martin Marietta 公司设计和制造,并计划在 1996 年发射。MGS 总耗资约 3.77 亿美元。

2.6.1.2 任务目的

MGS 的科学目标是:

(1) 以高空间分辨率刻画火星表面形态,研究火星表面特征和地质演化过程;

(2) 确定火星表面矿石、岩石和冰块的成分与分布状况,测量表面热物理特性;

(3) 确定火星全球地形和引力场;

(4) 建立火星磁场模型并绘制地壳遗迹地图;

(5) 监测火星全球天气和大气热结构;

(6) 通过监测一个季节周期内的火星表面特征、极盖、大气尘埃和冷凝云来研究火星表面和大气相互作用。

2.6.2 科学载荷

MGS 的所有科学载荷(表 2 – 16)都来自"火星观察者"。它携带了四个星载科学载荷包和一个无线电科学实验设备。

表 2−16 "火星全球勘探者"科学载荷概述

设备名称	描　述	质量/kg	功率/W(均值/峰值)
火星轨道器相机 (MOC)	窄视场和宽视场,焦距3.5m,蓝光焦距11.4mm,红光焦距11.0mm	21.4	13.5/18.3
热辐射光谱仪 (TES)	6~50μm 光谱范围的干涉仪,0.3~3.0μm 和 6~100μm 的通频带	14.6	12.3/18.2
火星轨道器激光高度计(MOLA)	地形:50cm 直径望远镜,1.06μm 激光器,每秒10个脉冲,1.5m分辨率	25.9	34.2/35.9
超稳定振荡器 (USO/RS)	为多普勒测量提供精确的频率参考	1.3	3.0/4.5
磁力计/电子反射计 (MAG/ER)	磁力场范围从 0.004~65536nT,电子从1~10keV	5.2	4.6/4.6
火星中继(MR)	信号中继接收机,在 401MHz 和406MHz 接收	7.9	9.0/9.05

1）火星轨道器相机(MOC)

MOC(图2−79)由三个部件组成,一个窄视场相机和两个宽视场相机,用于拍摄火星表面高分辨率照片和表面与大气的低空间分辨率照片。相机共享共同的电子设备用于储存和处理数据。

图2−79　火星轨道器相机(图片来源:NASA)

在科学观测轨道高度上,窄视场相机所覆盖的面积为 2.8km×2.8km 到 2.8km×25.2km(取决于内部的数字储存器),分辨率约为 1.4m。此外,通过像素平均能够获得低分辨率照片,这些照片的范围为 2.8km×500km,分辨率为 11m。高分辨率照片用于研究火星表面沉积物及其沉积过程、极盖形成过程和火山、风蚀、冲刷腐蚀等其他地质过程。MOC 的宽视场相机分辨率从 250m 到 2km。来自两个宽视场相机的照片将结合提供火星表面和大气的彩色照片。整个任务将会拍摄超过 75,000 张照片,比之前所有火星探测任务的总和还要多。

2)火星轨道器激光高度计(MOLA)

MOLA 的主要目标是通过高分辨率地形图来确定火星全球地形概况。激光高度计是通过计算一束 1.064 μm 激光从探测器到火星表面的往返时间来获得相关数据。根据这些数据并结合精确的位置和探测器速度能够获得火星的表面半径。有一些脉冲通过云层所反射,这些测量数据能够分析云层的动力学和季节性变化,以及火星表面斜坡的坡度。

MOLA 的激光发射机能够在 100ms 的间隔内发射 8.5ns 的脉冲,初始输出功率为每个脉冲 40mJ。接收的光学设备是一个卡塞格林望远镜,主镜直径为 0.5m,反射光聚焦在一个硅光电二极管上。

验证一个激光高度计能够在太空中长寿命运行是一个巨大的成就。在经过两年时间发射了 3500 亿次脉冲后,激光能量从 45mJ 降低到了 2000 年 6 月 1 日的 25mJ。

3)热辐射光谱仪(TES)

TES 利用热红外光谱来研究火星表面和大气,主要目标是:①测量火星表面矿物、岩石和冰块成分;②确定火星大气中尘埃的成分、尘埃粒子大小以及空间分布状况;③确定云层中水冰和二氧化碳的温度、高度和丰度;④研究极盖沉积物的生长和消退情况;⑤测量火星表面物质的热物理特性;⑥刻画火星大气动力学和热特征。

TES 包括两台望远镜,共享一个寻星镜系统。一个 15.24cm 的卡塞格林望远镜将信号送给迈克尔逊(Michelson)干涉仪,产生的光谱范围从 6~50 μm。另外一个 1.5cm 直径的反射望远镜,用于测量 4.5~100 μm 范围内的热辐射和太阳反射光(0.3~2.7 μm)。

4)磁力计/电子反射仪(MAG/ER)

MAG/ER 实验的测量目标是确定火星全球磁场是否存在,刻画表面磁场特征,确定太阳风和火星相互作用的特性。这个实验包括两个冗余的三轴磁通量磁力计和一个电子反射仪。这个矢量磁力计测量 MGS 附近的磁场,测量范围从 1~65536nT,数字分辨率为 12bit。电子反射仪测量当地电子分布,测量范围从 1~20keV。

MGS 缺少桅杆将磁力计远离探测器本体,以减少探测器产生的磁场造成的干扰。而是把磁力计安装在太阳能帆板的外边框上,距离探测器中心约有 5m 距离。电子反射仪直接安装在探测器的天底面板上。

5)无线电科学分系统

从第一个火星探测器到达火星开始,无线电科学分系统就利用探测器上的通信设备和地面 DSN 站用于研究火星的引力场和大气结构。从多普勒频移观测到的由于微小摄动力导致的探测器速度变化可以推断出火星引力场的一些细节。在探测器运行至与火星和地球处于一条直线上时,探测器发出的无线电信号通过火星大气到达地球,通过微弱的多普勒频移可以推断出火星大气温度和压力状况。

MGS 利用了 X 波段无线电通信,相比之前的 S 波段能够减弱太阳风等离子流的影响。除此之外,MGS 还安装了一个温控的超稳定振荡器(USO),作为单向无线电科学观测的频率标准。

探测器在行星际巡航段开展了 Ka 波段的实验,实验结果表明:相比使用 X 波段,利用 Ka 波段进行数据传输能够增加数据容量。

6)火星中继(MR)

火星中继(Mars Relay,MR)系统最初是提供给"火星观察者",随后被法国航天局(CNES)提供给 MGS,用于俄罗斯火星 96 任务一个小型穿透器的数据中继。MR 由一个安装在天底板面上的 1m 口径的螺旋状天线和相关的电子设备组成,在 400MHz 附近的 UHF 频段使用。

在火星 96 任务发射失败后,MR 主要作为火星勘探项目"深空"2 号(Deep - space 2)微型探测器的通信链路,并作为"火星极地着陆者"(Mars Polar Lander)的备份链路。在地面与这些探测器失去联系后,MGS 任务小组试图利用 MGS 上的设备与其联系,但是没有获得成功。

7)加速度计和水平敏感器

MGS 的加速度计和水平敏感器在大气制动阶段也作为科学载荷使用。它们提供大气密度及其变化信息。在科学环绕段继续使用水平敏感器作为科学载荷。

2.6.3　探测器系统

探测器的设计(尤其是电子结构)是基于"火星观察者"。探测器由洛克希德·马丁公司建造。为了满足严格的质量约束,探测器结构由轻型复合材料构成,它由四部分组成:设备模块、推进模块、太阳能帆板支撑结构和高增益天线支撑结构(图 2 - 80)。设备模块包括了电子设备和科学设备。推进模块作为与运载火箭的适配器,包含了燃料储存箱、主发动机和推进管道系统,并在模块四个角落安装了姿态控制推力器。两块太阳能帆板提供电力,每块尺寸为 3.531m × 1.854m。两个磁力计安装在太阳能帆板末端。

探测器的发射质量为 1060kg,包括科学载荷和燃料。当太阳能帆板完全展开时,探测器平台主体尺寸为 1.2m × 1.2m × 12m。高增益天线直径为 1.5m,安装在一根 2m 长的桅杆上。"火星全球勘探者"在环绕火星的过程中有一面始终面向火星。6 个科学载荷中的 4 个(火星轨道器相机、轨道器激光高度计、电子反射计和热量辐射光谱仪)安装在朝向火星一面上。磁力计安装在太阳能帆板的末端。

探测器的太阳能帆板能够提供 980W 的电力用于电子设备的运行和对镍氢电池充电。电池在探测器进入火星背面时进行供电。为了保持合适的运行温度,探测器的大部分外露面,包括科学载荷都覆盖了防热材料。探测器的科学观测构型,安装在 2m 长桅杆顶端的碟形高增益天线展开,因此地球不会被太阳能帆板遮挡。这个直径 1.5m 可以转动的天线会始终指向地球。包括高增益天线在内的探测器的无线电系统也作为一个科学载荷用于无线电科学研究。探测器与地球的通信始终利用 X 波段进行无线电跟踪,回传科学和工程遥测数据、指令和无线电科学实验。但是探测器的通信设备也提供 Ka 波段的下行链路,用于验证在未来任务中的可行性。

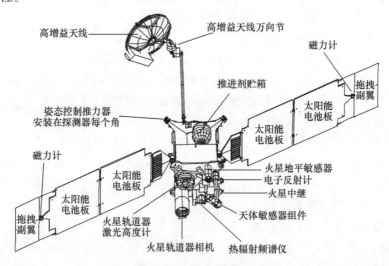

图 2 - 80　MGS 探测器组成(图片来源:NASA)

从发射到大气制动阶段,高增益天线固定在探测器的一面。因此探测器的姿态必须保证高增益天线始终指向地球。在科学观测前,高增益天线展开,这个构型能够允许天线利用两个关节自动跟踪地球指向。除了高增益天线,探测器还携带了四个低增益天线在高增益天线无法通信时使用。其中有两个作为发送机,另两个作为接收机。“火星全球勘探者”的 25W 无线电频率放大器允许探测器在 21333 编码字节/秒到 85333 编码字节/秒的速度范围内传输科学和工程数据。一个编码字节的储存空间大约为 1.147bit,包括原始数据及其特定的编码方案。

探测器在任务的不同阶段被设计成四种不同的构型(图 2 - 81)。对于发射构型,所有的附属设备都呈收拢状态,并相对探测器固定。在巡航段太阳能帆板憎爱分展开,HGA 指向地球,探测器沿着该轴缓慢旋转。在大气制动段,太阳能帆板后掠朝向载荷,因此发动机面向气流方向。推进机动的构型与此类似,但是太阳能帆板后掠朝向推进模块。科学观测构型是三轴稳定方式,利用水平敏感器的输入来保持指向。转向机构使得太阳能帆板指向地球,HGA 指向地球。在安全和意外模式,探测器确定太阳方位后沿着太阳矢量以每百分钟一圈的速度旋转,直到与地球获得联系。

“火星全球勘探者”由以下几个主要的分系统组成。

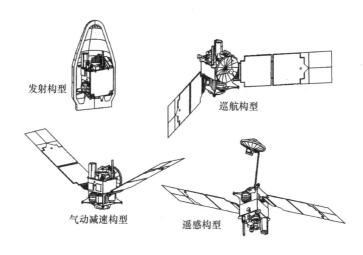

图 2-81 探测器各阶段构型(图片来源:NASA)

发射构型 巡航构型

气动减速构型 遥感构型

1)指令和数据处理分系统

指令和数据处理分系统安装在两台冗余的计算机上平行运行。该系统由 MO 的硬件组成,除了使用两块固态存储器替换了三块 MO 磁带记录仪用于记录科学和工程数据。软件使用两个冗余的马可尼(Marconi)1750A 飞行计算机(128KB RAM,20KB PROM):一个使用工程数据格式,另一个使用有效载荷数据系统(PDS)。飞行计算机中的软件控制了几乎所有的探测器活动。当一台计算机运行时,另一台计算机中同时运行着相同的程序。飞行软件功能包括了姿态控制、指令过程、一些遥测功能、能源管理、电池充电控制、热监控和加热器控制,以及容错保护初始化和执行。

探测器具有三种不同类型的数据流类型,设备数据和工程数据通过离散包收集。PDS 收集数据包并格式化为转移形式,在把数据储存到记录仪之前对其编码,然后探测器通过无线电系统应用卷积编码进行传输。

S&E1 是一个科学和工程综合数据流,能够在稍后以 4,8 或 16kb/s 的速率回传,其传播速率是记录仪的 5.333 倍。S&E2 是一个科学和工程综合数据流,能够以 40 或 80kb/s 的速率实时传回。ENG 是一个低速率的工程数据流,能够实时记录并回传。两块固态数据记录仪提供备份。每块由两个 0.75Gbit 的记录仪支持同步记录和回传。

2)姿态控制分系统

探测器的三轴指向控制由四个反作用轮来提供。姿态信息由一个火星水平敏感器、一个星跟踪器和多个太阳敏感器来提供,陀螺和加速度计测量角速率和线性加速度。三个反作用轮与探测器三轴平行安装,第四个反作用斜装以提供备份。2011 年 1 月 18 日,这个斜装的反作用轮在 X 轴反作用轮故障失效后使用。太阳敏感器安装在探测器的多个位置,主要在姿态重新初始化时应用。这些敏感器的数据可以使探测器姿态指向精度优于 $\pm 3\text{mrad}$(每轴,3σ)。

3）通信分系统

X 波段(8.4GHz)通信系统由两个 MO 发射机、两个汤普森 25W 电子管放大器、1.5m 高增益天线和四个低增益天线(两个用于接收,另两个用于发射)组成。X 波段发射机安装在探测器主结构中,但是功率放大器和 Ka 波段电子设备安装在 HGA 背部。在科学环绕段当 HGA 展开时,两个旋转装置(关节)使得 HGA 跟踪指向地球,同时科学载荷观测火星。HGA 在巡航和大气制动段其方向固定朝向探测器 Y 轴,因为在主发动点火前不能展开。

DNS 的 34m 高功率天线具备接收和发送 X 波段信号能力。在巡航段的正常操作中,MGS 每天有 10h 的跟踪弧段,在关键操作阶段,包括发射、机动和大部分的大气制动期间,对 MGS 进行连续跟踪。

4）推进分系统

推进系统是一个双重模式的使用四氧化氮和肼燃料的双组元推进系统。这种双重模式推进系统与传统的单组元推进系统的不同之处在于它的主发动机和姿态控制推力器都可以使用肼,而不是分开使用肼燃料箱。主发动机的最大推力为659N,用于主要的机动,包括在进入科学环绕段之前速度增量较大的轨道修正。在发射时,MGS 携带了约 385kg 燃料,其中约 75% 用于火星捕获制动。

肼推进系统有四个模块,每个具有三个 4.45N 推力器。每个模块包括两个朝向尾部的推力器和一个滚转控制推力器。肼推进系统用于科学环绕段的轨道调整机动和反作用轮卸载。在主发动点火期间,这些推力器也用于保持推力器矢量,从而节省火星捕获制动所消耗的燃料。

5）电力分系统

两块太阳能帆板提供探测器电力,每块面积为 6.0m^2。每块包括两片帆板,一块内帆板和一块外帆板,分别由砷化镓和硅太阳能电池片构成。其中一块使用了效率更高同时更贵的砷化镓电池片,主要是出于大气制动的需求而不是电力的需求。当探测器在火星背面或者远离太阳时,探测器电力由两块镍氢电池提供,每块容量为 20A · h。在巡航段,由于探测器自旋轴指向地球,因而随着探测器与太阳距离增加和相对太阳角度的变化电力供应也随之变化。

在科学环绕段,一个可以自动调节的关节允许太阳能帆板跟踪太阳,太阳能帆板提供的功率从 660W 到 980W 之间变化。电力供应电子器件和电池充电组件使用的是 MO 的硬件。

2.6.4 任务过程

"火星全球勘探者"任务包括发射、行星际巡航、捕获制动、大气制动和科学观测等五个主要阶段(图 2 - 82)。

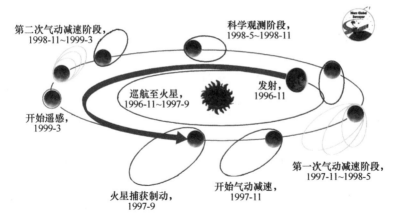

第二次气动减速阶段，
1998-11~1999-3

科学观测阶段，
1998-5~1998-11

巡航至火星，
1996-11~1997-9

发射，
1996-11

开始遥感，
1999-3

第一次气动减速阶段，
1997-11~1998-5

火星捕获制动，
1997-9

开始气动减速，
1997-11

图 2-82　"火星全球勘探者"主要飞行过程（图片来源：NASA）

2.6.4.1　发射

　　"火星全球勘探者"于 1996 年 11 月 7 日 17:00:49 UTC 从卡纳维拉尔角空军基地 17A 发射台由"德尔塔"Ⅱ7925A 运载火箭发射升空。火箭起飞后，三级"德尔塔"火箭的第一级和 9 个固体燃料捆绑助推器将探测器送入到 115km 高度，然后火箭第二级发动机点火将探测器送入高度为 185km 的圆形停泊轨道。进入停泊轨道后，探测器滑行约 35min，随后发动机再次点火提高停泊轨道远地点高度。小推力器点火使火箭第三级和探测器形成 60r/min 的自旋速率。随后火箭第二级分离，火箭第三级是一个 Star 48B 固体发动机，最后第三级发动机点火将"火星全球勘探者"号送入地火转移轨道。

　　发射后约 1h，探测器的两块太阳能帆板展开，其中一块太阳能帆板上的一个叫做"阻尼器臂"的金属片在帆板展开时破裂。金属碎片留在了太阳能帆板侧翼的接合处，导致太阳能帆板仍有 19°的角度没有展开到位。阻尼器臂连接着速率阻尼器，它用于减小太阳能帆板展开时的速率。

　　地面操作小组在接下来的两个星期里研究了工程数据和计算机仿真模型，提出了两个解决问题的途径。第一个方法是探测器进行几次微小的机动，利用太阳能帆板调位激励器使太阳能帆板振动来消除残留的金属碎片。探测器于 1997 年 1 月和 2 月进行了机动，但是没有达到预期的目的。

　　第二个方法是在大气制动期间重新配置太阳能帆板，这样没有展开的那块太阳能帆板就不会朝着大气流的方向。经过分析和测试，飞行小组确定通过旋转太阳能帆板 180°可以安全完成大气制动。通过转动太阳能帆板，将太阳能电池片一面朝向大气流，大气阻力将会作用在金属碎片上，作用在太阳能帆板另一面上的大气阻力将会确保太阳能帆板不会闭合，并且可能施加足够的力使太阳能帆板到达锁定位置。

2.6.4.2　行星际巡航

巡航段持续 309 天时间,地火转移轨道为日心转角大于 180°的 2 型转移轨道。相比 1 型转移轨道飞行时间更长,但是需要花费的能量更小。

在巡航段早期,探测器使用低增益天线与地球进行通信。碟状高增益天线固定在探测器上,只有它的方位指向地球时才能和地球进行通信。探测器于 1997 年 1 月 9 日进入外巡航段,高增益天线接替低增益天线与地球进行通信。在地火转移轨道进行了三次轨道修正。时间分别是 1996 年 11 月 21 日,1997 年 3 月 20 日和 1997 年 8 月 25 日。原定于 1997 年 4 月 21 日进行的第四次轨道修正因无必要而取消。

探测器在巡航段对火星进行了两次拍照。第一次在 1997 年 7 月初和"哈勃"太空望远镜一起对火星进行了拍照,主要用于支撑"火星探路者"号的着陆。8 月 19 日和 20 日对火星再次进行拍照,以验证探测器在飞往火星的轨道上。此时探测器距离火星仍有 5.5×10^6 km,因此照片分辨率只有 20km,但是仍然显示了与"海盗"号任务期间相比存在的变化。

在巡航段的最后 30 天,飞行小组的首要任务是使探测器瞄准目标入轨点,并准备火星捕获制动。

2.6.4.3　捕获制动

探测器在到达火星时首先进行姿态调整,将 660N 主发动机方向调整到合适方位后开始点火,点火时间持续 22min17s。发动机点火时间为 1997 年 9 月 12 日 01:17:16 到 01:39:33。点火期间探测器与地球通信中断了 9min 时间。从地球上看,当探测器进入火星背面时与地球的通信中断,探测器在火星背面飞行约 14min,在 01:57:00UTC NASA 在加州和澳大利亚的 DNS 测控站重新与探测器取得了联系。

捕获制动利用了程序转弯机动策略,保持推力器矢量与速度矢量平行,节约了 20m/s 的速度增量。点火结束后探测器相对火星的速度减小了 973m/s。MGS 的初始捕获轨道是一条周期为 44.993h 的大椭圆轨道,近火点高度为 262.9km,轨道倾角 93.258°。

表 2-17 所列为捕获制动关键动作。

表 2-17　捕获制动关键动作

时间(PDT)	事　件
1997 年 9 月 11 日 PDT 12:40p.m.	加州 Goldstone 14、15 深空站开始跟踪
4:31	2 号陀螺仪开启
4:35	澳大利亚 43、45 深空站开始跟踪

(续)

时间(PDT)	事件
5:01	探测器开始装载机动控制参数
5:17	15 深空站发射机关闭
5:31	探测器开始机动指令中断
5:55	由低增益天线接替高增益天线 探测器遥测信号关闭,只发射载波信号
5:59	深空站重新获取信号
6:01	推进器被激活,用于捕获制动期间的姿态控制
6:14	发动机喷管指向点火方向
6:15	太阳能帆板转向捕获制动方向
6:29	惯性测量单元开始提供加速度计数据
6:30	推进剂和氧化剂阀门激活
6:31	主发动机点火
6:40	45 深空站发射机开启
6:43	探测器进入火星背面,信号丢失
6:44	探测器到达近火点
6:53	主发动机点火结束
6:55	姿态控制回到反作用轮控制 探测器转动到地球指向
6:56	太阳能帆板移动到正常旋转位置
6:57	探测器从火星背面出
6:57~7:03	深空站获取探测器的载波信号
7:10	由高增益天线接替低增益天线 探测器重新发送遥测数据

2.6.4.4 大气制动

1993 年夏天,"麦哲伦"号(Magellan)金星探测器第一次对大气制动技术进行了成功验证。"火星全球勘探者"从初始大椭圆捕获轨道进入到近圆形的科学观测轨道也将使用大气制动方式来节省燃料。

"火星全球勘探者"的大气制动(图 2-83)与"麦哲伦"号有两点不同。首先,"火星全球勘探者"必须在进入科学观测轨道前进行大气制动,而"麦哲伦"号是在任务结束后作为工程验证而进行的。其次,"火星全球勘探者"必须在大气制动成功以后才能进入科学观测轨道,因此为了达到任务目的必须确保大气制动的成功。这使得"火星全球勘探者"在大气制动阶段的导航是当时行星际探测任务中最具

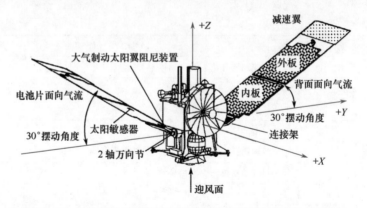

+Z

减速翼

大气制动太阳翼阻尼装置

外板

内板

电池片面向气流

背面面向气流

30°摆动角度

+Y

太阳敏感器

30°摆动角度

连接架

2轴万向节

+X

迎风面

图 2-83　"火星全球勘探者"大气制动构型(图片来源:NASA)

挑战性的工作。

　　"火星全球勘探者"在每次飞过近火点时会经过火星大气上层边缘,因而大气阻力将不断减小近火点高度。大气制动持续超过 4 个月时间,在初始阶段,当探测器在一条 45h 周期的捕获轨道上时,随着科学家和工程师对火星上层大气的密度逐渐了解以后会对近火点和远火点进行调整。飞行小组将会测量不同轨道上的大气密度,同时地面 DSN 站 34m 天线会使用 X 波段信号持续跟踪探测器。

　　在初始大气制动阶段,探测器的近火点将从捕获轨道的 250km 降低到112km,这是通过探测器的发动机经过 5 次机动来实现的。其中第一次机动安排在 1997 年 9 月 16 日进行,这是速度增量最大的一次,机动后使探测器的近火点高度降低到了 150km。其余 4 次机动分别在 9 月 18 日、20 日、22 日和 24 日进行,最终降到 112km 的高度。

　　在初始阶段以后探测器进入大气制动主要阶段,这个阶段持续约 3 个月时间,探测器的远火点高度从 54000km 降低到 2000km。通过轨道调整,探测器环绕火星一圈的周期减少到小于 3h。

　　按照原计划,"火星全球勘探者"于 1998 年春天进入科学观测轨道。但是在1997 年 10 月 8 日,探测器在飞行至第 15 圈时其中一块太阳能帆板受到了过大的大气阻力,这是由于在巡航段早期太阳能帆板没有展开到位而导致的。因此任务小组将探测器轨道抬升以减小太阳能帆板的压力。在第 19 圈到第 36 圈(1997 年10 月 13 日至 1997 年 11 月 7 日)探测器的近火点高度只有 175km,探测器在每圈都进入火星电离层。

　　在经过仔细分析后,1997 年 11 月 7 日再次恢复了大气制动,但是减小了对太阳能帆板的压力。大气压力从原计划的 $0.68 \sim 0.58 \text{N/m}^2$ 减小到 $0.25 \sim 0.15 \text{N/m}^2$。在大气制动阶段的最后三个星期,探测器的远火点进一步降低到 450km。同时探测器使用发动机将近火点逐渐抬高到 143km。这样探测器将逐渐离开火星大气。通过对近火点和远火点的调整,最后形成一条近圆形的绕火轨道。

大气制动在 1998 年 1 月 18 日最后一次机动后结束,这次机动是最后一次调整"火星全球勘探者"的近火点,从 143km 抬升到 450km。随后探测器在一条 400km×450km 的轨道上运行。此后探测器环绕火星的周期为 118min,在每圈的当地太阳时下午两点经过火星赤道上空(图 2 – 84)。

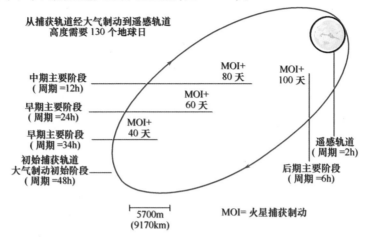

图 2 – 84　"火星全球勘探者"大气制动轨道(图片来源:NASA)

探测器最终在 1999 年 2 月 19 日到达高度为 378km 的近圆形轨道。"火星全球勘探者"是第一个成功通过大气制动进入到科学观测轨道的火星探测器。通过大气制动节约了约 1250m/s 的速度增量,在大气制动期间探测器经过了 891 次大气拖拽,执行了 92 次轨道机动,躲避了多次火星沙尘暴,并避免了 4 次接近福布斯(Phobos)时可能撞击的情况。

获得巨大成功的"火星探路者"(Mars Pathfinder)任务提供了火星大气密度的最新数据,科学家会利用这些数据在"火星全球勘探者"进行大气制动前更新火星的大气模型。"火星探路者"同时还记录了 1997 年 7 月火星的灰尘活跃程度、气压和温度的波动状况。

地面天文台和近地轨道上的"哈勃"太空望远镜同样会进行观测。"哈勃"望远镜在火星全球勘探者开始制动时拍摄了火星照片。同时地面使用国家射电天文台的微波天线对火星进行观测,这些数据可以提供火星表面 60km 以下的大气温度特性。"哈勃"望远镜和射电天文台在火星全球勘探者大气制动期间密切关注火星的大气变化状况,一旦发现火星的全球性沙尘暴,立即将探测器的近火点提高。

由于"火星全球勘探者"的一块太阳能帆板在发射后没有完全展开,因此在进行大气制动时会转换为比原计划不同的一个构型。经过仔细分析,工程师确认唯一的风险在于太阳能帆板受到大气阻力的强烈作用而折断。

为了将风险减小到最低,探测器每次飞到近火点大气阻力最大的时候,操作小组将未展开到位的帆板旋转180°。通过旋转将帆板的太阳能电池片一面朝向大气流。新的大气制动构型不会对科学目标产生影响。

在大气制动期间进行的科学观测可以为导航小组提供选择制动策略的相关信息。大气制动的飞行轨道比科学任务段的轨道高度更低,因而可以获得更详细的数据。在这4个半月的时间里,科学载荷会进行标定以准备科学环绕段的观测。

火星轨道相机拍摄了北纬15°到南纬45°之间的火星表面照片。探测器在超过100圈的飞行过程中拍摄超过5000张照片,分辨率是"海盗"号轨道器的5倍。

热辐射光谱仪首次在100km高度的轨道上获取大气温度和尘埃的信息。随着椭圆轨道远火点不断降低,磁力计对太阳风与火星磁顶层交互作用进行了观测。激光高度计也开机进行工作,测量高度能够达到2m的精度。

2.6.4.5 科学观测

在经过一系列轨道调整、探测器检查和科学载荷的标定后,"火星全球勘探者"(MGS)的科学观测任务在1999年3月9日正式开始。科学观测轨道周期为117.65min,轨道高度为378km。其轨道是接近圆形的,且经过极点正上方附近(倾斜角度93°)。选择这个高度的轨道是为了以太阳同步轨道环绕火星,所以"火星全球勘探者"所拍摄火星表面的影像是同一个地表区域在不同日期也具有相同的照明条件。在每个轨道之下,"火星全球勘探者"拍摄火星表面会因为火星的自转而向西偏移28.62°。实际上,"火星全球勘探者"总是在14:00以跟太阳一样的速度从一个时区移动到另一个时区,在环绕火星88圈以后,"火星全球勘探者"会以近似的路线重新经过之前的路线,但会向东偏移59km,这确保了MGS可以探测整个火星表面。

探测器将会观测火星表面的可见和红外辐射,以此可以推断火星表面矿物质的成分。同时还会记录来自稀薄火星大气的红外辐射,收集关于火星大气压力变化、组成、水分含量和尘埃的数据。激光高度计会测量火星上环形山的高度和峡谷的深度。探测器上的相机使用宽视场和窄视场镜头来记录火星表面和大气云层的特征。另一个敏感器用来寻找火星磁场。通信分系统将数据回传给地球后,工程师能够利用环绕火星的探测器信号来获得火星大气和引力场的数据。

收集的科学和工程数据在每天有10h的弧段发送回地球的34m天线。在1999年秋天"火星气候轨道器"和"火星极地着陆器"接近火星时,MGS开通了一条实时下行链路。这是由于DSN发展了使用一个天线观测站能够同时跟踪和接收多个探测器数据的技术。

MGS主要的科学观测段为期一个火星年(687个地球日),探测器每天发送一次数据回传给地球,在整个科学观测段总共传回地球7000亿字节的观测数据,比之前所有的火星探测任务总和还要多。科学观测阶段按计划在2001年2月1日结束,后经五次延长寿命,探测器的在轨工作时间达到了9年。

2.6.4.6 失去联系

2006 年 11 月 2 日,MGS 受命对太阳能电池板实施例行调节,这是地面控制人员最后一次同该飞船进行通信联络。随后遥测信号显示驱动太阳能帆板受阻,但是激活了备份驱动程序,看上去探测器成功完成了该指令。下一次与探测器建立联系应该是在两个小时以后,但是之后地面一直无法与 MGS 取得联系。在 11 月 14 日,NASA 试图动用"火星快车"和刚到达火星不久的"火星勘探轨道器"寻找 MGS,并上传指令开启 MGS 的中继链路试图与"机遇"号火星车联系,但是所有的努力都无果而终。2007 年 1 月 28 日,NASA 正式宣布地面与 MGS 失去联系。

随后 NASA 成立了一个调查委员来分析 MGS 失踪的原因。经过调查,该调查委员会认为 MGS 失踪可能是因计算机代码出错引起,这些代码是 2006 年 6 月上传的,最终造成 MGS 上一个电池组因温度过高而失灵。据调查委员会的调查结论,MGS 任务小组正确地遵守现行协议进行操作,只不过这些程序尚不足以发现计算机软件出错。调查委员会建议,NASA 的其他任务也应审查上传给飞船计算机的所有非例行指令评估应对温度过高风险的应急模式。NASA 随即对当时所有太空任务进行彻底审查,以确保即将发射的所有任务都吸取 MGS 失踪事件的教训。预计 MGS 在环火轨道上继续飞行 40 年时间,最终在火星大气层中烧毁。

2.6.5 探测成果

人类首次依靠空间探测器在火星附近成功探测火星是在 1964 年,当时"水手"4 号火星探测器向地球发回了 21 幅图像,分辨率比"火星全球勘探者"拍摄的图像低数十倍。随后三十多年人类又多次对火星进行了成功的探测。但是 MGS 的探测成果已经超过了前 33 年火星探测成果的总和。MGS 在工作期间向地球发回了 24 万幅火星表面图像,并且对火星表面进行了 5000 亿次海拔测量。利用这些图像和数据,科学家们绘制了火星的一幅地形图(图 2－85)。

"火星全球探勘者"在主要任务期间(1996—2001 年)的探测成果发表在《地球物理研究期刊》(Journal of Geophysical Research)上,其中主要成果如下:

(1)火星上发现了至少 10km 厚的地层。要形成如此厚度的地层必须要有大量的物质被风化、搬运和沉积。

(2)火星北半球可能和南半球一样有大量撞击事件,但大部分在北半球的撞击坑已被埋在沉积层下。撞击坑等许多地表特征曾被覆盖,近年重新出现。

(3)火星表面大范围的地层覆盖了所有的陡峭斜坡。这些地层表面有的平坦,有的有许多坑洞。部分科学家认为可能是因为地下的冰升华成水蒸气后散逸。

(4)部分区域被赤铁矿覆盖。赤铁矿代表了该区域可能曾经有液态水。

(5)火星表面的暗色条纹是因为尘卷风而形成。尘卷风痕迹(Dust Devil

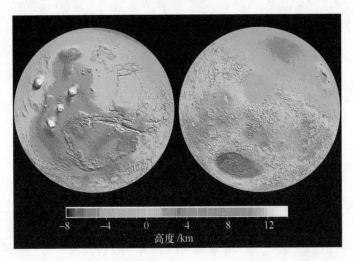

图2-85 "火星全球勘探者"绘制的火星全球地形图(图片来源:NASA)

Tracks)被发现经常变化,甚至一个月就改变形态。

(6) 火星南极冠发现类似"瑞士乳酪"的地表特征。表面的洞深度约数米。每年洞的体积持续变大,火星现在可能在暖化中。

(7) MGS上的热辐射光谱仪发现整个火星表面几乎都被火山岩覆盖。

(8) 数百个房屋大小的巨砾在某些区域被发现,这代表火星表面有物质足以互相凝聚,甚至在往下坡移动的时候。大多数巨砾发现在火山岩区域,因此这些巨砾可能是从熔岩流平原风化生成。

(9) 数千条陡坡上的暗条纹被发现,大部分科学家相信这是因为尘土崩落造成,但有部分科学家认为可能和液态水有关系。

(10) 火星没有全球性的磁场,但是在火星表面许多地方探测到了磁场异常现象。地球、木星和太阳系其他一些行星都具有大的磁层,金星则具有很强的电离层,而火星较小的局部化的磁场与太阳风作用后产生了一个非常复杂的磁层。

(11) 对火卫一"福布斯"进行了近距离的拍照,数据表明火卫一表面由粉状物质组成,厚度至少达到1m,这是由数百万年以来流星体撞击形成的。对火卫一白天和夜晚的观测显示了"福布斯"在阳面和阴面的极端温度,最高温度为-4℃,最低温度为-112℃。

(12) 关于火星矿物学和地形学的最新数据表明,火星在古代具有大量的水,并且气候温暖。火星北半球的一些区域是迄今太阳系能够观测到的最平坦的地形,是通过沉积过程形成的。

(13) 利用"火星全球勘探者"携带的高度计首次给出了火星北极极盖的三维图像。

"火星全球勘探者"在轨运行9年时间,是NASA最成功的火星探测任务之一,图2-86~图2-92为其拍摄的部分照片。

图 2-86　希腊平原内的带状或太妃糖状地层，
　　　　形成原因至今未明(图片来源:NASA)

图 2-87　撞击坑在撞击后
喷发出较明亮的较低地层
物质，形成明亮的放射状
喷发物，位于 Memnonia 区
　　　(图片来源:NASA)

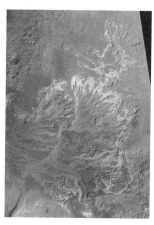

图 2-88　Coprates 区一峡谷峭壁的地层
　　　　　(图片来源:NASA)

图 2-89　可能是一个形成
在湖中的三角洲，生命的
证据可能会在此处找到
　　　(图片来源:NASA)

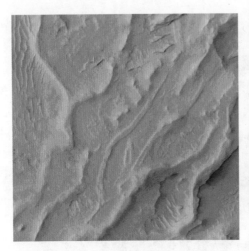

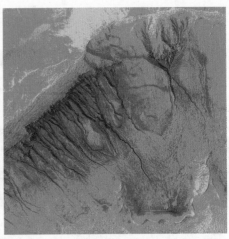

图 2-90　Aeolis 区的倒转河道,一般认为
这是河道在许多物质沉积和凝聚以后造成
河床高度上升而形成(图片来源:NASA)

图 2-91　在萨瑞南高地(Sirenum Terra)
内牛顿撞击坑壁的山沟
(图片来源:NASA)

图 2-92　位于火星赤道的塔尔西斯区的帕弗尼斯山(图片来源:NASA)

2.7　火星探路者

表 2-18 为"火星探路者"概况(1996 Mars Pathfinder)。

表 2-18　"火星探路者"概况

探测器名称	Mars Pathfinder
任务类型	着陆器 + 漫游车
发射日期	1996 年 12 月 4 日
到达日期	1997 年 7 月 4 日

（续）

探测器名称	Mars Pathfinder
探测器尺寸	着陆器：呈四面体，高 0.9m 漫游车：65cm×48cm×30cm
质量	发射质量约 895kg（含巡航推进剂 94kg） 进入质量 585.3kg 着陆质量（包括气囊系统 99kg + 着陆器 264kg + 漫游车 10.6kg）
运载火箭	Delta II 7925
科学载荷	着陆器："火星探路者"IMP 成像仪、ASI/MET 大气层结构仪/气象包、风向袋探测、磁特性探测、天体力学无线电科学 漫游车：3 个成像相机、APXS α 质子 X 射线光谱仪
控制系统	巡航级：4 个太阳敏感器（其中 2 个备份），以 2r/min 的速率自旋稳定
通信	巡航级：中增益天线，上行 250b/s 与下行 40b/s 的遥测数据速率 着陆器：低增益天线和高增益天线，X 波段 漫游车：遥控（指令）与遥测数据通过着陆器经由短程商用 UHF 无线电系统发送
电力	巡航级：太阳能电池阵面积为 2.5m²，提供星际巡航段 178W 的功率 着陆器：太阳帆电池阵装配在总面积为 2.8m² 的 3 个侧面瓣上，还有可充电的银锌电池，太阳能帆板每天最高可提供 1200W·h 电能 漫游车：主要靠 0.22m² 太阳电池阵供电，锂电池作为备份与辅助电源。峰值功率为 16W，太阳能电池阵板每天最高可提供 100W·h 电能
推进	巡航级：8 个 4.45N 的肼推力器装配成两簇，用于姿态控制与中途制导 气壳系统：固体火箭发动机与火箭助推减速

2.7.1 任务概述

2.7.1.1 任务背景

"火星探路者"（Mars Pathfinder, MPF）是 NASA 的"新发现"项目（Discovery Program）的第二项任务。"新发现"项目是 NASA 启动的小规模、低成本的行星际任务新序列。MPF 任务是 NASA 自海盗任务后的 20 年中，第一次努力将一个自动操纵的空间飞行器着陆在火星上。MPF 的基本目标是为向火星表面运送有效载荷（着陆器）以及漫游车，验证 NASA 提出的"更快、更好、更省"的低成本技术概念。

在 1990 年代早期，NASA 的几个中心开始研究火星表面着陆任务。埃姆斯研究中心提出了"火星环境勘探"（Mars Environment Survey, MESUR）计划，设想在几个连续的发射窗口发射若干个着陆器。每个"德尔塔"Ⅱ火箭的有效载荷包括一个运输级及其携带的四个自主进入器。在接近火星时着陆器被释放，并分别瞄准不同的目标。为了节约经费，着陆器没有安装精密雷达和可调推力发动机。着陆系统将会采用防热罩、反推火箭、降落伞和气囊。在火星表面着陆后，该计划准备在 1998 年的窗口发射 4 个着陆器，在 2001 年和 2003 年窗口各发射 8 个。差不多 10 年时间总经费为 10 亿美元。NASA 兰利（Langley）研究中心提出了一个"火星极地穿透者网络"（Mars Polar Penetrator Network），使用一个类似"海盗"号的防热罩直接进入火星大气，在火星南极区域着陆若干个穿透器。JPL 同样也提出了类似 MESUR 的小型穿透器和着陆器组成网络的项目。

在放弃了火星取样返回计划后，JPL 加紧研制比取样返回车更小更有效的漫游车，前者的设计寿命为数年，能够在火星表面行驶数百千米，而后者的设计更为保守。JPL 在 1989 年制造出了一辆名为 Rocky 的原型样车进行测试，随后的 Rocky3 被证明能够更好地识别障碍。在了解 MESUR 计划后，JPL 研发了一辆 7.1kg 的"火星科学微型漫游车"（Mars Science Microrover, MSM）原型样车，被命名为 Rocky4。1991 年 10 月在 NASA 总部召开了火星科学工作组协调会。埃姆斯研究中心提出了最早在 1996 年发射"火星表面着陆研究"（Surface Lander Investigation of Mars, SLIM）计划来验证 MESUR 的着陆项目构想。火星科学工作组同意了 SLIM 项目，并且指定有效载荷为 JPL 的漫游车。最终 NASA 批准了该项目，并将 MESUR 和 SLIM 交给 JPL 合并为 MESUR"探路者"项目。

NASA 的火星探测策略，从 20 世纪 60 年代起就以"大科学"计划面目出现。1975 年发射的"海盗"号计划总费用超过了 40 亿美元（按照 2012 年的购买力），而 1992 年发射的"火星观察者"造价 10 亿美元，在即将到达火星时失踪，整个科研团队的努力付诸东流。1992 年 4 月，美国共和党乔治·布什总统任命民主党党员、犹太裔的丹尼尔·戈登（Daniel Goldin）为 NASA 局长。戈登的主要使命是降低太空站和太空科学探测成本,他到任后即推出了"更快、更好、更省"的基本策略,以重新塑造 NASA 的灵魂。"更快、更好、更省"的策略思维有三:裁员、大幅度降低太空站造价和重新调整火星探测策略。戈登上任后,决定将火星任务化整为零,将一个任务分成若干个小任务,命名为"发现者"(Discovery)项目,在每个发射窗口,连续发射两个火星任务,每个任务以"更快、更好、更省"的策略设计,经费控制在 1.5 亿美元左右。

在这样的背景下,NASA 决定不再实施 MESUR 的发射多个着陆器的计划,将 MESUR 重新命名为"火星探路者"(Mars Pathfinder)(图 2-93)。实际上"火星探路者"并不是一个典型的发现者项目,"火星探路者"的研制从 1993 年 10 月开始,为期 3 年(一般的其他行星际使命需 6~8 年),包括发射在内的总成本约 2.65 亿美元。这个项目是在进度紧迫与预算固定的情况下实施的并行工程的实例。

图 2-93 工程人员在装配"火星探路者"(图片来源:NASA)

2.7.1.2 任务目的

"火星探路者"任务的科学目标是:

(1)研究火星表面的形态、结构及其地质;

(2)分析火星表面物质的元素组成和矿物学,包括空气中尘埃的磁特性;

(3)分析火星大气变化状况,研究火星大气结构,火星表面气象和悬浮物;

(4)研究火星表面物质的土壤动力学特性;

(5)利用双向测距和多普勒跟踪数据研究火星自转和轨道动力学。

"火星探路者"任务的工程目标是:

(1)对未来可能在火星着陆任务中应用的关键概念与技术进行验证;

(2)释放一辆小型表面漫游车作为仪器伸展机构与火星表面小型科学站,进行附加的技术试验。

"火星探路者"着陆器与其伴随的"旅居者"(Sojourner)漫游车携带的科学仪器主要有:①MPF 成像系统(Imager for Mars Pathfinder,IMP);②大气结构仪器与气象实验设备(Atmospheric Structure Instrument/Meteorology Experiment,ASI/MET);③α 粒子/质子/X 射线光谱仪(Alpha/Proton/X - Ray Spectrometer)(APXS),APXS 由巡游车载运(表 2 - 19)。此外,在巡游车上还有材料粘着实验设备以及相机/激光器(也作为技术实验设备)。

表 2 - 19 "火星探路者"科学载荷概况

载荷名称	质量/kg	功耗/W
MPF 成像系统(IMP)	5.20	2.6
大气结构仪器与气象实验设备(ASI/MET)	2.04	3.2
Alpha 粒子/质子/X - 射线光谱仪(APXS)	0.74	0.8

1. MPF 成像系统(IMP)

IMP 质量 5.20kg,功耗 2.6W。IMP 运用安装在光学器件列中的 13 个可选择的滤波器,可获取彩色立体图像;运用电荷耦合装置(Charge - Coupled Device,CCD)进行数字式图像解码。MPF 成像系统安装在 1m 长的桅杆上,CCD 相机可由电驱动系统在方位角与仰角两个方向上定向。IMP 有两个光谱用于立体成像,每个光谱有一个滤光轮,可提供 12 个彩色频段。IMP 在水平和垂直方向上的视场都是 14°,能在 2s 内拍摄一帧 256×256 像素的图像。

除了拍摄火星表面照片,相机还用于漫游车的导航。成像系统的研究还包括了部分的磁性能研究,利用拍摄的多谱段图像可以用于区别磁性矿物质。同时成像系统还用于研究火星表面的风速和风向。

2. 大气结构仪器与气象实验设备(ASI/MET)

该仪器组合装置质量 2.04kg,功耗 3.2W(图 2 - 94)。ASI/MET 包中含有下列仪器:①ASI/MET 加速度仪;②温度敏感器(热电偶);③压力传感器(风探测器,风向袋)。这些仪器记录进入期间的有关数据,在进入和下降期间获得的数据可用于重构从火星表面至 120km 高度处的火星大气密度、温度和压力的特性。着陆后,压力与温度的测量将逐日由位于 ASI/MET 桅杆上的仪器作出。压力通过塔维斯磁阻膜测量,和"海盗"号着陆器的仪器类似。风力传感器使用了 6 个均匀分布在桅杆顶部周围的热丝元件。

3. α 粒子/质子/X 射线光谱仪(Alpha / Proton / X - Ray Spectrometer, APXS)

APXS(图 2 - 95)质量 0.74kg,功耗 0.8W。APXS 是俄罗斯飞往金星的 Vega 及飞往火星的 Phobos 飞行器上的类似仪器的复制品,首次被送往火星表面。

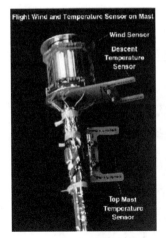

图 2-94　大气结构仪器与气象实验设备(图片来源:NASA)

图 2-95　α 质子 X 射线光谱仪(图片来源:NASA)

APXS 敏感器探头外装到机械伸展机构上的巡游车底盘上,敏感器探头含有小量放射性锔(curium,Cm)。当探头与土层或岩石表面接触时,探头就把放射性粒子射向采样表面,通过观测反向散射的原子粒子与 X 射线,可以确定表面物质的元素成分。APXS 电子组件装在巡游车底盘的一个热屏蔽腔内。

4. 摄影机

位于前面的两个黑白摄影机像素是 30 万,配合 5 个激光条纹投影机,可以构成立体影像,用于测量并避开漫游车驾驶时可能遇到的障碍。第三个彩色摄影机位于漫游车后部靠近 APXS 处,有着相同的解析能力,并且可以旋转 90°。它提供 APXS 目标区域的影像和漫游车在地面上的轨迹。所有的摄影机的镜头都做过锌硒化,阻断了低于 500nm 以下的波长,因此只能记录到红外线。

三架摄影机的 CCD 由伊士曼柯达公司制造,并且由漫游车的 CPU 控制。它们都具备自动曝光和处理损坏的像素与影像参数的能力。漫游车可以使用方块编码（BTC）的算法压缩前端摄影机的影像，但对后面的摄影机做同样的处理时，有关色彩的资料将会被舍弃。摄影机（图2-96）在0.6~65cm的范围内有良好的光学解析能力。

图2-96　漫游车摄影机（图片来源：NASA）

2.7.3　探测器系统

"火星探路者"飞行系统（Flight System）的分解图如图2-97所示。飞行系统主要由三部分组成：①巡航级；②气壳系统；③着陆器以及着陆器内部载运的巡游车。总发射质量约895kg（含巡航推进剂94kg），在 Delta Ⅱ -7925 火箭的运载能力（910kg）之内。当飞行器进入火星大气时，巡航级已分离掉，进入飞行器由气壳

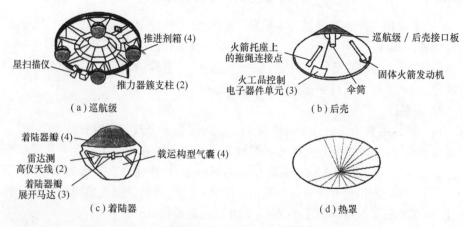

图2-97　"火星探路者"飞行系统分解图（图片来源：NASA）

系统及气壳内的着陆器/巡游车组成,总质量约570kg。飞行器着陆且气囊放气后的质量约360kg。在发射与行星际巡航阶段构型中,飞行器整体直径约2.6m,高1.5m;气壳内呈小金字塔形的着陆器高0.9m。

2.7.3.1 巡航级

飞行系统上层圆盘形部分为巡航级(图2-98),为巡航段飞行提供电源、姿态测定与控制,并具备中途修正能力。附连在巡航级上表面的是砷化镓太阳能电池阵,中增益天线,2个太阳敏感器,以及一个适配器。太阳能电池阵面积为2.5m²,满足行星际巡航段178W的功率需求。2个备份太阳敏感器附连在巡航级圆形结构的侧面。8个4.45N的肼推力器装配成两簇,用于姿态控制与中途制导。在飞行中,整个航天器以指向地球的姿态定向,按2r/min的速率自旋稳定。自旋轴的定向由姿态控制系统保持在3°容差内。在行星际飞行阶段,射频子系统运用位于巡航级上的中增益天线,可实现上行250b/s与下行40b/s的遥测数据速率。巡航级用爆炸螺栓连接在后壳上,在大气进入前不久,爆炸螺栓起爆,使巡航级与后壳分离。

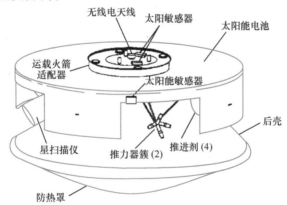

图2-98 "火星探路者"巡航级构型(图片来源:NASA)

2.7.3.2 气壳系统

气壳系统由后壳与防热罩及其装配在后壳上的所有仪器设备组成。在进入火星大气期间,由后壳与防热罩封闭成的气壳保护其内的着陆器。气壳的设计与构型基于为"海盗"号研制的进入舱。防热罩与后壳都是由轻型复合材料制成,可经受25g进入减速过载。作为热防护措施,防热罩外表面用19mm厚的烧蚀材料层覆盖,而后壳用一套吸热瓦覆盖。后壳装有多个组件,包括降落伞与伞筒,固体火箭发动机与火箭助推减速(Rocket-Assisted Deceleration,RAD)分系统的点火电路,以及防热罩分离弹簧。MPF防热罩是与"海盗"号相同的70°半圆锥形,但直径为2.65m,比"海盗"号防热罩小,且未被截短,更显锥形。

MPF 降落伞的构型与展开方式也是基于"海盗"号着陆器的减速伞系统设计。减速伞采用圆盘 – 空隙 – 环带(DGB)型伞身,这是在"海盗"号任务期间通过大量试验研制的。伞的吊索线连到单线悬挂绳上,悬挂绳用于削弱后壳、拖绳与着陆器相对伞身的旋转运动的影响。由于 MPF 的质量不及"海盗"号着陆器质量的一半,因此所需的降落伞较小,伞的直径(12.5m)比"海盗"号的降落伞直径小 3.6m,MPF 伞的阻力面积约为"海盗"号的 0.62 倍。

2.7.3.3　着陆器

结构上,着陆器由 4 个以四面体形排列的"花瓣"(着陆器瓣)组成,站立状态高 0.9m。4 个着陆器瓣中,3 个为侧面瓣,1 个为基底瓣。3 个侧面瓣被另一组执行器件连向基底瓣,着陆器的电子组件与科学仪器安装在基底瓣上。附连在每个瓣体下侧的是气囊分系统(图 2 – 99),包括气囊组件、固体推进剂气体发生器(用于气囊充气并在着陆完成前保持气囊加压状态),以及小型电力执行器件(用于着陆后气囊收缩)。

图 2 – 99　气囊分系统的构型(图片来源:NASA)

撞击气囊的概念源于美国军队的载荷运输系统。总共 16 个气囊由两层分开的聚酯纤维织物层构造,每个气囊组件包含一个压力容器(气囊胆)与耐磨层。压力容器容纳由气体生成器产生的气体,耐磨层覆盖压力容器约 60% 的外表面。耐磨层是为防止压力容器撞击岩石式其他不规则障碍物时被刺破或撕裂。完全充气时,气囊内部压力约为 0.14kgf/cm³,而火星表面的大气压力约为 0.07kgf/cm³。每个气体发生器配备了两个不同的推进剂储箱,第一个使气囊快速完全充气,第二个缓慢燃烧充气,维持压力 2min 时间,这段时间足够"火星探路者"在火星表面弹跳翻滚。

着陆器被展开的构型如图 2 – 100 所示。当着陆器展开并平放在表面时跨度为 2.75m,桅杆上的相机距表面约 1.5m。着陆器装有飞行系统的基本电子系统与

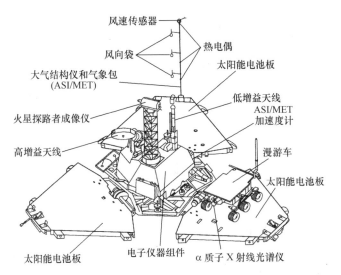

风速传感器
风向袋
热电偶
太阳能电池板
大气结构仪和气象包
(ASI/MET)
低增益天线
ASI/MET
加速度计
火星探路者成像仪
高增益天线
漫游车
太阳能电池板
太阳能电池板
电子仪器组件
α 质子 X 射线光谱仪

图 2 - 100 "火星探路者"着陆器展开后的构型(图片来源:NASA)

科学仪器。在热屏蔽腔(Thermal Enclosure,TE)内部安装有计算、指令与数据处理电子设备,射频(Radio Frequency,RF)分系统以及功率分配分系统。着陆器有组合太阳阵,装配在总面积为 $2.8m^2$ 的 3 个侧面瓣上,还有可充电的银锌电池。对于火星表面运作,白天期间由太阳能电池板供电,并向银锌电池充电。在寒冷的夜晚,着陆器将经受低至 $-80℃$ 的温度,蓄电池向计算机与加热器供电,加热器使热屏蔽腔(TE)内保持合适的温度。着陆器的峰值功率为 160W,太阳能板每天最高可提供 $1200W\cdot h$ 电能。

雷达系统由测高仪和 2 个天线组成,在 15m 至 1500m 的高度范围内感知高度的精度优于 1% 。雷达测高仪天线安装在着陆器瓣之间的一个开口中。

飞行计算机是具有空间应用资格的商用 R6000 32bit 微处理器变型。计算机运行频率为 20MHz,装配 128MB 动态随机存取存储器(Random Access Memory,RAM),以及 4MB 固定存储器(Non - Volatile Memory)。飞行软件用 C 程序语言编码,控制着陆器所有功能,包括遥控(指令)与遥测处理、仪器运作、功率分配以及姿态确定和控制。

与地球的通信是由着陆器电信分系统完成的,该系统由射频(RF)子系统与天线子系统组成。射频子系统包括:①往返转发器;②指令解码器单元;③遥测调制单元;④13W 固态功率放大器。这个系统在 X 波段(7.2 ~ 8.5GHz)运作。射频子系统还并入小型 5W 备份发射机与遥测调制单元,在主发射机串列失效的事件中,备份器件足以满足最低的使命目标的要求。

低增益天线与高增益天线安装在着陆器上。低增益天线提供上行 8b/s 与下行 300b/s 的遥测数据速率。可控的高增益天线提供上行 250b/s 与下行 2700b/s 的遥测数据速率。低增益天线在进入、降落与着陆(EDL)期间应用,并且作为高增益天线的备份。

2.7.3.4 漫游车

"火星探路者"任务的漫游车以美国南北战争时期的人权卫士索杰纳(Sojourner)命名。在发射时,漫游车连同其安装与展开设备重约15.5kg;但在火星表面移动与运作时,仅重10.6kg。漫游车长63cm,宽48cm,高28cm;但在着陆器中的折叠状态,漫游车仅18cm高。

通过6轮摇杆悬吊式结构设计,确保了漫游车行驶的稳定性,车轮直径13cm,宽6cm,设计速度最大1cm/s,前后4个轮子可独立转动,转动直径达74cm,能够在45°坡度上行走。漫游车探测科学探测目标的选择需要地面遥控确定,并通过控制板上的80C85芯片处理器来执行命令,它是一台8位芯片处理器,运行速度约10万次每秒。漫游车携带了3台照相机和一台α粒子X射线光谱仪,车顶上有太阳能电池板,3台^{238}Pu放射性同位素加热装置为电子设备保持温度。

漫游车主要靠0.22m^{2}太阳能电池阵供电,但有锂噻醇-氯化物D-cell电池(Lithium thionol-chloride D-cell batteries)作为备份与辅助电源。漫游车峰值功率为16W,太阳能阵板每天最高可提供100W·h电能。巡游车在移动期间运用相机系统自主导航,利用激光脱除方法(a Laser Stripping Scheme)探测路径中障碍物的存在。遥控(指令)与遥测数据通过着陆器经由短程商用UHF无线电系统发送。漫游车调制解调器的无线电频率为459.7MHz,带宽为25kHz,发射器功率为100mW,工作电压7.5V。

漫游车(图2-101)的电子组件包括:①微处理器;②车轮驱动系统;③功率分配系统;④无线电系统;⑤APXS电子器件;⑥导航设备。这些组件包容在一个称为电子器件保温箱(Warm Electronics Box,WEB)的隔热结构中,WEB也包含3个小型加热器。加热器在夜晚应用,以减低电子器件所经受的温度变化。

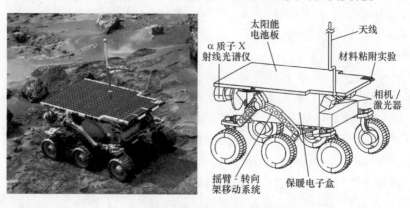

图2-101 "旅居者"号漫游车构型图(图片来源:NASA)

2.7.4 任务过程

2.7.4.1 发射

"火星探路者"于 1996 年 12 月 4 日 06:58:07 由 Delta Ⅱ – 7295 运载火箭搭载从佛罗里达州卡纳维拉尔角空军基地发射升空(图 2 – 102)。Delta 火箭的有效载荷助推舱 – D 级(Payload Assist Module – D stage,PAM – D)将探测器送入地火转移轨道。"火星探路者"着陆器包含旅居者漫游车,着陆器与火箭的 PAM – D 级连接,并被放置在 Delta 运载火箭有效载荷整流罩中。

图 2 – 102　"火星探路者"号发射升空(图片来源:NASA)

2.7.4.2 行星际巡航

"火星探路者"在星箭分离后立即进入 22 ~ 25min 的地影。退出地影后通过太阳敏感器进行太阳捕获。然后对设备进行健康检查。12 月 11 日,巡航级的自转速率由星箭分离时的 12.3r/min 减小到了 2r/min,并在巡航段一直保持这个速率。MPF 飞行器的行星际飞行轨迹表示在图 2 – 103 中,图中小短线标记 15 天时间间隔。运用 NASA 深空网(Deep Space Network,DSN)的 34m 与 70m 天线提供了双向通信链路用于发送指令、跟踪并进行遥测操作。除了在巡航段早期有两个太阳敏感器出现了一些问题,探测器关键分系统在巡航段没有发生意外故障。

在巡航段计划进行 4 次轨道修正机动(TCM),以消除发射飞行器入轨误差与随后的偏离飞行路径的导航误差和修正执行误差。1997 年 1 月 10 日,在发射后第 30 天(L + 30 天)进行了第一次中途修正,探测器 8 个推力器中的 2 个持续点火 90min 时间,速度增量为 30.07m/s。第二次修正在 1997 年 2 月 3 日(L + 61 天)进行,分别通过轴向和侧向机动产生总的速度增量为 1.59m/s。

由于行星保护政策,要求火星探测器在偏离撞击火星的轨道上。在到达火星

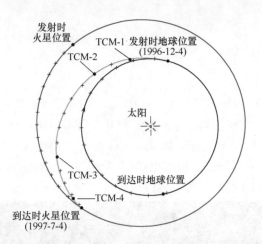

图 2 – 103 "火星探路者"号的行星际轨道(图片来源:NASA)

前 58 天(E – 58 天)的 1997 年 5 月 7 日,飞行小组执行了第三次轨道中途修正,首次使探测器的轨道与火星相交,速度增量为 11cm/s。轨道确定解显示修正后探测器轨道的大气进入飞行航迹角达到了 – 14.84°,相比目标值 – 14.2°过于陡峭,这将会导致着陆地点偏离预定目标。

第四次轨道中途修正在 1997 年 6 月 25 日(E – 9 天)进行,速度增量为 1.8cm/s。修正后探测器飞行轨道的大气进入飞行航迹角为 – 14.18°,非常接近目标值。

在到达火星的最后 45 天前,探测器会准备再入、着陆和下降。探测器保持以 2r/min 的自旋稳定模式。最后一次设备和着陆器的健康状态检测在 6 月 19 日进行,也就是在进入火星的 15 天前。所有的系统运行正常。此外,地面还向"火星探路者"发送了一个"唤醒"信号。探测器反应正常并且接受了一个微小的软件改变以为着陆做准备。

6 月 30 日 13:42 PDT,火星着陆前 4 天,飞行小组发送指令命令探测器转换到进入、下降和着陆的模式。7 月 3 日凌晨 4 点 PDT,探测器进入火星引力影响球。7 月 4 日,"火星探路者"预计在 100km×200km 的误差椭圆内着陆。

计划的第五次轨道中途修正视情况在进入火星大气层前 10.5h 或前 5.5h 进行,以确保探测器以合适的攻角进入火星大气(图 2 – 104),因探测器满足了设计指标要求而取消。

2.7.4.3 进入、下降和着陆

"火星探路者"在 1997 年 7 月 4 日到达火星后,将直接从行星际轨道进入火星大气,借助于降落伞与火箭制动系统减速,最后以 10 ~ 30m/s 的速度在火星表面着陆。着陆前不久,探测器展开气囊系统,以缓冲着陆时与火星表面的撞击,随后包裹着着陆器的气囊在火星表面弹跳滚转几分钟时间。着陆器在火星表面停止滚转后,气囊自主放气,然后 3 个电动机驱动侧面瓣打开。无论着陆器在火星表面静

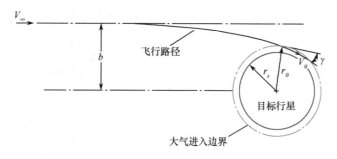

图 2 – 104 "火星探路者"直接由行星际轨道进入火星大气(图片来源:NASA)

止后的方位如何,电动机驱动瓣系统都能够确保漫游车处于正立的位置打开侧面瓣。整个 EDL 事件序列如下:

1)巡航级分离

在巡航级分离前 1h,飞行器关闭巡航级上所有电子系统。在巡航级分离前 15min,探测器向空间排放用于巡航段着陆器热控的排热系统的冷却剂。1997 年 7 月 4 日 9:30 PDT,巡航级与进入飞行器使用爆炸螺栓分离,巡航级以大约 0.3m/s 的相对速度与进入飞行器分离。巡航级分离时探测器的高度约为 8500 km,飞行速度约为 6100m/s。

2)大气进入

在分离后 30min,距离火星表面约 125km 高度处,进入飞行器开始进入火星大气。在这一高度处,由于火星引力的增大,进入飞行器的速度达到 7600m/s。为确保进入飞行器安全进入大气,飞行路径角必须在进入前由地面制导控制在 ±1° 的误差带以内。当进入飞行器接近低层稠密大气时,飞行计算机开始进行降落伞展开运算,利用加速度计获得的数据确定合适的开伞时间。图 2 – 105 为"火星探路者"和"海盗"号大气进入比较。

3)降落伞展开

在进入大气后的 125s 至 170s 时间段之内,进入飞行器在距离火星表面 6~11km 高度展开降落伞(图 2 – 106),展开后进入飞行器速度为 360 至 450m/s,这些开伞参数散布是由于加速度感测(Sensing)误差以及飞行前大气密度分布与进入飞行器空气动力学模型误差的影响导致的。降落伞由抛射系统从伞筒伸展出。

4)防热罩分离

在降落伞展开后 20s,飞行计算机命令 6 个爆炸螺栓点火,使防热罩从后壳分离掉。在巡航期间,这些螺栓夹持一组压缩弹簧,一旦螺栓被起爆,弹簧随即伸展,以 1m/s 的相对速度将防热罩抛离。

5)着陆器分离

防热罩分离后 20s,另一组将着陆器固定到后壳接口板上的爆炸螺栓起爆,使着陆器从后壳脱开,并拉出着陆器拖绳(Lander Bridle)。着陆器拖绳由三重拖绳

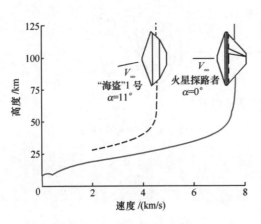

图2-105 "火星探路者"和"海盗"号
大气进入比较(图片来源:NASA)

图2-106 "火星探路者"号进入火星
大气想象图(图片来源:NASA)

与相连的单一拖绳组成,拖绳将着陆器悬挂在后壳下面。拖绳由缠绕在释放卷轴上的金属带伸展出,卷轴安装在一个着陆器瓣中。拖绳伸展带连在后壳接口板的下面。在伸展之前,三重拖绳与单一拖绳线被折叠包在储运间中,储运间位于释放装置所在的同一着陆器瓣中。一旦着陆器与后壳的分离螺栓起爆,伞的阻力使伸展带从释放装置松开,拖绳线就被引导出储运间;在伸展期间,着陆器的质量仅被伸展带承载。由于着陆器瓣(侧面瓣)上的拖绳连接点偏离着陆器质心,一旦被展开,着陆器基底瓣离水平方向倾斜约20°。整个拖绳展开过程约5s。

6)雷达地面探测

当拖绳展开完成时,飞行器距离火星表面的高度为2~5km,并以50~70m/s之间的终端速度降落。此时飞行计算机命令开启着陆器上的雷达高度计。雷达高度计利用两个正交天线对火星表面进行测距。在雷达高度计启动后,飞行计算机开始运行点火算法。这个算法运用雷达测定着陆器高度与降落速度,由此确定开启气囊气体生成器的时间,并预测制动火箭发动机点火的高度与时间。

7)气囊充气

气囊气体发生器在火箭点火前2s开启。当全充气时,气囊的内部压力约为2.0psi(13.79kPa),而火星表面的大气压力为0.1psi(689.5Pa)。每个气体生成器含有2个不同的推进剂药柱。点火后气囊被完全充气并膨胀,以缓冲着陆器与火星表面碰撞后冲击力。MPF的创新之处是运用气囊着陆缓冲技术——这项技术曾被"月球"9号(Luna 9)与13号(Luna 13)应用。MPF气囊外层应用Vectran材料,这是一种不易磨损的液晶聚合物。气囊由固体火箭燃料吹胀,仅用1.5s即可充满$50m^3$容积的气囊。

8）制动火箭点火

火箭辅助降落（RAD）系统由 3 个固体燃料制动火箭组成，火箭安装在气壳盖内。火箭点火指令由小型雷达高度计给出。RAD 系统在火星表面之上 98m 处点火，点火后连接着陆器与降落伞的 20m 长的拖绳被切断。如果没有 RAD 系统，着陆速度将达到 62.6m/s，这个速度即使对于气囊也过大，着陆器很有可能被撞坏。制动火箭点火先于拖绳释放，这是因为装在后壳中的火箭发动机点火指令是由着陆器发出，经由拖绳电缆传送至后壳火工品电子器件的，且要通过拖绳使着陆器减速。

降落伞的阻力与降落速度的平方成正比，而仅与大气密度成线性比例。因此，对于在火星稀薄大气中以超声速飞行的探测器，利用合适尺寸的降落伞可以显著减低飞行器速度。火星探测器的降落伞能将降落速度减小到原来的 1/5（从 400m/s 到 65m/s）。如果仅应用降落伞达到 10m/s 的着陆速度，则伞衣直径将是等效的地球上降落伞的 42 倍，即直径达到 80.2m。因此，终端着陆火箭（即制动火箭）在着陆任务中被用于抵消降落伞展开运作后保留的剩余速度，约 55m/s。

9）拖绳切断

点火时间与拖绳切断时间的选择是要确保拖绳切断时刻（在表面之上的高度近似为 10m）着陆器的理想下降率为零。由于水平风及火箭推力偏斜的影响，拖绳切断时的着陆器速度可大到 20m/s（主要在水平分量）。在与火星表面碰撞时，着陆器的速度在 19.4~25.0m/s 范围内。气体发生器、火箭发动机以及拖绳电缆切断机的引发时间也以规定的间隔载入备份定时器中，以防电源中断或其他可对飞行计算机产生不利影响的非正常事件。

拖绳在着陆前 3.8s 被剪断，此时探测器离火星表面只有 21.5m。

10）气囊着陆弹跳

1997 年 7 月 4 日 10:07 PDT，包裹在气囊里的着陆器以 14m/s 的速度首次与火星表面接触，并开始在火星表面弹跳。MPF 气囊在撞地后至少弹跳了 15 次，约弹跳 2.5min 后静止，该处距离初始接触点约有 1km 距离，距离目标着陆点约有 19km。

11）气囊放气/瓣锁起爆

一旦着陆器与气囊系统碰撞到火星表面，飞行计算机就启动另一算法，利用加速度计获得的数据测定着陆器何时静止。包裹在气囊中的着陆器静止后，气体放泄阀被打开，使气囊放气。

12）气囊收缩/着陆器正位

在气囊开始放气 30min 后，飞行计算机启动气囊缩回/着陆器瓣展开算法。这个算法再次利用加速度计数据来确定着陆器取向（方位），着陆器瓣/电动机驱动系统可扶直着陆器，不论它在着陆后的初始方位如何。幸运的是"火星探路者"在气囊静止时正好处于正立状态，因而不必进行扶直着陆器的操作。

13）太阳能帆板展开

在着陆后约 90 min，飞行小组接收到了"火星探路者"的工程数据，显示着陆器侧面瓣已经完全展开，并等待火星上太阳升起以开始工作。一旦着陆器完全展开，飞行计算机就启动存储指令序列，着陆器开始所计划的表面运作。

图 2-107 所示为"火星探路者"进入、降落与着陆事件序列。

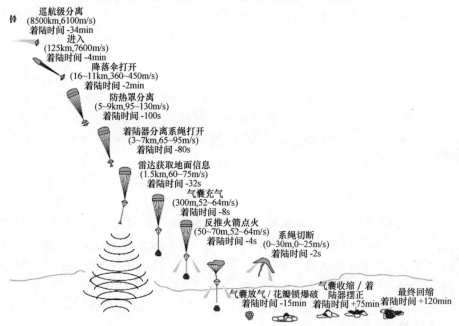

巡航级分离
(8500km,6100m/s)
着陆时间 -34min
进入
(125km,7600m/s)
着陆时间 -4min
降落伞打开
(16~11km,360~450m/s)
着陆时间 -2min
防热罩分离
(5~9km,95~130m/s)
着陆时间 -100s
着陆器分离系绳打开
(3~7km,65~95m/s)
着陆时间 -80s
雷达获取地面信息
(1.5km,60~75m/s)
着陆时间 -32s
气囊充气
(300m,52~64m/s)
着陆时间 -8s
反推火箭点火
(50~70m,52~64m/s)
着陆时间 -4s
系绳切断
(0~30m,0~25m/s)
着陆时间 -2s
气囊放气/花瓣锁爆破
着陆时间 -15min
气囊收缩/着陆器摆正
着陆时间 +75min
最终回缩
着陆时间 +120min

图 2-107 "火星探路者"的进入、降落与着陆（EDL）事件序列（图片来源：NASA）

2.7.4.4 表面运作

"火星探路者"的着陆地点（经度 33.55°，纬度 19.33°）位于火星北半球的阿瑞斯（Ares）平原。科学家选择这个地点是因为发现这是一个相对安全的地点，同时这里积累了相当多类型的岩石可供研究。这个着陆点后来被命名为卡尔·萨根纪念站，以纪念这位为行星际探测做出巨大贡献的著名天文学家，他通过电视节目向人们讲解、普及行星际飞行的知识，并参与了"水手"系列、"海盗"号和"伽利略"号探测器的研制工作。

"火星探路者"号第一次通过着陆器的低增益天线传输数据是在 1997 年 7 月 4 日 14:07 PDT，或者叫做"Sol 1"（第一个火星日）。该数据包括了着陆器和漫游车的健康状况、探测器在火星表面的方位、关于 EDL 阶段的相关数据，以及火星大气密度和温度的首次探测数据。"火星探路者"号第一次通过着陆器的高增益天线传输数据是在当天的 16:28 PDT，将着陆器相机拍摄的第一张照片发回给地球。

在着陆器与漫游车之间建立通信后，在第 2 个火星日（Sol 2），"旅居者"号漫游车(图2-108)伸展至正常高度。随后"旅居者"从其0.25m²的太阳能帆板获得电力并回应来自JPL的指令。"旅居者"沿着20°的侧瓣坡道行驶到火星表面。"旅居者"落地后做的第一件事是利用α质子X射线光谱仪(APXS)对火星土壤进行分析。着陆器周围区域的图像被用于选择旅居者在sol 3的活动。

图2-108　"火星探路者"号在着陆后不久拍摄到的"旅居者"号火星车(图片来源:NASA)

在Sol 3,"旅居者"号开展了两项科学实验:一个土壤动力学实验,用于验证漫游车车轮和移动系统如何在火星表面运行;然后行驶到36cm远的一块名叫Barnacle Bill岩石,利用APXS来分析岩石的成分(图2-109)。

图2-109　"旅居者"号漫游车在对一块岩石进行观测(图片来源:NASA)

在接下来的2个半月,"旅居者"号分析了14块岩石的信息。同时开展了一系列技术实验用于未来的行星车探索,这些实验包括利用着陆器和漫游车拍摄的照片对火星表面地形几何重构,对车轮下沉的土壤动力学研究等。

"火星探路者"在火星表面运作时还多次遇到了通信故障,第一次是在探测器着陆的当晚,火星车与着陆器之间联系中断,但在第二天恢复正常。第二次是在7月10日,当火星车与一块岩石碰撞后,由于人为因素,着陆器上的信号接收装置未能及时打开,致使指令未能及时传给火星车。第三次是在7月11日,因软件原因,着陆器上的计算机自动复位,导致数据传输中断。第四次是在7月14日,与11日的故障原因相同。

"火星探路者"号最后一次传输数据完成是在的1997年9月27日3:23PDT

（Sol 83）。飞行小组试图重新与"探路者"进行联系，但是直到 1998 年 3 月仍然没有取得成功。与"探路者"失去联系的原因未知，据推测可能是探测器的电池耗尽（电池的设计寿命为 1 个月）。

2.7.5 探测成果

"火星探路者"任务取得了巨大成功，从 1997 年 7 月 4 日着陆到 9 月 27 日最后一次数据传输，探测器共向地球发送了 23×10^8 bit 的信息，包括来自着陆器的超过 16500 幅图像与来自"旅居者"的 550 幅图像（图 2-110～图 2-113），漫游车对火星岩石与土壤进行了 15 次化学分析。"火星探路者"在整个任务期间，取得了火星岩石、土壤、大气层和气候等 12 项重要科学成果。"旅居者"上的 α 粒子光谱仪和 X 射线光谱仪研究了火星岩石的成分。其成像系统揭示了火星表面的矿物成分，以及地质演化过程，火星表面大气循环机理。此外，有效载荷仪器包还研究了科学家感兴趣的尘埃颗粒大小，以及大气中水气丰度。研究表明火星曾经具有温暖潮湿的环境，火星上可能存在液态水，具有一个浓密的大气层。

图 2-110 "火星探路者"拍摄的着陆点全貌（图片来源：NASA）

图 2-111 "火星探路者"拍摄的火星上的日落（图片来源：NASA）

"火星探路者"的探测使人类对火星地表景观有了直观的认识。从发回的照片得知，火星阿瑞斯平原看起来就像地球上的荒漠；同地球一样，火星上也有山脉，有丘陵，有沟谷，甚至还有陨石坑。此外还使人类对火星气候有了更深入的了解。

图 2 – 112 "旅居者"号火星车拍摄的火星 图 2 – 113 着陆地点附近大量岩石
表面照片(图片来源:NASA) (图片来源:NASA)

飞船着陆器上有天气预报装置,可测定火星地表和大气温度。从测定结果来看,火星白天地表温度约零下十几摄氏度,夜晚会降到零下七十多摄氏度,与 21 年前美国"海盗"号飞船在火星着陆时比,火星大气层温度有所降低。"火星探路者"在距火星地表48km 高处测得的温度为零下 170℃,这是迄今记录到的火星大气层的最低温度。

"火星探路者"还找到了一些支持"火星生命之说"的证据。认为火星上有生命的说法主要有两个依据:一是火星上曾经有水;二是在地球上发现的火星陨石中含有生物化石微粒。"火星探路者"着陆器拍摄的照片表明,几十亿年前火星阿瑞斯平原曾发生过特大洪水,从而证实了"海盗"号飞船 21 年前的判断。火星车对火星岩石的分析表明,这块火星岩石与地球上的一块火星陨石在化学组成上具有相同的特征,说明这块陨石的确来自火星。但是仅凭"火星探路者"的探测成果还不能断定火星上曾经有过生命,仍然需要等未来更进一步的探侧计划来证实。

"火星探路者"任务取得的其他科学成果还有:

(1)"火星探路者"传回的化学分析表明在着陆点附近的一些岩石具有很高的硅成分,这些岩石与地球上发现的可能来自火星的陨石有着明显的区别。

(2)通过对火星表面圆形的水晶石(Pebbles)和圆形鹅卵石(Cobbles),以及一些岩石中的空穴和石子研究表明,它们是在流动的水中形成积累的,当时火星有一个温暖的环境,存在稳定的液态水。

(3)着陆点的土壤化学分析表明与"海盗"号着陆点的类似,这表明土壤在火星全球都有分布沉积。

(4)"火星探路者"的无线电跟踪提供了着陆点位置和火星旋转极的精确测量,反过来暗示了火星的中心金属核半径在 1300~2000km 之间。

(5)火星天空中直径约 3μm 的灰尘具有磁性。据认为磁性物质为磁赤铁矿,是一种具有磁性的铁氧化物,可能在灰尘中已经冻结干燥。

（6）拍摄了火星上沙尘暴的照片，并且经常性地被温度、风和压力传感器观测到。观测表明这些阵风是一股混合的尘埃进入火星大气的动力学过程。

（7）成像系统拍摄的照片显示在早晨火星底部大气的云层含有水冰，随着大气变暖水冰蒸发。

（8）在早晨记录到了温度的突然起伏变化，表明火星表面使大气变暖，热量由小型漩涡垂直向上流动。

（9）天气状况与"海盗"1号遭遇的类似，火星上具有陡峭的压力和温度变化，火星表面的温度约为10℃，比"海盗"1号测量值略高。

（10）"火星探路者"号观测到的火星大气呈一种淡黄褐色，这是由于细小的尘埃聚集在底部大气造成的，这与"海盗"号观测到的类似。火星大气中尘埃的大小、形状和水汽的数量也与"海盗"号观测到的类似。

"火星探路者"任务验证了NASA提出的"更快、更好、更省"的新发展策略。并对行星际探测任务进行了多项创新，包括：第一次在地球以外的行星上没有经过绕飞便直接在行星上着陆；第一次在航天器上使用超声速降落的降落伞；第一次在航天器上使用气囊做着陆时的缓冲；第一次从地球外行星表面直接传回行星表面的图像；第一次从地球外发回彩色三维立体照片；第一次把一辆可以在一定范围内四处活动的漫游车送上地球以外的行星。"火星探路者"任务让人类第一次对火星表面情况有了非常全面和细致的了解，由于其出色的表现，该任务被授予了多项荣誉，包括：1997年，"旅居者"号的团队获得喷气推进实验室的卓越技术奖；在1997年10月21日，美国地质学会于犹他州盐湖城的行星地质分会年会中，授予"旅居者"号荣誉会员资格；2003年，"旅居者"号被正式引荐进入机器人名人堂。

2.8 火星气候轨道器（1998 Mars Climate Orbiter）

表2-20为"火星气候轨道器"概况。

表2-20 "火星气候轨道器"概况

探测器名称	Mars Climate Orbiter
任务类型	环绕器
发射日期	1998年12月11日
到达日期	1999年9月23日
探测器尺寸	2.1m×1.6m×2.0m
质量	629kg（干重338kg＋燃料291kg）
运载火箭	Delta Ⅱ 7425
科学载荷	压力调节红外辐射仪，火星彩色成像仪

（续）

探测器名称	Mars Climate Orbiter
控制系统	三轴稳定,4个轨道控制推力器,4个滚转控制推力器,三个反作用轮,一个恒星相机、两个太阳敏感器和两个惯性测量单元,每个惯性测量单元包括三个环形激光陀螺仪和三个加速度计
通信	卡西尼深空发射机,15W无线电频率固态放大器,1个高增益天线,1个中增益天线,1个低增益天线,1个UHF无线电系统
电力	太阳能列阵,地球附近1000W,火星附近500W;16A·h镍氢电池
推进	4台22N单组元推力器用于轨道修正,4台0.9N单组元推力器用于姿态控制,1台690N主发动机用于捕获制动

2.8.1　任务概述

2.8.1.1　任务背景

　　1994年,NASA制定了"火星勘探者"项目(Mars Surveyor Program,MSP),计划在每个相隔26个月的发射窗口实施火星探测任务。在1996年的发射窗口,"火星探路者"(MPF)和"火星全球勘探者"(MGS)顺利发射升空,其中"火星探路者"也是NASA"发现"项目(Discovery Program)的一部分。

　　"火星全球勘探者"是"火星勘探者"项目的第一个任务,接下来的两个任务是发射一个火星着陆器和一个火星轨道器,分别命名为"火星极地着陆器"(Mars Polar Lander,MPL)和"火星气候轨道器"(Mars Climate Orbiter,MCO),计划在1998年的窗口发射。当时,NASA提出了"更快、更好、更省"的火星探测策略,因此对

1998 年的"火星勘探者"项目提出了关于研制进度、探测器质量和研制经费等几项约束。

1995 年 2 月,管理 MSP'98 项目的喷气推进实验室(JPL)选择了洛克希德·马丁(Lockheed Martin)公司作为探测器的承包商。根据 NASA 的要求,MPL 由行星际转移轨道直接进入火星大气层并在火星南极软着陆;MCO 的科学载荷包括一个宽视场相机和一个源自"火星观察者"(Mars Observer)任务的红外辐射仪。

NASA 提出的研制经费、进度和技术要求对于一个新的行星际任务来说是一个巨大的挑战,因此项目小组不得不高度继承先前的火星探测任务(如"火星全球勘探者"、"火星探路者"和"海盗"号),而这种高度继承性的设计和操作最终导致了 MCO 任务的失败。

"火星气候轨道器"任务总成本是 3.276×10^8 万美元,其中研发 1.931×10^8 万美元,发射 9170 万美元,飞行操控 4280 万美元。

2.8.1.2 任务目的

"火星气候轨道器"(图 2 – 114)任务的目的是携带压力调节红外辐射仪(PMIRR)和火星彩色成像仪(MARCI)两个科学载荷进入到一条近圆形太阳同步轨道开展科学探测。探测器主要的科学目标包括:

(1) 确定火星水资源的分布;

(2) 监测火星上每天的天气与大气层变化;

(3) 记录火星表面由于风及其他大气影响所产生的变化;

(4) 确定大气层的温度曲线;

(5) 探测大气层中水蒸气及灰尘的含量;

(6) 寻找火星过去气候变化的证据。

图 2 – 114　工程师在组装"火星气候轨道器"(图片来源:NASA)

2.8.2 科学载荷

"火星气候轨道器"携带了两个科学载荷：压力调节红外辐射仪和火星彩色成像仪。

1）压力调节红外辐射仪

压力调节红外辐射仪（图2－115）将会扫描火星稀薄的大气层，测量大气的温度、尘埃、水蒸气和冷凝云。它能够在水平面和探测器垂直下方扫描火星大气。

该设备通过总共9个通道来探测辐射，其中一个用于探测可见光，其他八个探测波长从$6 \sim 50 \mu m$之间的各种不同的光谱带。科学家能够利用这些数据来构造火星大气从接近表面到高度为80km之间的垂直剖面图。将首次探测水蒸气和二氧化碳的波段，垂直分辨率达到5km。一个辐射冷却器将使该载荷保持在$-193℃$的温度。

该设备总重42kg，功率41W。主结构尺寸为$23cm \times 30cm \times 74cm$，冷却器尺寸为$58cm \times 65cm \times 30cm$。

2）火星彩色成像仪

火星彩色成像仪（图2－116）包括了一个宽视场相机和一个中视场相机。每个相机包含一个CCD传感器和滤光片。

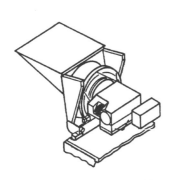

图2－115 压力调节红外
辐射仪（图片来源：NASA）

图2－116 火星彩色成像仪（图片来源：NASA）

宽视场相机探测7个光谱波段：5个从$425 \sim 750nm$的可见光波段，以及2个从$250 \sim 330nm$的紫外波段。在火星轨道上，该相机的分辨率为最高为600m，同时保证通信分系统传输大量照片的数据传输速率。相机还能够拍摄火星的边缘来详细分析云雾，分辨率为每像素4km。

中视场相机探测从紫外到近红外的八个光谱段，波长范围从$425 \sim 930nm$。当指向火星时，相机拍摄照片的分辨率约为40m。

一旦探测器进入科学观测轨道,火星彩色成像仪将会使用宽视场相机提供火星全球表面和大气的图像,并使用中视场相机监测火星表面的变化。每个相机的尺寸为$6cm \times 6cm \times 12cm$,总重$2kg$,功率为$4W$。

2.8.3 探测器系统

"火星气候轨道器"(图2-117)的高度为$2.1m$,宽度为$1.6m$,长度为$2.0m$。探测器的内部结构主要是由石墨复合材料/铝制的蜂窝结构所组成,是根据许多商业飞机的设计来建造。除了科学仪器,电池及主发动机、燃料是探测器上最重要的系统。"火星气候轨道器"的发射质量$629kg$,其中探测器干重$338kg$,携带燃料$291kg$。

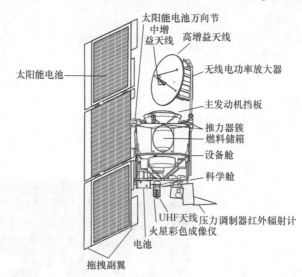

图2-117 "火星气候轨道器"构型图(图片来源:NASA)

探测器大部分系统都是冗余的,如有两个星载计算机,两个无线电发射机和接收机。但是电池和用于捕获制动的主发动机没有备份。

1) 指令和数据处理分系统

探测器的计算机系统相比几年前行星际探测器上的计算机做了很大的简化。使用一个RAD6000处理器,时钟频率能够在$5MHz$、$10MHz$和$20MHz$之间转换。计算机包括了128兆字节的随机储存器(RAM),与其他许多航天器不同,"火星气候轨道器"没有磁带记录仪或者固态数据记录仪,而是把数据储存在RAM中然后传输回地球。计算机还包括了18兆字节的闪存,即使在计算机关机时也能储存数据。

2) 姿态控制分系统

"火星气候轨道器"的姿态采用三轴稳定方式。在任意时刻通过一个恒星相机、两个太阳敏感器和两个惯性测量单元中的一个来确定探测器的姿态。每个惯性测量单元包括三个环形激光陀螺仪和三个加速度计。探测器姿态机动通过推力器点火或者使用三个反作用轮来实现。

在巡航段的大部分时间,探测器处于"全恒星"模式,仅依靠恒星相机和太阳敏感器进行姿态确定,而没有利用惯性测量单元。为了防止陀螺仪磨损,惯性测量单元主要在环火轨道上使用。

3)通信分系统

探测器使用基于"卡西尼"探测器设计的发射机和接收机,以及一个15W的功率放大器,通过微波X波段与地球通信。使用1个1.3m直径的碟状高增益天线、1个只能发射的中增益天线和以及只能接收的低增益天线。接收机和15W的发射机利用UHF无线电波段能够与"火星极地着陆者"和未来的火星着陆器进行双向通信。

4)电力分系统

探测器的电力由砷化镓电池片组成的三块太阳能帆板来提供,太阳能帆板展开后总长度为5.5m。发射后不久,太阳能帆板可以提供最多1000W的电力;在火星轨道上可以提供最多500W的电力。电力储存在一个16A·h的镍氢电池。

5)热控分系统

热控系统采用电力加热器、热冷却器和百叶窗来控制探测器内部的温度。多层绝缘热毯和防护覆盖物用于屏蔽空间电子辐射。

6)推进分系统

"火星气候轨道器"的推进系统与"火星全球勘探者"类似,利用一系列小型推进器进行机动,以及一个主发动机用于捕获制动。主发动机使用肼和四氧化二氮推进剂,产生640N推力。推力器使用单组元肼推进剂,分成两组,4个较大的推力器,每个产生22N的推力,用于轨道修正机动和姿态调整。4个较小的推力器,每个产生0.9N推力,专门用于姿态控制。

2.8.4 任务过程

2.8.4.1 发射

"火星气候轨道器"采用"德尔塔"Ⅱ 7425运载火箭发射(图2-118),该火箭与发射"火星探路者"和"火星全球勘探者"的"德尔塔"Ⅱ 7925运载火箭类似,但前者只有4个固体火箭助推器,后者有9个。每个助推器直径1m,长13m,包含11765kg的聚丁二烯(HTPB)推进剂,能够在海平面提供约446023N的推力。

火箭第一级直径2.4m,长26.1m,由一个RS-27A发动机提供动力,使用96160kg的RP-1高度精炼煤油和液氢作为燃料和氧化

图2-118 "火星气候轨道器"
使用"德尔塔"火箭发射
(图片来源:NASA)

剂。火箭第二级直径 2.4m,长 6m,由一个 AJ10 - 118K 发动机提供动力。使用 5900kg 的航空肼50(A - 50)、肼和二甲基肼混合物(UDMH)作为推进剂,四氧化氮作为氧化剂。第二级发动机可以重新启动,在发射时将会执行两次分离点火。火箭末级使用一个 Thiokol 的 Star 48B 发动机,1996 年发射的"火星全球勘探者"使用同样的火箭第三级。Star 48B 发动机长 2.12m,宽 1.2m。使用聚丁二烯(HT-PB)固态推进剂。见图 2 - 119 ~ 图 2 - 122。

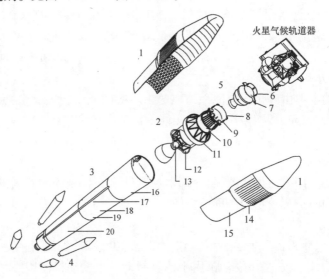

图 2 - 119　发射"火星气候轨道器"的"德尔塔"运载火箭分解图(图片来源:NASA)

1—整流罩;2—第二级;3—第一级;4—固体火箭助推器;5—第三级发动机;6—连接适配器;7—章动控制系统;8—第三级电机分离固定带;9—自旋平台;10—制导电子器件;11—第二级挡板和支撑桁架;12—液态氦储存箱;13—液态氮储存箱;14—圆锥连接柱体;15—整流罩连接柱体;16—中间连接间;17—线路管道;18—燃料箱;19—中心体部分;20—氧化剂储箱。

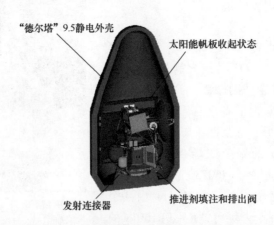

图 2 - 120　"火星气候轨道器"发射构型(图片来源:NASA)

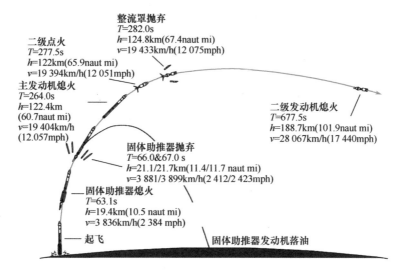

图 2-121　运载火箭发射阶段(图片来源:NASA)

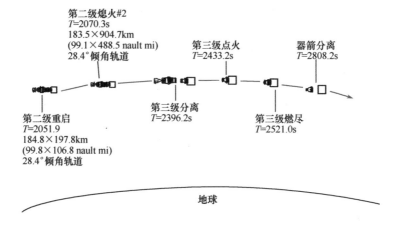

图 2-122　运载火箭入轨阶段(图片来源:NASA)

　　"火星气候轨道器"于 1998 年 12 月 11 日 18:45:51 UTC 在佛罗里达州卡纳维拉尔角空军基地 17 号发射台搭载在"德尔塔"Ⅱ 7425 运载火箭发射升空。起飞后 66s,4 个固体助推器中的 2 个分离,1s 后剩余两个助推器分离,此时火箭第一级继续点火。起飞后 4min24s,火箭第一级发动机关机,8s 后火箭第一级分离。5s 后火箭第二级发动机点火。起飞后 4min42s,火箭整流罩分离。起飞后 11min22s,火箭第二级发动机关机。此时火箭位于 189km 高度的低地球轨道,随后运载火箭进入滑行阶段,待飞行到合适位置后火箭第二级发动机再次开机。

　　火箭上的小推力器点火使第三级自旋,随后火箭第三级分离并点火,将"火星气候轨道器"送入行星际转移轨道。一个章动控制系统将会在第三级点火的 88s

时间内保持其姿态稳定。随后火箭第三级和探测器进行消旋,以使探测器在星箭分离后具有合适的巡航姿态。起飞后 42min,"火星气候轨道器"从火箭第三级分离,探测器剩余的自旋速度由星上的推力器消除。

"火星气候轨道器"发射后星箭分离的速率阻尼很小,只有 19.4s,预示很小的自转速率。太阳能帆板展开正常。恒星相机在第二次尝试后获取了姿态基准。12月 11 日 19:45:08 UTC 地面首次获取了来自"德尔塔"火箭上面级的遥测信息,显示所有系统功能正常。

2.8.4.2　行星际巡航

"火星气候轨道器"在巡航段将会飞行 286 天时间,于 1999 年 9 月 23 日到达火星。探测器巡航轨道为 2 型转移轨道,即日心转移角度大于 180°,2 型转移轨道飞行时间稍长但是到达火星的速度较小。"火星气候轨道器"行星际巡航轨道如图 2 - 123 所示,巡航构型如图 2 - 124 所示。

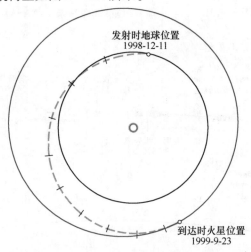

图 2 - 123　"火星气候轨道器"的行星际巡航轨道(图片;来源:NASA)

在巡航段早期,探测器使用低增益天线或者中增益天线(当太阳能帆板指向太阳时)与地球通信。在前 7 天,地面每天 24h 对探测器进行跟踪。在发射后第二周到第四周,地面使用 DSN 的 34m 天线每天至少 12h 对探测器进行跟踪。在巡航段的休眠时间,地面每天至少 4h 对探测器进行跟踪。在到达火星前 45 天开始到被火星捕获,跟踪频率再次上升到每天 12h。

在巡航段计划进行 4 次轨道修正,除了进行轨道修正,在巡航段科学载荷将会开机、测试并标定。压力调节红外辐射仪和火星彩色相机在发射后 80 天开始的一周内标定。在标定期间,彩色相机转动并扫描一个指定的星团作为恒星标定练习的一部分。探测器在到达火星前 16 天时拍摄了一张火星照片(图 2 - 125),这也是"火星气候轨道器"拍摄的唯一一张火星照片。

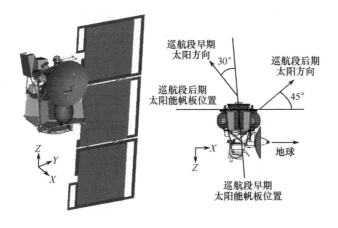

图 2 - 124　"火星气候轨道器"的巡航构型(图片来源:NASA)

图 2 - 125　"火星气候轨道器"拍摄的火星照片(图片来源:NASA)

1)第一次轨道修正

"火星气候轨道器"的第一次中途轨道修正于 1998 年 12 月 21 日成功执行。由于火箭入轨精度良好,修正所需的速度增量较小,设计值为 19.210m/s,实际执行值为 19.174m/s,主要用于消除根据行星保护政策设置的入轨偏差(确保火箭上面级不在撞击火星的轨道上)。

2)第二次轨道修正

第二次轨道修正在 1999 年 1 月 25 日 14:44:00 UTC 成功执行。TCM - 2 的设计值为 0.8586m/s,4 个轨道修正推力器点火 8.4s,实际执行值为 0.917m/s。

3)第三次轨道修正

第三次轨道修正在到达火星前 59 天的 1999 年 7 月 27 日执行。推力器点火 36.6s,速度增量 3.298m/s,执行误差在期望的范围内。

但是随后当探测器转向地球指向的通信姿态时,探测器突然进入了安全模式,而且根据地面几个小时的跟踪数据,发现探测器的轨道数据相比前两次中途修正的结果要差,但是当时认为是由于跟踪时间较少的缘故。轨道数据显示探测器的实际飞行轨道在火星目标 B 平面的 1σ 误差椭圆之外,实际上在火星水平面之下。也即在到达火星前 59 天,轨道确定结果就预示了捕获制动点高度过低。

然而不幸的是,导致探测器进入安全模式的异常现象完全被"火星气候轨道器"飞行小组所忽略,飞行小组和导航小组没有认识到这种异常现象的重要性。

4)第四次轨道修正

第四次轨道修正在到达火星前 8 天的 1999 年 9 月 15 日执行,探测器惯性测量单元测得的数据为 1.3742m/s,设计值为 1.3711m/s,执行误差在允许范围内。飞行小组开始准备捕获制动。

但是基于 2h 跟踪后的初始导航跟踪数据显示,第四次轨道修正的实际值只有 1.33m/s。这表明修正后的新的飞行轨道将会在 3σ 误差椭圆之外,相应的在捕获制动后的近火点高度只有 137km,而目标值为 210km。但是在 24h 以后,导航小组给出的轨道确定解显示近火点高度为 172km。导航和飞行小组继续监测"火星气候轨道器"的捕获制动近火点高度,以确保其在火星大气层外。

5)第五次轨道修正(备份修正)

1999 年 9 月 17 日,捕获制动前 6 天。轨道预报捕获制动后近火点高度为 164km。飞行小组更倾向于不执行第五次轨道修正,而是在捕获制动后进行轨道调整,以降低捕获制动的风险。飞行小组希望再通过 24h 的跟踪来获得置信水平更高的轨道预报数据,因此决定在 9 月 18 号上午召开的会议上再做进一步分析。

9 月 18 日,捕获制动前 5 天,最新的轨道数据预报近火点高度为 173 ± 18km (3σ),到了下午 2:30,通过测距方法预报的近火点高度为 161km,但是通过多普勒方法预报的近火点高度只有 140km。飞行小组认为这仍然在可以容忍的范围内,因此取消了第五次轨道修正,而将精力集中在如何设计捕获制动后的轨道调整方案。

9 月 21 日,捕获制动前 2 天。在上午 9 点召开的任务设计会议上最终形成了捕获制动后的调整方案,即在捕获制动后的第一个远火点处执行一次轨道机动,将近火点高度提升 40km。当天的轨道预报显示近火点高度为 161 ± 11km。

2.8.4.3 捕获制动

按照计划,探测器到达近火点附近时,640N 主发动机将会点火 16~17min 进入大椭圆捕获轨道。点火结束后 22min,探测器高增益天线转向地球。捕获后两天内,探测器将和 DSN 的 70m 天线和 34m 天线建立通信。根据初始捕获轨道,探测器在下次经过近火点时将会点火降低轨道高度,以准备进行大气制动。

"火星气候轨道器"捕获制动准备阶段和制动过程如表 2 - 21 所列。图 2 - 126 为轨道器捕获制动想象图。

表 2 - 21　计划的"火星气候轨道器"捕获制动过程

时间（UTC）	事　件
1999. 9. 15	第四次轨道修正
1999. 9. 20	飞行小组上传捕获制动指令序列
1999. 9. 23　08:41a. m.	太阳能帆板收拢
08:50a. m.	探测器转向点火姿态
08:56a. m.	火工品点火开启阀门,燃料箱和氧化剂箱开始加压
09:01a. m.	主发动机开始点火
09:06a. m.	探测器经过火星背面
09:17a. m.	主发动机结束点火
09:19a. m.	探测器姿态调整使得可以与地球通信
09:27a. m.	探测器飞出火星背面,与地球重新建立联系
09:30a. m.	太阳能帆板展开

图 2 - 126　"火星气候轨道器"捕获制动想象图（图片来源:NASA）

1999 年 9 月 23 日,捕获制动当天。最后的飞行参数已经于 9 月 17 日上传给探测器,制动序列已经初始化。在捕获制动倒计时阶段,导航小组给出的轨道预报显示捕获制动后的近火点高度只有 110km。飞行小组立即将捕获制动后远火点轨道调整的点火时间改为原来的两倍,这样可以将捕获制动后的近火点高度提升 80km。

9 月 23 日 08:49:46 UTC,"火星气候轨道器"转向点火姿态。08:55:48,火工品点火开启阀门,燃料箱和氧化剂箱开始加压。09:00:46,主发动机准时点火。随后 JPL 确认,多普勒信号表明发动机正常点火。所有的信号表明探测器受控,并在点火过程中保持了正确的点火姿态。

09:05:02,"火星气候轨道器"与地球失去联系,比预定的探测器进入火星背面而通信中断时间早了 39s。按照预报,探测器从火星背面飞出时间为 09:26:25,但是"火星气候轨道器"的信号再未出现。此时导航小组给出的轨道预报显示捕获制动近火点高度只有 57 ± 1km。这时可以明确的是在"火星气候轨道器"在到达火星之前导航小组给出的近火点高度预报存在约 100km 的误差。随着探测器不断接近火星引力场,导航小组能够做出更加精确的轨道预报,最精确的预报即是探测器即将进入火星背面时刻之前给出的 57km。

9 月 25 日 04:00,飞行小组终止了对"火星气候轨道器"的搜索。热控分系统的预测显示"火星气候轨道器"很有可能遭受了极端的高温条件,并在火星大气中解体。

2.8.4.4 大气制动

"火星气候轨道器"原计划首先进入一条 160km × 39000km、周期 29h 的捕获轨道,随后用 44 天时间利用大气制动将轨道调整到 90km × 405km,最后再利用探测器上的推力器进入近圆科学任务轨道。

大气制动首先由 1994 年的 NASA 的"麦哲伦"(Magellan)金星探测器进行了验证,随后在"火星全球勘探者"成功得到了运用。"火星气候轨道器"的大气制动轨道比"火星全球勘探者"要低得多,因此大气制动的时间更少。大气制动的主要阶段开始于探测器的近火点高度低于 100km。在随后 44 天探测器绕火星约 200 圈后,近火点纬度从 34°向北移动到 89°,探测器在经过远火点时推力器进行点火以保持近火点高度在一个气压和发热合适的范围。

图 2-127 为"火星气候轨道器"的大气制动示意图。图 2-128 为"火星气候轨道器"大气制动构型。

2.8.4.5 科学观测

按原计划,"火星气候轨道器"在大气制动结束时进行两次机动。第一次较大的机动使探测器的近火点提升到火星大气层外。第二次机动将探测器的轨道调整到经过"火星极地着陆者"上空。最终的科学观测轨道是一条近圆形、太阳同步极轨,平均高度约为 421km。探测器一旦进入科学观测轨道后,高增益天线展开。

"火星气候轨道器"原计划从 2000 年 3 月到 2002 年 1 月利用一个火星年(687 个地球日)的时间进行科学观测。完成科学观测后,探测器还可以作为未来火星着陆器的中继卫星工作 2 年时间。

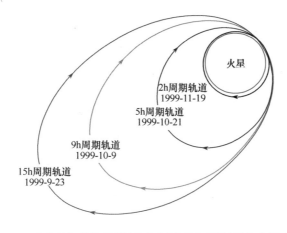

图 2 – 127　"火星气候轨道器"的大气制动示意图(图片来源:NASA)

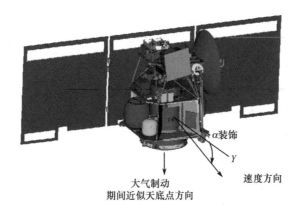

α装饰

Y

速度方向

大气制动
期间近似天底点方向

图 2 – 128　"火星气候轨道器"大气制动构型(图片来源:NASA)

2.8.5　故障原因分析

1999 年 11 月 10 日,"火星气候轨道器"事故调查委员会发布了第一阶段报告,详细介绍可能导致探测器发生事故的问题。

该报告认为事故发生的根本原因在于探测器制造商和地面控制中心混淆了测量使用的单位。探测器在巡航段会按计划执行叫做角动量卸载(AMD)的推进机动,它需要点燃小型推进器几分钟时间,以此来保持探测器姿态的稳定,同时探测器上安装的反作用飞轮(由电力驱动的用于控制探测器姿态的设备)会减速至预先确定的一个转动角速度。每次执行 AMD 机动时,推力器会施加给探测器一个垂直或几乎垂直于视线方向很小的净加速度。这意味着通过视线方向上的多普勒频移或测距的无线电信号几乎无法观测得到这个加速度,因此必须仔细分析探测器传回给导航小组的遥测信号。每次机动的遥测数据都被记录在导航软件里面一个叫做"微小作用力"的文件夹中,导航小组的轨道预报必须考虑这些"微小作用力"对轨道的影响。1997 年的"火星全球勘探者"(Mars Global Surveyor)也经历了非常类似的状况,但是它的捕获制动瞄准点高度误差只有 4km。这次在"火星气候轨道器"的导航软件里,探测器制造商洛克希德·马丁公司仍然沿用了"火星全球勘探者"的飞行软件界面规范标准(Software Interface Specification, SIS),定义冲量大小(作用力×时间)所使用的单位是磅·秒的英制单位,而地面控制中心 JPL 在飞行过程中使用的是牛顿·秒的米制单位。这两个单位之间存在4.45 倍的差异,虽然这个误差还不足以立即造成明显的影响,但是随着时间的积累,导致了"火星气候轨道器"在捕获点的轨道高度只有 57km,远低于安全轨道高度(火星大气层边界高度约为 125km),过低的轨道导致了"火星气候轨道器"在大气中烧毁。

2.9 火星极地着陆者(1998 Mars Polar Lander)

表 2-22 为"火星极地着陆者"概况。

表 2-22 "火星极地着陆者"概况

探测器名称	Mars Polar Lander
任务类型	着陆器/穿透器
发射日期	1999 年 1 月 3 日
到达日期	1999 年 12 月 3 日
运载火箭	Delta Ⅱ 7425
探测器尺寸	着陆器:高 1.06m,宽 3.6m "深空"2 号:地下部分长 10.56cm,直径 3.9cm;地上部分高 10.53cm,直径 13.6cm
质量	着陆器:总重 576kg(干重 512kg + 燃料 64kg) "深空"2 号:前体 670g,后体 1737g
科学载荷	火星挥发和气候测量仪、火星下降成像仪和激光测距仪
控制系统	巡航段三轴稳定,8 个单组元推进剂推力器用于中途修正和姿态控制,恒星相机和太阳敏感器提供姿态基准
通信	巡航级:一个 X 波段中增益天线和一个低增益天线 着陆器:超高频率波段 UHF 无线电系统和微波 X 波段无线电系统 "深空"2 号:小型化无线电发射机和接收机,质量小于 50g,尺寸约 64cm²,接收模式功耗小于 500mW,传输模式小于 2W

（续）

探测器名称	Mars Polar Lander
电力	巡航级：四块太阳能帆板 着陆器：6 块太阳能电池板，在火星提供 200W 电力/16A·h 可重复充电镍氢电池（NiH2 battery） "深空"2 号：600mA·h 不可充电氯化锂电池
推进	着陆器：四组推力器，每组包括一个 22N 推力器和一个 4.4N 推力器，12 个 226N 下降发动机

187

2.9.1　任务概述

2.9.1.1　任务背景

　　"火星极地着陆器"和"火星气候轨道器"都属于 NASA"火星勘探 98"项目（Mars Survery 98 project）（图 2 - 129），为了节约经费，NASA 只选择了洛克希德·马丁公司一家承包商来制造所有的"火星勘探者"项目探测器。

　　1994 年，NASA 制定了"新千年"计划（New Millennium Program），该计划偏重于以工程创新，而不是科学研究。其目标是验证在 21 世纪初实施空间科学任务的新技术。研究小组来自政府部门、私营企业、学术界和非盈利组织，重点发展探测器自主控制、通信、微电子学、科学载荷以及机械系统方面的技术。"深空"2 号（Deep Space）是由"火星极地着陆者"携带的两个微型着陆器，它是"新千年"计划的第二个任务。在进入火星大气之前从着陆器分离后冲入火星大气，并钻入火星表面以下 1m 深处。

　　"火星勘探 98"项目总耗资 2.35 亿美元（不包括运载火箭），其中包括研发1.93 亿美元，任务操作 0.42 亿美元。"深空"2 号耗资 2920 万美元，其中包括研发

2800万美元,数据分析120万美元。

图2-129 NASA"火星勘探98"项目标志(图片来源:NASA)

2.9.1.2 任务目的

"火星极地着陆器"将会着陆在火星南极附近(纬度76°)的特殊区域,用于研究火星上挥发性物质(如水蒸气)和气候的变化历史。主要科学目标为:

(1) 在火星南极多地形层着陆;

(2) 搜寻古代气候和近代周期性气候变化的线索;

(3) 给出火星高纬度地区目前气候和季节性变化的快照,特别是水蒸气在大气和地面之间的转换情况;

(4) 搜索南极区域的表层水冰,分析土壤中二氧化碳和水的物理和化学特性;

(5) 研究着陆点表面的生物形态学(包括形式和结构)、地质地形和天气。

火星南北两极都具有特殊的多层地形,其变换的颜色可能包含了不同的尘埃和冰的混合物。就像树木的年轮一样,这些地形层可能揭示了火星过去气候变化的历史。它们也可能用于帮助确定是否是火星自转轴的倾斜导致了火星气候的变化,或者是由于火星绕太阳公转轨道改变导致的。从而深入研究火星是如何由过去潮湿的气候演化到现在的——是一次灾难性的环境巨变还是逐步演化而来的。

作为NASA"新千年"计划的一个项目,"深空"2号的主要目的是测试未来科学任务的新技术——验证进入行星大气的创新型方式、硬着陆的存活以及穿透行星地表的技术。"深空"2号将会验证未来从主探测器分离多个着陆器分布在行星表面的新技术,着陆器如此形成的网络可以对行星的天气和地震活动提供独特的监测手段。

在任务实施过程中,探测器收集的数据不但提供给工程师进行技术验证,同时也提供给科学家以研究火星的环境。"深空"2号的科学目标与"火星极地着陆

者"(图2-130)类似,将着重研究火星的气候,此外还包括:

(1)确定火星次表层土壤是否存在冰;

(2)估计火星土壤的热传导率;

(3)在进入下降期间确定火星大气的密度;

(4)研究火星土壤的硬度。

"深空"2号将会给出现在的火星是否存在水冰的线索,以及火星极地地层的组成元素信息。"深空"2号(图2-131)和"火星极地着陆者"相隔约60km,因此两者给出的数据将告诉科学家极地地形是如何变化的。

图2-130　工程师在安装"火星极地着陆者"(图片来源:NASA)

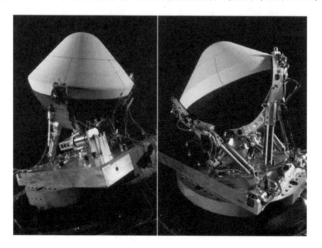

图2-131　被安装在防热罩内的"深空"2号(图片来源:NASA)

2.9.2　科学载荷

"火星极地着陆者"携带了三个科学载荷:火星挥发和气候测量仪(MVACS)、火星下降成像仪和激光测距仪。

2.9.2.1 火星挥发和气候测量仪(MVACS)

火星挥发和气候测量仪是一个集成载荷包,用于研究火星南极的表面环境、天气和地质概况。MVACS 由四个仪器组成。

1)表面立体成像仪

表面立体成像仪安装在 1.5m 高的桅杆顶部,与"火星探路者"的成像仪相同。它将拍摄火星着陆点的全景照片,并为机械臂和热量挥发气体分析仪等其他科学载荷提供拍摄支持。成像仪还可以对太阳拍照用于研究大气中的悬浮微粒和水蒸气。成像仪的光谱范围涵盖紫外到近红外波段(波长为 400~1100nm)。两组透镜之间的距离比人的两眼间距略宽,以获得立体成像效果。两组光学镜片使用同一个 CCD 传感器,通过两个滤光轮可以拍摄不同波长的照片。该成像仪由美国亚利桑那州大学和德国马克思普朗克研究所研制。

2)机械臂

安装在着陆器平台底板上的机械臂长度为 2m,机械臂末端安装有挖掘铲、相机和温度传感器。挖掘铲将会挖掘火星表面土壤并放入热量和挥发气体分析仪中。相机拍摄的照片将会揭示火星表面和次表层物质的分层状况。温度传感器将会测量着陆点附近温度和土壤的热传导率。

3)气象载荷包

着陆器的气象站包括了一根安装有风速和方向传感器的 1.2m 长的桅杆、温度传感器和可调谐二极管激光器,后者用于探测水蒸气和二氧化碳中同位素。一根 0.9m 长的子桅杆末端安装了一个风速传感器和两个温度传感器,用于探测距离火星表面 10~15cm 处的大气效应,以确定沙尘暴开始所需的风速阈值。气象载荷包由 JPL 和芬兰气象研究所合作研制。

4)热量与挥发气体分析仪

该载荷(图 2-132)加热并分析土壤样本,用于确定如水和二氧化碳挥发物的浓度。机械臂挖掘土壤样本后放入加热箱,随后土壤样本被热导线加热到1027℃。加热后,气体从土壤样本中释放。随后一个可调谐二极管激光器发射出激光束穿透气体进行探测。释放气体中的二氧化碳和水蒸气能够吸收部分激光束,因此用这种方法可以检测到土壤中的水分和二氧化碳。加热箱不能多次重复使用,着陆器在任务期间最多只能进行八次土壤分析实验。该载荷由亚利桑那州大学研制。

2.9.2.2 火星下降成像仪(MDI)

火星下降成像仪(图 2-133)从着陆器防热罩分离(高度约 8km)一直到着陆期间能够拍摄约 30 张照片。拍摄的第一张照片能够显示 9km² 的火星表面面积,分辨率为 7.5m。最后一张照片能够显示 9m² 的面积,分辨率为 9mm。该成像仪

图 2 - 132　火星挥发和气候测量仪(图片来源:NASA)

图 2 - 133　"火星极地着陆者"的下降成像仪(图片来源:NASA)

具有一个单镜头相机 CCD 传感器,能够拍摄 1000×1000 像素的黑白照片。该载荷由美国马林(Malin)空间科学公司研制。

2.9.2.3　激光雷达

激光雷达能够发射激光脉冲并探测其从大气反射后的回波。发射机使用了一个镓铝砷激光二极管,能够以每秒 2500 个近红外脉冲的频率从着陆器底板向上空发射激光束,随后一个计时器计算激光束从大气反射回来的时间,从而科学家可以测定火星低层大气的冰和尘埃的特征。该载荷由俄罗斯空间科学研究所提供,是俄罗斯的科学载荷第一次在美国的行星际探测器上进行科学实验。

"火星极地着陆者"是第一个携带了传声器用来捕捉另一个星球上声音的行星际探测器。尽管火星的大气层非常稀薄,但是传声器仍然有可能捕捉到大气中风声和着陆器机械设备展开的声音。传声器安装在激光雷达电子盒内部一个 $5cm \times 5cm \times 1cm$ 的立方盒内,质量小于 $50g$,功率小于 $100mW$。该传声器由加州大学伯克利分校空间科学实验室研制。

2.9.2.4 "深空"2号的科学实验

"深空"2号的次要目标是收集科学数据。加速度计在下降和撞击时获得数据将提供火星大气密度和土壤硬度的信息。撞击后,探测器将测量火星次表层土壤的热传导率和可能存在的水。"深空"2号将进行四个科学实验:样本采集/水分探测实验、土壤热传导率实验、大气下降加速度计实验和撞击加速度计实验。

在第一次向"火星全球勘探者"传输数据后,探测器上的一个微型电动机将驱使一个小型钻头从探测器前方钻入火星土壤内部,并采集一定量的土壤放入一个小型加热皿中。随后土壤被加热,产生的气体进入分析仪内部。如果有水分存在,可以通过激光照射来测量不同的光强度而被探测到。土壤的热传导率可以通过测量探测器前部在钻入火星地表后冷却的速率来确定。温度由安装在探测器前体两边的两个传感器测得。

2.9.3 探测器系统

2.9.3.1 火星极地着陆者

"火星极地着陆者"飞行系统(图2–134)由巡航级、进入、下降和着陆系统及包裹在内部的着陆器组成。

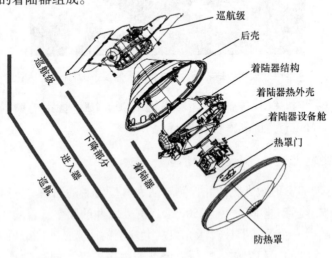

图2–134 "火星极地着陆者"飞行系统(图片来源:NASA)

1) 巡航级

巡航级(图2–135)安装了两个太阳能电池阵在巡航段提供电力。利用一个

X波段中增益天线和一个低增益天线进行通信,还包含了一个无线电频率功率放大器。由冗余的恒星相机和太阳敏感器提供姿态基准。在巡航段采用三轴稳定方式,8个单组元推力器提供中途轨道修正机动和姿态控制。

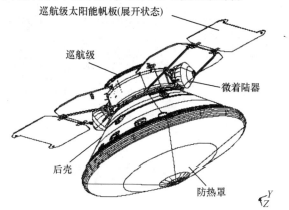

图 2-135　"火星极地着陆者"巡航级构型(图片来源:NASA)

2) 进入、下降和着陆系统

当进入大气层时,着陆器被包裹在 2.4m 直径的防热罩内部。"火星极地着陆者"(图 2-136、图 2-137)采用的防热罩与"火星探路者"使用的防热罩具有同样的半锥角,但是直径更小。由聚酯材料制成的降落伞直径 8.4m。

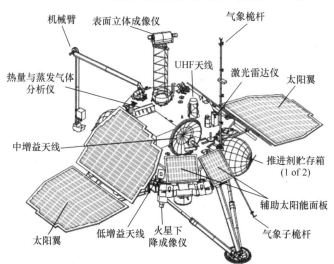

图 2-136　"火星极地着陆者"(图片来源:NASA)

3) 着陆器

着陆器高度为 1.06m,宽 3.6m,总重 576kg,包括着陆器干重 512kg,燃料64kg。探测器由蜂窝状的铝和环氧石墨的复合材料制成。

图 2-137 "火星极地着陆者"(图片来源:NASA)

着陆支腿由铝制成,通过压缩弹簧来展开。每个支腿都嵌入了锥形的可压缩蜂窝状铝,用来吸收着陆时产生的振动。在着陆器内部安装了计算机、电力分配系统、12 个镍氢电池、电池充电控制单元以及无线电设备。

另外一个独立模块包括了陀螺仪、火工品爆破电子设备和雷达装备,该雷达只在进入、下降和着陆段使用。着陆器的太阳能电池板在完全展开后有 3.6m 长,预期在火星表面可以提供 200W 的电力。着陆器上安装的大部分系统都具有备份,包括两台计算机、两个无线电设备等。没有备份的重要设备包括着陆雷达、电池和科学载荷。

着陆器的主要分系统如下:

(1) 推进分系统。"火星极地着陆者"安装了四组推力器,每组包括一个 22N 推力器和一个 4.4N 推力器。着陆器的最终下降段由 12 个下降发动机(或称反推火箭)进行控制,每个发动机能够提供 226N 推力,分成三组安装在着陆器周围,在着陆器下降期间以脉冲方式点火。两个半球形推进剂储箱安装在太阳能电池板下方,能够携带 64kg 肼推进剂,用于着陆器所有的发动机和推力器。

(2) 电力分系统。着陆器的电力由总共 6 块太阳能电池板提供。其中 4 块较大的太阳能电池板成对安装在着陆器两边,在着陆后展开。两块较小的太阳能电池板固定在着陆器一侧。探测器到达火星时火星南半球正处于夏季,在着陆地点太阳一直在地平线以上。在火星南极附近的夜晚温度大约在 -80℃,一个可重复充电的 16A·h 镍氢电池将用于确保中心电子设备温度不低于 -30℃。电池的寿命可能是决定着陆器工作寿命的一个主要因素。当南半球夏季快要结束时,夜晚的温度会变得更低,最终电池将无法提供足够的电力进行保温,着陆器将被冰冻直至停止工作。

（3）通信分系统。着陆器包含两个无线电系统：超高频率波段 UHF 无线电系统和微波 X 波段无线电系统。每个系统都包括了由一个发射机和一个接收机组成的收发机（Transponder）。UHF 只用于着陆器与"火星全球勘探者"之间的通信。着陆后，"火星极地着陆者"的 X 波段无线电系统通过安装在着陆器平台上的中增益天线或高增益天线直接与地球通信。在行星际巡航段，X 波段无线电系统通过安装在巡航级上的高增益天线和功率放大器与地球通信。

4）探测器灭菌

联合国在 1966 年颁布了《关于各国探索和利用包括月球和其他天体在内外层空间活动的原则条约》（简称《外太空条约》），形成了国际太空法律的基本框架，成员国在月球以及其他天体的活动都受到它的约束，美国是该条约的签署国之一。根据条约的要求，NASA 针对不同类型的行星际探测任务（飞越、轨道器、着陆器、采样返回等）制定了不同的行星保护政策。对于太阳、月球和水星，没有要求限制污染的约束。而对于火星探测任务需要相当严格的防止污染约束。行星保护的计划在任务的可行性阶段即开始制定。

根据行星保护约束，要求"火星极地着陆者"表面每平方米包含最多约 300 个孢子，并且孢子总数不得大于 30 万个。为了达到这个目标，"火星极地着陆者"需要采取与"海盗"号着陆器相同等级的灭菌措施。

洛克希德·马丁公司的工程技术人员使用酒精擦拭探测器表面，对于较大的表面区域，如热毯和降落伞，必须被加热至 110℃ 进行消毒。通过对探测器表面采样并进行专门的微生物鉴定来确定探测器上残留的孢子数量。"火星极地着陆者"的灭菌程序与"火星探路者"类似，洛克希德·马丁公司会持续对探测器进行检查，直到探测器被装入大气防热罩内。

NASA 肯尼迪航天中心在将探测器装入德尔塔运载火箭之前会进行最后一次孢子数量检查，以确保着陆器携带的孢子总数量少于 30 万个。

2.9.3.2 "深空"2 号

"深空"2 号飞行系统（图 2-138）由进入系统和包裹在内的探测器组成。进入系统由前后两个防热罩组成，每个防热罩高 27.5cm，直径 35cm。探测器前体（穿透器）长 10.56cm，直径 3.9cm；探测器后体（露出地面部分）高 10.53cm，直径 13.6cm。

探测器前体 670g，探测器后体 1737g，防热罩 1165g，总重 3572g。

1）进入系统

与其他的着陆探测器不同，"深空"2 号的防热罩在进入火星大气过程中不需要指向或自旋稳定。它采用了类似羽毛球的设计原理，探测器大部分的质量位于防热罩的前部，从而在进入火星大气时即便产生翻滚也会自动调整到向前的姿态。除此以外，进入系统从大气进入开始直到撞击火星表面一直是一个单级飞行器，没

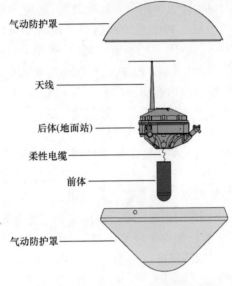

图中标注（从上到下）：气动防护罩、天线、后体(地面站)、柔性电缆、前体、气动防护罩

图2-138 "深空"2号飞行系统构成(图片来源:NASA)

有使用降落伞、反推火箭或安全气囊进行减速。防热罩也没有分离,直到着陆火星时被强大的撞击力粉碎。这个非常简单的进入系统大幅降低了任务的费用。进入系统由JPL设计,大气动力学分析在NASA的兰利研究中心进行。

防热罩采用了一种可重复使用的陶瓷烧蚀材料,这种材料能够将探测器内部的温度稳定保持在-40℃,而同时防热罩在进入大气的过程中达到2000℃的高温。这种材料由NASA埃姆斯研究中心研制。

2) 微通信系统

"深空"2号探测器安装了一个小型化的无线电发射机和接收机,质量小于50g,尺寸约为$64cm^2$,在接收模式功耗小于500mW,传输模式小于2W。微通信系统由JPL研制。

3) 超低温锂电池

"深空"2号的电池需要在-80℃的低温提供600mA·h的电力。为了达到这个极端要求,"深空"2号项目研制了一种新型不可充电氯化锂电池。这种电池使用四氯没食子酸锂(Lithium Tetrachlorogallate Salt)代替了传统的氯化铝锂以提高低温性能并减少电压迟滞。电池电压为6~14V,使用寿命为三年。

4) 先进微控制器

"深空"2号的计算机系统使用了一台80C51微处理器(图2-139),这个8bit的系统包括128K的随机储存器RAM、128K的固定存储器和32数模/模数转换器。系统被设计成非常低的功耗,以10MHz运行时小于6mW,休眠模式为3mW。体积只有$2.2cm^3$,质量只有3.2g。电子线路嵌入塑料内以承受3万个重力加速度的撞击。图2-140为"深空"2号着陆后的构型。

图 2 - 139　"深空"2 号微处理器
（图片来源：NASA）

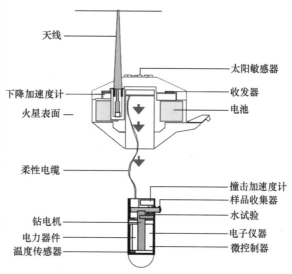

天线

太阳敏感器

下降加速度计

收发器

火星表面 —

电池

柔性电缆

撞击加速度计

样品收集器

钻电机

水试验

电力器件

电子仪器

温度传感器

微控制器

图 2 - 140　"深空"2 号着陆后的
构型（图片来源：NASA）

2.9.4　任务过程

2.9.4.1　发射

　　"火星极地着陆者"于 1999 年 1 月 3 日 20:21:10UTC 从佛罗里达州卡纳维拉尔角空军基地 17B 发射台搭乘"德尔塔"Ⅱ 7425 火箭（图 2 - 141）发射升空。

　　发射时，着陆器被包裹在防热罩和巡航级中间。着陆器的太阳能电池板呈合拢状态，因此在巡航级上安装了独立的太阳能帆板，在行星际巡航段提供电力。发射后不久，这些折叠的太阳能帆板即展开，随后探测器上推力器点火使太阳能帆板朝向太阳。Star 48 固态燃料在燃烧 47.7min 后，"火星极地着陆者"顺利进入行星际转移轨道。发射后 58min，位于澳大利亚堪培拉 DSN 站的 34m 天线获得了"火星极地着陆者"的信号。参见图 2 - 142 ～ 图 2 - 144。

　　发射时，两个"深空"2 号探测器安装在"火星极地着陆者"的巡航级上。为了简化硬件和操作，"深空"2 号探测器与着陆器的巡航级没有电路连接。"深空"2 号在巡航段没有电力提供，因此从地面发射直到在火星着陆不与地球进行通信。

2.9.4.2　行星际巡航

　　"火星极地着陆者"的行星际巡航轨道（图 2 - 145）为 2 型转移轨道，即日心转角大于 180°，在巡航段飞行 11 个月时间，于 1999 年 12 月 3 日到达火星。相比之

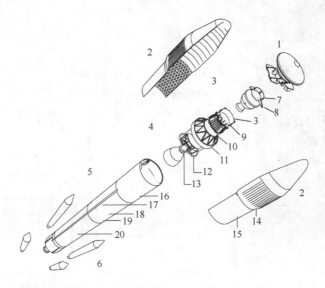

图2-141 发射"火星极地着陆者"的"德尔塔"Ⅱ 9425 运载火箭（图片来源：NASA）

1—"火星极地着陆者"；2—整流罩；3—第三级发动机；4—第二级；5—第一级；

6—固体火箭助推器；7—连接适配器；8—章动控制系统；9—自旋平台；

10—制导电子设备；11—第二级微小挡板和支撑桁架；12—氮储存半球；

13—氮储存半球；14—圆锥连接柱体；15—整流罩连接柱体；16—级间；

17—线路管道；18—燃料箱；19—中心体部分；20—氧化剂箱。

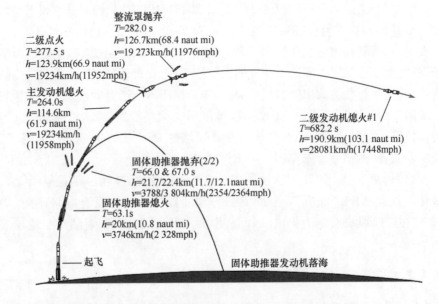

图2-142 "火星极地着陆者"发射过程（图片来源：NASA）

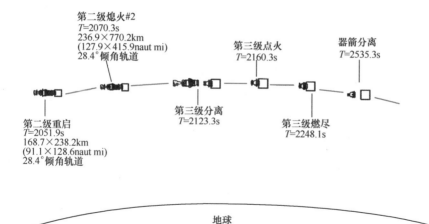

图 2-143 "火星极地着陆者"行星际转移轨道入轨过程(图片来源:NASA)

图 2-144 "火星极地着陆者"发射升空(图片来源:NASA)

下,"火星探路者"使用的日心转角小于 180°的 1 型转移轨道,其巡航段飞行时间只需 7 个月。

在巡航段,探测器使用巡航级上的 X 波段发射机和中增益天线与地球通信。发射后前 30 天,地面对探测器跟踪的频率为每天 10～12h。在探测器操作最少的飞行阶段,地面跟踪的频率为每天 4h。到达火星前 45 天开始,跟踪频率增加,每天最少 12h 用于精确的轨道预报。到达火星前 30 天,地面对"火星极地着陆者"和在火星轨道运行的"火星全球勘探者"之间持续转换跟踪。

在巡航段,"火星极地着陆者"最多进行 6 次中途轨道修正。第一次轨道修正于 1999 年 1 月 21 日执行,推力器点火 3min,主要用于消除由于行星保护政策设置

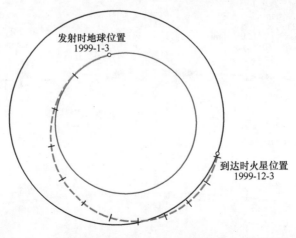

发射时地球位置
1999-1-3

到达时火星位置
1999-12-3

图 2 – 145　"火星极地着陆者"的行星际巡航轨道(图片来源：NASA)

的入轨偏差。为了防止火箭上面级在撞击火星的轨道上,星箭分离时刻探测器和火箭上面级并没有精确瞄准火星。同时这次轨道修正还用于消除微小的火箭入轨误差。

第二次轨道修正在 1999 年 3 月 15 日进行,推力器点火约 10s。

第三次轨道修正在 1999 年 9 月 1 日执行,根据在轨的"火星全球勘探者"拍摄的最新火星南极照片来选择最终着陆地点,第三次修正用于瞄准这个新的着陆点。推力器点火持续时间约 30s。

第四次轨道修正在 1999 年 10 月 30 日进行,推力器点火约 12s。第五次轨道修正在 1999 年 11 月 30 日 10：00 PST 进行。第六次备份轨道修正如有需要于 1999 年 12 月 3 日 5：30 进行。

在巡航段有两周时间对科学载荷进行测试和标定。其中 5 个载荷在 1999 年 4 月 5 日到 9 日检查测试,1999 年 9 月 8 日到 9 日进行第二阶段的检查测试。地面 DSN 的 70m 天线接收科学载荷检查的数据和探测器的工程数据。在巡航段,每个月会有几分钟时间对气象载荷包的压力传感器加电进行标定。安装在着陆器内部的表面立体成像仪对内部黑暗空间拍摄两次照片用于标定 CCD 敏感器。

2.9.4.3　进入、下降和着陆

"火星极地着陆者"在到达火星前 14h 开始准备进入火星大气,此时是地面控制人员最后一次收集导航数据的机会。在进入前 18h,探测器进入安全模式。在进入前 9h 和 7h 之间,如果需要可以上传最后一次轨道修正的指令,修正机动将在进入前 6.5h 进行。

进入前 5h,着陆器上推力器的加热器开启,进入前 75min 开始对探测器持续 1h 的跟踪,用于监测探测器的状态。进入前 40min 下降发动机阀门加压。进入前

15min,飞行软件对火星下降成像仪初始化。

进入前10min,探测器转换到惯性导航模式,即通过陀螺仪和加速度计来测量探测器位置和速度。进入前6min,推力器点火80s使探测器转向进入姿态。进入前5min(着陆前10.5min)巡航级分离(图2-146)。与巡航级的太阳能帆板切断联系后,着陆器依靠其内部自带的电池供电,直到着陆器太阳能电池板在火星表面展开工作。在18s后,安装在着陆器巡航级上的"深空"2号微探测器分离。

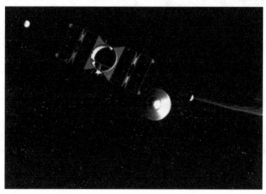

图2-146 "火星极地着陆者"的巡航级分离效果图(图片来源:NASA)

着陆器飞行速度约为6.9km/s,在33~37s之后探测器将会进入火星上层大气边缘。着陆器上的加速度计可以敏感到地球重力3%的重力加速度,它将会敏感到火星大气阻力使着陆器速度稍微变慢。此时,着陆器开始使用推力器来保持进入飞行器沿着标准飞行轨迹下降。

探测器从接触火星大气到着陆约持续5min30s。期间探测器的加速过载将达到12g,防热罩的温度将升高到1650℃。

着陆前2min,降落伞打开,此时探测器速度约为430m/s,高度约为7.3km。降落伞打开10s后,火星下降成像仪会打开,同时防热罩分离(图2-147)。分离0.3s后拍摄第一张下降照片。在着陆器着陆之前相机会照30张相片。

图2-147 "火星极地着陆者"防热罩分离、着陆腿展开(图片来源:NASA)

着陆前 70～100s，着陆器的支架将会展开，1.5s 后着陆雷达开启。雷达开启 44s 后将会测量着陆器的高度，此时着陆器高度约 2.5km。

雷达获取地面信息后，当着陆器的速度约为 75m/s，高度为 1.4km 时，探测器的后壳将会和着陆器分离。1.5s 后下降发动机点火，使着陆器的飞行轨迹逐渐垂直于火星表面(图 2–148)。

图 2–148 "火星极地着陆者"下降发动机点火(图片来源：NASA)

脉冲调制的下降发动机将会在着陆器下降时保持其姿态。发动机将会点火使着陆器滚转，以使其着陆时太阳能帆板在最优的方位，当太阳经过天空时能够产生最多的能量。着陆器在离火星表面 40m 处雷达关闭，并继续使用陀螺仪和加速度计进行惯性制导直到着陆。

当"火星极地着陆者"的高度为 12m 或者速度到达 2.4m/s，着陆器将以一个恒定速度直接下落到火星表面(图 2–149)。当传感器探测到着陆器接触火星表面后发动机关闭。

"火星极地着陆者"的巡航级分离 18s 后，"深空"2 号探测器从巡航级上分离。每个"深空"2 号进入系统由一个篮球大小的防热罩及包裹在内部的探测器组成。一旦从巡航级分离后，"深空"2 号从其内部的电池接通电源，并开启星上计算机的微处理器。随后微处理器命令星载分系统执行一系列测量，来检查经过 11 个月巡航段飞行后探测器的健康状况。通电 4min 以后，"深空"2 号进入火星大气层。一个下降加速度计开启。进入大气层后 4min，一个撞击加速度计开启。当检测到探测器与火星表面撞击后，此时采集的数据被储存在计算机内存中，随后撞击加速度计关闭。

1999 年 12 月 3 日 14：39：00 UTC，"火星极地着陆者"最后一次遥测数据传抵地球，当时探测器正结束巡航阶段，准备进入大气层。随后通信暂时中断，直到探测器登陆火星为止。"火星极地着陆者"预计在 20：15：00 UTC 登陆在南极高原，通信系统预计在 20：39：00 UTC 与地球连接。然而地面一直无法跟探测器取得联络。期间 NASA 命令"火星全球探勘者"对预计的着陆地点进行拍照。"火星全球探勘者"拍摄到一个可能是"火星极地着陆者"的物体，但是后来"火星勘测轨道

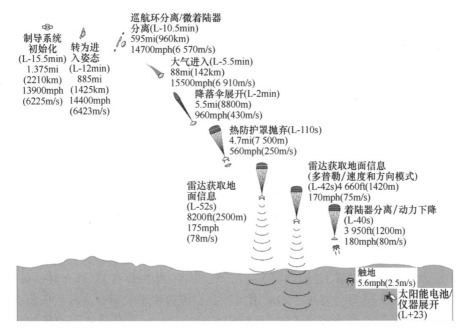

制导系统
初始化
(L-15.5min)
1.375mi
(2210km)
13900mph
(6225m/s)

转为进
入姿态
(L-12min)
885mi
(1425km)
14400mph
(6423m/s)

巡航环分离/微着陆器
分离(L-10.5min)
595mi(960km)
14700mph(6 570m/s)

大气进入(L-5.5min)
88mi(142km)
15500mph(6 910m/s)

降落伞展开(L-2min)
5.5mi(8800m)
960mph(430m/s)

热防护罩抛弃(L-110s)
4.7mi(7 500m)
560mph(250m/s)

雷达获取地面信息
(多普勒/速度和方向模式)
(L-42s)4 660ft(1420m)
170mph(75m/s)

雷达获取地
面信息
(L-52s)
8200ft(2500m)
175mph
(78m/s)

着陆器分离/动力下降
(L-40s)
3 950ft(1200m)
180mph(80m/s)

触地
5.6mph(2.5m/s)

太阳能电池/
仪器展开
(L+23)

图 2-149 "火星极地着陆者"的进入、下降和着陆过程(图片来源:NASA)

器"排除该物体为"火星极地着陆者"的可能性。

2.9.4.4 火星表面操作

1)着陆后

着陆器预计在火星着陆点(图 2-150)于当地时间凌晨 4:20(中午12:01 PST)在火星表面着陆。由于此时火星往地球发送一个无线电信号需要 14min 时间,以下所有时间均为地球接收到着陆器信号的时间,实际上发生的时间在 14min 以前。

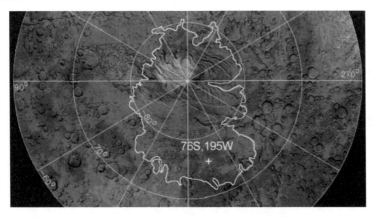

图 2-150 "火星极地着陆者"的着陆地点(图片来源:NASA)

着陆后不久,飞行软件命令着陆器进入安全模式。下降成像仪将会在着陆60s后关闭。在经过5min等待火星表面尘埃落定后,着陆器的太阳能帆板展开。着陆后8min,中增益天线准备朝向地球,此时着陆器上的陀螺将会像罗盘一样来确定北方方向。着陆器的惯性测量单元随即关闭。当陀螺平台确定北方方位后,中增益天线开始朝向地球,整个转动过程将会持续16min。随后表面立体成像仪将会进行一次垂直扫描,气象仪和成像仪桅杆将会升起。

2)第一个信号

在着陆后23min,着陆器使用碟状中增益天线向地球发回第一个信号,地球预计会在中午12:39PST收到这个信号。信号传输将会在45min后(下午1:24PST)停止。这些信号包括了着陆器在进入、下降和着陆阶段的工程数据,还包括安装在着陆器平台上的相机拍摄的低分辨率黑白照片。下午1:46PST,着陆器关机休眠约4h40min,期间太阳能帆板对电池进行充电。

假设一切情况正常,着陆器将在下午6:26PST再次开启,并打开其接收机。此时地面控制人员将会发送诸如采用何种数据传输速率的指令。接收机将会持续接收来自地球的指令直到下午7:41PST。晚上8:09,着陆器将开始传输信号回地球,直到10:45结束。随后着陆器运行约半个小时并准备夜间关机。晚上11:24PST,着陆器停止运作。

3)夜间活动

着陆器上的计算机和气象载荷包将会在夜间开启几次。由于着陆地点纬度比较高,太阳光照不是很强。火星当地时间晚上9:00,凌晨1:00和5:00,气象载荷包会开启几分钟时间用于测量温度和压力。每次测量收集的数据将通过UHF天线上传到轨道器中继再传回地球。激光雷达也将会在晚上开启。

4)第一个火星日(Sol 1)

每个火星日为24h37min,着陆当天记作Sol 0。下一个火星日叫Sol 1。

Sol 1的工作计划很大程度上取决于着陆器的状况。如果所有状态正常,任务控制人员将会在12月4日晚上7:06PST唤醒"火星极地着陆者"。着陆器将从晚上7:32到12:19之间向地球传输数据。如果一切正常,着陆器将会发回在进入、下降和着陆期间由下降成像仪和其他科学载荷获得的数据。如果着陆器有异常情况,这些活动将会推迟。

在着陆后第一天或第二天,着陆器将开展初始的科学操作,包括对机械臂的测试,热量和蒸发气体分析仪的检查,激光高度计的观测,表面立体成像仪和机械臂上相机的拍摄。气象分析仪将定时测量温度和压力,气象桅杆上安装的激光传感器还将收集水蒸气和二氧化碳的信息。在任务开始的最初几天,飞行小组希望获得由安装在着陆器底板上相机拍摄的着陆点360°彩色全景照片。除此之外,由下降成像仪拍摄的照片将组合为一个动画。

5）有效载荷活动

当飞行小组认为着陆器具备开始科学观测的条件后，首先命令着陆器的机械臂来获取火星表面的土壤样本。如果一切正常，最早在 Sol 4 和 Sol 5 将采集的样本放入着陆器上的小型测试箱中。在机械臂工作的同时，热量和蒸发气体分析仪将会开启预热并标定。安装在机械臂上的相机将会对土壤样本拍照，然后样本被放入分析仪的一个箱子中。一个 LED 指示器将会确认土壤样本已被接收。

当科学小组接收到样本已被接收的确认信息后，在下一个火星日由一个低温加热程序将土壤样本加热到 27℃。之后机械臂将再次挖掘土壤，并通过嵌入式传感器来测量土壤的温度。当样本加热程序结束后，热量和蒸发气体分析仪将在夜间关闭电源，而土壤样本继续留在箱子中。在第二天该实验将会执行一个高温加热程序，将土壤样本加热到 1027℃。

气象载荷包将会在整天观测天气状况，激光雷达也将开启工作。在持续 90 天的主任务阶段，着陆器上的科学载荷将会收集火星大气状况和天气模式的数据，观测火星表面变化并搜索火星表面或次表层存在水的证据。

6）通信模式

最初"火星极地着陆者"的数据计划将通过"火星气候轨道器"中继传回地球，但是"火星气候轨道器"于 1999 年 9 月 23 日与地球失去联系。着陆器具有两种与地球通信的模式：它可以通过 X 波段无线电和中增益天线与地球直接通信，包括发送数据或者接收指令；还可以通过当时在轨运行的"火星全球勘探者"发送数据，但是不能接收指令。通过 DSN 的 70m 口径天线，着陆器与地球直接通信的传输速率最大能够达到 12600b/s，或者通过 DSN 的 34m 口径天线达到 2100b/s。如通过"火星全球勘探者"中继，着陆器发送数据的速率为 128000b/s。

在任务的最初几天，着陆器将专门使用 X 波段无线电直接与地球通信。按照任务计划，将在 Sol 4 首次通过"火星全球勘探者"进行中继通信。如果直接通信和中继通信都能正常工作，任务小组计划利用这两种通信方式来传输不同类型的数据。诸如机械臂挖掘等任务小组急需的关键操作数据将直接传输回地球，而其他诸如全景照片拍摄等较长周期内获得的数据将通过轨道器中继传回地球。

着陆器的工程数据将会发送到位于丹佛的洛克希德·马丁公司和位于帕萨迪纳 JPL 的探测器小组。科学数据将会发送给这些机构的首席科学研究人员。

7）意外情况

如果着陆器在火星表面着陆后发生意外状况而没有正常展开工作，任务小组制定了若干个应急方案。

如果着陆器在 1999 年 12 月 3 日晚上 12:39 PST 在表面着陆后几分钟时间内地面没有收到信号，任务小组首先将会检查地面系统以确认故障不是发生在地球上。随后有 1h 的时间监听来自着陆器的信号，如果"火星极地着陆者"在触地后立即进入安全模式，则会在此时发回信号。与其他的行星际探测器类似，着陆器上安装了星载容错软件,可以命令着陆器进入待命状态或安全模式。在安全模式,着陆器进入一个保护状态并等待来自地球的指令。

如果在此期间地面仍然没有收到来自"火星极地着陆者"的信号,任务控制小组将在12月3日晚上8:09开始再次开始监听来自着陆器的信号,持续时间为2.5h。任务控制小组将会给着陆器发送指令,以转动着陆器的碟状天线来寻找地球。

如果地面仍然没有收到着陆器的信号,任务控制小组将在12月4日晚上9点开始再次监听信号,持续约1h。再下一次监听机会是在12月5日晚上10点,此时"火星极地着陆者"如果没有收到来自地面的信号将自动转换到UHF发射机并向"火星全球勘探者"发送数据。

如果"火星极地着陆者"在着陆后6天内仍然没有接收到地面的指令,着陆器将自动转换到硬件分系统并尝试向地球发送无线电信号。

8)"深空"2号的表面操作

"深空"2号两个探测器将会在距离"火星极地着陆者"着陆地点60km处同时撞击火星表面。防热罩在撞击时被粉碎,其内部的探测器分成两部分。探测器弹头形状的前部(穿透器)(图2-151)将会深入火星地表最深1m处,具体深度取决于土壤的硬度。探测器尾部留在火星表面,将数据通过"火星全球勘探者"传回地球。探测器前部和尾部通过一根可弯曲的电缆线连接。

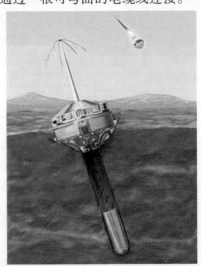

图2-151 "深空"2号穿透器想象图(图片来源:NASA)

与以前的任何探测器不同,"深空"2号探测器能够以最高200m/s的速度撞击行星表面。因此探测器的电子和机械系统必须能够承受这种粉碎性的撞击。这是通过先进的材料、机构设计和微电子装配技术结合,并进行了大量的测试来实现的。在撞击后,探测器系统还必须能够承受极端的温度。在火星土壤中的探测器前部必须能够承受最低 −120℃ 的温度,而留在火星表面的探测器尾部所需承受 −80℃ 的温度。

撞击后,"深空"2 号将收集数据以验证其微电子和微机械技术。每个探测器将会通过 UHF 波段的无线电天线将数据发送给"火星全球勘探者"轨道器,传输速率为 7000bit/s。第一次通信在着陆后 8h 进行。通常每个探测器会处于一个低功耗的监听模式,直到接收到来自"火星全球勘探者"的信号后再发送数据。"火星全球勘探者"可以将接收到数据直接传回地球,或者暂时储存并在合适的时间传回地球。

"深空"2 号和"火星全球勘探者"第一次通信的机会在 1999 年 12 月 3 日晚上 7:27PST。上传的数据首先由"火星全球勘探者"相机的内存进行缓冲,随后传回给美国圣地亚哥的马林空间科学公司,因为"火星全球勘探者"相机由该公司负责。一个小时之后数据传回 JPL 供科学家研究。

2.9.5 故障原因分析

在"火星极地着陆者"到达火星前两个半月,"火星气候轨道器"与地球失去联系。该事故促成地面任务小组对"火星极地着陆者"做了深入检查,以确保能够顺利准备进入、下降和着陆。一个由 JPL 联合洛克希德·马丁公司和 NASA 的检查小组发现着陆器的下降发动机温度存在异常情况,但是该问题在进入火星大气之前被解决。

1999 年 12 月 3 日下午 1:20MST,"火星极地着陆者"向地球发回了最后一个信号,然后转向准备进入火星大气。此后数个月地面试图与"火星极地着陆者"联系无果。在发回最后一个信号前探测器没有表现任何异常。

在确定任务失败后,NASA、JPL 和洛克希德·马丁公司成立了三个调查小组,经过深入调查后提出了六种可能导致失败的原因,包括:

(1) 在危险区域着陆;

(2) 由于在进入、下降和着陆期间的动力效应失去控制;

(3) 由于推进剂晃动导致重心偏移而失去控制;

(4) 降落伞打开过迟;

(5) 防热罩在巡航段被微流星体撞击而损坏;

(6) 由于触地敏感器信号导致着陆器发动机过早关闭。

2000 年 1 月 18 日,与"火星极地着陆者"失去联系 6 周后,洛克希德·马丁公司的一位工程师在运行"火星 2001"着陆器软件的测试序列时,意外发现了软件中关于着陆器触地时关闭下降发动机的一个逻辑错误。"火星极地着陆者"上面使用了相同的软件,这个发现可以确定导致"火星极地着陆者"任务失败的最可能原因:着陆器的下降发动机在距离火星表面 40m 的高度过早关闭。

在进入、下降和着陆的 6min 时间内,着陆器必须顺利完成 30 多个动作。图 2−152 显示了 EDL 过程的三个阶段:超声速进入阶段、降落伞阶段和终端下降段。在最后一个阶段,12 个使用肼燃料的下降发动机在自由飞行的最后 1200m 点火,使着陆器的在触地时的相对速度减小到 1.4m/s。

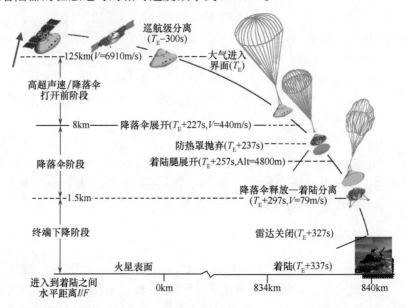

图 2-152 "火星极地着陆者"进入、下降和着陆(EDL)过程(图片来源:NASA)

按照设计,发动机需要在着陆器的触地信号发出 50ms 之内关闭。在着陆器三个着陆腿上分别安装了一个霍耳效应传感器作为触地传感器。着陆器上的飞行软件以 100Hz 的速率采集三个触地传感器的信号。第一个触地的着陆腿发出的信号使飞行软件在信号发出后 25ms 内关闭所有 12 个下降发动机阀门。

为了安全在火星表面着陆,在着陆器设计和软件设计过程中提出了几个重要约束条件,包括:

(1) 着陆腿上的触地传感器不能在下降阶段被外部动力干扰而触发信号,因此在每个着陆腿上安装了 222N 的弹簧以消除下降发动机脉冲开机时产生的动力加速度干扰;

(2) 读取触地传感器的高速软件程序在着陆器进入火星大气前便开始运行,以避免在关键的 EDL 阶段对着陆器上的微处理器产生干扰;

(3) 飞行软件中必须忽略触地传感器在距离火星表面 40m 以上高度发出的信号;

(4) 飞行软件中,在着陆器下降到 40m 高度之前需要对三个触地传感器进行状态检查,任何一个传感器已经发出的触地信号被宣布无效,此时不关闭下降发动机;

(5) 飞行软件中,必须连续接收到来自同一个触地传感器的两次触地信号方可认为着陆器真正触地,以排除电路或者机械的瞬时不稳定干扰。

在防热罩分离后,"火星极地着陆者"的着陆腿从合拢状态伸展开,一个动力螺旋弹簧促使着陆腿向外伸展最后被锁定。后来的调查发现,在这个过程中,对于大多数的测试案例,着陆腿在锁定后的反冲能够导致触地传感器输出 5～33ms 的不稳定信号。而大于 11ms 的不稳定信号能够导致一个错误的触地确认信号。

在"火星极地着陆者"下降过程中着陆腿展开期间,飞行软件误将触地传感器发出的不稳定信号作为触地确认信号。在着陆腿展开后,"火星极地着陆者"继续 EDL 过程,降落伞和后壳分离,并开始进入动力下降段。在距离火星表面 40m 的高度,着陆器雷达到达了设计的高度分辨极限并关闭。随即对触地传感器进行状态检查,所有传感器很有可能显示没有触地。接着飞行软件对更高水平的触地标记进行检查。然而不幸的是,在早先着陆腿展开时刻很有可能已经设立了一个触地标记,此时所有的下降发动机被关闭。从而导致"火星极地着陆者"自由降落至火星表面并坠毁。

很明显,软件设计的缺陷是一个人为因素,而有多个因素导致了在"火星极地着陆者"研制期间这个人为的错误没有被及时发现,包括:

(1)软件需求规范列出的需求不明确;

(2)没有将"不使用触地传感器数据"的约束上升到系统级层面的需求规范;

(3)飞行软件界面没有定义可能出现的触地传感器瞬间不稳定信号;

(4)在地面测试阶段使用了错误的触地传感器配线指导说明。

1998 年 6 月 4 日,工程师对着陆腿展开和触地传感器的功能进行了地面测试。这次测试的目的是利用飞行软件的着陆腿展开命令来验证三个着陆腿能够正常展开。当着陆腿成功展开后,一位技术人员向上推动着陆腿的防陷垫来激活触地传感器,但是触地传感器没有发出触地信号。工程人员很快查出了原因所在:三个触地传感器的配线指导说明书是错误的。在排除了配线故障后,第二天再次对着陆器进行了测试并获得了成功。

如果不是传感器的配线问题,这次测试很可能检查出触地传感器的逻辑错误。在配线问题被排除后,测试成功达到了目的,从而没有对着陆腿的反冲进行进一步测试。另一方面,如果能更具体定义触地传感器的瞬间不稳定信号,那么地面测试人员可能会在探测器系统层面上来验证飞行软件逻辑的正确性。

成功与失败只是一线之差,从"火星极地着陆者"事件得到的最大教训是要严格按照标准程序操作,仔细思考每一项决定可能带来的对任务的影响。"火星极地着陆者"固定的发射时间对项目小组的人员施加了巨大压力,使得他们没有更多的时间进行思考。任务的失败使几百个工程师和科学家几年的努力化为泡影。

2.10　火星奥德赛(2001 Mars Odyssey)

表 2－23 为"火星奥德赛"概况。

表 2 - 23 "火星奥德赛"概况

探测器名称	Mars Odyssey
任务类型	轨道器
发射日期	2001 年 4 月 7 日
到达日期	2001 年 10 月 24 日
运载火箭	Delta II 7925
探测器尺寸	探测器平台尺寸 2.2m×1.7m×2.6m,太阳能帆板展开后长度为 5.7m
质量	总重 729.7kg(探测器干重 331.8kg + 燃料 353.4kg + 科学载荷 44.5kg)
科学载荷	热辐射成像系统、γ 射线光谱仪、火星辐射环境探测仪
控制系统	飞轮三轴稳定,星敏感器、太阳敏感器、惯性测量单元
通信	一个 X 波段无线电系统和一个 UHF 无线电系统,三个天线
电力	7m² 太阳能帆板,提供 540～780W 电力,一块 16A·h 镍氢电池
推进	一个 690N 主发动机用于捕获制动,四个推力器簇每个能够产生 0.9N 推力用于姿态控制,四个 22N 推力器用于轨道控制

2.10.1 任务概述

2.10.1.1 任务背景

　　"火星奥德赛"(Mars Odyssey)原本是"火星勘探 2001"(Mars Surveyor 2001)计划的一部分,原名是"火星勘探 2001 轨道器"(Mars Surveyor 2001 Orbiter),原计划另有"火星勘探 2001 着陆器"(Mars Surveyor 2001 Lander),但着陆器部分在"火

星气候轨道器"与"火星极地着陆者"于1999年底任务失败后取消。之后"火星勘探2001轨道器"重新以亚瑟·查理斯·克拉克的作品《2001太空漫游》命名为"火星奥德赛"号,并使用希腊音乐家范吉利斯的音乐作品《Mythodea:Music for the NASA Mission:2001 Mars Odyssey》作为任务主题曲。

"火星奥德赛"探测器(图2-153)由NASA喷气推进实验室(JPL)负责管理,由洛克希德·马丁公司设计、制造和测试,该探测器继承了"火星气候轨道器"和"星尘"号(Stardust)探测器的大部分技术。

图2-153 "火星奥德赛"探测器(图片来源:NASA)

"火星奥德赛"探测器总耗资2.97亿美元,包括探测器研发和科学载荷1.65亿美元,发射5300万美元,飞行操作和数据处理7900万美元。

在"火星气候轨道器"和"火星极地着陆者"任务相继失败后,2001"火星奥德赛"项目的科学家和工程师采取了特别措施来减低任务的风险,包括:

(1)确认关键参数,并对这些参数进行独立验证;

(2)总体和分系统交接时,所有文件均标注米制和英制单位;

(3)在JPL和洛克希德·马丁公司增加关键的岗位;

(4)发射地点由加州范登堡空军基地(Vandenberg Air Force Base)改为肯尼迪太空中心,以延长发射窗口;

(5)制作任务故障树,对任务风险进行评估;

(6)NASA对飞行软件进行独立验证和确认;

(7)在意外情况下对飞行软件进行测试;

(8)增加对推进系统阀门的检查,确保主发动机在捕获制动点火前燃料和氧化剂处于隔离状态;

(9)将火星捕获轨道的近火点高度提高;

(10)由NASA兰利(Langley)研究中心对大气制动进行独立验证;

（11）采用了一个更加保守的火星大气制动构型以应对可能的沙尘暴和大气状况变化。

图 2 - 154 为"火星奥德赛"任务标志。

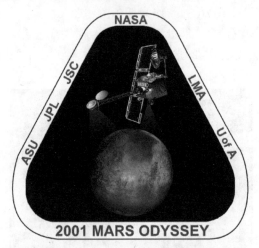

图 2 - 154   "火星奥德赛"任务标志（图片来源：NASA）

2.10.1.2   任务目的

"火星奥德赛"将携带科学载荷对火星进行全球观测，以增加人类对火星气候和地质历史的了解，"火星奥德赛"任务的主要科学目标是研究组成火星表面的化学成分和矿物，了解火星气候的演化、搜寻火星上的水和可能存在生命的证据。"火星奥德赛"任务的其他科学目标还包括：

（1）确定火星浅表层氢和水冰的含量；

（2）对火星表面进行全球遥感绘图；

（3）获取表面矿物质的高分辨率热红外图像；

（4）提供火星表面结构的信息；

（5）在火星低轨道上记录辐射环境，以研究对未来可能的载人火星探测的影响。

在为期 917 天的科学任务观测段，"火星奥德赛"还将作为未来火星着陆器的中继卫星。

2.10.2   科学载荷

"火星奥德赛"探测器携带了三个科学载荷：一个热辐射红外成像仪，由可见光和红外光传感器组成；一个伽马（γ）射线光谱仪（GRS），包括了中子光谱仪和高能中子探测仪；还有一个辐射环境探测仪（表 2 - 24）。

表 2 - 24　"火星奥德赛"科学载荷概况

序号	载荷名称		质量/kg	功耗/W	尺寸/cm（长×宽×高）	支撑的科学目标	承制单位
1	γ 射线光谱仪（GRS）	γ 射线探测器	3.695	5.7	46.8×60.4×53.4（含制冷器）	化学元素分布、氢丰度	美国亚历桑大州立大学
		中子谱仪（NS）			17.3×31.4×14.4		美国 Los Alamos 国家实验室
		高能中子探测器（HEND）			30.3×24.2×24.8		俄罗斯空间研究所
		电子学箱			28.1×23.4×24.3		
		GRS 总计	30.5	32			
2	热辐射成像系统（THEMIS）		11.2	14	54.5×28.6×37	矿物分布、表面结构	美国亚历桑大州立大学
3	火星辐射环境探测仪（MARIE）		3.3	7	29.4×10.8×23.2	火星辐射环境	NASA Johnson 空间中心
4	科学载荷总计		45	53			

"火星奥德赛"的主要科学载荷安装布局如图 2 - 155 所示。

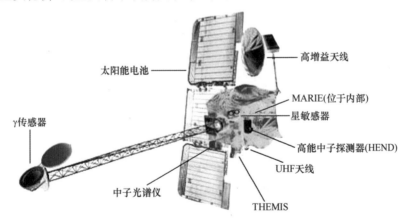

图 2 - 155　"火星奥德赛"探测器主要科学载荷布局（图片来源：NASA）

1）热辐射光学成像仪（Thermal Emission Imaging System）

热辐射光学成像仪通过可见和红外光研究火星表面矿物质。在红外波段，该载荷使用 9 个光谱带来确定火星地形的矿物。它能够探测矿物中的碳酸盐、硅酸盐、氢氧化物、硫酸盐和磷酸盐。该载荷通过多光谱探测能够获得与次表层水相关的局部沉积物数据,并能对火星全球进行100m分辨率的全球遥感,判断火星表面的物质分布情况,还能够搜索火星夜晚的热点,发现火星上的热源。

热辐射光学成像仪(图2-156)使用了5个波段的可见光成像,能够拍摄18m分辨率的图像用于确定火星过去潮湿环境的地质学历史。能够拍摄超过15000张20km×20km火星表面照片用于确定未来火星着陆任务潜在的着陆点。

图2-156　热辐射光学成像仪(图片来源:NASA)

2) γ射线光谱仪(Gamma Ray Spectrometer)

γ射线光谱仪(图2-157)用于确定火星表面的组成元素。该实验通过使用一个γ射线光谱仪和两个中子探测仪探测从火星表面辐射的γ射线和中子。通过测量γ射线能够确定火星表面各种元素的分布状况。通过测量中子,能够计算火星表面以下氢元素的含量,同时也可以发现水和冰的线索。

γ射线光谱仪获得的数据分辨率能够达到300km,将帮助科学家解决关于火星地质科学和生命科学的相关问题,包括火星地壳和地幔的组成成分、侵蚀风化过程和火山作用等,有助于了解火星的起源和演化。

γ射线光谱仪由四个主要部分组成:γ射线传感器、中子光谱仪、高能中子探测仪和中心电子组件。γ射线传感器安装在一根6.2m长桅杆的顶端,以减小探测器本身发射出γ射线对器件的影响。两个中子探测仪安装在探测器平台上。

3) 火星辐射环境探测仪(Martian Radiation Environment Experiment)

火星辐射环境探测仪(图2-158)在飞往火星途中和环火轨道上探测辐射环境,以确定为未来的载人火星任务提供何种水平的防护措施。

空间辐射有两个来源:太阳的高能粒子和来自外太阳系的宇宙射线。两种射线都能引发癌症并破坏中央神经系统。安装在探测仪内部的光谱仪将会测量这些射电源的能量大小。当奥德赛探测器环绕火星飞行时,光谱仪会横扫太空测量辐

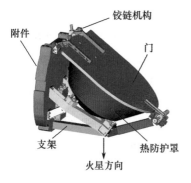
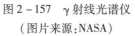

图 2 - 157 γ 射线光谱仪

（图片来源：NASA）

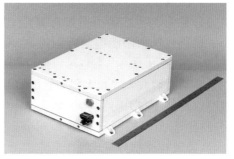

图 2 - 158 火星辐射环境探测仪

（图片来源：NASA）

射场。光谱仪的视场为 68°。火星辐射环境探测仪在巡航途中开机 4 个月并收集 220MB 的科学数据。

2. 10. 3 探测器系统

"火星奥德赛"探测器长 2.2m，高 1.7m，宽 2.6m。发射时探测器质量 729.7kg，包括探测器干重 331.8kg，燃料 353.4kg，科学载荷 44.5kg。探测器框架主要由铝和钛构成。钛具有质量轻刚度强的特点。探测器主要由以下分系统构成。

1）指令和数据处理分系统（Command and Data Handing Subsystem）

指令和数据处理分系统的功能是通过探测器通信分系统接收来自地面的数据文件和指令，储存和执行序列指令，收集来自制导导航与控制传感器的数据，对飞轮和推力器进行控制，收集来自科学载荷的数据，并通过通信分系统将数据传回地面。

指令和数据处理分系统的核心是一台 RAD6000 计算机，具有 128MB 的 RAM 和 3MB 的永久性储存器，后者即使在没有电力时也可储存数据。该分系统运行"火星奥德赛"的飞行关键并控制探测器电子界面。电子界面是用于与外围设备通信的计算机芯片，这些芯片插在计算机主板的卡槽上。探测器用于姿态确定的敏感器和科学载荷使用的是另外一种芯片。指令和数据处理分系统总质量为 11.1kg。

2）通信分系统（Telecommunication Subsystem）

"火星奥德赛"的通信分系统由一个 X 波段无线电系统和一个 UHF 无线电系统组成。X 波段用于地球和探测器之间的通信，UHF 系统用于探测器和未来火星着陆器之间的通信。

探测器通过三个天线与地球进行通信。高增益天线碟状口径 1.3m，在巡航段末期和科学观测段用于高速率的数据传输，能够同时接收和发送信息。中增益天线矩形喇叭宽度 7.1cm。当高增益天线不能指向地球时，探测器使用 4.4cm 宽的低增益天线通信。通信分系统总质量为 23.9kg。

3）电力分系统（Electrical Power Subsystem）

电力分系统产生、储存并分配探测器使用的电力。"火星奥德赛"的电力分系统由 $7m^2$ 的砷化镓太阳能电池阵列提供，根据探测器距离太阳的距离，能够产生约 $540 \sim 780W$ 的电力。电力也可以储存在一块 $16A \cdot h$ 的镍氢电池中。电力分系统还用于驱动高增益天线和太阳能帆板的万向节转动装置、启动火工品装置、激活点火线路以及打开和关闭发动机阀门。电力分系统总质量为 80.6kg。

4）制导、导航与控制分系统（Guidance Navigation and Control Subsystem）

制导、导航与控制分系统用于确定探测器相对惯性参考坐标系的方位，确定太阳、地球和火星的位置，控制探测器本体、太阳能帆板法向矢量、高增益天线中心线和科学载荷的视线轴，控制推进系统产生速度增量以及动量轮卸载。

制导、导航与控制分系统使用三个冗余的敏感器进行姿态确定。一个恒星跟踪器用于观测恒星，一个太阳敏感器用于探测太阳的位置作为恒星跟踪器的备份。当恒星跟踪器升级时，使用惯性测量单元敏感探测器姿态信息。

该分系统还包括了一个反作用飞轮，与推力器一起来控制探测器的姿态。奥德赛的姿态通过三轴正交反作用飞轮（和一个冗余的斜装飞轮）实现三轴稳定，这些飞轮旋转以吸收多余角动量。当角动量达到阈值上限时（通常是 $2N \cdot m \cdot s$），多余的动量必须被卸载，通过小推力姿控推力器反作用于角动量将其卸载来完成。因为推力器安装总是存在误差，所以推力将会使航天器产生一个多余的平移速度 ΔV。

制导、导航与控制分系统的总质量为 23.4kg。

5）推进分系统（Propulsion Subsystem）

推进分系统（图 2 - 159）由一个主发动和一系列小推力器组成。主发动机用于捕获制动，小推力器用于"火星奥德赛"的姿态控制和轨道修正机动。

主发动机使用单组元肼推进剂，四氧化二氮作为氧化剂，能够产生 695N 推力。四个推力器簇每个能够产生 0.9N 推力用于姿态控制，四个 22N 推力器用于轨道控制。

推进系统还包括了一个用于加压燃料和氧化剂的氦气瓶。推进分系统总质量为 49.7kg。

6）结构分系统（Structure Subsystem）

探测器结构（图 2 - 160）分为两个模块。第一个模块叫做推进模块，包括储箱、推力器和相关的管道。另一个模块叫做设备模块，由支撑工程零部件和辐射实验的设备底板和科学底板组成。科学底板的顶端是热辐射成像仪系统、γ 射线光谱仪、高能中子探测仪、中子光谱仪和恒星跟踪器，而在末端是工程零部件和 γ 射线光谱仪的中央电子盒。结构分系统总质量为 81.7kg。

7）热控分系统（Thermal Control Subsystem）

热控分系统采用了主动和被动热控方式，结合使用加热器、散热器、百叶窗、热

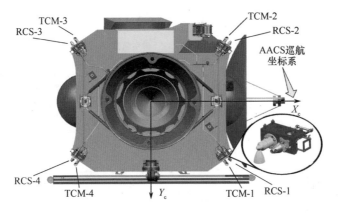

图 2 – 159 "火星奥德赛"推进分系统布局(图片来源:NASA)

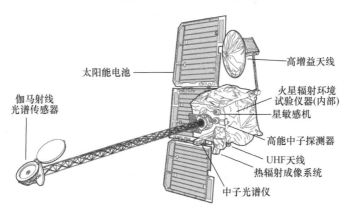

图 2 – 160 "火星奥德赛"探测器结构图(图片来源:NASA)

毯和热覆盖物来保持探测器每个部分的温度在允许的范围内。热控分系统的总质量为 20.3kg。

8)机械分系统(Mechanisms Subsystem)

"火星奥德赛"使用了一系列机械装置,其中一些用于高增益天线。三个保持和释放装置(或称插销)在发射、巡航和大气制动阶段用于锁定天线。探测器一旦到达科学观测轨道后,由一个电动机驱动的铰链将天线释放并展开。天线的方位由一个二自由度万向节装置控制。

机械分系统还包括了用于太阳能帆板的四个弹簧锁,在发射时太阳能帆板呈折叠状态,在展开后,太阳能帆板同样使用一个二自由度的万向节装置控制方位。还有一个机械装置是用于可伸展的 γ 射线光谱仪 6m 长桅杆的弹簧锁。机械分系统的总质量为 24.2kg。

2.10.4 任务过程

"火星奥德赛"探测器的飞行过程主要由发射、行星际巡航、捕获制动、大气制动、轨道调整和科学观测几个阶段组成,如图 2 – 161 所示。

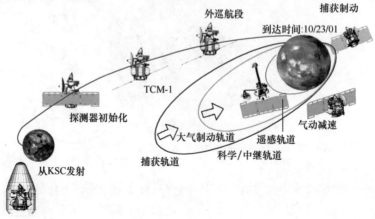

图 2 – 161　"火星奥德赛"探测器飞行过程(图片来源:NASA)

2.10.4.1　发射

　　"火星奥德赛"探测器于 2001 年 4 月 7 日 15:02:22UTC 从佛罗里达州卡纳维拉尔角空军基地 17A 发射台搭乘"德尔塔"(Delta)Ⅱ 7925 运载火箭发射升空(图 2 – 162)。

图 2 – 162　"火星奥德赛"探测器发射升空(图片来源:NASA)

　　"德尔塔"Ⅱ 7925 火箭(图 2 – 163)包括 9 个固体燃料助推器,每个助推器直径为 1m,长度为 13m,携带 11765kg 的聚丁二烯 – 羟基(HTPB)推进剂,能够在火箭起飞时提供 485458N 的推力。

　　运载火箭第一级直径 2.4m,长度 26.1m,安装了洛克达因(Rocketdyne)公司的 RS – 27A 主发动机和两个 LR101 – NA – 11 微调发动机。微调发动机在主发动机工作期间提供滚转控制,在主发动机关闭后提供姿态控制。RS – 27A 主发动机使用 96000kg 的 RP – 1(一种高纯度精炼煤油)作为液体燃料,使用液态氢作为氧化剂。

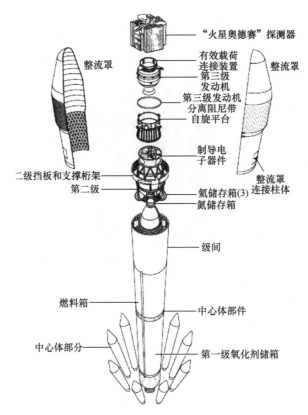

图 2 - 163　发射"火星奥德赛"的"德尔塔"Ⅱ 7925 火箭组成图(图片来源:NASA)

运载火箭第二级直径 2.4m,长度 6m,由一台航空 AJ10 - 118K 发动机提供动力。携带 3929kg 航空肼液体推进剂和 2101kg 四氧化二氮氧化剂。该发动机具有重启动功能,在发射期间将会执行两次点火。

运载火箭第三级直径 1.25m,长度 2m,安装了一个 Star - 48B 固体燃料发动机,携带 2012kg 推进剂。第三级还携带了一个主动章动控制器,在发动机点火后保持其稳定性。"火星奥德赛"探测器通过一个有效载荷适配环与发动机连接。一个类似溜溜球的消旋系统在星箭分离前会降低探测器和上面级的自旋速率。

图 2 - 164 为"火星奥德赛"探测器发射构型。

火箭发射后 66s,第一批三个助推器分离,1s 后第二批三个助推器分离,最后三个助推器在发射 2min 11s 后分离。发射后 2min 24s,火箭第一级发动机关机,并在 8s 后分离。5s 后火箭第二级发动机点火。发射后 4min 41s 整流罩分离。发射后 10min 3s 火箭第二级发动机第一次点火。此时火箭离地面高度约 189km,随后将无动力滑行几分钟时间,第二级发动机在发射后 24min 32s 第二次点火。

随后火箭上的小推力器将点火使火箭第三级起旋,第三级分离并点火,将探测

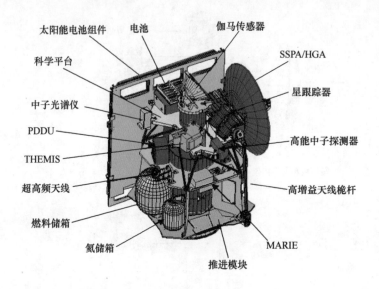

图 2-164 探测器发射构型(图片来源:NASA)

器送入地火转移轨道(图 2-165)。一个章动控制系统在第三级点火期间保持其姿态稳定。随后消旋系统对火箭第三级和探测器进行消旋,发射后 33min,探测器与火箭第三级分离,探测器残留的自旋速度由星上推力器消除(图 2-166)。

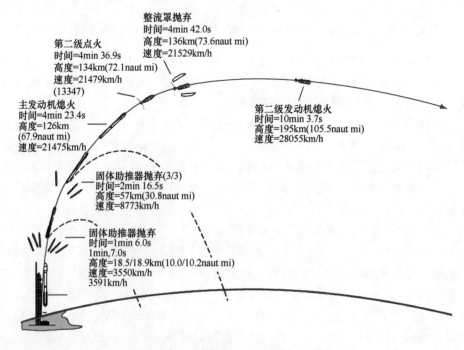

图 2-165 火箭发射过程(图片来源:NASA)

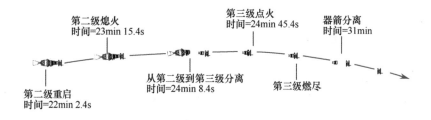

图 2 – 166　星箭分离过程(图片来源:NASA)

发射后 36min,探测器的太阳能帆板展开,并在 8min 后被锁定。太阳能帆板展开后,姿态控制分系统执行太阳搜索机动以建立姿态参考系。随后探测器转入初始通信姿态,发射机开启。发射后约 1h,位于澳大利亚堪培拉的 DSN 站 34m 天线将会接收来自探测器的第一个信号。

按照行星保护政策,在星箭分离时需要保证火箭上面级和探测器的飞行轨道与火星相撞的概率小于万分之一,以保证来自地球的航天器不会污染火星环境。基于此设计的轨道若不进行中途轨道修正到达火星时与火星的距离为 $4.5 \times 10^5 \text{km}$,实际发射结果为 $7 \times 10^4 \text{km}$。这个故意设置的入轨偏差将由行星际巡航段的中途轨道修正来逐步消除。

2.10.4.2　行星际巡航

"火星奥德赛"的行星际巡航段持续约 200 天时间。"火星奥德赛"的行星际巡航轨道(图 2 – 167)为 Ⅰ 型转移轨道,其日心转角小于 180°。

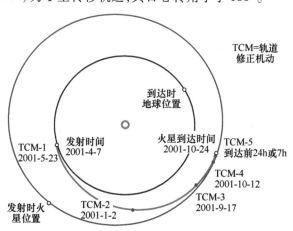

图 2 – 167　"火星奥德赛"的行星际巡航轨道(图片来源:NASA)

1）科学载荷标定

在巡航段的主要工作是监测探测器与科学载荷的状况，并进行中途轨道修正。在巡航段早期，所有科学载荷开启并进行标定。发射后第 12 天，热辐射成像系统对地球和月球拍摄可见光和红外照片。发射后 1 个月，火星辐射环境探测仪、中子光谱仪和高能中子探测仪开始收集数据。2001 年 6 月下旬，γ 射线光谱仪的 γ 敏感器开始收集数据。火星辐射环境探测仪在一次下行链路信号传输故障后于 2001 年 8 月 20 日关闭，飞行控制人员准备在"火星奥德赛"环绕火星后解决这个故障。

2）推力器标定

"火星奥德赛"探测器利用反作用飞轮组件进行最基本的姿态控制，并通过反作用控制（RCS）推力器进行退饱和，这个过程又被称为角动量卸载（AMD），通过点火姿控推力器进行卸载动量来完成。推力器成对点火从而航天器每个轴进行卸载，但不是对偶的。在巡航段每天进行动量轮卸载操作。因为每个推力器点火时都会对航天器产生一个多余的 ΔV，所以推力器工作的遥测数据会被记录下来并通过下行链路传给飞行小组进行估算。尽管每次卸载操作产生的多余的平动速度 ΔV（translational ΔV）很小（小于 10mm/s），但是积累的轨道干扰值将会很大，会达到 10000km 量级。所以为了满足传递精度要求，必须要进行仔细的预报和标定。原计划在巡航段进行三次推进器标定操作，实际任务中只执行了两次。发射后不久，就进行了一次主动的校准，转动探测器在不同的角度上进行推力器点火。随后还执行了一次被动校准，此校准不改变姿态。

3）太阳能帆板测试

2001 年 6 月，探测器进行了一次太阳能帆板展开测试。在捕获制动和大气制动期间探测器太阳能帆板将展开。在此期间，太阳能帆板仍然能够收集能量，但是在捕获制动期间，由于太阳角度的关系，太阳能帆板的能量输出减小，探测器主要由电池供电。这次测试验证了用于太阳能帆板展开的机械装置能够正常运行。

4）UHF 天线检查

在巡航段地面还对探测器的 UHF 无线电收发器进行了一系列检查。UHF 天线用于未来火星着陆任务的轨道器中继。测试结果表明"火星奥德赛"的 UHF 接收机功能正常，但是地面接收到的由"火星奥德赛"发送的信号强度比预期低了 6dB。随后项目小组对此故障展开了调查，但是初步分析表明，即使 UHF 发射机继续维持现状也不会对未来的数据中继产生影响。

图 2-168 所示为"火星奥德赛"巡航段构型。

5）导航

巡航段最主要的导航任务是精确地测定和控制航天器的轨道以保证航天器能到达预期的目标点实现与火星交会。这项任务是通过追踪航天器无线电信号来测

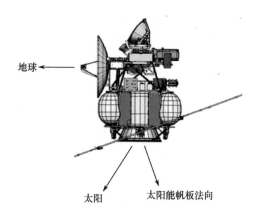

图2-168 "火星奥德赛"巡航段构型(图片来源:NASA)

定轨道并设计推力变轨来实现的。

在巡航段,地面使用了几种不同的方法来计算探测器的位置和速度。其中一种叫做双向多普勒跟踪(Two-way Doppler Tracking),一个地面站向探测器发送一个信号,探测器在接收到信号后再发回一个信号给地球。通过观测探测器发送回信号频率的改变,工程师能够计算出探测器相对地球的速度。第二种方法叫做测距(Ranging)。地面向探测器发送一个信号,然后探测器返回给地球一个信号,通过精确测量信号一个来回传输的时间,工程师能够计算探测器与地球的距离。

在"火星奥德赛"任务中还使用了第三种新的方法,称为德尔塔差分单向测距(Delta Different one-way Range,delta DOR)。在这种方法中,地面两个不同测控站的天线同时接收来自探测器的信号,同时天线还接收来自一个已知参考天体(如脉冲星)的无线电波作为参考信号。通过干涉测量技术,工程师能够测量探测器的角位置,或者其相对地球的三维位置。使用这种方法能够提高探测器位置测量的精度。

在巡航段的前两个月,只有DNS在澳大利亚堪培拉的深空站能够跟踪到探测器。5月下旬,探测器进入DSN在加利福尼亚州金石深空站的视野,到了6月上旬,DSN在西班牙马德里深空站也能够跟踪探测器。在发射后30天,位于智利圣地亚哥的测控站也对"火星奥德赛"进行了跟踪。在巡航段早期,探测器使用中增益天线向地球发送信号,使用低增益天线接收来自地面的信号。从2001年5月下旬开始,探测器使用高增益天线接收和发送信息。

6)轨道修正

"火星奥德赛"在巡航段进行了四次中途轨道修正机动。第一次轨道修正(TCM-1)作为多次修正优化策略的一部分,在保持合适的条件以满足行星际保护策略的情况下,它的主要目的是修正入轨偏差、目标点偏差和其他相关的轨道误差。TCM-2的目标点选择仍然必须做一定的偏移,以满足巡航段行星际保护的全部需求。TCM－3 和 TCM－4 修正剩余的轨道误差并直接瞄准期望的相遇条件，为捕获制动点火做好准备。在轨道修正期间探测器与 DSN 保持 24h 的连续通信。轨道修正采用"限制性转动－点火"模式，即探测器首先转动到期望的点火姿态，然后发动机点火进行轨道修正，同时保持与地球的通信。

TCM－1 在 2001 年 5 月 23 日进行，轨道修正推力器点火 91s 时间，产生速度增量 3.6m/s，燃料消耗 1.2kg，将飞越火星的偏差从星箭分离后的 7 万 km 减小到了 1 万 km。在 5 月 24 日对小型深空应答机（SDST）进行了一次 DOR 信号测试。6 月 4 日通过美国加州、澳大利亚堪培拉的深空站进行了第一次△DOR 测量。

TCM－2 在发射后第 86 天的 7 月 2 日进行，速度增量 0.9m/s，燃料消耗 0.3kg，目标点距离火星北极 1300km。8 月 8 日对推力器进行一次标定，两天后又对太阳光压系数进行了标定，这几次标定将用于修正导航小组的轨道动力学模型。

TCM－3 在到达火星前 37 天的 9 月 16 日进行，速度增量 0.45m/s，燃料消耗 0.15kg，目标点为要求的近火点高度 300km。TCM－4 在到达火星前 12 天的 10 月 12 日进行，速度增量 0.08m/s，燃料消耗 0.04kg。

尽管在巡航段只安排了四次轨道修正，但是在捕获制动前最后一天仍然安排了两次备份的轨道修正机会用于提升近火点高度，这是为了吸取"火星气候轨道器"的深刻教训。第一次机会 TCM－5A 安排在捕获制动前 24h，第二次机会 TCM－5B 安排在捕获制动前 6.5h。实施备份修正的标准是导航小组轨道预报捕获制动的近火点高度小于 200km，但是通过捕获制动前半个月的轨道预报显示，探测器到达近火点的高度大于 200km 的安全高度，因此取消了两次备份轨道修正。

巡航段轨道修正最终的传递精度如表 2－25 所列，可以看到巡航段的制导精度完全满足了要求。

表 2－25　"火星奥德赛"探测器巡航段制导精度

参　数	目标值	误差要求	实际值	实际误差
近火点高度/km	300.0	±25	300.7	0.7
轨道倾角/(°)	93.47	±0.2	93.51	0.04
到达时间	02:29:58	±10s	02:29:58	<1s

2.10.4.3　捕获制动

"火星奥德赛"探测器于 2001 年 10 月 24 日 UTC 到达火星。在捕获制动前 22h，探测器进入安全模式以防止突发事件干扰。捕获制动前 2.5h，进行一次动量轮卸载操作。捕获制动前 9.5min，推进系统加压。此时探测器通信系统转换到利用低增益天线准备接收来自地球的指令，同时停止向地球发送数据，只通过中增益天线发送一个载波信号，然后转向所需的捕获制动点火姿态（图 2－169）。

2001 年 10 月 24 日 02:26:57UTC，"火星奥德赛"探测器在到达火星北半球的

图 2 – 169 "火星奥德赛"捕获制动想象图(图片来源:NASA)

近火点附近时启动 695N 的主发动机,点火时间持续约 20min。捕获制动采取程序转弯模式,即探测器保持一个常值角速率以增加捕获制动的效率。点火后 10min,探测器进入火星背面,地面与探测器的通信中断。捕获制动点火结束后,探测器上的加速度计测量到 15% 的推力衰减,表明氧化剂已经耗尽。点火结束后 10min 探测器再次回到地面测控站的视线中(图 2 – 170)。

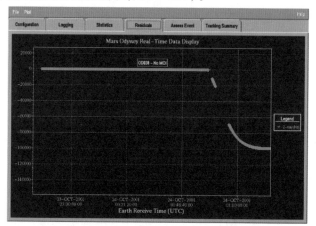

图 2 – 170 地面接收到的多普勒数据表明捕获制动顺利进行
(图片来源:NASA/JPL)

捕获制动结束后的分析表明,主发动点火 1219s,消耗燃料 146.3kg,消耗氧化剂 121.4kg,产生速度增量 1433.1m/s。捕获制动后探测器进入大椭圆火星捕获轨道。捕获制动是主发动机在整个任务中唯一一次点火。捕获制动过程如表 2 – 26 和图 2 –171 所示。

表 2-26　"火星奥德赛"捕获制动过程(PDT 地球接收时间)

时　间	制　动　过　程
2001.10.13	进入捕获入轨准备阶段
2001.10.21	太阳能帆板收拢
2001.10.22	第五次轨道修正(取消),进入安全模式
2001.10.23	制动点火当日(2001.10.24 UTC)
1:26 p.m.	最后一次轨道修正(取消)
4:56 p.m.	调姿推进器点火,动量轮卸载
6:59 p.m.	根据加速度计读数最后一次检查飞行器姿态指向
7:06 p.m.	开催化剂床加热器(Catalyst bed heater),反作用推力器点火准备
7:12 p.m.	推进系统加压,燃料和氧化剂储箱通往主发动机管路阀门打开
7:18 p.m.	为增大通信范围,发射天线从中增益切换至低增益,仅向地球发送一载波信号;接收天线切换至低增益
7:19 p.m.	DSN 金石测控站跟踪锁定该载波信号,飞轮调姿至点火方向
7:26 p.m.	主发动机开始点火
7:36 p.m.	探测器进入 2min 火影,对地不可见,通信暂时中断
7:39 p.m.	探测器到达高度为 328km 的近火点,仍然不可通信
7:45 p.m.	主发动机点火结束
7:49 p.m.	飞轮调姿,高增益天线对地定向,关闭安全模式
7:56 p.m.	探测器再次进入地球测控站视线,DSN 天线搜索探测器载波信号
8:01 p.m.	奥德赛重新向地球发送数据,速率为 40bit/s

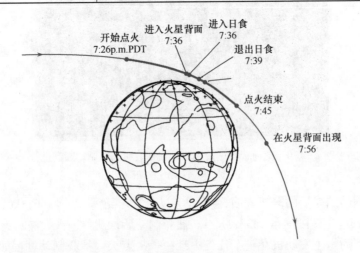

图 2-171　"火星奥德赛"捕获制动过程示意图(图片来源:NASA)

2.10.4.4 大气制动

"火星奥德赛"于 2001 年 10 月 24 日进入 18.6h 的火星大椭圆轨道(近火点高度 292km,远火点高度约 27000km)。大气制动利用大气阻力降低远火点高度,同时在远火点利用大气制动机动(Aero – Brake Maneuver,ABM)调整近火点高度。

到大气制动阶段结束时,将形成近火点高度 120km,远火点高度 400km 的椭圆轨道。大气制动主要轨道变化过程如图 2 – 172 所示。

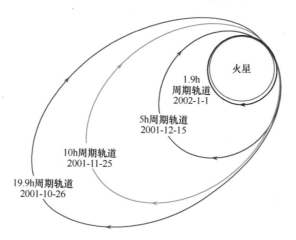

图 2 – 172 大气制动轨道变化示意图(图片来源:NASA)

在大气制动时,"火星奥德赛"姿态如图 2 – 173 所示。大气制动初始时刻整星质量为 461kg,迎风面面积约 11m²。出火星大气后,太阳能帆板将对日定向,并恢复对地通信,直到下一次进入火星大气。

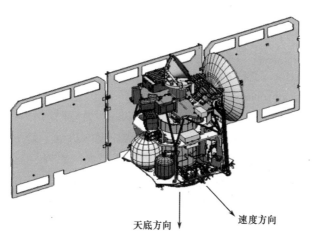

图 2 – 173 "火星奥德赛"的大气制动构型(图片来源:NASA)

整个大气制动过程可分为三个阶段：起始阶段（walk – in）、主阶段（main phase Ⅰ & Ⅱ & endgame）和收尾阶段（walk – out）。具体参数如表2 – 27所列。

表2 – 27 "火星奥德赛"大气制动进度表

参　数	起始阶段	主阶段1	主阶段2	主阶段3	收尾阶段	总计
日期范围	2001.10.27 ~ 2001.11.06	2001.11.06 ~ 2001.12.18	2001.12.18 ~ 2001.12.25	2001.12.26 ~ 2002.01.03	2002.01.03 ~ 2002.01.11	2001.10.27 ~ 2002.01.11
持续天数/d	9.9	41.8	7.2	8.7	7.4	76.1
轨道圈数	5 ~ 18	19 ~ 126	127 ~ 171	172 ~ 248	249 ~ 336	5 ~ 336
高度/km	111 ~ 158	95 ~ 111	96 ~ 102	100 ~ 111	107 ~ 119	95 ~ 158
周期/h	17.3 ~ 18.5	4.7 ~ 17.1	3.4 ~ 4.7	2.3 ~ 3.4	1.9 ~ 2.3	1.9 ~ 18.5
热系数中位数 /(W/cm^2)	0.05	0.24	0.20	0.13	0.04	0.16
机动次数	7	11	2	5	8	33

1）起始阶段（walk – in phase）

起始阶段从2001年10月27日开始至2001年11月6日结束。第一次制动修正机动ABM1发生在环绕器运行四轨之后，把近火点高度从292km降到158km，随后探测器首次进入火星大气层。之后于第七轨执行ABM2，将近火点高度降低至136km。

接下来的ABM3 ~ ABM7每两轨执行一次。整个起始阶段将持续10天左右。每次ABM既要使探测器的近火点高度比较低，以使大气制动效果比较明显，同时又要保证探测器受到大气阻力产生的热量不超过热控系统的能力范围。起始阶段结束时轨道周期减小到17.3h。

在这个阶段，热辐射成像系统将会对火星大气拍摄第一张照片（图2 – 174）。在大气制动开始前，中子光谱仪和高能中子探测仪将准备科学操作，前者将在轨道高度低于180km时工作，后者将会在大气制动阶段连续工作，但是在轨道高度低于180km时其高压系统将会关闭。

2）主阶段（main phase）

主阶段开始于探测器近火点高度低于100km。持续时间为2001年11月6日至2002年1月3日，共230次穿越火星大气层。期间执行了18次ABM以保证一定的近火点高度，同时保证探测器不至于坠入火星大气层内。主阶段过后近轨道周期减小为2.3h。在经过近火点时，探测器的无线电发射机关闭，反作用轮用于调整探测器至大气制动姿态。

3）收尾阶段（walk – out phase）

当探测器的轨道寿命小于24h时（轨道寿命指远拱点衰减至300km以下所需的时间），即认为大气制动进入收尾阶段。本阶段持续时间从2002年1月3日开

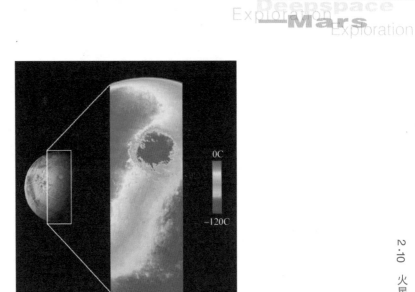

图 2 – 174 热辐射成像仪在大气制动期间拍摄的第一幅火星红外照片
(图片来源:NASA)

始至 2002 年 1 月 11 日结束,期间共 88 次穿越火星大气层,执行了 8 次 ABM。收尾阶段结束后轨道周期减小为 1.9h,轨道近火点高度 120km,远火点高度 400km。

2.10.4.5 轨道调整

大气制动段结束后需要进行轨道调整以进入最终的科学观测轨。转移段需要提供推力器点火所需的时间,展开高增益天线,配置航天器和科学载荷,为科学观测做准备。在此阶段的大部分时间,探测器保持惯性定向,即指向地球姿态,同时太阳能帆板面向太阳。每天进行四次角动量退饱和操作对探测器动量进行管理。

因为对轨道调整的时间精度没有严格的要求,所以此阶段最主要的导航任务就是设计并执行 5 次转移变轨机动。第一次就是大气制动终止机动(ABX1)。

ABX1 的姿态从预先设计的选项中选择,整个大气制动轨道修正都采用了这些预选项。轨道机动的大小需要抬高近火点高度在火星大气层外,并使探测器在此高度保持几周的时间。2002 年 1 月 11 日,在 336km 高的远火点执行了 ABX1,速度增量为 20m/s。这次机动将近火点高度抬升至 201km,为大气制动段画上了一个圆满的句号。

根据设计,在 ABX1 之后几天的某一时间执行 ABX2,此时近火点已经自动漂移至赤道。这时,是小幅度改变轨道倾角和再一次抬高近火点高度的最佳时机。根据设计,轨道倾角的改变是为了建立科学任务轨道需要的地方平均太阳时漂移(LMST drift)。ABX2 是任务中数值最大的轨道机动(除了 MOI 外)。2002 年 1 月 15 日,在 393km 高的远火点执行了 ABX2,速度增量 56m/s。在完成 ABX2 后,近火点高度是419km,轨道倾角是93.1°。

根据设计,ABX3的时机和ABX2一样,预定于两天之后进行,目标是降低远火点并冻结轨道。冻结轨道要求近火点在南极,但是此时近火点仍然靠近赤道。等待近火点逐渐漂移到南极是不可行的,如果这样科学任务的开始将会被耽误几周时间,而且自然偏心率的变化将会需要更多的推进剂进行补偿。2002年1月17日,在第417圈绕火轨道上,成功进行了ABX3轨道机动,速度增量27m/s。这一次变轨通过将近火点转到南极成功建立了冻结轨道,与此同时远火点高度降到450km,近火点高度为387km。

紧接着这两次大的转移机动,按计划需要进行两次轨道修正,目标是消除轨道残差。ABX2和ABX3都是按计划执行的,然而小的执行误差和轨道传播的不确定性需要进行一些小的修正操作。设计了为期一周的跟踪与机动,并且在2002年1月30日进行了两次修正点火ABX4和ABX5。两次修正的速度改变量之和是3m/s。

在轨道调整段,推进剂的消耗主要取决于几次大动作的转移机动,总共消耗了20.25kg燃料。在轨道机动完成后,2002年2月8日高增益天线成功展开。在接下来的几周时间里,按顺序进行了几项探测器和科学载荷检查与标定。2002年2月18日,探测器转向天底点准备科学观测。2002年2月19日,热辐射成像仪系统开机,并开始对火星成像,这标志着为期917天的科学任务的开始。

2.10.4.6 科学观测

科学观测(图2-175)阶段从2002年2月19日开始,持续917个地球日,预定于2004年8月结束。科学观测轨道是一条倾角为93.1°的近极轨太阳同步轨道。在此阶段,热辐射成像系统开始拍照。中子光谱仪持续工作。在科学观测开始后,γ光谱仪中的γ敏感器开启,6周以后,科学载荷桅杆展开,从而使科学载荷在所有的火星季节能够进行全球性观测。此外将重新恢复火星辐射环境探测仪的

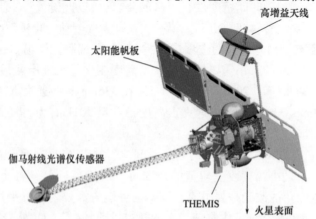

图2-175 "火星奥德赛"探测器科学观测构型(图片来源:NASA)

实验。

"火星奥德赛"在轨运行一个火星年后将完成主要科学观测任务。之后探测器将用于未来美国或其他国家火星着陆器的中继卫星。

截至 2014 年 8 月,"火星奥德赛"仍在环火轨道上运行。"火星奥德赛"目前已经成为迄今为止人类在火星上工作时间最长的探测器。

2014 年 8 月 5 日,"火星奥德赛"成功实施了轨道调整机动,为迎接 2014 年 10月 19 日"赛丁泉"彗星近距离飞掠火星做好安全防范准备。此次轨道机动使用了4 台 22N 的轨道修正发动机,发动机持续点火 5.5min,整个过程大约消耗目前飞船上所剩燃料量的 1/100 不到。此次轨道机动是经过严密计算的,目的是让 C/2013A1"赛丁泉"在 10 月 19 日抵达最接近火星区域的半小时内,这艘飞船能够正好处于火星背面的位置,从而避开可能的危险,否则科学家们担心彗星释放的大量尘埃粒子可能会对飞船造成损坏。根据计算,这颗彗星将从距离火星很近的空间飞过,其最近的距离几乎相当于地球到月球之间距离的 1/3。

2.10.5 探测成果

"火星奥德赛"成功拍摄了火星地质地图和二十多种元素的全球分布图、火星全球浅表水分布图(图 2 – 176 ~ 图 2 – 180)。"火星奥德赛"最令人激动的发现是探明火星表面下有大量水冰,其携带的 γ 射线光谱仪发现在纬度 60°以上的火星两极地区的风化层富含氢元素,这表明在火星两极附近约 20% 的表面存在水冰混合物。如果这些水冰全部融化可以填满两个密歇根湖。此外,在太阳系的最高峰——火星的奥林帕斯山的山坡上也发现了大量冰冻的水体。科学家推断,从火星南极到南纬 60°的较广范围内,可能都有冰冻水的存在。在这一范围内,火星表面和距表面不到 1m 的浅表层中都存在氢元素。氢元素的分布区域在火星表面横跨足有 400 多千米。

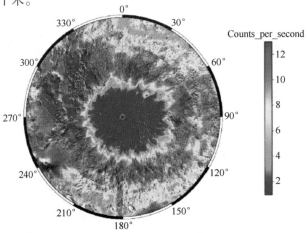

图 2 – 176　中子光谱仪获取的火星南极高能中子数据(图片来源:NASA/JPL,Caltech)

图 2－177 "火星奥德赛"热辐射成像仪拍摄的火星表面一处沙丘,假彩色
显示了火星表面的特征,蓝色区域具有更精细的沙尘,红色区域
是更加坚硬的沉积物和岩石层(图片来源:NASA/JPL,Caltech)

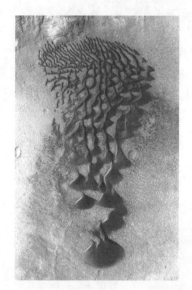

图 2－178 "火星奥德赛"热辐射
成像仪在 2006 年 1 月拍摄的火星
表面沙丘照片,位于 Bunge 环形
山附近,宽度为 14km
(图片来源:NASA/JPL,Caltech)

图 2－179 这幅假彩色照片由"火星奥德
赛"热辐射成像仪在 2003 年 4 月至 2005 年
9 月期间拍摄照片拼接而成,该峡谷深达
4000m,蓝色表示的沙尘位于火星表面
之下,橙色的表示岩石
(图片来源:NASA/JPL,Caltech)

图 2-180　这幅照片由"火星奥德赛"热辐射成像仪在 2003 年 4 月至
2005 年 9 月期间拍摄照片拼接而成,位于水手峡谷西面,在火星地壳
运动时形成(图片来源:NASA/JPL,Caltech)

　　"火星奥德赛"的红外相机提供了火星表面土壤和岩石详细的矿物质分布信息。在火星赤道的一个富含橄榄石岩层的峡谷表明该地点已经干涸了很长一段时间,因为橄榄石非常容易被液态水风化。"火星奥德赛"在火星夜间拍摄的红外图像提供了火星表面在太阳落山后冷却的快慢信息,从而可以推测岩石和沙尘的分布区域。

　　"火星奥德赛"记录了火星低轨道的辐射环境数据,从而有助于未来载人火星探测的防护措施的制定。

　　"火星奥德赛"对火星的观测还帮助"火星探测漫游者"寻找合适的着陆地点,而"火星探测漫游者"登陆火星时,可以通过"火星奥德赛"轨道器进行通信中继。

2.11　火星探测漫游者(2003 Mars Exploration Rovers)

　　表 2-28 为"火星探测漫游者"概况。

表 2-28　"火星探测漫游者"概况

探测器名称	Mars Exploration Rover
任务类型	漫游车
发射日期	"勇气"号 2003 年 6 月 10 日、"机遇"号 2003 年 7 月 7 日
到达日期	"勇气"号 2004 年 1 月 4 日、"机遇"号 2004 年 1 月 25 日
运载火箭	"勇气"号 Delta Ⅱ 7925、"机遇"号 Delta Ⅱ 7925H
探测器尺寸	巡航飞行器:直径 2.65m,高 1.6m 漫游车:高 1.5m,宽 2.3m,长 1.6m
质量	发射质量 1062kg,包括漫游车 174kg,着陆平台 365kg,后壳和降落伞 198kg,防热罩 90kg,巡航级 183kg,燃料 52kg
科学载荷	全景相机,微型热辐射光谱仪,穆斯堡尔光谱仪,α 粒子 X 射线光谱仪,显微成像仪,岩石磨损工具,磁铁阵列

探测器名称	Mars Exploration Rover
控制系统	5 个数字太阳敏感器,1 个星敏感器和 2 套惯性测量单元。巡航级在飞行段以 2r/min 的速率保持自旋稳定
通信	巡航级:低增益天线与中增益天线 漫游车:高增益天线,低增益天线与超高频天线
电力	巡航级:三结 GaIP2/GaAs/Ge 太阳能电池阵 漫游车:太阳能电池阵和锂离子电池
推进	巡航级:2 组推力器,每组含 4 个 4.4N 推力器

2.11.1　任务概述

2.11.1.1　任务背景

　　1997 年 7 月 4 日,NASA 的"火星探路者"登陆火星,它携带的漫游车"旅居者"号成为首部在火星表面成功漫游的火星车。"火星探路者"和"旅居者"号漫游车在火星表面工作了将近三个月,向地球传回了大量火星表面照片和科学数据。"火星探路者"的成功以及此前传出的在地球南极附近发现的据信可能来自火星的陨石中可能存在生命迹象的消息,使得火星这颗红色行星再次成为人们的关注焦点。但是"旅居者"号体积较小,质量很轻,能够携带的科学仪器十分有限。而且"旅居者"号必须通过"火星探路者"登陆器中继才能与地球进行通信,这使它的活动范围非常受限,于是 NASA 开始计划向火星发射一部更加强大的漫游车。

NASA 原计划于 2001 年发射一枚轨道器环绕火星轨道运行,同时发射一个携带漫游车的着陆器在火星表面登陆。但是由于 1999 年"火星气候轨道器"和"火星极地着陆者"两个探测器在接近火星时相继与地球失去联系,因此漫游车任务被取消,轨道器则被更名为"火星奥德赛"号于 2001 年成功发射。1999 年两次火星任务失败是对 NASA 火星计划的重大打击,多项火星计划被取消或推迟。

2000 年,NASA 决定在 2003 年的窗口发射一颗轨道器或者一辆大型的火星漫游车,同时基于 1999 年着陆失败的"火星极地着陆者"改进版本也作为候选方案之一。JPL 和洛克希德·马丁公司分别提出了自己的方案。洛克希德·马丁公司负责"火星科学轨道器"(MSO),而 JPL 开始推进"火星先进漫游车"的计划。

JPL 的漫游车计划是基于现有的"雅典娜"火星车设计而提出的,该任务通过大气制动、降落伞和减速火箭相结合的方式将"雅典娜"火星车放置到火星表面。由于火星车太大,无法像"火星探路者"一样使用安全气囊着陆,而只能使用着陆器背面的减速火箭。这与 1999 年任务失败的"火星极地着陆者"所使用的着陆方式类似。2000 年 4 月,JPL 将该任务命名为"火星移动探路者"(MMP)。

2000 年 5 月 13 日,NASA 在经过评审后正式宣布"火星科学轨道器"和"火星移动探路者"被确定为 2003 年发射窗口的候选方案,而改进的"火星极地着陆者"方案落选。作为候选方案的每个项目将获得 400 万美元资助,并在 2000 年 7 月给出任务的详细方案。7 月 13 日,该漫游车又被命名为"火星地质漫游车"(MGR),以强调火星车将展开的科学活动。7 月 18 日,NASA 正式决定 JPL 负责的火星漫游车项目作为 2003 年窗口的火星发射任务。考虑到火星任务的高风险性,时任 NASA 局长丹·戈尔丁(Dan Goldin)决定在一个发射窗口发射两辆完全相同的火星车,以增加成功的概率。2000 年 7 月 26 日,"雅典娜"漫游车被正式命名为"火星探测漫游者"(Mars Exploration Rover)。

2001 年 8 月,NASA 组织对"火星探测漫游者"项目进行了设计评审,以确定最终的设计方案并制定漫游车制造规范。相比"火星探路者","火星探测漫游者"任务相当复杂,导致了项目成本增加。到 2001 年 10 月,"火星探测漫游者"项目的预算成本从原计划的 6.65 亿美元增加到了 7.48 亿美元。

除了官方正式名称和代号,2002 年 11 月 4 日,两部火星车发射之前,NASA 宣布与丹麦著名玩具制造商乐高(LEGO)公司和行星学会合作,由乐高赞助举办火星漫游车命名竞赛,面向 5 岁至 18 岁美国青少年为两部双胞胎火星车征集名字。凡是在美国学校学习,并在 2002 年秋季学习注册过的学生均可报名参加。竞赛活动于 2003 年 1 月 31 日截止,最后结果于 2003 年 6 月 8 日第一部火星车发射前夕对外公布。这次活动总共为两部双胞胎火星车征集到了将近 10000 个名字,其中来自美国亚利桑那州的 9 岁女孩索菲·柯林斯提出的方案从众多方案中脱颖而出,被美国国家航空航天局采用。她将两辆火星车命名为"勇气"(Spirit)号和"机遇"(Opportunity)号(图 2-181)。

图 2-181 "勇气"号和"机遇"号漫游车标志(图片来源:NASA)

该任务最终总耗资 8.2 亿美元,包括探测器研发和科学载荷 6.45 亿美元,发射 1 亿美元,任务操作和科学数据处理 7500 万美元。

图 2-182 所示为工程人员在组装"火星探测漫游车"探测器。

图 2-182 工程人员在组装"火星探测漫游车"探测器(图片来源:NASA)

2.11.1.2 任务目的

"火星探测漫游者"任务的目的是探测火星气候演化的历史,在曾经适合生命存在地区寻找水的踪迹。"火星探测漫游者"任务的主要科学目标包括:

（1）寻找并表征各种包含有古代火星上水活动线索的岩石和土壤,确定形成局部地形和影响其化学结构的地质过程,包括水蚀、风蚀、沉积、水热机理、小行星撞击等;

（2）确定着陆地点附近的矿物、岩石和土壤的组成和分布;

（3）通过实地观测,标定和验证以前轨道器探测的结果,以确定空中勘探的实际精度和有效性;

（4）寻找含铁矿物,鉴定和量化其中含水矿物、或在水中生成的特定矿物的相关数量,如含铁碳酸盐;

（5）表征不同种类的岩石和土壤的构成和结构,确定其生成的过程,从地质研究中析取与曾经存在液态水时的环境条件有关的线索,由此进一步评估这些环境是否有益于产生生命。

2.11.2　科学载荷

"火星探测漫游者"携带了 6 种科学载荷:全景相机（Panoramic Camera,Pancam）、微型热辐射光谱仪（Mini – Thermal Emission Spectrometer,Mini – TES）、α 粒子 X 射线光谱仪（Alpha Particle X – Ray Spectrometer,APXS）、显微成像仪（Microscopic Imager,MI）、穆斯堡尔光谱仪（Moessbauer Spectrometer）、岩石研磨工具（Rock Abration Tool,RAT）以及磁铁阵列（Magnet Array）（表 2 – 29）。

表 2 – 29　"火星探测漫游者"有效载荷概况

有效载荷	数据产品	敏感器质量和功率
全景相机（Pancam）	1024 × 1024 像素,8 或 12 字节深度成像	2 个相机,每个 270g,工作功率 3W
微型热辐射光谱仪（Mini – TES）	16 字节下 1024 个样本	安装在桅杆上的光学部件给容纳的组件进行内部馈电。总重为 2.4kg,工作功率 5.6W
穆斯堡尔光谱仪（MS）	每个光谱为 512 数据点,每个 3 字节	臂装敏感器为 500g,功率 2W
α 粒子 X 射线光谱仪（APXS）	α 粒子光谱有 256 个通道,X 射线有 512 个通道	机械臂上安装的敏感器为 640g,功率约 1.5W
显微成像仪（MI）	8 或 12 字节的深度成像,像素为 1024×1024	臂装敏感器为 210g,功率 2.15W
岩石研磨工具（RAT）	电动机电流	臂装设备为 685g,功率 11W
磁铁阵列	无,由其他敏感器分析	星体和臂装仪器,总重约 50g,无功率

1）全景相机

全景相机（图 2 – 183）使用两个高分辨率彩色立体相机观测火星表面以辅助

漫游车的导航。相机分辨率是"火星探路者"的三倍以上。相机的两个镜头距离30cm,安装在漫游车的桅杆上,距离火星表面1.5m。全景摄像机质量为270g,有一个滤波轮,安装了14种不同的滤波片,可以提供多光谱成像能力,蓝色和红外滤波器可以使相机拍摄太阳的图像。用以确定矿物、组成和局部地形结构,也可以摄取火星表面和天空的全景视图。摄像机也用于绘制着陆点附近的地形图、搜索感兴趣的岩石和土壤,以寻找火星远古时期存在液态水的证据。

图2-183 "勇气"号携带的全景相机(图片来源:NASA)

2) 微型热辐射光谱仪(Mini - TES)

微型热辐射光谱仪(图2-184、图2-185)是一种红外线光谱仪。由于不同物质的热散射特性不同,因此可以用这种仪器远距离测量岩石和土壤里矿物质的红外辐射模式,帮助科学家识别火星的矿物,特别是识别由水的运动形成的碳酸盐和黏土。该光谱仪也用来测量火星大气的温度,搜寻火星大气中水蒸气及灰尘的含量等。该光谱仪的质量是2.1kg。

图2-184 微型热辐射光谱仪(Mini - TES)实物图(图片来源:NASA)

图2-185 微型热辐射光谱仪(Mini - TES)计算机仿真图(图片来源:NASA)

3) 穆斯堡尔光谱仪(MB)

穆斯堡尔光谱仪用于精确地测量土壤和岩石中的铁及铁类矿物的成分及含量,帮助科学家分析火星表层材料的磁场特性。

4) α粒子X射线光谱仪(APXS)

α粒子X射线光谱仪(图2-186)用于研究岩石和土壤放射出的α粒子和X射线,以确定岩石和土壤的化学元素的丰度。测量在晚间进行,每次用时10h。

5) 显微成像仪(MI)

显微成像仪(图2-187)由显微镜和CCD相机组合而成,显微成像器视场大小为1024×1024像素,固定在巡游车的自动臂上。MI是一台CCD相机与一台显

图 2 – 186　α 粒子 X 射线光谱仪(APXS)(图片来源:NASA)

微镜的组合体,可以对火星表面的沉积岩或土壤做细致的特写,以方便科学家分析火星过去是否有水的存在。

6)岩石研磨工具

岩石研磨工具(图 2 – 188)具有强大的动力,可以在火星岩石上钻出直径为45mm、深为 5mm 的孔。使岩石露出新鲜的表面,便于科学家进行研究。新鲜的岩

图 2 – 187　显微成像仪(MI)
(图片来源:NASA)

图 2 – 188　岩石研磨工具
(图片来源:NASA)

石表面不同于裸露在外的岩石表面,它有助于揭示火星岩石的形成和构造,而裸露在外的岩石表面经过侵蚀、宇宙射线的照射和灰尘的覆盖,可能已经产生了化学变化。

7)磁铁阵列

磁铁阵列用来收集火星气体、灰尘和岩石粉末中的磁性颗粒,供 α 粒子 X 射线光谱仪和穆斯堡尔光谱仪进行分析研究,确定磁性粒子和非磁性粒子的比例,也可以用来分析经研磨工具粉碎的尘埃和磁性矿物的组成。其中两个阵列安装在车体上,另一个安装在岩石研磨工具上。

2.11.3 探测器系统

"火星探测漫游者"飞行系统(图2-189)由4个主要部分组成:巡航级、气壳系统、着陆平台和漫游车。气壳系统包括气壳(由后壳与防热罩组成),装在后壳上的降落伞,以及其他安装在气壳上的仪器设备;着陆平台包含气囊。

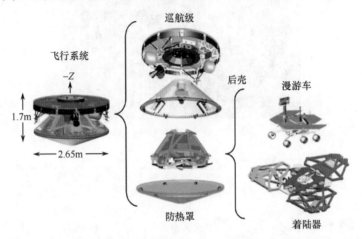

图2-189 "火星探测漫游者"飞行系统组成(图片来源:NASA)

2.11.3.1 巡航级

飞往火星的行星际巡航期间,巡航级(图2-190)提供推进、电源、通信、热控、姿控等系统功能,巡航级由位于漫游车内部的飞行计算机控制。巡航级发射质量

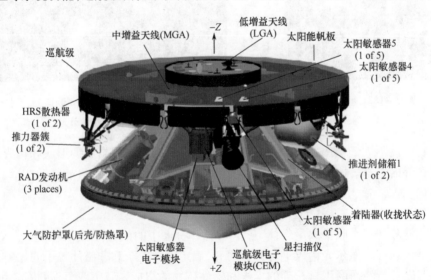

图2-190 "火星探测漫游者"巡航构型(图片来源:NASA)

为235kg,直径2.65m,高1.6m。巡航级呈扁圆柱形,一面装有太阳能电池板和天线,另一面装有燃料储箱和防热罩。

1）姿态控制

姿态控制系统包括5个数字太阳敏感器,1个星敏感器和2套惯性测量单元。2个太阳敏感器沿着巡航级$-Z$轴安装,其余3个指向与巡航级自旋轴垂直。1套惯性测量单元安装在后壳,另1套安装在漫游车上。每套惯性测量单元包括三轴加速度计和陀螺。巡航级在飞行段以2r/min的速率保持自旋稳定。

2）推进

推进系统(图2-191)应用单元推进剂肼,这个系统装备两个球形钛推进剂箱与两个沿直径方向相反的推力器簇,每个推力器簇含4个4.4N推力器。推进系统用于自旋速率控制、姿态控制,以及所有的轨迹修正机动。

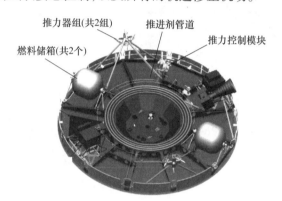

图2-191　巡航级推进系统布局图(图片来源:NASA)

3）电力

在巡航与接近阶段,飞行器由三结$GaIP_2/GaAs/Ge$太阳能电池阵供电,太阳阵安装在巡航级外圈上的环形套筒中。太阳阵的峰值功率输出在地球附近超过600W,在火星超过300W。

4）通信

巡航阶段的通信系统包括2个X波段天线:1个低增益天线(LGA)与1个中增益天线(MGA)。太阳阵法线以及LGA与MGA都指向飞行器自旋轴方向（$-Z$轴方向）,X波段通信系统的关键部件是一个小型深空收发机(Smal Deep Space Transponder,SDST),SDST支持两路多普勒(Doppler)和测距、指令信号解调与检波,遥测编码与调制,以及差分单向测距(Dirfferential One-way Range,DOR)。

5）热控

巡航级靠多层绝缘材料和加热器为电子设备保温,采用泵驱动流体回路热控系统,利用压缩机驱动氯氟烃冷却为火星车内的飞行计算机和通信硬件提供冷却以免过热。

2.11.3.2 气壳系统

气壳系统(图2-192)即EDL(进入,降落与着陆)系统,这个系统由气壳与安装在气壳内壁的伞系统及其他仪器设备组成,气壳由后壳与防热罩两部分组成。后壳内壁装有:①后壳接口盘(Backshell Interface Plate,BIP);②降落伞减速系统(Parachute Deceleration System,PDS);③惯性测量单元(Inertial Measurement Unit,IMU);④火箭辅助减速(Rocket Assisted Deceleration,RAD)系统;⑤横向冲量火箭系统(Transverse Impulse Rocket System,TIRS);⑥热电池(Thermal Batteries);以及⑦空气调节器。

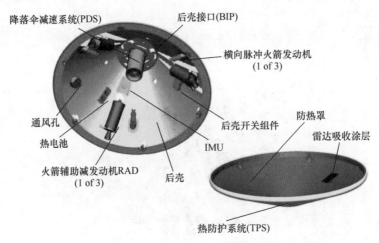

图2-192 "火星探测漫游者"的气壳系统(图片来源:NASA)

"火星探测漫游者"的气壳与降落伞继承了"火星探路者"与"海盗"号的技术。为适应MER的进入质量,气壳直径为2.65m,降落伞直径为14m。

在后壳上装有惯性测量单元,它与巡游车上的IMU一起测定飞行器的加速度,以确定开伞时间。降落伞展开后,防热罩被抛掉,着陆装置沿一根20m长的新型超强纤维拖绳伸展下来,这根拖绳装在一个着陆装置侧面瓣中。

运用火箭辅助减速系统可实现低速安全着陆,可以提供95000N·s的总冲量,使着陆器在离火星表面约10~15m时垂直速度接近零。反推火箭点火期间后壳相对当地垂线的任何倾斜将产生速度的水平分量,潜在增加了总着陆速度,由于这一点,第二火箭系统,即横向冲量火箭系统用于抵消这个影响。横向冲量火箭系统由3个小型固体火箭组成,沿径向安装在后壳内,能够提供2000N·s的冲量。横向冲量火箭可任意组合点火,在下降减速火箭点火期间控制后壳姿态,减小后壳倾斜。如果陀螺检测出飞行器倾斜,则横向冲量火箭可修正飞行器姿态,消除横向速度分量;在必要时可由下降图像运动测定系统(Descent Image Motion Estimation System,DIMES)触发,消除横向运动。下降图像运动测定系统的功能相当于一个灵敏的水平速度传感器,通过分析降落期间拍摄的成对的照片,检测横向分量的运动。下降图像运动测定系统每隔4s拍摄3张照片。

防热罩为气壳前体(迎风面)。防热罩内壁安装有雷达吸收器(Absorber),防热罩外层为热防护系统(Thermal Protection System,TPS),由 SLA – 561 烧蚀材料构成。

"火星探测漫游者"运用圆盘—空隙—环带(DGB)降落伞(图 2 – 193)减速,DGB 伞有一个半球形主体部分,带有气隙与圆柱形环带,以增加降落期间的稳定性。降落伞直径达到了 15.09m,由聚酯纤维和尼龙材料制成。

图 2 – 193　地面对降落伞进行测试(图片来源:NASA)

2. 11. 3. 3　着陆平台

"火星探测漫游者"的着陆平台(图 2 – 194)主要功能是为漫游车提供着陆缓冲装置(气囊)与下地辅助装置。"火星探测漫游者"着陆平台与"火星探路者"着陆器不同。前者在漫游车离开着陆装置行驶到火星表面后,着陆装置便完成使命;而"火星探路者"的"旅居者"漫游车下地后,其着陆器还会执行多项火星表面探测任务,并具有通信传输功能。

"火星探测漫游者"着陆平台的基本构型为 4 块组合瓣及钛连接件。基底瓣通过高扭矩瓣致动器与 3 件侧面瓣相连,瓣致动器可独立将瓣从载运构型(四面体)调向展开的"铁十字"构型,并将侧面瓣伸展到基底瓣平面之下。着陆平台瓣最初向"铁十字"位置展开,地面控制小组可以向上或向下调节瓣的位置,以改变漫游车离开着陆平台驶向火星表面的条件。

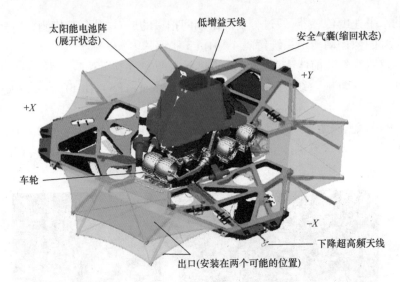

图 2 - 194　MER 着陆平台及巡游车(图片来源:NASA)

　　气囊装配在"火星探测漫游者"着陆平台瓣的下面。气囊是基于"火星探路者"的改进版本,用于缓冲着陆体与火星表面的碰撞。"火星探测漫游者"气囊系统由 4 个气囊组成,每个气囊为 6 瓣叶形四面体。模拟试验显示,在气囊瓣以斜角撞到锐利岩石时最容易导致气囊破裂,且在撞击期间有火星风作用。因此,必须要在最后几秒的下落期间,减小带有充气气囊的着陆器的水平速度。为此,任务团队研制了下降图像运动评定子系统,这个系统与横向冲量火箭子系统一起作用,在制动火箭系统点火期间消除横向运动。

2.11.3.4　漫游车

　　"火星探测漫游者"的设计类似于"旅居者"号漫游车,是一个带有摇轴 - 悬架系统的 6 轮驱动,4 轮操纵的移动车辆,但前者比后者更大(图 2 - 195)。完全展开后的漫游车的轮轴距约 1.4m 长,1.2m 宽。在太阳能板高度处,漫游车为 1.8m 宽,1.7m 长。从地面直到漫游车的全景相机桅杆组件(Pancam Mast Assembly, PMA)顶端总高度为 1.5m。漫游车底盘与地面的间隙设计为 30cm,能够行驶通过超越车轮直径(25cm)大小的障碍物。漫游车在平整的硬地面行驶的最高速度为 5cm/s,但在具有危险避让功能的自主控制模式,漫游车以 1cm/s 的平均速度行驶。

　　1)漫游车构型

　　"火星探测漫游者"在着陆展开前呈三锥体型,太阳能电池阵安装在三锥体外壳内面上;太阳能电池阵展开后的构型呈现后掠翼(Swept - wing)结构,漫游车设备甲板上安装分节铰链的桅杆,用以提升全景相机(Panoramic Camera, Pancam)、导航相机(Navigation Cameras, Navcams)及微型热辐射光谱仪(Mini - Thermal E-

图2-195 "火星探测漫游者"和"旅居者"漫游车比较(图片来源:NASA)

mission Spectrometer,Mini-TES)的高度。

　　漫游车主体结构(图2-196)使用复合蜂窝板,带有以二氧化硅气凝胶(Silica Aerogel)绝缘的衬里。保温电子器件盒(Warm Electronics Box)使漫游车极其重要的电气与电子部件保持在合适的温度范围内,这是通过8个放射性同位素加热器装置、电加热器以及由部件自身散放出的热来实现。

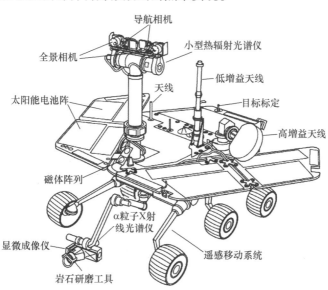

图2-196 "火星探测漫游车"构型图(图片来源:NASA)

2）移动系统

"火星探测漫游者"移动系统包括车轮、驱动与转向机构,以及摇轴 - 转向架悬挂装置(Rocker - bogie Suspension)。

漫游车共有6个车轮(图2 - 197)。2个前轮的驱动与转向机构可使车轮朝向漫游车中心在枢轴上转动,中间一对车轮与后面一对车轮是可伸缩的,可使漫游车"屈膝"在着陆器上,以实现尽可能低的高度与最致密的外包。前轮与后轮各有独立的转向机构,所有6个轮子具有各自独立的驱动器。车轮直径为26cm。车轮沿整个圆周表面弯曲成形,这是为了在车轮全部转向形态中保持与火星土层的均匀接触。车轮不是组合件,而是由单块固态铝坯整体机加工制成。

图2 - 197　漫游车车轮(图片来源:NASA)

车轮轮毂的特点是,呈螺旋形弯曲褶皱状,它使车轮具有必要的减震能力。轮毂弯曲部分用一种开孔泡沫塑料填塞,这种材料即使在火星温度下也保持其柔韧性。当巡游车悬架的一侧向上移动刚触到大岩石(或障碍物)时,在巡游车另一侧的悬架就向下移动以保持巡游车平稳。

3）通信系统

在漫游车设备甲板上装有高增益天线(HGA)、低增益天线(LGA)与超高频(UHF)天线。高增益天线与低增益天线可与地面 DSN 发送和接收数据。高增益天线能够精确指向地球上的天线,以较高的传输率发送数据。通过 UHF 天线,漫游车也可应用火星轨道器上传与下传信息,在火星轨道上运行的轨道器与地球通信联络的时间比漫游车长得多。

4）计算机

"火星探测漫游者"的计算机使用 Rad 6000 32bit 微处理器,这是一个防辐射加固型商业产品。计算机运行 VxWorks 操作系统,每秒可处理 20MB 长度的指令。计算机拥有 128MB 随机存取存储器(Random Access Memory,RAM),256MB 闪存(Flash Memory)作为备份。

5）电力

漫游车的电力由总面积为 $1.3m^2$ 的三层太阳能光伏电池阵列提供,每层采用不同的材料:镓铟磷、砷化镓和锗。在 90 个火星日的任务期间每个火星日能够提供 $900W \cdot h$ 的能量,而在此之后能提供 $600W \cdot h$ 的能量,这是由于太阳能电池阵表面将会被火星上的沙尘所覆盖。此外漫游车还携带了两块 $8A \cdot h$ 的锂电池。

6）热控

漫游车上几乎所有设备的控制系统都被安装在一个可以被称为电子恒温舱(Warm Electronics Box,WEB)的结构中。这个结构相当坚固可以保护其中的计算机、电气设备、电池等。结构内有温度控制机构,具有绝缘层能够保护其内部热量不散发出去,可将温度控制在 $-40° \sim +40°$ 的范围内。热控手段有镀金、气凝胶隔热层、加热器、温度调节装置、散热器。同时火星车采用 8 个放射性同位素加热单元(RHUs),利用 $2.7g$ 低浓度二氧化钚可以产生 $1W$ 的热功率,用于热控。

7）导航相机与避障相机

慢游车要实现能够在火星表面移行的能力,必须要具备视觉或感觉器官——"眼睛",能够识别并判定火星表面的路况信息,从而选择移行方向并避过障碍物。"火星探测漫游者"共有六个用于导航的相机,其中四个为危险避障相机(Hazard Avoidance Cameras,Hazcams),另外两个为导航相机(Navcams)。

避障相机固定在漫游车前端和后端的下部,是一种黑白相机,利用可见光拍摄三维图像。获取的三维图与软件系统一起协同工作,可确保漫游车自主选择安全路径。

导航相机固定在漫游车的桅杆上,它也是一种黑白相机,可利用可见光拍摄全景和三维立体照片,用于漫游车的火星地面导航。每个导航相机具有 $45°$ 的视场范围,导航相机与避障相机一同协作,可为漫游车提供一个更加全面的火星表面地形地貌图。

2.11.3.5 行星保护约束

根据行星保护约束,要求"火星探测漫游者"表面每平方米包含最多约 300 个孢子,并且孢子总数不得大于 30 万个。发射前地面工程技术人员使用酒精擦拭探测器表面,对于较大的表面区域,如热毯和降落伞,必须被加热至 110℃ 进行消毒。每个漫游车的核心组件,包括主计算机和其他关键电子设备是密封的,通过高效能过滤器通风,以排除内部的任何微生物。

除此以外,运载火箭在发射时并没有瞄准火星,以防止星箭分离后火箭上面级在撞击火星的轨道上。设置的入轨偏差由巡航段的轨道修正来逐步消除。

2.11.4　任务过程

"火星探测漫游者"任务按时间顺序（图2-198）可分为6个阶段：发射、行星际巡航、进入、下降与着陆（EDL）、着陆后下地和表面运作阶段。

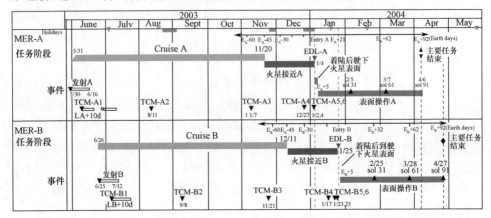

图2-198　"火星探测漫游者"操作时间线（图片来源：NASA）

2.11.4.1　发射

漫游者-A"勇气"号于2003年6月10日17:58:47UTC从佛罗里达州卡纳维拉尔角空军基地17A发射台搭乘"德尔塔"（Delta）Ⅱ7925H型运载火箭发射升空，发射方位角93°（图2-199）。漫游者-B"机遇"号原定于2003年6月25日发射，但由于技术故障和恶劣天气，发射时间被连续推迟了5次，最终于2003年7月8日03:18:15UTC从佛罗里达州卡纳维拉尔角空军基地17B发射台搭乘"德尔塔"（Delta）Ⅱ7925H型运载火箭发射升空（图2-199），发射方位角99°。

"德尔塔"Ⅱ7925型运载火箭也用于发射"火星全球勘探者"、"火星探路者"和"火星奥德赛"等任务。"德尔塔"Ⅱ7925H型火箭是更大推力的版本（图2-141）。

火箭发射后4min 23s，火箭第一级发动机关机，并在20s后分离。随后火箭第二级发动机点火，整流罩分离（图2-200）。发射后10min火箭第二级发动机关闭滑行。此时探测器位于地面167km高度。此后火箭第二级再次点火，持续时间约2~3min。

随后火箭上的小推力器将点火使火箭第三级起旋，第三级分离并点火87s，将探测器送入地火转移轨道。一个章动控制系统在第三级点火期间保持其姿态稳定。随后消旋系统对火箭第三级和探测器进行消旋，"勇气"号在发射后34~39min，"机遇"号在发射后78~87min，火箭第三级与探测器分离，探测器残留的自旋速度由星上推力器消除（图2-201、图2-202）。

图 2 - 199 "勇气"号和"机遇"号发射(图片来源:NASA)

图 2 - 200 整流罩分离(图片来源:NASA)

2.11.4.2 行星际巡航

"勇气"号在巡航段飞行 196 天,于 2004 年 1 月 4 日在火星着陆。"机遇"号在巡航段飞行 206 天,于 2004 年 1 月 25 日在火星着陆。

在行星际巡航段(图 2 - 203、图 2 - 204),巡航级上的太阳能帆板将为探测器提供电力。位于 JPL 的飞行小组计算并发送中途轨道修正指令,同时对相机、惯性测量单元、雷达高度计、UHF 天线和着陆器电池进行检查,对推进系统、太阳敏感器和科学载荷进行标定,上传更新后的飞行软件。

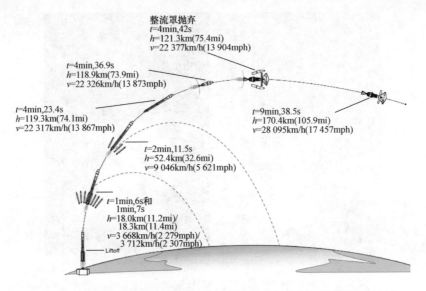

整流罩抛弃
t=4min,42s
h=121.3km(75.4mi)
v=22 377km/h(13 904mph)

t=4min,36.9s
h=118.9km(73.9mi)
v=22 326km/h(13 873mph)

t=4min,23.4s
h=119.3km(74.1mi)
v=22 317km/h(13 867mph)

t=9min,38.5s
h=170.4km(105.9mi)
v=28 095km/h(17 457mph)

t=2min,11.5s
h=52.4km(32.6mi)
v=9 046km/h(5 621mph)

t=1min,6s和
1min,7s
h=18.0km(11.2mi)/
18.3km(11.4mi)
v=3 668km/h(2 279mph)/
3 712km/h(2 307mph)

Liftoff

图 2 – 201　"德尔塔"火箭发射"火星探测漫游者"过程(图片来源:NASA)

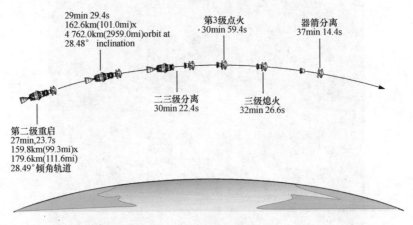

29min 29.4s
162.6km(101.0mi)x
4 762.0km(2959.0mi)orbit at
28.48° inclination

第3级点火
30min 59.4s

器箭分离
37min 14.4s

二三级分离
30min 22.4s

三级熄火
32min 26.6s

第二级重启
27min,23.7s
159.8km(99.3mi)x
179.6km(111.6mi)
28.49°倾角轨道

图 2 – 202　"德尔塔"火箭与"火星探测漫游者"星箭分离过程(图片来源:NASA)

1) 导航

与"火星奥德赛"轨道器任务类似,"火星探测漫游者"使用了双向多普勒和双向测距两种传统的跟踪方案,以及一种相对新的三角测量方法——德尔塔甚长基线干涉测量(△VLBI)——来提高导航精度。△VLBI 是德尔塔差分单向测距(△DOR)(图 2 – 205)的一种类型,它增加了探测器在垂直视线方向上的信息,可以获得探测器相对地球的三维位置。联合使用这三种导航方法可以显著提高轨道预报精度,在距离火星 2 亿 km 处递推到火星目标平面的一倍不确定度只有 400m。

2) 轨道修正

为了准确到达大气进入目标点,两个探测器均计划了 6 次 TCM。为防止最

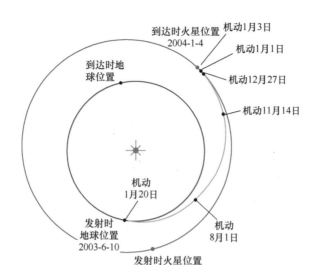

图 2-203　"勇气"号行星际巡航轨道（图片来源：NASA）

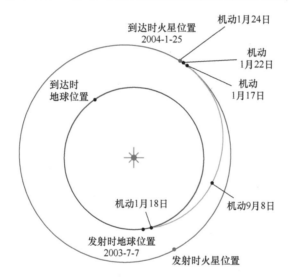

图 2-204　"机遇"号行星际巡航轨道（图片来源：NASA）

后两次 TCM 出现意外情况，还安排了备份的 TCM。TCM-1 和 TCM-2 安排在巡航段的早期，用于消除运载火箭的入轨偏差（按 NASA 的行星保护政策要求设置）以及随机的入轨误差。同时，由于 TCM-1 是修正量最大的一次 TCM，它会产生较大的执行误差。因此安排在发射 60 天后进行的 TCM-2 主要用于修正 TCM-1 的执行误差，以及修正剩余的入轨偏差和误差。TCM-3~6X 安排在接近火星段（进入火星大气层前 45 天到进入前 3h）执行。TCM-2 已经瞄准了目标进入点，余下的每次 TCM 的主要目的就是修正轨道确定的误差和上一次 TCM 的执行误差。

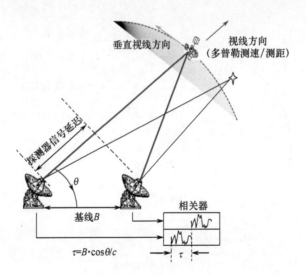

图 2 - 205　△DOR 测量原理示意图（图片来源：NASA）

探测器在进行轨道中途修正时的点火机动模式包括以下三种：调姿并轴向点火模式、调姿并横向点火模式以及不需调整姿态的矢量模式。TCM - 1 是修正量最大的一次，因此会视情况采用上述三种模式中的任一种。而剩下的五次轨道修正量都比较小（小于 3m/s），为了避免由于姿态调整而导致的轨道摄动，将采取矢量机动模式。

"勇气"号的第一次轨道修正（TCM - 1）在发射后第 10 天的 2003 年 6 月 20 日执行，采用矢量模式机动，速度增量为 16.460m/s，轴向点火 28min，侧向点火 22min，消耗燃料 14.7kg。TCM - 2 在发射后第 52 天的 2003 年 8 月 1 日执行，速度增量为 6.008m/s，轴向点火 9min，侧向点火 11min。TCM - 3 在到达火星前 50 天的 2003 年 11 月 14 日执行，速度增量为 0.577m/s，轴向点火 2min，侧向点火 27s，消耗燃料 0.5kg。TCM - 4 在到达火星前 8 天的 2003 年 12 月 27 日执行，速度增量为 0.025m/s，只需侧向点火 3.4s，燃料消耗 0.016kg。原计划在到达火星前 2 天和前 1 天执行的 TCM5、TCM5X，以及进入大气前 4h 执行 TCM - 6 因无必要而取消，实际着陆点距离目标点只有 10.1km。

"机遇"号的第一次轨道修正（TCM - 1）在发射后第 10 天的 2003 年 7 月 18 日执行，速度增量为 16.172m/s，消耗燃料 12.2kg。TCM - 2 在发射后第 62 天的 2003 年 9 月 8 日执行，速度增量为 0.534m/s，轴向点火 2min，侧向点火 16s，消耗燃料 0.5kg。原定于到达火星前 64 天进行的 TCM - 3 因无必要而取消。TCM - 4 在到达火星前 8 天的 2004 年 1 月 17 日执行，速度增量为 0.107m/s，轴向点火 20s，侧向点火 10s，燃料消耗 0.1kg。原计划在到达火星前 2 天和前 1 天进行的 TCM5、TCM5X，以及进入火星大气前 4h 执行的 TCM - 6 因无必要而取消。实际着陆点距离目标点 24.6km。

2.11.4.3　进入、下降与着陆

两个着陆器进入、下降与着陆的过程完全一样,使用了与1997年"火星探路者"相似的安全气囊着陆方案。"勇气"号的EDL过程比"机遇"号多几秒时间,因为"勇气"号的着陆地点比"机遇"号要低。以"勇气"号为例,主要的EDL过程如下:

1)开始通信准备

太平洋标准时间下午18:45,控制小组为航天器在进入、降落和着陆期间的通信做准备,"勇气"号的巡航级会把中增益天线(需要一直指向地面)转换为低增益天线,因为低增益天线不需要精确指向地球就能传送信号。这样虽然会降低数据的传送速率,但是能够确保航天器重新定向后通信仍能正常进行。

2)转向进入姿态

下午19时许,进入大气前84min,搭载"勇气"号的航天器开始旋转,将防热罩转向火星大气方向。从此时一直到漫游车展开太阳能电池板之间,探测器的电力由安装在着陆器上的5块电池提供。

3)开始传输音频信号

20:15左右,"勇气"号开始向地球传回标志着航天器状态的音频信号。位于航天器后壳的低增益天线开始传输简单的信号(报告航天器状态的编码无线电频率),这些音频信号用于在巡航级脱离后继续保持"勇气"号同地球的通信。音频信号共有100多种,用于表征各种不同的信息,例如,巡航级是否脱离,降落伞是否打开以及下降的速度是否在正常范围之内等。

4)巡航级分离

音频信号开始传输的同时,巡航级也开始脱离(图2-206)。这是"勇气"号开始登陆火星表面的第一步。

图2-206　巡航级脱离(图片来源:NASA)

5)进入火星大气层

探测器在距离火星表面128km高度开始接触大气(图2-207),飞行航迹角约

图 2 - 207　开始准备进入火星大气(图片来源:NASA)

为 11.5°,进入火星大气的速度约为 5.4km/s。由于同大气的摩擦,防热罩的表面温度达到 1447℃(图 2 - 208、图 2 - 209)。同时由于空气动力,防热罩还扮演太空船的第一个刹车的角色,使"勇气"号速度下降到 430m/s 左右。

图 2 - 208　探测器受到火星大气摩擦(图片来源:NASA)

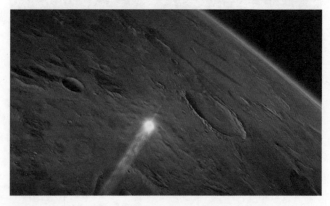

图 2 - 209　进入火星大气(图片来源:NASA)

6）降落伞打开

在距离火星表面高度的高度为 8.5km 处，探测器的超声速降落伞自动展开（图 2－210），这个减速伞根据曾经用于"海盗"号和"火星探路者"飞行任务中的减速伞设计的，这次使用的减速伞比"火星探路者"上使用的减速伞大 40% 左右，使用双层超轻耐久材料（聚酯材料和尼龙）制成。

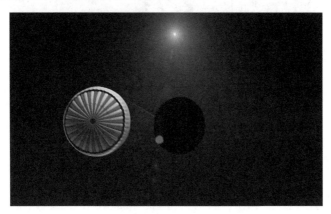

图 2－210　降落伞打开（图片来源：NASA）

7）防热罩脱离

降落伞展开 20s 后，防热罩的任务完成，与着陆器分离（图 2－211）。

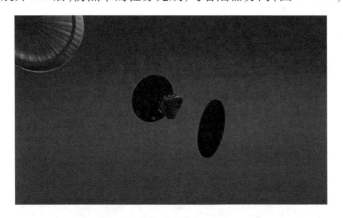

图 2－211　防热罩分离（图片来源：NASA）

8）着陆器与后壳分离

防热罩脱离 10s 后，着陆器从后壳中脱离（图 2－212），但仍连接在系绳末端，此时距离火星表面大约为 7km。着陆器是通过一个离心力刹车系统和超级纤维系绳缓慢下降的。超级纤维系绳是由 20m 长编织的尼龙制作的（尼龙是类似于 Kevlar 的高级纤维材料）。系绳给安全气囊的膨胀提供空间，使之与火箭发动机喷出的气流保持距离，并提高平稳性。系绳里装有电子装置能使固体火箭从后壳中发射出来，并

图2-212 着陆器脱离(图片来源:NASA)

把后壳中惯性测量仪器测量到的数据传送到漫游者的飞行控制计算机中。

当着陆器从后壳上分离时,火星车上安装的低增益X波段天线接管后壳天线的工作,通过X波段无线电直接向地球传送信息,直到着陆前6s减速火箭点火。在着陆器撞击、弹跳、翻供的时候,它只传输一个载波信号。同时着陆器还通过火星轨道器中继方式向地球传输信号。安装在着陆器上的超高频天线向正从上方经过的火星轨道器传输信号,然后经轨道器发回地球,这种连接能够使"勇气"号为音码信息补充附加的状态报告。

9)雷达系统开始工作

着陆前35s,着陆器距离火星表面只有2.4km,着陆器上的雷达系统开始测量着陆器距离火星表面的高度和相对于火星表面的垂直速度,从而确定何时开启减速火箭以减慢着陆器的垂直速度。随后下降成像仪对火星表面拍照。

10)气囊膨胀

着陆器触地前8s,气囊膨胀(图2-213)用来保护着陆器在坚硬的火星岩石上进行的着陆。

图2-213 气囊膨胀(图片来源:NASA)

11）减速火箭推进器

触地前 6s，三个减速火箭发动机点火（图 2 - 214），3s 后，使被气囊包裹的漫游车在离火星表面约 13m 时垂直速度为 0。

图 2 - 214　减速火箭点火（图片来源：NASA）

12）着陆火星并弹跳

被气囊包裹的漫游车在离火星表面约 3m 处绳索被剪断（图 2 - 215），着陆体自由落向火星表面。火星车在着陆装置和气囊的保护下能反弹到 15m 高度，弹跳将持续几分钟时间。

图 2 - 215　绳索剪断后落向火星表面（图片来源：NASA）

2004 年 1 月 4 日 04：35UTC，"勇气"号到达火星表面，气囊反弹 28 次，弹跳停止（图 2 - 216）时距离第一次触地点 275m 距离，着陆地点为南纬 14.57°，东经 175.48°。

2004 年 1 月 26 日 05：05UTC，"机遇"号到达火星表面，着陆地点位于南纬 1.95°，东经 354.47°。

着陆器触地后 12min，安全气囊收缩；15min 后通过点火栓锁固定瓣翼在折叠的位置。触地后 67min，气囊放气完毕。触地后 69min 瓣翼展开，至着陆后 90min

图 2 – 216　气囊停止翻滚（图片来源：NASA）

展开完毕，随后太阳能电池阵列打开并开启。

　　如果火星车在适当时候张开其关键布置，它将能通过火星车上的超高频天线向火星环绕卫星输送信号，火星卫星在晚上23时左右向地球发送信号。

　　图 2 – 217 所示为"火星探测漫游者"的 EDL 序列。图 2 – 218 所示为"勇气"号丢弃的防热罩。

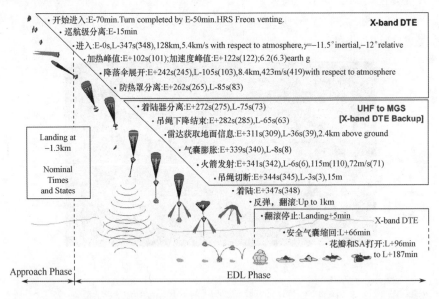

图 2 – 217　"火星探测漫游车"的 EDL（进入，降落与着陆）序列（图片来源：NASA）

2.11.4.4　表面运作

　　在着陆器展开 4 个瓣翼后，每个漫游车的第一个动作是展开太阳能电池板。然后漫游车在蜷缩状态将会利用 4 个安装在太阳能电池板下方的障碍确认相机（Hazard – identification Cameras）对着陆地点周围进行拍照。每个漫游车将会花费一周或

图2-218 "勇气"号丢弃的防热罩（图片来源：NASA）

者更多时间来完成一系列的工程和科学测试方可驶向火星表面开展探测工作。

在着陆后4h，漫游车上的导航相机和障碍确认相机对着陆器周围每个方向进行拍照。如果时间允许，全景相机也会拍摄高分辨率的火星表面照片。漫游车将第一天拍摄的照片传回地球后，地面工程师可以根据这些照片来规划漫游车驶向火星表面的安全路径。漫游车还可以利用全景相机来确定太阳在天空中的方位，以计算着陆器的位置并将高增益天线指向地球。

漫游车从蜷缩状态直立起来需要几个步骤。首先展开其前轮组件，然后一个机械装置提升漫游车，因此其悬架摇杆能够落下并在展开位置锁定。随后后轮展开，中间车轮下降，连接电缆被切断。漫游车每执行一个动作都需要地面发送允许执行的指令，因此漫游车直立的动作将会持续几天时间。

漫游车一旦直立以后，将会使用它的全景相机和微型热辐射光谱仪的360°全景相机拍摄一张高分辨率立体彩色全景照片（图2-219）。科学家将会根据这张照片来选择日后漫游车需要探测的岩石和土壤。

与NASA所有的行星际任务相同，"火星探测漫游者"使用深空网与地面进行通信。在火星表面工作阶段，X波段应答机通过高增益天线（HGA）或RLGA进行直接对地通信。RLGA波束仅全向覆盖，用于支持遥控和低码率遥测，漫游车可通过该天线实现最低7.8125b/s的上行遥控和10b/s的下行遥测。HGA是具有驱动功能的平面阵列天线，用于支持高码率的上行遥控和下行遥测，最大码率随火星和地球距离变化而变化，最近距离时，上行可达到2kb/s，下行遥测可达到28.8b/s。

在火星表面工作阶段，UHF系统工作在中继通信模式下，利用"火星奥德赛"轨道器和"火星全球勘探者"组成的中继系统。UHF中继系统利用巡视车UHF天线（RUHF，19cm单极子天线）与轨道器通信，可实现8，32，128或256kb/s的接收和发射码速率。漫游车的飞行过程模式将通信速率限制在8kb/s。着陆后，经过初始测试后，火星漫游车开始以128kb/s或256kb/s的码速率向"火星奥德赛"轨

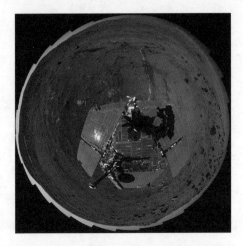

图2-219 "火星探测漫游者"的自拍照(图片来源:NASA)

道器发送数据。

漫游车一天的开始始于车载闹钟设定响起时,地面将这一天的指令上传到漫游车,指令将规划漫游车精确地进行一系列的活动,如在火星表面行驶或停下探测岩石或地表特征。下午时间漫游车通过X波段下传数据回地球。

在地面控制中心,任务小组将漫游车的发回的数据用于规划下一个火星日的活动,以最好地利用漫游车上的资源进行最有益的科学研究。

1) "勇气"号

2004年

1月15日08:41UTC,"勇气"号驶下着陆平台,首次接触火星表面。漫游车驶离着陆平台后,将会对科学载荷进行检查和标定。随后对科学小组选定的目标进行探测。漫游车每天的最大移动距离约为20m。

1月21日,NASA与"勇气"号失去联系。当天"勇气"号曾发出过一条不包含数据的信息,晚些时候"勇气"号未按计划与"火星全球勘探者"轨道器通信。第二天,JPL收到"勇气"号的信号,表明它正处于安全模式。1月23日,飞行控制小组成功让漫游车发出信号,发现问题是由于火星车的闪存系统出错所致。在接下来的10天时间"勇气"号没有执行任何科学任务,工程师们测试并上传了软件。经过格式化闪存和用软件升级补丁避免内存过载,问题最终得到解决。"勇气"号于2月5日完全恢复了科学功能。

3月11日(Sol 65),在经过约370m的行程后,"勇气"号抵达博纳维尔陨石坑(Bonneville Crater),这个陨石坑约有10m深,直径为200m。但是JPL控制人员没有发现感兴趣的探测目标,随后"勇气"号继续朝向哥伦比亚山(Columbia Hills)前进。

在Sol 159,"勇气"号抵达哥伦比亚山底部。通过AXPS和穆斯堡尔光谱仪对其中的岩石进行探测,发现岩石中存在赤铁矿。随后"勇气"号向北驶向下一个目的地

Wooly Patch,在 Sol 192 到 Sol 199 期间对这里进行了研究。在 Sol 203,"勇气"号继续向北抵达 Clovis 岩石,对这块岩石的研究一直持续到 Sol 225。之后"勇气"号依次对 Ebenezer(Sols 226—235)、Tetl(Sol 207)、Uchben 和 Palinque(Sols 281—295),以及 Lutefisk(Sols 296—303)。从 Sols 239—262,太阳在地球和火星中间,"勇气"号与地球的通信中断。在此期间,"勇气"号缓慢绕丈夫山(Husband Hills)行驶。

图 2-220 ~ 图 2-224 为 2014 年度"勇气"号拍摄的部分照片。

图 2-220   "勇气"号在 2004 年 1 月 18 日拍摄的着陆平台(图片来源:NASA)

图 2-221   "勇气"号拍摄的第一张彩色照片(图片来源:NASA)

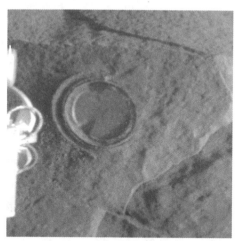

图 2-222   在"勇气"号岩石研磨工具使用后拍摄的 Adirondack 岩石照片(图片来源:NASA)

2005 年

在新的地球年,"勇气"号开始缓慢朝丈夫山山顶前进,行驶过程非常困难,因为路上布满了岩石和沙堆等障碍,多次没有按计划行进。在 2 月,地面对"勇气"号的飞行软件进行了更新,使得漫游车具有更大的自主性。在 Sol 371,"勇气"号

图 2 - 223 "勇气"号拍摄的博纳维尔陨石坑(Bonneville Crater)(图片来源:NASA)

图 2 - 224 从"勇气"号着陆点拍摄的哥伦比亚山(Columbia Hills)(图片来源:NASA)

抵达 Cumberland 山脊附近的 Peace 岩石。

　　3 月 9 日,"勇气"号的太阳能电池板效率突然从 60% 上升到 93% ,3 月 10 日, "勇气"号观测到火星上的一场沙尘暴。地面控制人员推测这场大风吹掉了"勇气"号太阳能电池板上的沙尘。这也是"火星探测漫游者"任务第一次记录到沙尘暴。

　　8 月 29 日(Sol 618),"勇气"号到达丈夫山山顶,使得"勇气"号成为第一个登上地球外另一个行星上山顶的探测器。在这里"勇气"号拍摄了一张 360°全景照片(图 2 -225),照片中包括了 Gusev 环形山。在晚上,"勇气"号观测了火卫一和火卫二。本旅程共计 581 火星日,行驶了 4.81km。

图 2 - 225 "勇气"号于 2005 年 8 月 23 日在 Husband 山顶拍摄的一张全景照片
(图片来源:NASA)

　　10 月底,"勇气"号下坡前进朝向 Home Plate,在途中对 Comanche 岩石进行了探测。科学家通过三种光谱仪探测到这块岩石存在碳酸镁,这是一个重大发现,碳酸镁形成于潮湿、接近中性的环境中,这是火星过去的环境适合生命存在的一个证据。

11 月 20 日，"勇气"号迎来了它到达火星的周年日（687 地球日）。

2006 年

2 月，"勇气"号抵达 Home Plate。原计划下一个目的地是 McCool 山，这里"勇气"号能够接受足够的阳光度过火星的冬天。前往 McCool 山期间，"勇气"号的右前轮于 3 月 13 日停止工作。地面控制小组试图把失效的轮子拖在后面，但只坚持到山坡下一处无法通行的沙地。最终控制小组决定终止"勇气"号前往 McCool 山，而驶入一处叫做 Low Ridge Haven 的山脊附近。4 月 9 日，"勇气"号抵达山脊，因为太阳能电池板的发电效率太低，"勇气"号将暂停行驶，在这里停留 8 个月时间过冬。在山脊期间，"勇气"号拍摄到了一颗火星表面的陨石照片（图 2-226）。

图 2-226　"勇气"号在 2006 年 9 月
拍摄到的可能是陨石的物体
（图片来源：NASA）

2007 年

1 月 4 日（Sol 1067），地面再次对"勇气"号和"机遇"号的飞行软件进行了更新。在行驶过程总，"勇气"号故障的车轮导致了意外的发现，这个不能转动的车轮对火星表面的刮擦使其露出了含有硅酸的土壤（图 2-227），这是火星的过去存在适合微生物生存环境的证据。

这一年，"勇气"号在 Home Plate 高原停留了几个月时间。在 Sol 1326，"勇气"号驶向高原的东部边缘。在 9 月和 10 月，"勇气"号在高原北半部探测了几块岩石。11 月 6 日，"勇气"号抵达高原的西部边缘，拍摄了几张全景照片，照片中可以看到 Grission 山和丈夫山。

在 6 月末，火星上产生了一系列沙尘暴（图 2-228），到 7 月 20 日沙尘暴进一步加剧，"勇气"号和"机遇"号面临着电力中断的危险。通常漫游车的正常电力供应水平是每个火星日产生 700W·h 的电量，在沙尘暴发生后，下降到了 128W·h 的水平。到 8 月上旬，沙尘暴开始平息，漫游车终于可以对电池充电。

2008 年

为了使太阳能电池板更好地接收太阳光，"勇气"号停留在 Home Plate 一处斜坡上。2 月份，能量情况好转，同时拍摄一张高分辨率的全景照片。对地球通信处于最低水平，所有无关的设备均关闭。

11 月 10 日，一场沙尘暴再次将"勇气"号的供电水平下降到 89W·h，这是相当危险的数值。地面控制小组通过关闭系统来保持电量。11 月 13 日，"勇气"号苏醒，并按计划与地球进行了通信。11 月 29 日到 12 月 13 日太阳位于火星和地球之间，"勇气"号与地面的通信中断。

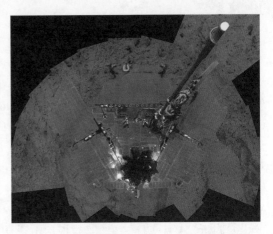

图 2-227 "勇气"号行驶过后火星
表面露出富含硅酸的土壤
（图片来源：NASA）

图 2-228 2007 年 10 月"勇气"号拍摄的
太阳能电池板上覆盖的灰尘
（图片来源：NASA）

2009 年

2 月 6 日，一阵风清除了"勇气"号太阳能电池板上积累的沙尘，将"勇气"号的供电水平提高到了 240W·h。

5 月 1 日(Sol 1892)，"勇气"号的车轮陷入软土无法动弹，之后的观测一直被限制在原地，此后有过几次解救行动但都失败。JPL 在地面模拟了火星上"勇气"号被陷的环境来研究解救方案，12 月 17 日"勇气"号的一个右前轮突然能正常运转。

2010 年

1 月 26 日，在将"勇气"号弄出沙地的尝试失败后，NASA 宣布"勇气"号将用于静态研究平台。4 月份，NASA 宣布"勇气"号将在冬季进入休眠。它可能无法再次唤醒。

3 月 22 日，NASA 最后一次联络上"勇气"号，之后地面一直无法与"勇气"号取得联系。直到现在，"勇气"号一直停留在 Home Plate 西面的一处叫 Troy 的地点（图 2-229）。"勇气"号在火星表面总共行驶了 7730.5m 路程。

图 2-229 "勇气"号在最后停留的地点 Troy 拍摄的全景照片（图片来源：NASA）

2011 年

5 月 25 日，NASA 在最后一次尝试联络无果后决定结束"勇气"号的任务。

2）"机遇"号

2004 年

1 月 25 日（Sol 0），"机遇"号在子午线（Meridiani）平原一个直径 22m 的陨坑里面着陆，之后这个陨坑被命名为老鹰（Eagle）陨坑。"机遇"号研究了着陆地点附近的土壤和岩石样本，并拍下了全景照片。科学家根据这些样本的研究数据提出了火星表面存在赤铁矿以及过去地表存在过水分的假说。

为了证明这个假说，随后"机遇"号前往下一个目的地——忍耐陨坑（Endurance Crater）进行调查。4 月 20 日（Sol 84），"机遇"号抵达 Endurance 陨坑。5 月，"机遇"号环绕陨坑行驶，并使用全景相机和 Mini – TES 进行了拍照分析。6 月 4 日（Sol 127），任务控制小组命令"机遇"号进入 Endurance 陨坑。机遇号在陨坑内停留了约 180 个火星日，直到 12 月中旬（Sol 315）。

图 2 – 230 ~ 图 2 – 232 为 2004 年度"机遇"号拍摄的部分照片。

图 2 – 230　"机遇"号漫游车（图片来源：NASA）

图 2 – 231　"机遇"号在 2004 年 4 月 24 日拍摄的 Fram 陨坑（图片来源：NASA）

2005 年

1 月份，"机遇"号在接近其丢弃的防热罩附近发现一块类似金属的岩石（图 2 – 233、图 2 – 234），"机遇"号携带的光谱仪证实了这块岩石由铁和镍构成，显示它可能是来自外太空的一颗陨石，这也是人类首次在外星体上发现陨石。经

图 2-232　Endurance 陨坑全景(图片来源：NASA)

(a)　　　　　　　　　(b)

图 2-233　"机遇"号在防热罩附近发现的陨石(a)，并使用机械臂对其
进行分析(b)(图片来源：NASA)

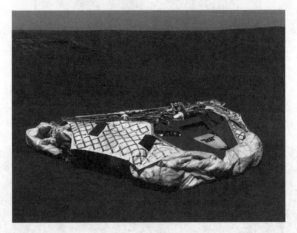

图 2-234　由"机遇"号全景相机拍摄的废弃着陆平台，被命名为挑战者号
纪念站(Challenger Memorial Station)(图片来源：NASA)

过 25 个火星日的探测后，"机遇"号朝向距离防热罩 300m 的 Argo 岩石行驶。3 月
20 日(Sol 410)，"机遇"号创下了 220m 的单日最长行驶路程记录。

从 4 月 26 日到 6 月 4 日，"机遇"号的数个轮子被卡在了沙丘里。JPL 的任务
小组在地面进行了超过了 6 周的物理模拟来寻找最佳方法让它从沙中脱困。最终

"机遇"号成功驶出了被困的沙丘,继续它的探测旅程。这片涟漪状沙质土壤后来被命名为炼狱沙丘。12 月 12 日,机遇号迎来了它到达火星的周年日(687 地球日)。

从 10 月份开始,"机遇"号驶向南面的维多利亚撞击坑,途中经过了一个大而浅的陨石坑——黑暗陨坑(Erebus Crater)(图 2 – 235),"机遇"号对其周边的岩层进行了探测。

图 2 – 235 "机遇"号拍摄的位于黑暗陨坑(Erebus Crater)西面的 Payson 岩层
(图片来源:NASA)

2006 年

3 月 22 日(Sol 760),"机遇"号离开了黑暗陨坑继续前往维多利亚(Victoria)陨坑的旅程。维多利亚陨坑距离着陆点有 7km 距离,陨坑直径是奋进陨坑的 6 倍,科学家相信在维多利亚陨坑内部的岩层能够揭示更多火星地质历史的信息。

9 月 26 日(Sol 949),"机遇"号到达了维多利亚陨坑的边缘并传送了第一张维多利亚陨坑的真实照片(图 2 – 236),包括坑底的沙丘。同时"火星勘测轨道器"拍到了在维多利亚坑旁边的"机遇"号照片。"机遇"号将会待在维多利亚坑直到 2008 年 8 月。

图 2 – 236 "机遇"号拍摄的维多利亚(Victoria)陨坑全景照片(图片来源:NASA)

2007 年

1 月 4 日,"勇气"号登陆火星三周年纪念日,任务控制小组对"机遇"号和"勇气"号的飞行软件进行了更新。新的飞行软件能够让漫游车自主决定是否传送照片或使用机械臂来研究岩石,而不需要科学家们花费时间来过滤数百张照片寻找目标,或是研究周围环境来决定是否使用机械臂对岩石进行调查。

6 月底。火星遭受了一连串沙尘暴的袭击,随后风暴持续增强,"机遇"号和"勇气"号的太阳能电池板被沙尘覆盖,有可能因太阳能电力不足而造成漫游车瘫痪。到了 7 月 18 日,"勇气"号的太阳能电力只能产生 128W·h,到达了任务执行以来的最低点。NASA 命令"机遇"号每三天向地球通信一次。到了 8 月 7 日,沙尘暴终于显现出减弱的迹象,尽管发电程度仍然偏低,但是"机遇"号开始了拍摄工作并向地面传回照片。到了 8 月 21 日,"勇气"号开始了从沙尘暴开始后的第一次行驶。

9 月 11 日,"机遇"号驶入鸭子湾(Duck Bay),随后又驶出来为开始进入维多利亚坑进行斜面摩擦力的测试。9 月 13 日,"机遇"号开始调查鸭子湾北部的一连串灰白色岩层和佛得角(Cape Verde)正面的细节。

10 月 1 日,"机遇"号第五次延长任务至 2009 年。这使得火星车已经持续 5 年探索火星表面。

2008 年

8 月 24 到 28 日(Sol 1630—Sol 1634),"机遇"号在经历了右前轮故障之后离开了维多利亚坑。在前往奋进陨坑的路上,"机遇"号会在子午线平原上研究深色大卵石(Dark Cobbles)。

奋进陨坑位于维多利亚坑的东南方 12km,直径 22km。预计机遇号会花费两年时间方可抵达。科学家期望机遇号能在此撞击坑中发现比维多利亚撞击坑还要大量的岩层。

从 11 月 29 日开始到 12 月 13 日,地球与火星合,即太阳位于地球与火星中间,这个天文现象导致"勇气"号和地球之间的通信中断。在这段时间里任务控制小组让机遇号使用穆斯堡尔光谱仪研究一块被命名为圣托里尼(Santorini)的裸露岩石。

2009 年

3 月 7 日(Sol 1820),"机遇"号自从 2008 年 8 月份离开维多利亚坑并行驶了约 3.2km 后抵达了奋进陨坑的边缘。同时还观察到了距离约 38km 远的 Iazu 撞击坑,并估算出其直径为 7km。

4 月 7 日(Sol 1850),由于太阳能电池板上的沙尘被一阵风意外清除干净,"机遇"号的电力供应增加了 40%,达到了 515W·h。从 4 月 16 日到 22 日(第 1859 到 1865 个任务日),"机遇"号做了多次的行驶,总共行驶了 478m。

图 2 - 237 所示为"机遇"号从 Sol 4 至 Sol 2055 期间的行驶路线。

图 2 - 237 "机遇"号从 2004 年第 4 个火星日(Sol 4)到 2009 年第 2055 个火星日期间的行驶路线
(图片来源:NASA)

2010 年

1 月 28 日(第 2138 个任务日),"机遇"号抵达了康塞普西翁陨坑(Concepcion Crater)。在前往奋进陨坑之前,"机遇"号围绕这个直径 10m 的陨坑行驶了一圈。在这段时间里,电力供应从 305W·h 降低至 270W·h。

4 月 24 日,"机遇"号前往奋进(Endeavour)陨坑,自任务开始它已经旅行 20km。5 月 5 日,由于维多利亚坑和奋进撞击坑之间的路线可能有危险的沙丘,任务小组变更原计划行驶路线而延伸至 19km 长。

到了 5 月 19 日,"机遇"号经过了 2246 个任务日的运转,超过了"海盗"1 号 2245 个任务日的纪录而成为火星探测历史上持续最久的火星表面任务。

9 月 8 日,NASA 宣布"机遇"号已经抵达维多利亚陨坑和奋进陨坑之间行进路线的一半。11 月,"机遇"号在穿越一片小陨坑地带时花了几天的时间对一个 20m 直径的勇敢陨坑进行拍照。11 月 14 日(Sol 2420),"机遇"号达到了累计行驶 25km 的里程纪录,此时距离圣玛丽亚陨坑(图 2-238)约 1.5km,距离奋进陨坑约 6.5km。在 10 月和 11 月,太阳能电力供应约为 600W·h。

图 2-238 "机遇"号拍摄的圣玛丽亚(Santa Maria)陨坑全景照片(图片来源:NASA)

到了 12 月 10 日,"机遇"号自从 2004 年 1 月 25 日登陆之后到现在已经在火星地表行进了超过 26km。12 月 15 日(第 2450 个任务日),机遇号抵达了圣玛丽亚陨坑,任务小组计划让"机遇"号在接下来的几周时间勘查这个直径约为 90m 的陨坑。

2011 年

在"机遇"号抵达圣玛丽亚陨坑边缘后,任务小组让它转向陨坑的东南方边缘并且搜集数据。同时对 2011 年初太阳即将位于地球和火星两者之间而导致的通信中断做准备。

1 月 4 日(Sol 2470),"机遇"号的电力供应受到火星大气层遮蔽以及太阳能电池板上积灰的影响,电力供应下降到 584W·h。截止到此时,"机遇"号在火星表面总共行驶了 26.56km。

2 月,"机遇"号已在火星上工作 8 周年。8 月,经过约 3 年的跋涉,饱经风霜的"勇气"号终于抵达了目的地:直径约 22km 的奋进陨坑。

2012 年

2 月 1 日(Sol 2852),"机遇"号太阳能电池板的电力供应只有 270W·h。到 5

月 1 日,上升到 357W·h,"机遇"号行驶了 3.7m。此时"机遇"号已经在 Greeley Haven 停留了 130 个火星日。

7 月 2 日,"机遇"号迎来了第 3000 个火星日的纪念日。7 月 5 日,NASA 发布了"机遇"号拍摄的一张新的全景照片,显示了"机遇"号在 Greeley Haven(图 2 - 239)边缘的位置,还可以看到右边的奋进陨坑。

图 2 - 239　"机遇"号拍摄的 Greeley Haven 全景照片(图片来源:NASA)

2013 年

截止至 2013 年 5 月 16 日(Sol 3309),"机遇"号的里程数是 35.76km,打破了 NASA 在地球外的无人探测车移动记录。

5 月 17 日,NASA 宣布通过对一块叫做 Esperance 岩石的研究,表面火星曾经存在过水。6 月 21 日(Sol 3345),"机遇"号在火星上已经过了 5 个火星年。9 月,"机遇"号对 Solander 附近的多个岩石进行了探测。

11 月 5 日(Sol 3478),"机遇"号累计行驶的路程达到了 38.53km,电力供应水平为 311W·h。

2014 年

1 月 23 日,NASA 庆祝"机遇"号在火星着陆 10 周年(图 2 - 240)。3 月,"机遇"号对 Augustine 岩石进行探测。3 月 12 日(Sol 3602),电力供应水平为 498W·h。

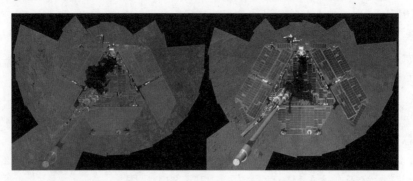

图 2 - 240　左图是"机遇"号在 2014 年 1 月的自拍照,火星上的
沙尘覆盖了漫游车的太阳能电池板(图片来源:NASA)

截至 6 月 11 日,"机遇"号在火星表面累计行驶路程为 39.4km,并继续进行科学探测。

截至 7 月 27 日,"机遇"号已经在火星表面累计行驶了 40.2km(图 2 – 241),成为有史以来在另外一颗星球表面行驶距离最长的"小车"。此前的世界记录保持者是苏联在 1973 年发射的遥控月球车"月球车"2 号(Lunokhod 2),当年它曾经在月球表面行驶了 39km。

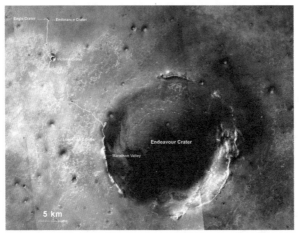

图 2 – 241 "机遇"号从 2004 年 1 月着陆之日至 2014 年 7 月 27 日
(Sol 3735)的行驶路线(图片来源:NASA)

图 2 – 242 所示为"机遇"号拍摄的月球车 2 号陨坑。

图 2 – 242 "机遇"号拍摄的月球车 2 号陨坑,该陨坑位于巨大的奋进陨坑西侧坑缘,
这一命名是为了向这辆苏联月球车表达敬意。该图像拍摄于 2014 年 4 月 24 日,
并于 7 月 28 日对外发布(图片来源:NASA)

2.11.5 探测成果

"机遇"号提供了丰富的证据达到了任务的主要科学目标,搜寻并探测了具有水流动过的痕迹的大范围岩石和土壤。"机遇"号也获得了天文和大气的资料。"机遇"号在火星上的最大发现,是找到了火星曾经具有温暖和湿润的环境,并存在过含有盐分的液态海洋的证据。这一发现被《科学》(Science)杂志评为2004年最大的科学突破。

"机遇"号最初获得的一条线索是灰赤铁矿。灰赤铁矿是一种铁锈,地球上大部分的铁在地球形成早期沉到了地心,而火星因质量比地球小得多,有很多铁留在了表面,从而为灰赤铁矿的形成提供了原料。在地球上灰赤铁矿广泛地存在着,通常可以在静水和温泉中找到它,有时火山活动也可以带来灰赤铁矿。赤铁矿一般形成于水中,它是一种颇似蓝莓般的微小球形颗粒(图2-243、图2-244)。这种独特的曲线沉淀物是由于柔和的水流冲刷形成的,当含盐水分蒸发之后,硫酸盐之后才析出,最终形成了这种岩石结构。因此灰赤铁矿的存在就意味着很可能有液态水存在。

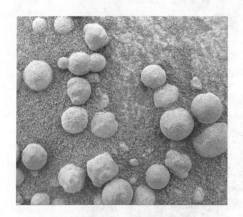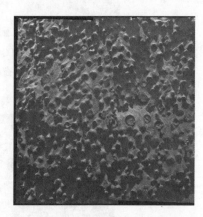

图2-243 漫游车在老鹰陨石坑(Eagle Crater) 图2-244 在奋进陨石坑边缘裸露
的岩石上拍摄到的蓝莓状球形颗粒 岩石上的球形颗粒,直径约3mm
(图片来源:NASA) (图片来源:NASA)

"机遇"号通过对火星岩石的分析又陆续发现了其他四条证据,它们共同强烈暗示着火星上曾存在液态海洋。"机遇"号在岩石中及岩石周围发现了直径数厘米的球状物体,它们的化学组成与岩石不同,据推测是由液态水中的物质凝固而成。"机遇"号拍摄的照片显示,岩石上有一些扁平的小洞,这些小洞是结晶体在水中分解后遗留而成。"机遇"号使用光谱仪在岩石内部探测到了大量的硫磺,而这些硫磺只可能来自于水环境中形成的硫酸盐。"机遇"号的另一台光谱仪找到了黄钾铁矾,这是一种通常在水中形成的罕见物质。

"机遇"号发现火星曾经存在液态海洋的证据不久,"勇气"号在火星的另一面也发现了液态水留下的痕迹,但是那里的水相比之下要少很多。

"勇气"号的穆斯堡尔光谱仪在哥伦比亚山的岩层中探测到了铁的氢氧化物以及铁的硫酸盐。它们一般在有水的条件下形成,因此这个发现是该地区曾经存在水的有力证据。同时还发现该地区土壤中大量铁以三价氧化物的形式存在,也是该地区曾经存在水的证据。从微型热辐射光谱仪测得的数据显示,该处存在大量富含碳酸盐的岩石,同样证实了该地区曾经存在水。

为了表彰"机遇"号探索火星的极大贡献,荷兰天文学家 Ingrid van Houten – Groeneveld 提议将小行星 39382 取名为"机遇"号。他和另外两位天文学家 Cornelis Johannes van Houten 以及 Tom Gehrels 于 1960 年 9 月 24 日共同发现了这颗小行星。

图 2 – 245 为"火星探测漫游者"拍摄的一组照片。

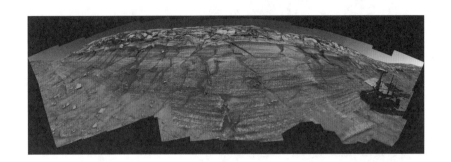

273

图 2－245 "火星探测漫游者"拍摄的照片与其自己合成的一组照片（图片来源：NASA）

2.12 火星勘测轨道器(2005 Mars Reconnaissance Orbiter)

表 2－30 为"火星勘测轨道器"概况。

表 2－30 "火星勘测轨道器"概况

探测器名称	Mars Reconnaissance Orbiter
任务类型	环绕器
发射日期	2005 年 8 月 12 日
到达日期	2006 年 3 月 10 日
运载火箭	Atlas V501

探测器名称	Mars Reconnaissance Orbiter
探测器尺寸	高 6.5m
质量	发射质量 2180kg,包括探测器干重 892kg,科学载荷 139kg,燃料 1149kg
科学载荷	高分辨率成像科学实验仪,背景相机,火星彩色成像仪,火星小型勘测成像光谱仪,火星气候探测仪,浅表层雷达,重力场探测套件,大气层结构探测加速仪,电子超高频通信与导航套件,光学导航相机,Ka 频段通信试验包
控制系统	三轴稳定姿态控制,16 台 0 - 1 式太阳敏感器(其中 8 台作为备份),两个恒星敏感器,两个惯性导航设备,每个包括了三个加速器与三个陀螺仪。姿态机动主要用 3 个 10kg 的反作用飞轮来完成。0.9N 的小推力器用于飞轮卸载
通信	一个高增益天线、两个低增益天线、无线电信号放大器以及转发导航和其他无线电信号的应答器
电力	两块太阳能帆板在火星附近可提供约 2000W 的电力。两个可充电式镍氢电池,每个电池约可提供 50A·h 的电力
推进	共 20 个发动机,具有三种规格。6 个 170N 推力,用于捕获制动;6 个 22N 推力,用于轨道修正以及轨道调整;8 个 0.9N 推力,用于姿态控制和动量轮卸载

2.12.1 任务概述

2.12.1.1 任务背景

"火星勘测轨道器"(Mars Reconnaissance Orbiter,MRO)是 NASA 的 2005 年火星探测计划之一。这项计划的主要目的是将一枚侦察卫星送往火星,以前所未有的高分辨率对火星这颗红色行星进行详细考察,并且为未来的火星着陆任务寻找适合的登陆地点,同时为这些任务提供高速的通信中继功能。MRO 计划将在火星轨道运行至少四年,并且成为火星的第三个在轨运行的人造卫星(继 ESA 的"火星快车"和 NASA 的"火星奥德赛")与第五个正在使用的火星探测器(三颗轨道器加上两台"火星探测漫游者")。

MRO 携带了 6 个科学载荷和 3 个工程载荷。MRO 是第一个在火星低轨道上探测火星表层、次表层和大气特性的探测器。是 NASA 近 30 年来发射的最大、最复杂的火星探测器,也是它在 21 世纪前 10 年内发射的最后一个火星轨道器。由于财政紧张,NASA 被迫取消了原定 2009 年发射的耗资 5 亿美元的火星通信轨道器任务。

"火星勘测轨道器"(图 2 – 246、图 2 – 247)任务总耗资 7.2 亿美元,包括探测器研发和科学载荷 4.5 亿美元,发射 0.9 亿美元,任务操作科学数据处理和中继支持 1.8 亿美元。

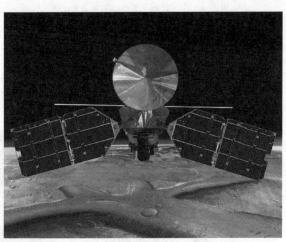

图 2 – 246　火星勘测轨道器
任务标志(图片来源:NASA)

图 2 – 247　"火星勘测轨道器"艺术图
(图片来源:NASA)

2.12.1.2　任务目的

"火星勘测轨道器"的主要科学目标是寻找水及以前存在水的证据,拍摄精细的火星表面形貌,并对一些特殊地点的目标进行高分辨率的勘测。科学探测的目的包括:

(1) 揭示火星目前的气候特性,了解不同季节和不同年份之间气候变化的实际机制和特点;

(2) 了解火星复合地层沉积地域的特性,识别与水有关的地貌;

(3) 寻找存在水和地热活动证据的地点;

(4) 识别和标示未来火星任务中最适于登陆和取样返回的地点。

此外,"火星勘测轨道器"还作为未来火星着陆任务的通信中继卫星。

2.12.2 科学载荷

"火星勘测轨道器"上携带的载荷主要有 6 大类,如表 2 - 31 所列,在轨道器上的安装位置如图 2 - 248 所示。

表 2 - 31 "火星勘测轨道器"携带的科学载荷

摄影机	高分辨率成像科学实验仪(High Resolution Imaging Science Experiment,HiRISE)
	背景相机(Context Camera,CTX)
	火星彩色成像仪(Mars Color Imager,MARCI)
光谱仪	火星小型勘测成像光谱仪(Compact Reconnaissance Imaging Spectrometer for Mars,CRISM)
辐射计	火星气候探测仪(Mars Climate Sounder,MCS)
雷达	浅表层雷达(Shallow Subsurface Radar,SHARAD)
科学实验设备	重力场探测套件(Gravity Field Investigation Package,GFIP)
	大气层结构探测加速仪(Atmospheric Structure Investigation Accelerometers,ASIA)
	电子超高频通信与导航套件(Electra UHF Communications and Navigation Package,EUCNP)
	光学导航相机(Optical Navigation Camera,ONC)
	Ka 频段通信试验包(Ka - band Telecommunications Experiment Package)

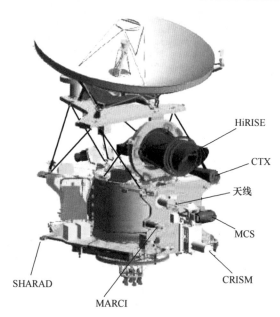

图 2 - 248 "火星勘测轨道器"的载荷分布(图片来源:NASA)

1）高分辨率成像科学实验仪（HiRISE）

HiRISE（图2－249、图2－250）摄影机包含一台0.5m的反射望远镜，这是行星际任务中使用过最大的望远镜。其的主要目的是对火星1%的表面区域实现高分辨率成像，揭示火星上峡谷、沟道、环形山、极地冰川和低层沉积物中小尺度物体的详细情况和性质，研究火星表面的地质结构和地貌形态。

图2－249　高分辨率成像科学实验仪（HiRISE）外形图（图片来源：NASA）

图2－250　高分辨率成像科学实验仪（HiRISE）组成结构图（图片来源：NASA）

在300km轨道高度上，该相机的最高像元分辨率为0.3m，具有三个成像谱段：蓝－绿（400～600nm）、红（550～850nm）与近红外线（800～1000nm）。最大幅宽6km，自身具备28Gbit的数据存储能力。为了寻找未来火星着陆任务的合适登陆地点，HiRISE亦可产生成对的立体影像。HiRISE长1.4m，直径70cm。

2）背景相机（CTX）

背景相机是一台具有广角镜头的数码相机，具有较大的视野，可以提供较宽广区域的照片，从较大尺度上分析判断地质结构和地形地貌。其光学装置包括了一台焦距为350cm的Maksutov望远镜以及一台5064像素宽的线性阵列CCD。背景相机主要为高分辨率成像科学实验仪和火星小型勘测成像光谱仪所得的数据提供更宽范围的背景图像，所以其分辨率不像后两者高。在400km的高度，背景成像仪能够获得横跨40km范围的地表图像，分辨率为8km。

3）火星彩色成像仪（MARCI）

火星彩色成像仪（图 2 - 251）具有 140°的视场，在 4 个可见光波段（425nm、550nm、600nm 和 750nm）和 2 个紫外波段（250nm 和 330nm）获得火星的全球图像，帮助描绘火星气候的天、季节和年度变化，提供火星每天的天气报告，揭示火星的季节性以及不同年份间的气候变化特征，观察大气中臭氧、尘埃和二氧化碳的变化情况。

图 2 - 251　火星彩色成像仪（MARCI）（图片来源：NASA）

火星彩色成像仪在可见光波段能以 2.1mrad 的瞬时视场对一些大气现象绘制分辨率为千米级的图像，这些现象包括云、雾和沙尘暴。其紫外波段数据可用于定量的表征大气臭氧丰度和分布。

4）火星小型勘测成像光谱仪（CRISM）

火星小型勘测成像光谱仪（CRISM）（图 2 - 252）主要目标是详细寻找火星表面与水有关的矿物分布，寻找火星表面在远古时代由于存在水和可能的温泉、地热蒸汽喷口、湖泊或水塘而形成的矿物质痕迹，提供火星表面在古代的液态水和长期相互作用而产生的矿物质沉积的地质证据。

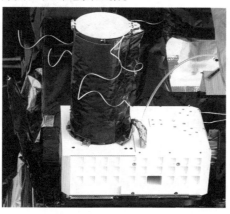

图 2 - 252　火星小型勘测成像光谱仪（CRISM）（图片来源：NASA）

火星小型勘测成像光谱仪是一个可见光－红外成像光谱仪,其具有一个可扫描的视场,其工作波段为370~3920nm,每个通道的带宽为6.55nm,这意味着火星小型勘测成像光谱仪可以获得火星表面矿物的宽波段信息。其高分辨率(300km的轨道高度为18m每像素)可以解译出一座房屋大小的沉积物。进入火星轨道以后,火星小型勘测成像光谱仪就开始对火星表面反射的太阳光进行研究。火星小型勘测成像光谱仪将反射光送入分光仪,分为544个颜色。这样宽范围的颜色将有助于确定火星表面的矿物成分。

5)火星气候探测仪(MCS)

MCS为一个9个频道的光谱仪,1个为可见光/近红外线,剩下8个为远红外线,这些频段可以用来观测气温、压力、水蒸气与沙尘等级。MCS将会观测火星地平面上的大气,并且将大气以5km为一单位垂直分层,针对每一层的大气进行测量。这些测量值将会组成火星的每日全球天气图,让科学家了解火星天气的基本变量:气温、压力、湿度与沙尘密度,从而了解火星目前的天气和气候状况,以及未来可能发生的变化。

6)浅表层雷达(SHARAD)

SHARAD主要用于探测火星极地冰冠的内部结构(图2-253),并且收集火星地层下的冰、岩石甚至是地下水的结构。通过地表下反射的回波,可以获知火星地表下的低层特征和层序,以及火星历史上地质作用造成的地层沉积。

图2-253 MRO使用浅表层雷达探测火星的示意图(图片来源:NASA)

SHARAD将会在15~25MHz的高频无线电波工作,水平分辨率在0.3~3km之间,垂直分辨率可达到15m,并且探测火星地表下1km深的地层。SHARAD将会与"火星快车"上的MARSIS雷达一起工作,因为MARSIS雷达的分辨率较低,但可深入地表下较深之处。这两个雷达均由意大利航天局操作。

7)重力场探测套件(GFIP)

火星重力场的变化可以由"火星勘测轨道器"的速度变化推导而来,而"火星

勘测轨道器"的速度变化可以由地面通过多普勒测速方法得知。研究人员通过精密跟踪观测"火星勘测轨道器"(MRO)在环绕火星各处飞行时无线电通信信号的多普勒频移变化来确定火星的重力场,并绘制火星的重力分布图。这些调查结果将用来分析火星地表下数百千米尺度范围的地质结构,以及构成火星物质的刚性,确定火星地表产生地表特征的地质过程和近地空间的空间物理学过程。

8)大气层结构探测加速仪(ASIA)

轨道器上灵敏的加速器可以用来探测轨道器所在位置的大气密度。这项实验仅会在进入科学观测轨道前的大气制动阶段,且当轨道器进入火星大气层较密的高度时进行。这些数据将提供有关火星低层大气和高层大气之间的关系,以及季节风和沙尘暴对大气密度的影响和变化等信息。

9)电子超高频通信与导航套件(EUCNP)

EUCNP为一超高频天线,将与为未来的火星计划进行通信,并且帮助这些计划的登陆器导航、登陆与定位。"火星勘测轨道器"将使用 EUCNP 的超高频(UHF)通信设备为"凤凰"号和"好奇"号着陆任务提供导航、指挥和数据回传服务。当火星着陆器和漫游车降落到火星表面,电子通信导航组件可以为它们提供精确的多普勒数据。结合"火星勘测轨道器"的位置信息,就能精确地确定着陆器和漫游车在火星表面上的位置。

电子通信导航组件还能用 UHF 波束覆盖火星登陆器和火星漫游车。如果登陆器和漫游车的通信系统没有足够的功率直接与地球通信,电子通信导航组件可以提供通信中继。

10)光学导航相机(ONC)

在巡航段末期接近火星时,光学导航相机将会拍摄火星的两个卫星在背景恒星上的移动,以精确测定火星勘测轨道器的飞行轨道。本任务并不是必须达成的重要任务,主要用作工程验证。

11)Ka 频段通信试验包(KTEP)

"火星勘测轨道器"的 Ka 频段通信试验包由 JPL 研制,用于演示 Ka 频段通信(图2-254),验证探测器能否用更小的功耗实现更高的性能。地球上的深空网将每星期 2 次通过 Ka 频段传输和接收数据。目前标准的深空通信采用 X 频段。未来深空探测将增加 Ka 频段。Ka 频段的频率为 32GHz,比 X 频段高 4 倍,能够实现更高的传输速率。

2.12.3 探测器系统

"火星勘测轨道器"的主结构由强度高和质量轻的钛、碳化合物和蜂窝状铝等材料构成。探测器高 6.5m,包括一个 3m 直径的碟形高增益天线和一对 5.35m × 2.53m 的太阳能帆板(图 2-255)。发射质量 2180kg,包括探测器干重 892kg,科学载荷 139kg,燃料 1149kg。

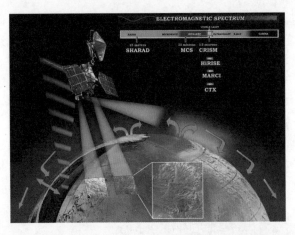

图 2 – 254　"火星勘测轨道器"上部分有效载荷的观测波段(图片来源：NASA)

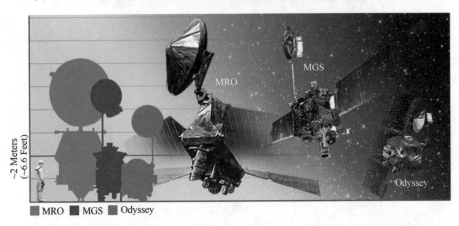

图 2 – 255　"火星勘测轨道器"与其他火星轨道器大小比较(图片来源：NASA)

　　MRO 探测器由一个主结构子系统(平台)和三个主要万向节机构组成。如图 2 – 256、图 2 – 257 所示，平台构架支撑起所有的科学载荷和工程载荷，如通信、

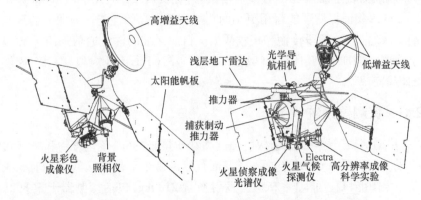

图 2 – 256　"火星勘测轨道器"构型图(图片来源：NASA)

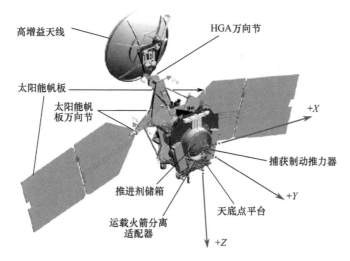

图 2 - 257　MRO 探测器坐标系定义(图片来源:NASA)

推进、指令和数据处理、制导导航和控制、电力以及热控。用于太阳能帆板(SA)的和高增益天线(HGA)的万向节具有两个自由度,每个万向节包括一个内部和外部支架电动机用于独立定位。

2.12.3.1　分系统构成

1) 指令与数据处理分系统

该分系统控制探测器的所有功能,管理探测器上的所有数据,执行来自地面控制中心的指令,通知通信分系统下传科学和工程数据,管理太阳能电池板以及蓄电池的充电,收集并处理所有来自其它系统和仪器的信息,分配其它设备任务,计算探测器的位置并进行控制,监测探测器的运行,应对探测器可能发生的各种问题。该系统主要包括计算机、飞行软件和固件记录仪。

"火星勘测轨道器"的主计算机为一个 133MHz 的 RAD750 处理器,这个处理器为强化辐射防护的 PowerPC 处理器,可以在太阳风肆虐的深空环境中提供可靠的运算处理。

飞行软件是计算机的一个组成部分,包括运行在操作系统上的许多应用软件,计算机统采用 VxWorks 操作系统。软件具有容错保护功能,可以连续监测探测飞船的数百个部件,查明可能出现的各种问题,必要时可以修复故障。如果无法修复,可以保持探测器处于待命状态。

固件记录仪是由 700 个内存芯片组成的存储器,每个内存芯片容量为 256MB,用于储存 MRO 的所有数据。探测器上的科学仪器数据都储存在这个固件记录仪上,容量为 160GB。固件记录仪存储的科学数据在发往地球后,可以再重写新的数据。

2）推进分系统

探测器的推进分系统用于执行巡航段的轨道修正、捕获制动和大气制动段的轨道调整。

探测器安装了 20 个小型发动机，具有三种规格。6 个最大的发动机每个能够产生 170N 推力，用于捕获制动。相比使用单个大发动机进行捕获制动，使用 6 个较小发动机能够降低捕获制动失败的风险。这 6 个 170N 发动机还用于巡航段的第一次轨道修正。

另外 6 个中型发动机，每个能够产生 22N 推力，用于巡航段其余几次轨道修正以及大气制动段的轨道调整。其余 8 个最小推力的发动机每个能够产生 0.9N 推力，用于姿态控制和动量轮卸载，同时在捕获制动和轨道修正时控制探测器的滚转。所有发动机均采用肼推进剂。推进剂储箱能够装载 1220kg 燃料，其中约 70% 用于捕获制动。

探测器推力器布局如图 2 - 258 所示。其中：$M_1 \sim M_6$ 为 6 台火星捕获制动发动机；$T_1 \sim T_6$ 为 6 台轨控发动机；$A_1 \sim A_8$ 为 8 台姿控发动机。探测器底板进行多边形构型设计，便于推力器的布局。

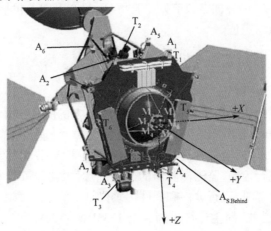

图 2 - 258　MRO 推力器布局

3）电力分系统

"火星勘测轨道器"的主要电力来源为两片太阳能帆板（图 2 - 259），两片太阳能帆板能够独立进行上下左右的移动。每片太阳能板的大小为 $5.35m \times 2.53m$，而在太阳能板表面共 $9.5m^2$ 的范围内包含了 3744 个光电电池。这些太阳能电池的转换效率非常高，可将 26% 的太阳能量转换为电力，并且可以提供绝大多数仪器运作所需的 32V 电力。这两片太阳能板在火星附近可提供约 2000W 的电力。

除了太阳能帆板之外，轨道器还使用了两个可充电式镍氢电池，当太阳能帆板无法面对太阳，或是火星将太阳光遮住时便会使用电池供给电力。每个电池约可

图 2-259 "火星勘测轨道器"的太阳能帆板(图片来源:NASA)

提供 50A·h 的电力,但轨道器无法使用全部的电力,因电池放电时连带电压也会同时降低,当电压低于 20V 时计算机便会停止工作,因此在设计上将只会使用约 40% 的电池电力。

4)制导、导航与控制分系统

"火星勘测轨道器"的 GNC 系统安装 16 台 0-1 式太阳敏感器(其中 8 台作为备份)用于判断太阳的方位。如果探测器失去了基本姿态,则可以依据这些敏感器进行太阳定向获取能源。两个恒星敏感器将会提供轨道器完整的位置与高度资讯。恒星敏感器仅是两个普通的数码相机,自动拍摄已分类过的星空影像进行自动定位。两个惯性导航设备将提供轨道器飞行的信息,每个惯性导航设备包括了三个加速器与三个陀螺仪。姿态机动主要用 3 个 10kg 的反作用飞轮来完成。0.9N 的小推力器用于飞轮卸载。

"火星勘测轨道器"使用三轴稳定姿态控制系统(ACS),它基于星跟踪器、太阳敏感器、一套惯性测量单元(IMU)以及一个反作用飞轮组合(RWA)进行姿态控制。探测器使用星跟踪器和太阳敏感器测量姿态,结合这些测量信息,还使用 IMU 用于姿态估计和递推。姿态信息经过初步处理(如星上重构)被临时储存在星上,当 DSN 通信可以使用时,通过工程遥测频道传到地面数据系统(GDS)。结合星上重构的姿态四元数和万向节角度,导航小组就能够对探测器的指向进行精确建模。

5)热控分系统

热控分系统包括:辐射器(设备和仪器产生的热量通过传导传递给辐射器,然后由辐射器辐射到空间)、表面覆层、多层和热毯、加热器。

6)通信分系统

通信分系统包括一个高增益天线、两个低增益天线(图 2-260、图 2-261)、无线电信号放大器以及转发导航和其他无线电信号的应答器。

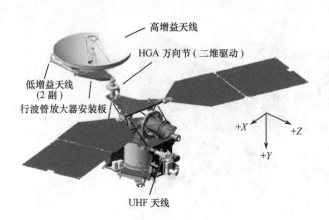

图 2 – 260 "火星勘测轨道器"
天线布局图(图片来源:NASA)

图 2 – 261 "火星勘测轨道器"的
高增益天线(图片来源:NASA)

高增益天线直径达 3m,利用一般深空任务所使用的频段(X 波段,8GHz)传送数据,也将会使用可以高速传输的 Ka 波段(32GHz)传送数据。预计从火星传送到地球的最大传输速度为 6MB/s,约为以往火星任务的 10 倍(图 2 – 262)。

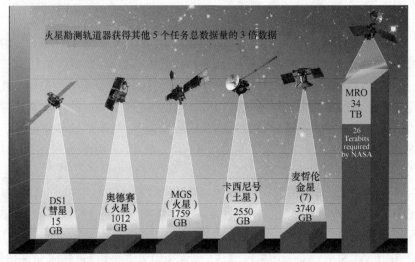

图 2 – 262 "火星勘测轨道器"与其他深空探测器传输的数据量比较(图片来源:NASA)

此外,轨道器另外有两个小型低增益天线,在紧急与特殊事件时提供低速通信,如发射与进入火星轨道时。由于这些天线发射的无线电波束比高增益天线要宽,当探测器高增益天线无法朝向地球时,地面 DSN 天线仍能通过低增益天线捕捉到信号。

探测器上共有三台行波管放大器,位于高增益天线的下面。其中两台为 X 波段无线电频率放大器(一台作为备份),可以将信号放大至 100W,另一台为 Ka 波段无线电频率放大器,传输功率为 35W。

"火星勘测轨道器"共携带两台应答器,它们是为远距离太空通信而设计的一种特殊类型的无线电接收和发射器,其中一台作为备份。应答器主要用于将来自探测器计算机的数字信息转为无线电信号,然后将数据发送往地球;并且接收来自地球的无线电信号指令,转为数字信息后输送给探测器计算机。

2.12.3.2 探测器动力学模型

精确的探测器动力学模型是精确导航的关键。建立复杂的探测器动力学模型是"火星勘测轨道器"导航的主要挑战。太阳光压、每周的动量轮卸载(AMD)致推力器点火、由于残留物质蒸发导致的极少气体泄漏以及各个天体的引力都会对"火星勘测轨道器"的巡航轨道产生影响。为了刻画 AMD 推力器点火的特性,除了被动的趋势分析,在中途巡航段还要进行两次主动标定。

非引力模型的不确定性包括:

(1) 作用在外形不规则的探测器平台、可转动的太阳能帆板和高增益天线上的太阳光压;

(2) 用于热不平衡导致的加速度;

(3) 动量轮卸载、姿态机动以及任何不可预料事件导致的推力器点火;

(4) 任何无法估计的气体泄漏;

(5) 用于轨道控制的推力器机动;

(6) 在低轨道上的火星大气阻力。

太阳光压、热排气和推力器点火的建模不准部分(Mis-modeling)是巡航段的主要误差源。在大气制动和科学观测阶段,"火星勘测轨道器"的轨道高度较低,大气阻力成为主要误差源。此外,无法精确预测的动量轮卸载事件在科学任务阶段也会对轨道产生影响。

为了建立探测器的动力学模型,JPL 使用了双精度轨道(DPTRAJ)和轨道确定程序(ODP)两个软件。引力模型包括太阳、地球、月球、火星、火卫一、火卫二以及其他行星的质点模型,另外还包括相对论效应。JPL 的 DE410 星历表用于任务的所有阶段。火星位置的不确定度小于 1km。火卫一和火卫二的星历在接近段要考虑避免探测器与其撞击。其总的位置不确定度分别是 8km 和 35km(1σ)。

(1) 太阳光压。

"火星勘测轨道器"的太阳光压(SPR)模型由一个抛物面天线组成,6 块平板代表探测器平台,2 块平板代表太阳能帆板。6 块平板沿着 X、Y、Z 轴安装,每一对分为正面和背面。当太阳能帆板平板指向探测器-太阳矢量时,天线分量可以沿着探测器的 X、Y、Z 轴安装,也可以跟踪一个特殊的天体(如地球)。探测器的姿态能够从预测的与火星相遇的姿态飞行数据中得到重构。每个部件的计算由洛克希德·马丁公司太空分部(LMSS)提供。每一个部件都有一个漫反射系数和镜反射率系数。漫反射系数代表垂直于反射表面的加速度,镜面反射代表垂直和平行反射表面的加速度。

（2）排气。

发射前的分析表明最大可能的排气加速度为 $10^{-8} km/s^2$，并且最有可能发生在发射很短时间以后。假设是指数衰减，到了中途巡航段加速度为 $10^{-12} km/s^2$。在发射后，观测到的最大加速度接近 $10^{-10} km/s^2$（在 MRO 的分离的时候），不到一个星期后下降到 $10^{-12} km/s^2$（比发射前预测的小两个数量级）。

在巡航段，"火星勘测轨道器"执行了几次设备的标定。由于标定，先前阴影表面由于姿态漂移会导致持续时间很短的排气事件。在一些设备标定时观测到的加速度在 10^{-9} 的量级。但是短时间的排气，这些排气事件不会对轨道产生长期的影响。

（3）推力器标定。

"火星勘测轨道器"的推力器是成对设计的，因此在理论上，没有额外的速度增量施加给探测器。但是，由于推力器不能精确无误地安装，将会导致一个纯平移的速度增量。为了准确预测探测器的运动，需要标定这个速度增量。这个标定包括转动探测器到三个相互正交的姿态，典型的 AMD 点火在该姿态下执行。探测器的三个固定轴指向地球。

三个姿态中的每一个有六种类型的点火方式：±偏航（绕 ±X 轴旋转），±俯仰（绕 ±Y 轴旋转），以及 ±滚转（绕 ±Z 轴旋转）。每个轴上反作用动量轮加速或减速旋转产生相应的正或负的卸载。由于速度增量是三维的，因此为了重构需要三个正交的姿态。在推力器标定中用到的卸载算法与典型的 AMD 是一致的。每一次 AMD 平均执行 75 次脉冲。

在标定期间，AMD 的速度增量是影响"火星勘测轨道器"的其中一个摄动力。为了从其他摄动力（如太阳光压）中区分这个力，在点火和姿态改变期间有一个 10min 的静止时间。包括静止时间，总的推力器标定持续约 8h。在推力器标定之间的高速多普勒数据由 LGA 收集。由遥测信息获得的反作用动量轮速度作为一个独立的外力重构源与多普勒数据进行比较。点火重构中的另一种数据类型是弱外力遥测数据。因此，标定事件具有双重目的：确定残余的速度增量以及验证星上计算的弱外力。

（4）动量轮卸载（AMD）。

"火星勘测轨道器"通过反作用轮组合（RWA）保持姿态稳定。RWA 由 3 个相互正交的 100N·m·s 反作用轮和第四个作为备份的斜装轮组成。由于探测器至少有一个轴是不对称的，太阳光压会对探测器产生一个纯力矩。这个太阳光压力矩由 RWA 吸收。由于反作用轮的可允许转速是有限的，ACS 的 0.9N 推力器会定期点火卸载积累的角动量。当角动量达到 40N·m·s 时，AMD 由成对的 ACS 推力器点火来完成。

弱外力文件用于建立由 ACS 推力器点火造成的纯 ΔV 模型。导航小组通过遥

测系统查询星上重构的弱外力数据包。数据包中的关键信息包括脉冲宽度、ΔV_s（由星上算法重构）、脉冲数量以及四元数。结合推力器标定产生的 ΔV_s，导航系统会对星上弱外力进行更新。这些 ΔV_s 作为轨道确定的标称值。在预报的过程中，导航小组基于每周对趋势的分析从而对弱外力进行重构。

2.12.3.3 行星保护约束

为了搜寻火星上可能存在生命的线索，必须禁止将地球上的微生物带入火星。美国签署了国际公约以保证在行星际任务中满足该约束。"火星勘测轨道器"的飞行硬件必须满足 NASA 行星保护政策。因此在发射前对探测器进行 500℃ 的加热灭菌措施，以保证探测器携带的细菌总数在要求的范围内。其次在星箭分离时刻要求运载火箭的"半人马座"上面级在偏离撞击火星的飞行轨道上，这将导致星箭分离时刻探测器也在偏离火星的轨道上，这个偏差由巡航段的轨道修正来消除。

2.12.4 任务过程

"火星勘测轨道器"任务包括 6 个主要阶段（表 2 - 32）：发射、行星际巡航、捕获制动、大气制动、轨道调整、科学观测以及通信中继。

表 2 - 32 "火星勘测轨道器"任务主要阶段

发射前活动	2002 年 ~ 2005 年 8 月	设计、装配和测试，并交付发射场
发射	2005 年 8 月 12 日	升空
行星际巡航	2005 年 8 月 ~ 2006 年 3 月	通向火星巡航阶段
接近火星	2006 年 3 月	接近火星
火星捕获制动	2006 年 3 月 12 日	捕获，进入环绕火星轨道
大气制动	2006 年 3 月 ~ 2006 年 11 月	轨道在火星大气层通过大气摩擦缓慢降低，进入低轨道进行数据采集
基本科学观测阶段	2006 年 11 月 ~ 2008 年 11 月	更高分辨率观察大气、地表和地下；找出感兴趣的目标和着陆点；中继；支持凤凰号的探测行动
扩展科学观测阶段	2008 年 11 月 ~ 2010 年 12 月	高分辨率目标成像，探测表面的组成和形态，揭示潜在的可居住区；极冠内部和外部结构；地下冰；火星科学实验室现场着陆支持
扩展任务 1	2010 年 12 月 ~ 2012 年 9 月	火星季节性的过程和年际变化特征；寻找表面的变化，进一步揭示火星的多样性；火星科学实验室着陆的关键事件报导
扩展任务 2	2012 年 10 月 ~ 2014 年 10 月（进行中）	探测火星大气和地表过程的年际变化特征；中继；支持火星科学实验室、"火星探测漫游者"

2.12.4.1 发射

"火星勘测轨道器"于 2005 年 8 月 12 日 11:43:00UTC 从佛罗里达州卡纳维拉尔角空军基地 41 号发射塔搭乘"阿特拉斯"V401 运载火箭发射升空(图 2 - 263)。发射窗口从 8 月 10 日开始,由于火箭陀螺仪故障因而推迟到了 8 月 12 日发射。

"阿特拉斯"V 运载火箭为洛克希德·马丁公司所研制的不可重复使用的运载火箭,现由洛克希德·马丁与波音公司研制,隶属联合发射同盟(United Launch Alliance),这是"阿特拉斯"V 火箭第一次发射行星际探测器。由于火星勘测轨道器携带了非常大的科学载荷,加上探测器本身的质量,因此需要动力强大的运载火箭来发射。

"阿特拉斯"V 系列运载火箭主发动机为俄罗斯的 RD - 180 发动机,第一节为新研发的通用核心推进器(CCB),最多可以捆绑式加装五枚航空喷气公司制造的固态辅助火箭,标准核心火箭直径为 3.8m,长 32.5m,可

图 2 - 263 "火星勘测轨道器"由
"阿特拉斯"V501 火箭发射
(图片来源:NASA)

填装 284450kg 的液态氧及煤油,标准核心火箭的推进时间约 4min,俄罗斯的 RD - 180 发动机于发射时提供推力约 400 万 N,飞行中产生的最大推力可达 415.2 万 N。

第二级的"半人马座"上面级有加压燃料槽使之稳固,并使用低温燃料(液态氢或液态氧),运载火箭的第二级直径为 1.68m,所使用发动机为两个普拉特 - 惠特尼 RL10A - 4 - 2 火箭发动机(Pratt & Whitney RL10A - 4 - 2 engines),每个发动机产生 99.2kN。惯性导航单元(Inertial Navigation Unit,INU)安装在"半人马座"上面级上。

火箭起飞后 4min 第一级发动机关机,此时火箭到达 101km 的高度。第一级关机后 10s,装载了有效载荷的"半人马座"上面级与第一级火箭分离,随后第一级坠入大西洋。分离后 9s,"半人马座"上面级发动机点火,几秒后整流罩分离。"半人马座"上面级发动机第一次点火将持续约 9min35s,将探测器和上面级送入地球停泊轨道,起飞后 13min 上面级发动机关闭,此时火箭到达 185km 高度。在上面级发动机关闭约 33 ~ 55min 后(取决于发射日期),上面级再次点火,将探测器送入行星际转移轨道。

上面级发动机第二次关机后 6min,探测器在印度尼西亚上空与"半人马座"上

面级分离,此时探测器的速度为 11000m/s。随后自动启动分离后动作序列,包括对通信分系统通电。当探测器飞越太平洋上空时,使用星上驱动指令成功展开附属物准备进行姿态确定。星箭分离后约 2min,位于日本 Uchinoura 的 34m 跟踪站获得了探测器发回的信号并传回 JPL。发射后的重构确认太阳能帆板和高增益天线成功展开。在使用两个星跟踪器中的一个获得惯性参考系后,探测器成功转到初始定位姿态并转换到飞轮控制。当探测器飞过美国加州 DSN 金石深空站上空时建立了双向通信链路,发射后的评估表明各分系统状态良好。

星箭分离后上面级会执行最后一次机动,以改变其飞行轨道防止撞击火星。

2.12.4.2   行星际巡航

"火星勘测轨道器"的地火转移轨道采用日心转角小于 180°的 1 型转移轨道。"火星勘测轨道器"的地火转移阶段持续约 7 个月时间,分成两个阶段。在地火转移的前 5 个月为巡航段(图 2 - 264),主要活动包括对探测器上的设备进行检查和标定,每天对轨道器各分系统进行监测,并通过导航来预报探测器飞行轨道并进行轨道修正。相机的检查包括对月球和"半人马座"的欧米茄(Omega)星团拍照。UHF 通信系统通过与加州斯坦福建立链路进行测试。其他还包括评估探测器个分系统和设备在空间环境中的电磁干扰。

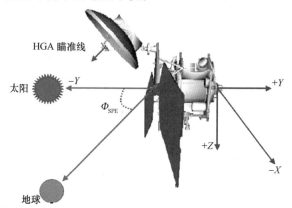

图 2 - 264   "火星勘测轨道器"巡航构型(图片来源:NASA)

1)导航与制导

"火星勘测轨道器"的导航方式使用了测距、多普勒和德尔塔差分单向测距三种方式。

巡航段导航操作的策略是基于发射前的轨道确定(OD)协方差分析、机动分析和动力学模型敏感度研究。基于这些分析在巡航段设计了四次中途修正(图 2 - 265),此外还设计了一次备份修正(TCM - 5)。TCM - 1 计划在发射后第 15 天执行,用于消除瞄准偏差和火箭入轨误差。瞄准偏差的引入是为了满足行保护需求(如避免与火星相撞),以及减少第一次使用主发动机的风险。TCM - 2、3、4 是用于修正导航误差和上次修正的执行误差,分别计划在发射后第 99 天、到达火星前 40 天和到达火星前 10 天执行。TCM - 5 的两次执行机会分别在捕获制动前 24h 和捕获制动前 6h(TCM - 5a 和 TCM - 5b)。中途修正时机的选择考虑到了不同时间与火星相遇的情况。Ⅰ 型转移轨道没有转移角度限制以及其他的奇点,所以 TCM 时间的选择主要基于标准的操作流程。

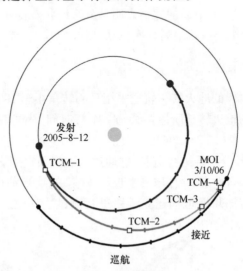

图 2 - 265 "火星勘测轨道器"的行星际巡航轨道和中途轨道修正位置(图片来源:NASA)

用于 TCM - 1 的跟踪数据在 2005 年 8 月 18 日截止。基于 6 天的飞行数据,导航小组获得了更加精确的轨道动力学模型。首先,由排气导致的非引力加速度长期项被排除;其次,通过两次动量轮卸载对其模型和误差进行了标定(但是更精确的轨道模型修正需要等待推力器标定之后);最后,重构了太阳光压模型。此外还需要对探测器的热平衡效应进行更好的估计,但是无法在 TCM - 1 设计完成之前进行。

TCM - 1 按计划在发射后第 15 天的 2005 年 8 月 27 日 22:00:00 UTC 执行,无需设置偏差即可满足行星保护约束,因此 TCM - 1 直接瞄准了目标点。为了验证捕获制动的执行模式,TCM - 1 使用了与其他几次轨道修正不同的模式。6 个轨道修正推力器点火 30s 将推进剂沉底,利用 8 个反作用控制推力器进行姿态控制。随后 6 个用于捕获制动的主发动机以 0.2s 的间隔成对点火。TCM - 1 速度增量设计值为 7.79m/s,实际执行值为 7.80m/s。期望的双向多普勒频移为 227.6 ± 22.1Hz,观测到的双向多普勒频移为 223.2Hz。两者之间的差距(- 4.5Hz)表明 TCM - 1 的执行误差在预期范围内。火星 B 平面上实际到达点与目标点偏离 3800km(图 2 - 266)。

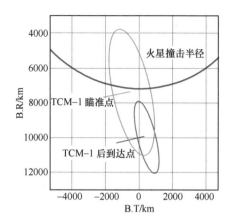

图 2-266 TCM-1 在 B 平面上的瞄准点和实际到达点(图片来源:NASA)

用于 TCM-2 的跟踪数据在 2005 年 11 月 11 日截止,此时探测器的太阳光压模型再次进行了更新,并通过推力器标定对动量轮卸载的速度增量进行了重构。这些动力学模型的优化导致了后来 TCM-3 和 TCM-4 的取消。

TCM-2 按计划在发射后第 99 天的 2005 年 11 月 18 日 22:00:00 UTC 执行,6个轨道修正发动机持续点火 19.1s,用于修正 TCM-1 的执行误差、由于排气和未建模加速度导致的导航累计误差。TCM-2 速度增量设计值为 0.751m/s,实际执行值为 0.754m/s。B 平面上瞄准点偏差只有 16km(图 2-267)。

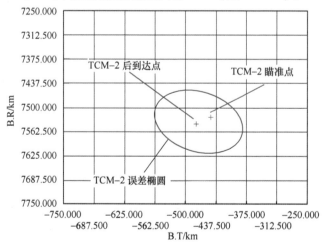

图 2-267 TCM-2 在 B 平面上的瞄准点和实际到达点(图片来源:NASA)

由于轨道预报探测器在 B 平面上的到达点位于 3σ 不确定误差椭圆内部,飞行小组取消了 TCM-3 和 TCM-4。在巡航段轨道修正的总速度增量为 8.6m/s,在发射前的统计分析预期内。

TCM – 5 有两次执行机会,第一次在捕获制动前 24h,并有 4h 的执行窗口;第二次在捕获制动前 6h,并有 2h 的执行窗口。事先计算的姿态和幅值大小通过验证并储存在探测器上。如果需要,通过一个简单的加载—开始(Load – and – Go)序列即可开始执行。

对于"火星勘测轨道器",是否执行 TCM – 5 的标准非常简单:当且仅当轨道确定解表明探测器在捕获制动后的近火点高度低于 340km 时执行 TCM – 5。而导航小组给出的轨道预报表明这个近火点高度达到了 425km,高于最低标准 85km,因此取消了 TCM – 5。

2)接近段操作

地火转移的最后 2 个月为接近段,期间主要活动是准备关键的火星捕获制动,并进行光学导航试验。在 2006 年 2 月和 3 月,"火星勘测轨道器"任务开始执行光学导航试验,试验一直持续到捕获制动前 3 天结束。光学导航相机对准火卫一和火卫二,通过比较火卫相对背景星的观测位置与预报位置,导航器计算探测器的精确位置。光学导航作为验证技术,为将来火星任务中可能的应用做准备,特别是对于着陆火星和火星轨道交会的采样返回任务。但"火星勘测轨道器"本次的捕获制动将不会采用光学导航所计算的位置信息。

为了确保成功执行捕获制动,飞行小组分成了两个小组。其中一个小组负责探测器每天的飞行活动,进行科学和工程载荷的标定。另一个小组由项目经理、探测器工程师、系统工程师和分系统工程师组成,重点关注捕获制动方案的制定、测试和演练,以将捕获制动的风险减到最小。将捕获制动指令上传到探测器前,地面进行了多次测试,并制定了若干个备份方案。

2.12.4.3 捕获制动

捕获制动的优化是通过改变机动的偏航速率、点火开始时间和初始姿态这三个参数使速度增量达到最小。"火星勘测轨道器"于 2006 年 3 月 10 日 21:36:00 开始进行捕获制动,捕获制动的目标点高度由原先设计的 491km 提高到了 518km。捕获制动期间 6 个主发动机持续点火 27min,使用常值角速率转弯机动以减小弧段点火损耗,产生速度增量为 1000.5m/s。捕获制动期间探测器的姿态由 6 个轨道修正推力器和 8 个姿态控制推力器来维持。在点火期间地面可以获得实时的工程遥测数据,传输速率为 160b/s,直到探测器进入火星背面。

3 月 10 日 22:16:00 UTC,探测器重新和地面取得联系。导航小组根据跟踪数据随后确定了探测器成功被火星捕获,进入一条周期为 35.5h,近火点高度为 425km,远火点高度为 44000km 的初始捕获轨道。如果制动后的轨道与预期轨道不符,控制中心将会在飞行器到达轨道远火点时进行轨道修正。

捕获制动过程主要节点如表 2 – 33 和图 2 – 268 所示。

表 2 - 33　"火星勘测轨道器"捕获制动过程主要节点

时间(太平洋)	事　件
7:24a. m.	最后一次轨道中途修正(如果需要)
1:07p. m.	开始转向捕获制动姿态
1:19p. m.	捕获制动姿态机动完毕
1:24p. m.	主发动机点火开始捕获制动
1:45p. m.	进入火星阴影,由太阳能转为电池供电
1:47p. m.	探测器进入火星背面与地面失去联系
1:51p. m.	捕获制动点火结束(仍然无法联系)
2:13p. m.	指向地球机动结束(仍然无法联系)
2:16p. m.	探测器飞出火星背面,重新获得联系

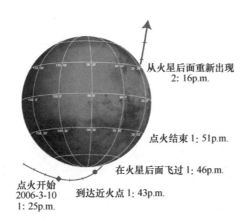

图 2 - 268　"火星勘测轨道器"捕获制动过程(图片来源:NASA)

　　"火星勘测轨道器"在开始环绕火星后,工程师将会检查探测器的健康状况。科学载荷中的三台相机,包括高分辨率成像科学相机、背景成像仪和火星彩色成像仪在运行到第三圈结束时分别将会拍摄第一张火星的照片。第二天,火星气候遥感器将会扫描火星北半球的大气来确定火星大气密度变化,以帮助制定火星大气制动飞行计划。

　　2006 年 3 月 24 日,JPL 公布了"火星勘测轨道器"发回的火星表面第一批由 CTX 与 MCI 拍摄的高清晰照片。这次拍摄以校准相机为目的,表明这些科学载荷功能正常。

　　图 2 - 269 所示为 JPL 地面团队庆祝"火星勘测轨道器"被火星捕获成功。

图2-269　JPL内的地面团队庆祝"火星勘测轨道器"被火星捕获成功(图片来源：NASA)

2.12.4.4　大气制动

在开始大气制动之前，"火星勘测轨道器"有20天的时间停留在一个几乎没有大气阻力的轨道(近火点高度是426km)上进行系统和部件的检查。

大气制动技术利用大气阻力降低航天器的速度和轨道周期，之前在"火星全球勘探者"和"火星奥德赛"任务中得到了成功运用。在为期6个月的大气制动期间，"火星勘测轨道器"的远火点高度从45000km降低到486km，轨道周期从最初的35h减小到2h，当地平太阳时从8：30p. m. 漂移到预期的3：00p. m. 。通过大气制动(图2-270)可以节约的能量约为1200m/s。

图2-270　"火星勘测轨道器"大气制动想象图(图片来源：NASA)

为了维持足够的阻力进行大气制动并避免与在轨运行的其他火星轨道器碰撞，需要在远火点施加大气制动机动(ABM)，从而降低或者提高近火点的高度。在远火点当高度降到约485km时，MRO将会执行一次大气制动终止机动(ABX)

来提升近火点高度到大气层外。如图 2 – 271、图 2 – 272 所示。

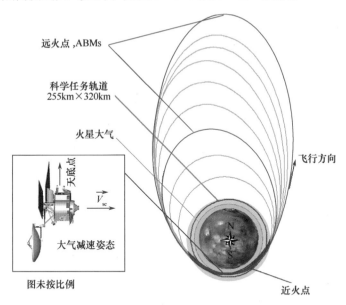

图 2 – 271　大气制动过程图 (图片来源：NASA)

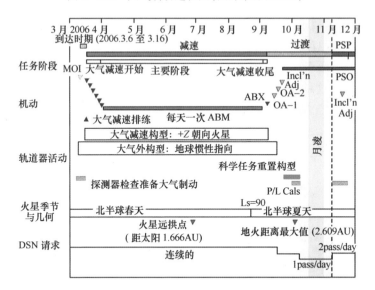

图 2 – 272　"火星勘测轨道器"大气制动时间线 (图片来源：NASA)

大气制动分为 3 个子过程。

1. 起始阶段 (Walk – in Phase)

开始制动段从 2006 年 3 月 30 日开始到 2006 年 4 月 12 日结束，持续了 2 个星期。在开始制动段，执行了 6 次大气制动机动把近火点高度从 430km 逐渐地降低到 108km,进入到火星大气层。有 20 台火箭发动机产生从 0.03 ~ 4.2m/s 的速度增量可供选择。所有的大气制动机动从这些速度增量中进行选择后执行。

2. 主阶段(Main Phase)

制动主阶段持续了 4 个月,共有 13 次主要用于维持足够大气阻力的走廊控制的轨道机动组成。远火点高度降低的绝大部分是发生在这个过程。

3. 收尾阶段(Walk - out Phase)

制动结束段持续了 1 周的时间,进行了 7 次轨道机动用于避免碰撞和维持 2 天的制动结束段工作寿命。2006 年 8 月 30 日,远火点高度达到 485km,"火星勘测轨道器"执行了大气制动终止机动,将近火点高度从 111km 提升到 215km。标志着为期 5 个月的大气制动段结束,开始过渡阶段。

在大气制动期间总计消耗 44.1m/s 的轨道机动速度增量,其中开始制动段消耗 14.5m/s,走廊控制消耗 3.4m/s,防碰撞消耗 1.2m/s,终止段消耗 25m/s。有 19 次的降轨机动降低近火点高度和 8 次升轨机动提高近火点高度,总共飞越大气层 426 次。

在大气制动阶段应用了三种探测器姿态。探测器在无大气阻力轨道部分采用对地定向姿态。这种构型如图 2 - 273 所示,在有电力供应下,探测器的高增益天线(HGA)和太阳能帆板在万向节支持下形成展翼鹰形构型。探测器的 - Y 轴指向地球, + Z 轴沿着地球矢量叉乘太阳矢量的方向。第二种姿态是阻力制动过程中的构型(图 2 - 274)。在有电力供应下,高增益天线和太阳能帆板在主万向节和次万向节支持下展开形成展翼鹰形构型。探测器的 + Y 轴指向速度方向, + Z 轴向下指向火星。这种构型下的整个阻力面积是 37.5 m^2。第三种姿态是在远火点进行机动时的大气制动机动姿态构型,这种构型的 + Y 轴沿着速度方向或者沿速度反方向(沿着速度方向或速度反方向取决于施加的机动是降低近火点高度还是提高近火点高度),除此以外与探测器在无大气阻力轨道部分的构型是一样的。

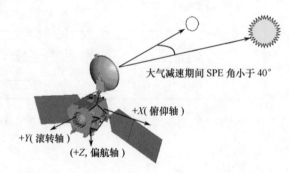

图 2 - 273　"火星勘测轨道器"大气制动的无大气阻力轨道段构型(图片来源:NASA)

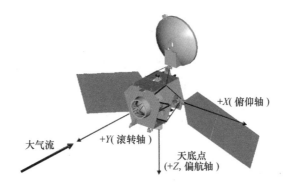

图2-274 "火星勘测轨道器"大气阻力构型(图片来源:NASA)

2.12.4.5 轨道调整

2006年8月30日在ABX结束后,"火星勘测轨道器"进入一条215km×485km的临时轨道。进入到科学观测轨道的轨道调整段持续约3个月时间。期间将进行2次轨道调整(Orbit Adjust,OA)机动、2次倾角调整(Inclination Adjust,IA)机动和2次微调机动,最后进入一条250km×315km的科学观测轨道。

2006年9月5日进行了一次综合机动(OA1,IA1),这是一次同时调整半长轴和轨道倾角的综合机动,速度增量为25m/s,随后"火星勘测轨道器"从215km×485km轨道进入295km×480km的轨道。

2006年9月11日进行了第二次轨道调整(OA2),速度增量为53m/s,随后进入一条250×315km的轨道。

2006年11月15日进行了第二次倾角调整(IA2),速度增量为6m/s。

2006年12月13日进行了两次微调机动,速度增量为1m/s。轨道调整段结束。

包括ABX在内,轨道调整段所消耗的总速度增量为100m/s。

任务小组在2006年10月7日至11月8日之间对探测器和科学载荷进行检查。当太阳处在地球和火星之间时,探测器与地球之间的通信会受到太阳辐射的干扰,探测器必须调整与太阳之间的方位后才能够进行科学探测。在此期间,"火星勘测轨道器"将保持在一个安全和静止的操作模式下。地面控制人员将对"火星勘测轨道器"进行设置,探测器上的仪器将接通电源,进行自检和标定。一些科学载荷将开机启动,如浅层探地雷达的天线开始展开,小型火星勘测成像光谱仪的防护盖也将开启。它们将对火星表面进行初次观测,调整观测模式、图像质量和数据处理方式,为下阶段收集科学数据进行做好准备。

2.12.4.6 科学观测

科学观测阶段从 2006 年 11 月开始到 2008 年 12 月结束。MRO 将以空前的高分辨率通过一个完整的火星年对火星全球进行观测。在科学观测期间,探测器通常会保持科学载荷指向火星收集数据,同时高增益天线对准地球发送数据。探测器每 28 天安排一次轨道调整机动(OTMs)来维持太阳同步轨道。

科学观测轨道的设计是基于任务的科学目标,"火星勘测轨道器"(MRO)的科学观测轨道是经过精心设计的一条近火点高度 255km、远火点高度 320km 的近极轨太阳同步轨道,当地平太阳时为下午 3 点,近火点位于南极上空,远火点位于北极上空,轨道周期为 1h52min。轨道半长轴 3775km,星下点轨迹重复周期为 17 天。

MRO 在科学观测轨道上每天环绕火星飞行 12 圈。探测器上的仪器可以探测到飞船下方 30°范围内的火星表面,经过 359 天的轨道飞行之后,可以覆盖火星表面所有地点。探测器上的高分辨率观测仪器便沿着这条狭长地带,细致观测火星上的所有特殊地点;其他广角观测仪器则利用覆盖面宽和重复观测的机会,跟踪观测火星表面同一地区随时间变化的情况。

在这一阶段,MRO 由于需要协调三个基本的观测目标,所以这次科学探测任务比以往历次火星探测任务都要复杂得多。这三个基本观测目标是:进行每日的全球观测和绘图,进行一些重点区域性勘测,以及对分布在全球数百个特殊地点的单独详细观测。许多特殊地点需要几台仪器共同协助进行测量。

在主要科学观测阶段,地面通过两个直径 34m 的 DSN 天线与探测器通信,地面每天都能够接收到 34000Mbit 的科学数据,比以往历次火星探测任务所获得数据的总和还要高,甚至超过了以往所有的行星探测任务所获得的数据总量。

2007 年 2 月 7 日,NASA 宣布"火星勘测轨道器"的高清晰成像科学实验照相机和"火星气候探测器"出现技术故障。

2009 年 8 月 26 日,"火星勘测轨道器"在第 4 次自发重启之后一直处于安全模式待机。2009 年 12 月 8 日探测器从安全模式中恢复,地面在对所有仪器进行了系统检查之后,MRO 又投入了科学观测。

2.12.4.7 通信中继

在完成两年的科学观测任务后,MRO 将作为火星着陆器与地球之间通信的中继卫星。MRO 安装的通信设备会帮助到达火星的探测器进行导航和通信。MRO 能够与火星表面的着陆器或漫游车以 1kbit/s ~ 2Mbit/s 的速度进行通信。由于 MRO 的轨道高度比较低,因此每个通信弧段持续时间只有 5s 或更少。

MRO 的首个通信中继对象是 NASA 的"火星探测漫游者"。"勇气"号和"机遇"号发回地球的数据中有 90% 是通过"火星奥德赛"探测器中继的,两个漫游车还通过 NASA 的"火星全球勘探者"和 ESA 的"火星快车"进行通信中继。

"火星勘测轨道器"将会为 NASA 未来的火星着陆任务提供协助,包括在 2007年发射的"凤凰"号着陆器与 2011 年发射的"火星科学实验室"。"火星勘测轨道器"上的高分辨率相机将会帮助这些任务评估合适的着陆地点,以确保可以进行最多的科学研究,并且降低着陆风险。"火星勘测轨道器"甚至会为火星着陆器在着陆时提供重要的导航信息,若着陆器在 EDL 过程中发生故障,"火星勘测轨道器"可能会为找到故障原因提供重要的信息。图 2-275 和图 2-276 显示了"火星勘测轨道器"拍摄到的"凤凰"号和"好奇"号在下降过程中的照片。

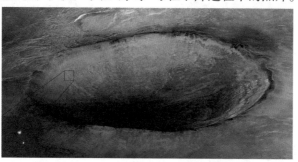

图 2-275   2008 年 5 月 25 日,"火星勘测轨道器"拍摄到的
凤凰号在下降过程中的照片(图片来源:NASA)

图 2-276   2012 年 8 月 6 日,"火星勘测轨道器"拍摄到的
"好奇"号在下降过程中的照片(图片来源:NASA)

按照计划,MRO 在 2010 年 12 月 31 日结束所有的任务。在任务结束后,探测器将会进行机动以抬升轨道高度以延长在轨运行的时间。

2.12.5 探测成果

"火星勘测轨道器"发回的大量数据显示了火星岩层、沙丘和矿物质分布等细节及过去液态水流动的证据,以及火星水循环和气候形成的信息,如图 2-277 ~图 2-283 所示。

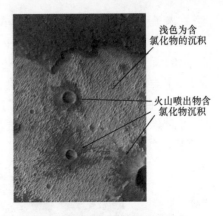

浅色为含
氯化物的沉积

火山喷出物含
氯化物沉积

图2-277 CRISM照片拍摄的碳酸盐岩石呈
绿色、橄榄石呈黄色(图片来源:NASA)

图2-278 位于萨瑞南高地的
氯化物(图片来源:NASA)

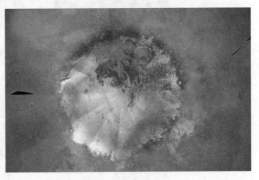

图2-279 2008年1月到9月间
成的撞击坑图片,CRISM运用光谱分析
显示冰的存在(图片来源:NASA)

图2-280 "火星勘测轨道器"上的火星彩色成
像仪在2009年3-4月间拍摄的
火星南极极冠(图片来源:NASA)

图2-281 哈拉斯盆地东部一座山周围的冲击扇。"火星勘测轨道器"上的
浅层地下雷达在类似地貌下发现了大量的水冰。本图由"火星快车"数据生成
(图片来源:NASA/Ernst Hauber/DLR)

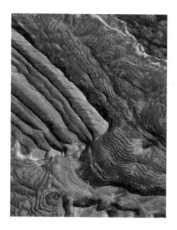

图 2－282 "火星勘测轨道器"上的 HiRISE 所拍摄的贝克勒尔环形山中的 周期性沉积(图片来源:NASA)

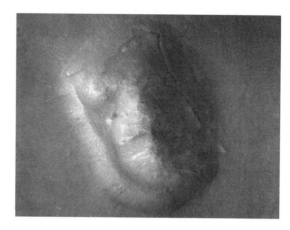

图 2－283 "火星勘测轨道器"的 HiRISE 在 Cydonia 高地拍摄的 著名火星"人脸"照片(图片来源:NASA)

303

根据"火星勘测轨道器"获得的数据显示,火星上分布着广泛的氯化物。这些氯化物是由富含水分的矿物蒸发形成的。其中的碳酸盐、硫酸盐、二氧化硅应该都会率先沉淀下来。而且火星车已经在火星表面上发现了硫酸盐和二氧化硅。有氯化物的地方过去可能存在着各种生命形式,因此,这是人类探索火星是否存在生命遗迹的理想地区。

碳酸盐矿物也预示着火星上的液态水和火星生命存在的可能性。"火星勘测轨道器"上的小型火星勘测成像光谱仪(CRISM)在艾西迪斯盆地周围的岩床中发现了碳酸盐。艾西迪斯盆地是一个撞击盆地,直径 1489km,形成于 36 亿年前。地球上的碳酸盐岩石形成于水和二氧化碳以及钙、铁或镁的相互作用。由于碳酸盐能迅速溶于酸,因此它们的存在对火星在大约 35 亿年前曾出现过多次强酸性天气的观点提出了挑战。而如果火星曾经多次拥有湿润的环境,它会增加生命出现的可能性。

2011 年 8 月 4 日,NASA 宣布 MRO 侦察到火星在温暖的月份里,其表面似乎存在流动的液态水。根据 2009 年"火星勘测轨道器"雷达的测量报告显示,火星北极地区冰盖下的冰块的体积有 821000km³,相当于地球上格陵兰岛冰块的 30%。同时火星勘测轨道器探测到在一些新的撞击坑周围有纯净的水冰。随后这些水冰逐渐升华而消失。新的撞击坑由 CTX 相机发现,CRISM 后来证实水冰在五个位置的存在。

MRO 上的高分辨率成像科学实验(HiRISE)在 2009 年火星南半球春季期间捕捉到了火星极冠干冰升华的过程。科学家通过研究这些照片可以进一步地了解火星凝固、融化过程的季节循环。

MRO 上的浅层地下雷达(SHARAD)对火星地表之下的情况进行了探测。这些布满岩石的地表保护了其下方的水冰,因为任何暴露在火星稀薄大气中的冰都会在阳光的照射下迅速蒸发。MRO 还探测了"冲积扇"——山脉或者峭壁底部坡度较缓的沉积地带。发现火星南半球哈拉斯盆地周边的冲积扇中埋藏的冰川长达数十千米且厚度达到了 800m,对北半球冲积扇的探测也得到了类似的结果。

从 20 世纪 70 年代"海盗"号任务以来,科学家已经知道了火星上有冲积扇,但无法确定这些特征是否是由水冰或者岩石碎片和少量水冰混合流动而形成的。SHARAD 则揭开了其中的原委。雷达可以穿透这些冲积扇,反射回来的信号中不存在沉积物中岩石的回波,这说明冲积扇必定几乎完全是由水冰组成的。

持续数百万年的气候循环在火星其他地方的岩石中镌刻下了它们的印迹。HiRISE 在火星阿拉伯地区的 4 个环形山沉积岩层中发现了有规律的图案。在这些环形山中厚度相仿的沉积层多达数百层。这一现象可能对应于火星自转轴倾角的变化,因为后者也经历了相似的循环变化。

这一发现源于 HiRISE 的立体图像,通过在轨道上以略微不同的角度观测同一地点,科学家们就能确定出每个沉积层的厚度。有了立体信息之后,这些沉积层重复出现的模式就变得清晰可见。

2.13 "凤凰"号(2007 Phoenix)

表 2 - 34 为"凤凰"号概况。

表 2 - 34 "凤凰"号概况

探测器名称	Phoenix
任务类型	着陆器
发射日期	2007 年 8 月 4 日
到达日期	2008 年 5 月 25 日
运载火箭	Delta II 7925
探测器尺寸	巡航构型:直径 2.64m,高 1.74m,太阳能电池翼展开尺寸 3.6m 着陆器:高 2.2 m,太阳能电池翼展开后宽 5.52m,直径 1.5m,机械臂长 2.35m
质量	发射质量 664kg,包括巡航级 82 kg,后壳 110kg,防热罩 62kg,着陆器 410kg,着陆器的质量还包括载荷 59kg,燃料 67kg
科学载荷	机械臂(RA)、机械臂相机(RAC)、表面立体成像仪(SSI)、热与释出气体分析仪(TEGA)、显微镜电化学与传导性分析仪(MECA)、火星下降成像仪(Mars Descent Imager,MARDI)和气象站
控制系统	巡航级三轴稳定,一个星敏感器和两个太阳敏感器获取惯性姿态基准 在火星进入下降和着陆时利用惯性测量单元和雷达高度计来获得着陆器的运动和位置信息,每个惯性测量单元包括加速度计和环形激光陀螺仪

（续）

探测器名称	Phoenix
通信	巡航段通过中增益 X 波段天线直接与地球联系 着陆后使用超高频（UHF）与火星轨道器进行通信，同时还可以通过中增益 X 波段天线与地面深空网直接通信
电力	巡航级：太阳能帆板跨度 3.6m 着陆器：Spectrolab 三结电池阵，展开面积为 4.2m^2。可重复充电的 25A·h 锂离子电池
推进	共安装了 20 个推力器，使用肼作为燃料。其中 12 个（每个 293N）安装在着陆器底板周围，另外 8 个推力器用于巡航段的轨道控制（4 个，每个 15.6N）和姿态控制（4 个，每个 4.4N）

305

2.13.1 任务概述

2.13.1.1 任务背景

　　1997 年"火星探路者"继"海盗"号于 1976 年之后第一次成功着陆火星，NASA 火星项目的管理者秉承着当时 NASA 局长丹·戈尔丁（Dan Goldin）"更快、更好、更省"的方针，打算每两年向火星发射两个新型的小探测器。1998 年初，NASA 启动了"火星勘探者"（Mars Surveyor Program，MSP），该项目包括一个轨道器（MSP'01 Orbiter）与一个着陆器（MSP'01 Lander），两个探测器对火星进行协同探测。MSP'01 轨道器随后被命名为"火星奥德赛"（Mars Odyssey）。MSP'01 轨道器对火星表面特征进行全球勘测，而 MSP'01 着陆器将对"火星奥德赛"轨道器获得的数据提供现场检验。

推出"火星勘探者规划"(MSP)的途径类似于1999年的一对火星探测器,即"火星气候轨道器"(MCO)与"火星极地着陆者"(MPL)。但是1999年12月由于导航指令中米制单位和英制单位的差异,导致"火星气候轨道器"进入过低的火星轨道在大气中烧毁。3个月后,由于反推火箭过早关闭,"火星极地着陆者"在降落到火星南极的过程中与地球失去了联系。为了满足新的可靠性目标,MSP'01着陆器的改进与补充试验需太多的时间,不可能在预定的发射日期前完成,最后停止了准备在2001年发射的着陆器的研制工作。因此,2001年的"火星勘探者规划"(MSP)仅有轨道器,即"火星奥德赛",该任务获得了圆满成功。

2002年,NASA发起了一场低成本火星侦察任务竞赛,取名为"火星侦察计划"(Mars Scout Program, MSP)。该计划采取一种新的任务承包模式——首席专家(Principle Investigator, PI)负责制,即由首席专家提出项目通过投标竞争,获得经费支持,故称PI计划。这类计划允许利用一些有风险的技术或者通过不太成熟的途径,以较低的成本在较短的时间内完成研制与发射,对主任务的某些探测结果做进一步探测和验证。

经过激烈的投标竞争,共有4个火星侦察计划的项目获得通过,并确定了承担单位。这4个项目是:

(1)"白羊座"(Aries),这是一架火星飞机。它在进入火星大气层后,与轨道器分离,展开机翼,在火星大气层中做短时间的滑翔飞行,从低空对火星表面进行较详细的观测。

(2)SCIM,这是一种飞越式探测器。它以火星的逃逸速度从火星低层大气中掠过,采集大气样品后返回地球。

(3)Marvel,这是在非常成功的奥德赛轨道器基础上设计成的小型轨道器。它将携带高灵敏度的仪器,主要用于探测火星上可能存在的极微量的生物物质,以验证是否存在生命。

(4)"凤凰"(Phoenix)着陆器。它准备在火星靠近北极的地区着陆,探测火星表面及表面下层是否有水冰,以验证奥德赛轨道器发现北极地区有冰沉积物的推断。

来自美国亚利桑那大学的彼得·史密斯(Peter Smith)教授负责4个火星侦察计划提案的照相机部件,并且成为他自己提案——"凤凰"号任务——的首席科学家。史密斯的提案非常精巧,它将利用2001年被取消的、与"火星极地着陆者"类似的MSP'01着陆器硬件,只不过着陆的地点从南极变到了北极。原"火星极地着陆者"的成员、史密斯在亚利桑那大学的同事比尔·博因顿(Bill Boynton)当时正负责于2001年发射的"火星奥德赛"探测器上的γ射线光谱仪。他发现在火星极地冰帽周围靠近地表的地方有氢的存在。这预示着在火星北部的平原中可能有水冰的存在,而且这些水冰非常靠近地表,只要轻轻一铲就能破土而出。在水冰的问题上,北部平原和火星极地着陆者所选择的南极地区很类似。但是北部平原的优势是它更加平坦,而且几乎也没有什么巨石。再加上海拔要低得多,因此探测器在那里着陆可以有更多的大气来减速。该探测器后来被命名为"凤凰"号(Phoenix),这个名称有着特殊含义,NASA 希望它能在以前任务失败的基础上,完成凤凰涅槃般重生。

"凤凰"号提案提出在北部平原着陆的两大科学目标:研究火星北极水的历史以及评估冰、土交界处的生物学潜力以便寻找火星上适宜生命存在的环境。2003 年,"凤凰"号(图 2-284~图 2-287)击败了许多风险要小很多的项目赢得了竞赛,成为 NASA 火星侦察低成本探测计划的第一个探测器。史密斯也成为了"凤凰"的掌门人,作为喷气推进实验室(JPL)的项目主管,他将对项目的合同和建造全权负责。

图 2-284　2006 年,工程人员在组装"凤凰"号着陆器(图片来源:NASA)

图 2-285　工程人员将"凤凰"号着陆器装入气壳系统(图片来源:NASA)

"凤凰"号的设计科学使命为 3 个月,这是自 30 年前"海盗"号火星探测器在火星上钻孔探测之后,人类探测器再次将探测范围延伸到火星地表之下。"凤凰"号将在防热罩、降落伞与反推火箭推进器的协助下,缓缓降落在火星冰封的地表上,然后利用太阳能电池板蓄积的电力,伸出长约 2.3m 的机械手臂向下挖掘,并由"凤凰"号先进的仪器对土壤中的水冰加以分析。

图 2 – 286　任务小组人员在 JPL 控制室庆祝"凤凰"号成功着陆,左三为"凤凰"号首席科学家彼得·史密斯(图片来源:L. K. HO/AP)

图 2 – 287　"凤凰"号任务标志(图片来源:NASA)

　　"凤凰"号任务的分工如下:JPL 负责项目管理、项目系统工程、有效载荷管理、任务保证、任务系统管理和项目科学家,此外还提供显微镜电化学与传导性分析仪、机械臂和有效载荷电子线路盒。洛克希德·马丁公司负责飞行系统(着陆器制造)、试验床和试验硬件、总装与测试以及运行阶段的运行支持。亚利桑那大学负责在校内建立科学运行中心(SOC)和有效载荷互操作性试验床(PIB),此外还提供热与气体分析仪、表面立体成像仪和机械臂相机 3 件有效载荷仪器。

　　除上述 3 家主要研制单位外,加拿大航天局也参与"凤凰"号的项目,他们为气象站提供温度压力测量装置和探测近火星表面大气、云层、尘粒和气溶胶的激光雷达。马克思普朗克(MaxPlanck)大气研究所为机械臂相机进行校准和试验。Neufchatel/Swiss 联邦工学院提供原子力显微镜。哥本哈根大学为表面立体成像仪提供校正目标用的磁铁。

任务期间,除科学运行中心全面负责运行管理外,"凤凰"号任务小组的成员,即 JPL 和洛克希德·马丁公司各自的任务小组成员都将齐集亚利桑那大学的科学运行中心,参与监视着陆器飞行情况,同时 JPL 和洛克希德·马丁公司也作为后备的运行监控中心,必要时给予运行管理支持。

"凤凰"号项目共耗资 4.2 亿美元,包括研发、科学载荷、发射和操作,加拿大航天局提供的气象站耗资 3700 万美元。

2.13.1.2 任务目的

"凤凰"号任务的目的是寻找火星北极土壤中可能存在的生命特征,对浅层地下的水冰进行研究。"凤凰"号任务的科学目标包括:

(1)至少在 90 个火星日时间段内,对火星 70°N 附近测定极区气候与天气,与地面的相互作用,以及较低大气的组成,重点为水、冰、尘、惰性气体,以及二氧化碳。测定在穿过大气的下降区间的大气特性。

(2)表征地形学与形成北部平原的主动过程,以及近表面区域的物理性质,重点为水的作用。

(3)测定水性矿物学与化学,以及表土的吸附气体与有机物含量,验证奥德赛(Odyssey)关于近表面冰的发现。

(4)表征水、冰与极区气候的历史,测定表面与火星表面下环境的过去与现在的生物学潜能。

2.13.2 科学载荷

"凤凰"号运载亚利桑那大学的改良全景照相机和 Volatiles 分析仪器,并且弥补了 2001 年着陆失败的"火星极地着陆者"的火星测量任务,包括 JPL 沟槽挖掘机器手臂和化学显微学仪器的实验。科学载荷包括登陆系统和气象仪器设备。主要科学仪器有

1)机械臂(Robotic Arm,RA)

它是"凤凰"号探测器上最重要的设备,用来挖取火星表面及表面下层的土壤样品。机械臂长 2.35m,有 4 个自由度,末端装有锯齿形刀片和波纹状尖锥,能在坚硬的极区冻土表面挖掘 1m 的深坑。它将挖得的样品送入着陆器搭载的显微镜电化学与传导性分析仪和热与气体分析仪中进行化验分析。机械臂还可为装在臂上的相机调整指向,引导测量热与电传导性的探测器插入土壤。

2)显微镜电化学与传导性分析仪(Microscopy Electrochemistry and Conductivity Analyzer,MECA)

MECA 是在"火星勘探者"计划中所使用的仪器基础上略加改进而成的,包括湿化学实验室、光学显微镜、原子力显微镜和热电传导性探测器 4 台仪器,用以检

测土壤的元素成分以及给土壤样品拍摄成像。

湿化学实验室有 4 个茶杯状烧杯，每个烧杯均只能使用 1 次，内壁安装有 26 个传感器，可以同时对火星地表和地下三个不同深度处的样品进行对比分析，该设备可以研究火星土壤中的可溶性化学物质。

光学显微镜和原子力显微镜能够测量土壤颗粒和可能出现的冰颗粒的大小、形状和颜色。土壤颗粒的形状和尺寸分布能够透露火星土壤经历的环境条件。光学显微镜能够通过 12 个发光二极管（LED）对红、绿、蓝、紫 4 种不同光源排列组合照亮样品获得样品的色彩信息。原子力显微镜通过弹簧尖感知颗粒的表面形状拼接成图像。

热电传导探测器（图 2 - 288）安装在机械臂末端，有一排小型探针，共 4 根，能够借助机械臂在不同深度插入火星土层检测土壤电传导及其他特性。

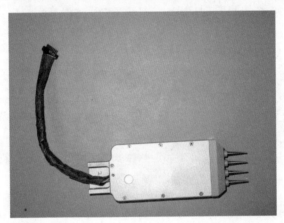

图 2 - 288　热电传导探测器（图片来源：NASA）

3）热量和释出气体分析仪（Thermal and Envoled Gas Analyzer，TEGA）

TEGA 包括微分扫描热量计和质谱仪两部分，用以对土壤样品的吸热和散热过程进行观测记录，并对加热后释放出的挥发物进行分析。

分析仪（图 2 - 289）有 8 个微型样品烤箱，烤箱长约 1cm，直径 2mm，每个烤箱只能使用一次。分析开始时样品通过筛子过滤后滑落进入烤箱。实验过程中，烤箱逐渐加热，温度最高能达到 1000℃。样品中的水和其他挥发性成分变为气体进入质谱仪。实验能够提供两种类型的数据，一种是微分扫描热量计监测获取的恒定速率升温所需的功率，这种数据反映了样本中物质从固体到液体再到气体的相变温度。另一种是样品通过加热释放或析出的气体经过质谱仪测得的化学成分和物质组成信息。

4）表面立体成像仪（Surface Stereo Imager，SSI）

"凤凰"号的 SSI（图 2 - 290）继承了"火星极地着陆者"的 SSI，带有升级的"火

图 2 – 289　实验室里的热量和释出气体分析仪，

但是在火星上样本并不总能倒入其中

（图片来源：NASA/JPL – Caltech/UNIV. ARIZONA/MAX PLANCK INST）

星探测漫游者"CCD 相机，可进行高分辨率地质测绘、机械臂作用范围图示、多谱分析以及大气观测。SSI 勘测着陆点地质情况，拍摄着陆位置地形的高清晰度、彩色、立体图像，提供区域地图，以支撑自动臂的挖掘操作，并且从地面之上 2m 进行大气尘埃与云彩的测定。SSI 的两只"眼睛"可在蓝色、红色，以及近红外区构造立体图像。滤波器可在地质方向以 12 波长测绘，在大气方向以 8 波长测绘。太阳图像用于获得不透度（不透风系数），天空图像用于分析大气微粒与尘/云的性质，着陆器图像用于评定尘埃沉积速率。

图 2 – 290　表面立体成像仪（SSI）（图片来源：NASA）

5）机械臂相机（Robotic Arm Camera，RAC）

RAC 安装在机械臂末端的挖掘铲上，用以拍摄机械臂采集的土壤样品的高分辨率图像，分析土壤颗粒的类型和大小。RAC 以高分辨率观察沟槽壁以及构式采集器中的样本。RAC 附连在自动臂（RA）腕部，对所有采集的样本、构式采集器顶端的土质、沟槽堆料，以及沟槽壁(SSI看不见)进行成像。这些图像被用于分析细粒分类与大小。RAC可以从10mm至无限远聚焦，分辨率为10^{-6}rad/像素，可用红、绿、蓝LED对样本照明。

6）火星下降成像仪(Mars Desent Imager，MARDI)

火星下降成像仪(图2-291)质量为480g，快门时间为4ms，用于"凤凰"号在下降过程中向下拍摄火星表面，勘察着陆点附近的地质情况。成像仪将在探测器的防热罩脱落后开始工作，在着陆过程最后阶段最多可拍摄20张图像。相机的视场为65.9°，使用KodakKAI-1001(1024×1024)探测组件，像元分辨率为9μm。

麦克风

图2-291　火星下降成像仪(Mars Desent Imager，MARDI)(图片来源：NASA)

7）气象站(Meteorological Station，MS)

MS是加拿大宇航局为"凤凰"号着陆器专门研制的新仪器，是仅有的为"凤凰"号设计的新仪器。MET包括两部分：固定朝上的激光定位仪(激光雷达)(Light Detection and Ranging，Lidar)，以及可连续运作的温度与压力站。Lidar提供火星边界层(Planetary Boundary Layer，PBL)的测量结果，即关于PBL内的云雾、尘烟的深度、位置、结构与光学性质的数据。对PBL的深入研究是理解表面大气相互影响(特别是挥发物的交流)的关键。温度与压力测量继承自"火星探路者"。利用一个相似的可伸展的桅杆，3个E型热电偶(温差电偶)被放置在沿1m长桅杆往上的台架上，提供近表面温度的分布。压力转换器(PressureTransducer)安装在有效载荷电子箱(Payload Electronics Box，PEB)里面，使这个传感器的温度保持在必要的范围内。温度与压力的测量将用于表征局部大气特征。它由激光雷达和温度压力测量装置两部分组成，可以监测火星大气层的尘埃、温度等变化，记录火星北极每天的天气状况。

图2-292所示为"凤凰"号的科学载荷。

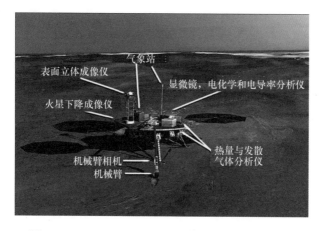

图 2 – 292　"凤凰"号的科学载荷（图片来源：NASA）

2.13.3　探测器系统

"凤凰"号探测器由巡航级、气壳系统和着陆器三部分组成（图 2 – 293），发射质量为 664kg。

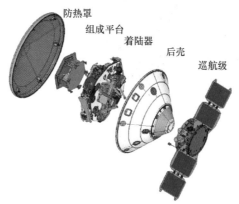

图 2 – 293　"凤凰"号结构分解图（图片来源：NASA）

2.13.3.1　巡航级

"凤凰"号巡航级质量为 82kg，直径 2.64m，高 1.74m，太阳能帆板跨度 3.6m。巡航级采用 4 个反作用推力器进行三轴稳定控制，巡航段姿态控制和中途修正采用 4 个小的反作用控制推力器和 4 个大的中途修正推力器。

巡航级包括太阳能帆板、姿态控制敏感器（太阳敏感器和星敏感器）与两个通信天线（一个低增益天线 LGA 和一个高增益天线 MGA），以及两个 X 波段应答机。两个天线定向于探测器 – X 轴方向。在进入火星大气层前约 5min 巡航级与进入系统分离。

2.13.3.2 气壳系统

"凤凰"号的气壳系统(图 2 - 294)由后壳与防热罩组成(包括安装在外壳上的降落伞及其他仪器设备),气壳总质量为 172kg,其中后壳 110kg,防热罩 62kg。

"凤凰"号继承了来自"火星探路者"的伞系统,但由于工作条件的变化(因发射年份与着陆地不同而引起大气密度与温度的改变),对伞系统进行了改进。"凤凰"号使用的降落伞直径为 11.8m,与"火星极地着陆者"使用的伞相同。降落伞织品由聚酯(Polyeoter)换为尼龙(Nylon),并且伞身设计回到"海盗"号使用的楔形三角布布置(Gore Panel Layout),以增强阻力性能。

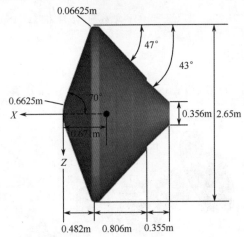

图 2 - 294 "凤凰"号着陆器气壳构型(图片来源:NASA)

2.13.3.3 着陆器

"凤凰"号着陆器(图 2 - 295)总质量为 410kg(含科学仪器 59kg,燃料 67kg)。着陆器在构型上与丢失的"火星极地着陆者"(MPL)相似。"凤凰"号着陆器包括一个八边形基板,基板由 3 条着陆器支架支撑,平台直径 1.5m,高约 2.2m。两个八边形太阳能电池板翼从基板延伸出,跨度 5.52m,为着陆器提供电能。自动臂与多种科学仪器装配在基板上。"凤凰"号着陆器应用动力降落系统实现软着陆。许多详细设计工作直接来自丢失的 MPL 与项目中止的 MSP'01 着陆器(仅完成约70%),并且也考虑了在那些任务期间所吸取的重要的教训。当然,基于 MPL 与MSP'01 着陆器的设计与已有的硬件,"凤凰"号着陆器也做了不少改进,以满足新的使命需求。

在着陆器底板上还携带了一张光盘,上面记录了来自全地球 70 多个国家的超过 25 万人的名字,同时光盘内容还包括了有关火星的文学作品、艺术品和音乐。

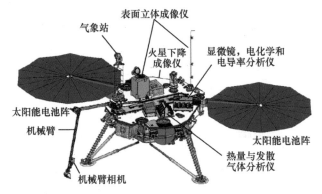

图 2-295   "凤凰"号着陆器构型(图片来源:NASA)

1) 推进分系统

"凤凰"号共安装了 20 个推力器,使用肼作为燃料。其中 12 个安装在着陆器底板周围,在着陆腿触地前半分钟点火以实现安全软着陆。每个推力器提供 293N 推力,都能单独工作来调整速度和保持着陆器的姿态稳定。

另外 8 个推力器用于巡航段的轨道和姿态控制。这 8 个推力器仍然安装在"凤凰"号着陆器上,但喷嘴通过气壳系统的后壳。其中 4 个用于巡航段轨道修正,每个提供 15.6N 推力;其余 4 个为姿态控制系统(Attitude Command System, ACS),每个提供 4.4N 推力。

2) 电力分系统

与"火星极地着陆者"相比,"凤凰"号探测器的最大变化是提高了太阳能电池的性能。"凤凰"号着陆点是在火星北极区,而 MSP'01 预定着陆点是赤道附近,因此"凤凰"号太阳能电池阵的太阳入射角(太阳方向与太阳阵法线之间的夹角)加大。需要提高太阳能电池阵效率,以在到达火星时提供足够的电能。因此,来自 MSP'01 太阳能阵的双结电池的数目将减少,并使用 Spectrolab 三结电池,这种新型三结电池已用于火星探测漫游车(MER)。太阳能电池板展开面积为 $4.2m^2$。还有一对可重复充电的 25A·h 锂离子电池。巡航级也携带了太阳能帆板。

3) 指令和数据处理分系统

"凤凰"号指令和数据处理分系统的核心是一台 RAD6000 微处理器,它能够以三种不同的速度运算:每秒 5 百万、1 千万和 2 千万次脉冲。还包括 74MB 的动态随机储存器和闪存。

4) 通信分系统

在巡航段,"凤凰"号通过安装在巡航级上的中增益 X 波段天线直接与地球联系,具备接收和发送的功能。两个低增益天线作为备份,分别用于接收和发送。发送速率最高达到 2100b/s,接收速率最高达到 2000b/s。

着陆后,"凤凰"号会使用超高频(UHF)与"火星奥德赛"、"火星勘探轨道器"

以及 ESA 的"火星快车"进行通信。同时还可以通过中增益 X 波段天线与地面深空网直接通信。发送速率能够达到 8000b/s、32 000b/s 和 128000b/s。

图 2-296 为"凤凰"号着陆器与地球之间的多种通信方案。

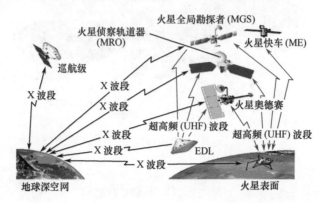

图 2-296 "凤凰"号着陆器与地球之间的多种通信方案(图片来源:NASA)

5)制导、导航与控制分系统

"凤凰"号巡航级安装了一个星敏感器和两个太阳敏感器来获取探测器姿态基准。在火星进入下降和着陆时利用惯性测量单元和雷达高度计来获得着陆器的运动和位置信息,每个惯性测量单元包括加速度计和环形激光陀螺仪。

6)热控分系统

"凤凰"号的热控分系统使用了电子加热器、自动调温器、温度敏感器、热毯和热覆盖材料。着陆器的底板也作为蜂窝状内部结构和低热传导表面层的绝缘层。

2.13.4 任务过程

2.13.4.1 发射

"凤凰"号于 2007 年 8 月 4 日 09:26:34UTC 从佛罗里达州卡纳维拉尔角空军基 17A 发射台搭乘"德尔塔"Ⅱ运载火箭发射升空(图 2-297)。

火箭一级主发动机和两个微调发动机以及 9 个捆绑式固体火箭发动机中的 6 个在同时点火,火箭起飞。发射后 1min3s,6 个固体火箭助推器推进剂耗尽,2s 后剩余 3 个固体火箭助推器点火,1s 后首次点火的 6 个助推器以 3 个为一组分离后坠落大西洋。发射后 2min11s,剩余 3 个助推器分离后坠落大西洋。发射后 4min23s,火箭一级发动机关闭,此时火箭高度为 111km,8s 后

图 2-297 "凤凰"号发射升空
(图片来源:NASA)

火箭第一级分离坠落大西洋。发射后4min36s火箭二级发动机第一次点火。发射后5min03s整流罩分离。发射后9min20s,火箭二级发动机第一次熄火,随后进入滑行阶段。发射后73min47s,火箭二级发动机第二次点火。发射后76min02s,二级火箭第二次熄火,随后火箭上小型推力器点火,将火箭上面级自旋速率达到70r/min。发射后77min05s,火箭第二级分离。发射后77min42s,火箭上面级点火,点火持续时间约87s。发射后84min10s,星箭分离,探测器进入地火转移轨道。

2.13.4.2 行星际巡航

"凤凰"号采用日心转角大于180°的Ⅱ型转移轨道,巡航段(图2-298)飞行约9个月时间,直到2008年5月25日"凤凰"号进入火星大气层前3h结束。

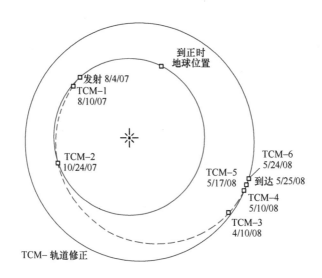

到正时
地球位置

发射 8/4/07
TCM-1
8/10/07

TCM-2
10/24/07

TCM-6
5/24/08

TCM-5
5/17/08

到达 5/25/08

TCM-4
5/10/08

TCM-3
4/10/08

TCM-轨道修正

图2-298 "凤凰"号行星际巡航轨道(图片来源:NASA)

1) 导航

与以往的火星任务类似,"凤凰"号在巡航段的导航方式包括传统测距、多普勒和比较新的德尔塔差分单向测距。

2) 轨道修正

为使探测器准确到达大气进入目标点,"凤凰"号项目组共计划了6次中途轨道修正(TCM)。为防止最后两次TCM出现意外情况,安排了两次额外的TCM。巡航段期间6次TCM的时间安排如表2-35所列。

表 2 - 35　TCM 概况(表中 L + 表示发射后的天数,
E - 表示进入火星大气层之前的天数)

TCM	位置	时间(UTC - SCET)	OD 数据截止	描述
发射		2007 - 08 - 04 09:26:34		由于行星保护政策而设置了发射入轨偏差
TCM - 1	L + 6 d	2007 - 08 - 10 18:30:00	TCM - 5 d	修正部分入轨误差,消除部分由行星保护政策而设置的入轨偏差
TCM - 2	L + 81 d	2007 - 10 - 24 15:00:00	TCM - 5 d	基本消除入轨偏差和误差,修正 TCM - 1 的执行误差,准备瞄准期望的着陆点
TCM - 3	E - 45 d	2008 - 04 - 10 21:00:00	TCM - 5 d	消除剩余的入轨偏差和误差,修正 TCM - 2 的执行误差,瞄准期望的着陆点
TCM - 4	E - 15 d	2008 - 05 - 11 04:00:00	TCM - 26h	修正 TCM - 3 的执行误差
TCM - 5	E - 5 d	2008 - 05 - 18 04:00:00	TCM - 26h	修正 TCM - 4 的执行误差
TCM - 5x	E - 5 d 8h	2008 - 05 - 20 15:00:00	TCM - 26h	修正 TCM - 4 的执行误差。如果 TCM - 5 取消则执行该次修正
TCM - 6	E - 21h	2008 - 05 - 25 02:30:00	TCM - 20h	修正 TCM - 5/5x 的执行误差
TCM - 6x	E - 8h	2008 - 05 - 25 15:30:00	TCM - 5.5h	进入目标点机动的最后一次机会,如需要则执行

(1) 执行模式。

"凤凰"号探测器在"转 - 喷 - 转"模式下执行 TCM。四个 TCM 推进器指向探测器的 $-X$ 轴方向。因此,当需要改变速度时,探测器将会旋转使得 $+X$ 轴方向沿着所需 ΔV 的方向。一旦完成了姿态定位,探测器启动 TCM 脉冲直至 ΔV 达到所期望的值,ΔV 的大小由加速度计获得。TCM 执行完毕后探测器调整回常规巡航姿态。这就是所谓的"转 - 喷 - 转"执行模式。

"凤凰"号上用来调整姿态以及保持旋转速度的成对安装的 RCS 推进器带有安装误差。因此每次姿态调整,探测器被赋予了一定量的 ΔV。虽然结合了推进系统和探测器动力学模型来模拟和估计由姿态调整诱导的 ΔV,但是仍然具有较大的不确定性。因此当探测器调整到期望的点火姿态并调整回巡航姿态后会产生明显的 TCM 执行误差。为了更好地模拟和估计反作用控制系统(ACS)的性能(包括控制算法和空间电子硬件),发射前进行了多次的分析。此外,TCM - 1 以后,为了更好地刻画 ACS 的性能,进行了大量的飞行状态分析,并在每次 TCM 执行完后进行姿态调整的重构分析,这也是在任务进程中提高导航传递精度的重要方法。

同时为了减小 TCM 的执行误差,针对不同的 TCM 采用了不同的执行模式:对需要小角度姿态调整的 TCM 采取较低转速和"转 - 喷 - 回"的模式(点火前后转动方向相反);反之则采取较高转速和 360°转动的模式(点火后继续按原方向转动到巡航姿态)。

（2）TCM－1。

TCM－1 按计划在发射后第 6 天进行,因此 TCM－1 必须在发射后第一天开始设计以保证 5 天的设计准备过程。TCM－1 和 TCM－2 的目的是消除大部分的发射入轨偏差和入轨误差,因此需要一个相对较大的 ΔV 值。为了给 EDL 阶段剩余尽可能多的推进剂,TCM－1 必须和 TCM－2 结合使用优化方法进行设计,使得这两次需要消耗的 ΔV 达到最小。优化的结果是 TCM－1 的 ΔV 为 18.5m/s,TCM－2 的 ΔV 估计值为 3.6m/s。它们总共 22.1m/s 的 ΔV 消耗了巡航阶段总共 24m/s 速度增量的 91%。

进行 TCM－1 时需要将探测器姿态调整到点火姿态,转动角度为 58.8°,姿态调整的速率是 0.4°/s,采取"转－喷－回"模式。这里要确保调整到点火姿态－点火机动－返回巡航姿态整个过程在 20min 以内,这是由热控分系统确定的探测器偏离太阳指向最长持续时间的一个极限。在点火姿态,LGA 和地球的夹角为56.5°,满足此时 120°的通信极限要求。TCM－1 消耗了 5.855kg 的推进剂。

对于 TCM－1 和 TCM－2,通过点火时和机动前后的跟踪数据进行轨道确定重新计算了 ΔV 的大小。表 2－35 显示了 TCM－1 和 TCM－2 指令要求的和实际执行的 ΔV 以及相应的执行误差。尽管执行 TCM－1 总的消耗量(姿态调整和轨道机动之和)在误差的量级内,指向误差却超过了 19°。

（3）TCM－2。

发射后不久,部分是由于进度的考虑,但更重要的是为了对推进器进行标定,TCM－2 从原计划的 2007 年 10 月 3 日(发射后第 60 天)推迟到了 10 月 16 日(发射后第 73 天)进行。但是在 10 月 6 日,由于一台计算机的意外重启使探测器进入了安全模式,这可能是由于一次反常的宇宙射线所致。由于需要额外的时间用于确定探测器恢复到安全状态并做相关分析,TCM－2 再次被推迟到了 10 月 24 日(发射后第 81 天)。TCM－2 首次瞄准了大气进入目标点。

探测器的推进器点火需要一系列的激活程序,包括推进器的校准、探测器的安全状态确认及相关的恢复激活程序,以及对微小扰动力更深入的了解,最终得到 TCM－2 的 ΔV 与发射后 2 天的设计值相当接近。TCM－2 的设计是基于一个纯粹的轨道确定解(它包含了超过两个月的跟踪数据)以及对 ACS 系统特征的深入了解。TCM－2 的值是 3.61m/s,要求达到点火姿态的调整角度小于 15°,姿态调整的速率是 0.4°/s,采取"转－喷－回"模式。LGA 和地球的夹角以及太阳能帆板(SA)相对太阳的角度分别为 17.1°和 56.7°,以保证在点火期间具备通信和动力供给的能力。修正以后的轨道以及目标点的重构数据说明 TCM－2 比 TCM－1 执行得更精确。估计 TCM－1 由于调整姿态导致的 ΔV 误差小于 11.0mm/s,而TCM－2 的值为 3.6mm/s。

（4）TCM-3。

TCM-3 计划在到达火星 45 天前的 2008 年 4 月 10 日 21:00:00UTC 执行,此时探测器开始进入接近火星段。TCM-3 在 TCM-2 后 5 个月进行,目的是修正 TCM-2 的传递误差。在各种摄动力影响下,导致实际轨道与 TCM-2 所瞄准的目标有了偏差。在 2007 年 11 月 6 日,"凤凰"号重新定位了晚期的巡航段姿态,它影响到了探测器上的太阳光压力矩,进而改变了 ACS 的响应性能。另外,在 11 月 15 日需要将姿态控制约束区变得更严格。更严格的约束区会引起更加频繁的 ACS 推进器点火进而导致推进剂的消耗,并加大了轨道预报的不确定度。但是由于火箭入轨的情况很好,因此不必担心推进剂的使用量。

最终 TCM-3 的大小是 1.416m/s,姿态调整的角度为 145.6°,设定调整速率为 1°/s 以减小调整误差并满足少于 20min 的持续调整时间约束,采取 360°转动模式。在点火姿态,LGA 和地球以及 SA 与太阳的角度均超过了可进行通信和可提供动力的极限。TCM-3 的执行误差非常小,姿态调整导致的 ΔV 误差为 3.8mm/s。

（5）TCM-4。

TCM-4 计划于到达火星前 15 天的 2008 年 5 月 10 日进行。30 天前进行的 TCM-3 的传递误差非常小。基于 TCM-4 之前最新的轨道确定解预报的 EFPA 是 -12.680°。为使"凤凰"号的着陆点在安全区范围内,根据最新的数据得到的 EFPA 设计值为 -12.9335°,相比之下两者有大约 0.254°的误差,相应的火星表面距离偏差为 52km。TCM-4 的估计值只有 0.017m/s,这个修正量小于执行误差,因此任务小组决定取消 TCM-4。

（6）TCM-5。

TCM-5 计划于进入大气层前 8 天的 2008 年 5 月 18 日进行。这时"凤凰"号要离火星足够远,以允许轨道确定解在 TCM-6(进入前 21h)之前收敛,同时还要离火星足够近以尽可能提高传递精度。事先根据对轨道确定的协方差分析,预测 TCM-4 的传递误差对于 EDL 系统来说可能会偏大。因此,TCM-5 是将轨道转移到可接受的 EFPA 走廊的最早的一次机会。但是在实际飞行中轨道预报和控制比期望值要好。因此导航小组的关注点转移到了 TCM-5,它很可能是将要执行的最后一次机动。

轨道确定的解继续在变化,由于各种不确定性干扰,EFPA 的值达到了 -12.855°,导致预报的着陆点向上偏移。在 TCM-4 和 TCM-5 之间有一半时间持续了这种情况,这可能是由于之前建立的模型没有对作用在飞行器上的非引力摄动力分析而导致的。随后轨道预报的着陆点偏差从 5 月 7 日的 52.0km 减小到了 5 月 14 日的 19.0km,接下来的三天稳定在该数值。5 月 17 日设计了最终的 TCM-5,这天的轨道确定解仍然显示 EFPA 为 -12.854°,相应的着陆点偏差为 17.9km。

预料到 TCM-4 可能取消,自 5 月份以来每天的轨道确定解都被用于设计 TCM-5。可以确定的是,即使在大气模型改变以后会导致 TCM-5 的 ΔV 略微变

大,但仍会小于探测器最小可以执行的 ΔV 量值。而且点火方向也不是最合适的,LGA 和地球的角度以及姿态调整的角度分别大于 110°和 80°。这几乎不可能精确执行。

基于各种考虑,小组决定 TCM 的最小可执行值为 0.05m/s。图 2 – 299 显示了一些 TCM – 5 相关的火星表面特征,其中只有绿色区域是可以考虑安全着陆的区域(其他不同颜色代表了不同的危险程度),该区域满足着陆点的安全标准。图中大椭圆是 TCM – 5 的 99% 置信水平误差椭圆(不考虑与 EDL 阶段相关的所有不确定性)。

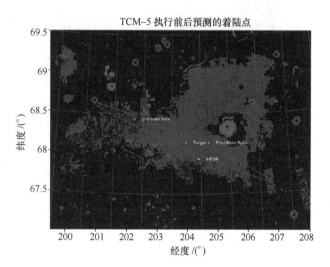

图 2 – 299   TCM – 5 在火星表面的分布椭圆(图片来源:NASA/JPL)

火星表面着陆点偏差在不进行 TCM – 5 的假设下只有 17.9km。但是,预测的着陆点(图 2 – 299 中以 od56 表示)在 TCM – 5 的分布椭圆之外,离危险区域太近。因此必须考虑进行 TCM – 5。但是它在量值上太小,并且 LGA 和地球的角度以及姿态调整的角度也不太合乎要求。进入点的时间偏差为 – 16.3s,在 EDL 通信的约束之内。尽管也考虑将 TCM – 5 的 ΔV 选择为 0.06m/s 和 0.07m/s,但这会导致进入点时刻的偏差会变得更负,从而进一步减小 EDL 阶段通信时间。最终的策略是适当修改了 EFPA 和进入点时刻的值,使其在可以接受的范围内,同时 TCM – 5 的 ΔV 达到了最小可执行值 0.05m/s。

(7)TCM – 6。

在 TCM – 5 之后的第一次轨道确定解利用了充分多的跟踪数据,随后几天,轨道确定解预测着陆点将开始向上移动。但是,这个解看起来是收敛的,因为每一次新获得的误差椭圆均包含在上一个误差椭圆内部。是否执行 TCM – 6 的标准在于期望的分布点中心是否位于标准安全区域(CSZ)之内,也即图 2 – 301 中绿色轮廓线所示。在着陆日的前一天得到的最后一次轨道确定解显示着陆点偏移了 20km

（图 2 - 300 白色椭圆的中心）。但是,最后三个解(图中红色、青色和粉红色的点)
显示它们位于缩小的同心分布椭圆上,说明轨道确定解已经收敛。在 TCM - 6 之
前的所有轨道确定解均位于 CSZ 区域之内,意味着所有的着陆点不需进行机动就
能满足安全标准,因此决定取消 TCM - 6。

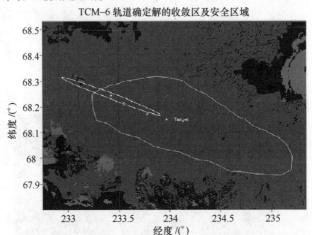

图 2 - 300　TCM - 6 轨道确定解的收敛区域及 CSZ 区域(图片来源:NASA/JPL)

　　直到"凤凰"号到达进入点之前,轨道确定解继续保持不变。因此取消了
TCM - 6x。图 2 - 301(a)显示的是利用 EDL 前最后的轨道确定解预测的着陆区域
(蓝色椭圆),以及在 EDL 期间利用探测器上的惯性测量单元(IMU)的数据产生的
ACS 更新着陆区域(红色圆)。图 2 - 301(b)显示的是"火星勘测轨道器"(MRO)
拍摄的对应区域的火星表面地图。最后的着陆分布区域位于导航预测的着陆点以
东约 22km 处,主要是由于在下降阶段大气动力模型中的一个错误导致 EDL 轨道
偏差而造成的。最终的着陆点离 TCM - 5 的瞄准着陆点只有 7km 的偏差。

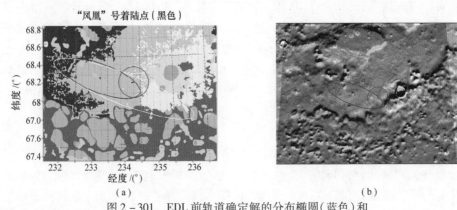

(a)　　　　　　　　　　　　　　　　(b)

图 2 - 301　EDL 前轨道确定解的分布椭圆(蓝色)和
ACS 重构的着陆区域(红色圆)(图片来源:NASA/JPL)

2.13.4.3 进入、下降和着陆

经过约 9 个月,超过 4 亿 km 的旅程, 2008 年 5 月 25 日 23:53 UTC,"凤凰"号火星探测器在火星北极着陆,在着陆前的 14min 将是决定"凤凰"号命运的关键时刻。"凤凰"号在距离火星表面 125km 高度处,以 5.6km/s 的速度及 −13° 的飞行路径角进入火星大气上层,开始了进入、下降与着陆(EDL)过程(图 2 − 302 ~ 图 2 − 309)。

23:39:在"凤凰"号进入火星大气层之前,巡航级首先与着陆器分离,巡航级为"凤凰"号从地球向火星飞行提供了动力。此时,"凤凰"号将进行持续 90s 的绕轴旋转使防热罩朝向大气。

23:46:33:在距离火星表面 125km 处,"凤凰"号开始进入火星大气层顶端,速度 5.6km/s,穿越火星大气层会产生很大的摩擦力。防热罩将加热至 1427℃,但探测器仪器仍保持室温。

图 2 − 302 "凤凰"号开始进入火星大气(图片来源:NASA/JPL)

23:50:15:在距离火星表面 12.6km,探测器速度达到 $1.7Ma$,降落伞打开,在打开降落伞的前 15s 内,探测器的速度从 1448km/h 下降到 402km/h。

图 2 − 303 降落伞打开(图片来源:NASA/JPL)

23:50:30：在利用降落伞下降的前 25s 内，"凤凰"号的防热罩分离并展开 3 个支架。随着速度的减缓，探测器不再需要防热罩来隔离由于大气摩擦产生的高温。

图 2-304　防热罩分离（图片来源：NASA/JPL）

图 2-305　三角支架展开（图片来源：NASA/JPL）

23:53:09：当探测器速度降至 56m/s，着陆器与降落伞分离，此时距离火星表面高度为 1km。

图 2-306　着陆器与降落伞分离（图片来源：NASA/JPL）

23:53:12:从分离降落伞开始自由落体的1s之内,"凤凰"号将点燃反推火箭。探测器上的计算机使用雷达信息可以调控12个推进器的脉冲点火,此时距离火星表面30m,速度减至2.4m/s。

图2-307　反推火箭点火(图片来源:NASA/JPL)

23:53:52:在着陆前12s,推进器使"凤凰"号保持稳定的下降速度。探测器的支架开始接触火星表面,反推火箭关闭。等着陆15~20min周边的灰尘落下之后,"凤凰"号将展开它的太阳能电池板。顺利着陆后,"凤凰"号将展开90天的火星勘测任务。

图2-308　"凤凰"号即将接触火星表面(图片来源:NASA/JPL)

"凤凰"号整个EDL阶段非常程序如图2-310所示。

"凤凰"号着陆器最初沿袭MSP'01着陆器的设计,应用质心偏置及高超声速制导方法减小落点散布。质心偏置产生的配平攻角可生成升力,而制导系统操纵升力方向,执行航向航道与横向轨道机动,控制着陆点位置。因此,对比无导引进入,导引进入的着陆点散布较小(约10km)。但由于高超声速制导设计的复杂性,研发成本太高,而且由于"凤凰"号着陆区为极地平原,地形良好,可允许较大着陆点散布,因此在"凤凰"号的EDL取消了高超声速制导。取消高超声速制导后,若应用质心偏置的升力轨道,不仅设计改动较小,而且升力轨道将提升开伞时的马赫

图2-309 "凤凰"号在火星表面着陆(图片来源:NASA/JPL)

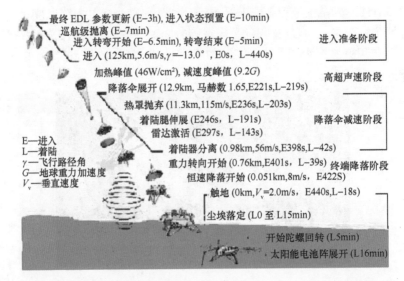

图2-310 "凤凰"号着陆器EDL(进入、降落与着陆)序列(图片来源:NASA/JPL)

数,从而可使系统运作远离跨声速启动不稳定区域,但着陆点散布太大(250km),增加了着陆的危险性,因此,升力轨道也不宜采用。"凤凰"号着陆器最终采用的是三轴稳定弹道式进入方式(图2-311),进入飞行路径角设计为-13°,这种进入方式的着陆点散布约110km。

多个在轨的火星轨道器对"凤凰"号的EDL过程进行了监视(图2-312~图2-315)。NASA和ESA的控制人员早在2008年3月便调整了美国"火星奥德赛"、"火星勘探轨道器"和欧洲"火星快车"这3个火星轨道器的位置,以监测"凤凰"号火星着陆器于2008年5月25日在火星北极着陆过程,并协助它和地球通

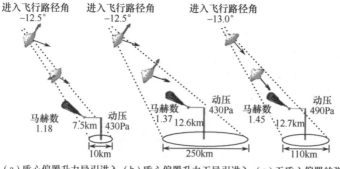

(a)质心偏置升力导引进入　(b)质心偏置升力无导引进入　(c)无质心偏置的弹道式进入
　　　(2004年方案)　　　　　　　　(2005年方案)　　　　　　　　(2008年方案)

图2-311　"凤凰"号着陆器大气进入方案的演变(图片来源:NASA/JPL)

信。位于火星地表的美国"勇气"号和"机遇"号火星车也为帮助"凤凰"号登陆火星进行了积极准备。

图2-312　"火星全球勘探者"(MRO)拍摄到的"凤凰"号着陆过程,
可以看到其降落伞正展开(图片来源:NASA)

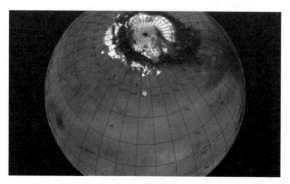

图2-313　"凤凰"号的着陆地点(图片来源:NASA)

图 2 - 314　"凤凰"号在火星表面工作想象图(图片来源:NASA)

图 2 - 315　"火星勘测轨道器"(MRO)拍摄的已在
火星表面着陆的"凤凰"号(图片来源:NASA)

2.13.4.4　表面运作

　　"凤凰"号的着陆地点为火星北极地区的一处平原(东经 233°,北纬 68°),这里地势比较平坦,少有岩石。且考虑到"凤凰"号在 5 月着陆时已经是火星上的春天,可能存在的水冰将会慢慢融化。同时在极地地区有几个月时间太阳始终在地平线以上,太阳光的持续照射有利于探测器的观测。

　　成功着陆后,重约 350kg 的"凤凰"号将在原地等候 15min,待着陆掀起的尘埃物质落定,它将展开太阳能电池板,升起气象天线杆,将周围环境的第一批照片传回地面(图 2 - 316 ～ 图 2 - 318)。在接下来的几个火星日,"凤凰"号将检查机载仪器,伸展机械臂铲起第一堆火星土壤样本。在第 10 个火星日之前,"凤凰"号将进入挖掘阶段,每天有 2h 用来挖土壤(图 2 - 319),这个阶段预计将占据此次任务的绝大部分时间。

　　2008 年 10 月 28 日,"凤凰"号在火星上的第 152 个火星日进入了安全模式,但为了节约能源而关闭"凤凰"号上加热器的指令尚未被执行。因此 TEGA 小组

图2-316 "凤凰"号在着陆数分钟后拍摄到的着陆腿一角(图片来源:NASA)

图2-317 "凤凰"号拍摄的火星地表照片,显示着陆点附近地势平坦(图片来源:NASA)

图2-318 "凤凰"号在着陆后拍摄的全景照片(图片来源:NASA)

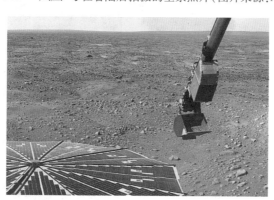

图2-319 "凤凰"号机械臂在挖掘土壤样本(图片来源:NASA)

还有能源和时间来进行最后一次实验。工程师发出指令命令"凤凰"号打开或者关闭一些阀门,因此来寻找加热器没有被关闭的原因。同时往 TEGA 中注入了一些火星大气的样本,然后滤除了其中所有的二氧化碳,把剩下的浓度高一点的痕量气体送入了质谱仪。质谱仪会探测其中氩以及其他稀有气体的同位素,以此来为火星大气的历史演变提供有价值的信息。

尽管尝试了去关闭着陆器上消耗能量的加热器,但是"凤凰"号还是由于电池耗尽从安全模式转入了自主模式。"凤凰"号会按照固定的程序运转,它上面的仪器设备将不再接受任何新的指令。地面与"凤凰"号着陆器的最后一次无线电联系是在 2008 年 11 月 2 日。工程师们花了三天时间来监听来自"凤凰"号的微弱信号,但是没能重新掌握控制权,最终"凤凰"号的科学使命就此结束。

2.13.5 探测成果

"凤凰"号着陆器在其 157 个火星日里几乎每天都处于科学运转状态。它为 8 个分析容器中的 5 个送入了火星样本(图 2 – 320),并且使用了 4 个湿化学烧杯中的 3 个。尽管"凤凰"号没有彻底检测火星上的冰,但是它分析了含冰的土壤。"凤凰"号还拍摄了 25000 张火星照片;挖掘了冰床上的土壤,从而揭示了至少两种不同类型的冰沉积物;观察到了来自云层的降雪地面上的霜冻;形成了贯穿整个探测任务的天气记录,包括温度、压力、湿度和风的数据;观测了霾、云、霜和涡流;与"火星勘测轨道器"配合,对火星天气同时进行了地面和轨道观测;它的原子力显微镜观测到了比"勇气"号和"机遇"号的显微成像仪最高分辨率还要小 100 倍的片状粒子。

2008 年 6 月 19 日,"凤凰"号在火星上的第 20 个火星日,照相机拍摄到了机械臂挖掘之后在几厘米深的坑中出现的一些白色小块(图 2 – 321)。4 个火星日之后这些白色小块便消失了。科学家们推测这是"火星"上的冰在暴露于火星北极夏季温暖的空气中之后由固体升华成了水蒸气。

 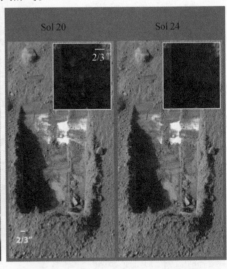

图 2 – 320 "凤凰"号在火星土壤上挖掘的最初两个沟渠,样品被放进 TEGA 使用质谱仪进行光学分析(图片来源:NASA)

图 2 – 321 在第 20 个火星日挖出的白色小块(左图)于 4 天后消失,暗示它们是由冰组成的物质,因为暴露在外而升华(图片来源:NASA/JPL – CALTECH/UNIV. ARIZONA/TEXAS A&M UNIV.)

2008 年 7 月 31 日,NASA 宣布,"凤凰"号证实了 2002 年"火星奥德赛"轨道器的观测成果——在火星北纬 65°以北发现大范围冻水层存在的证据。一个由"凤凰"号采集的土壤样品在最初的加热程序中,当样品的温度达到 0℃时,TEGA (热量与蒸发气体分析仪)的质谱仪检测到了水蒸气。液态的水在火星低压的表面是不可能存在的,只有在最低海拔处可能存在很短的时间。

由于"凤凰"号的状况良好,NASA 宣布在 2008 年 9 月 30 日之后继续资助它运作。科学团队希望能确定是否有足够的刨冰可以解冻以满足未来火星宇航员生活上的需要,以及这些冰中是否含有生命所需的其他物质与化学成分。

另外,在 2008 年和 2009 年初,NASA 内部曾争论"凤凰"号登陆时出现在着陆脚架上呈雾状聚集的小滴是否是水滴。一位科学家指出,"凤凰"号着陆器为保持平衡的盐水袋可能在登陆时被加速器飞溅到着陆器的脚架上,这些盐份会吸收大气中的水蒸气,这可以解释水蒸气如何在 44 天的火星日当中,在火星温度下降的过程中如何慢慢地蒸发。

"凤凰"号还找到了火星上存在碳酸钙和黏土的线索。碳酸钙是石灰石的主要成分,在地球上,绝大部分碳酸盐和黏土只有在液态水的作用下才能形成。这些证据来自凤凰号上的热力与释出气体分析仪(TEGA)及电化学与传导性显微镜分析仪(MECA)。

"凤凰"号采集到的火星土壤样本被装入热力与释出气体分析仪进行加热,结果释放出无色气体,经质谱仪分析,这种气体就是二氧化碳,而且释放气体的温度与碳酸钙释放二氧化碳温度一致。通过电化学与传导性显微镜分析仪检测,发现土壤样本中钙的浓度与碳酸钙缓冲液的钙含量一致。此外,通过"凤凰"号上的原子力显微镜分析,土壤中有一些表面光滑的微粒,这些微粒与黏土十分相像。

2.14　火星科学实验室(2011 Mars Science Laboratory)

表 2 – 36 为"火星科学实验室"概况。

表 2 – 36　"火星科学实验室"概况

探测器名称	Mars Science Laboratory
任务类型	漫游车
发射日期	2011 年 11 月 26 日
到达日期	2012 年 08 月 06 日
运载火箭	Atlas V541
探测器尺寸	巡航级:直径 4.5m,高度 3m 火星车:长 3.0m(不包括机械臂),宽 2.8m,最高处 2.1m,机械臂长 2.1m
质量	发射质量 3893kg,包括火星车 899kg,巡航级(包括燃料)539kg,进入、下降和着陆(EDL)系统(包括降落伞和下降阶段的使用的燃料)2401kg

探测器名称	Mars Science Laboratory
科学载荷	桅杆相机,化学与微成像激光诱导遥感,火星手持透镜成像仪,α 粒子 X 射线频谱仪,化学与矿物学 X 射线衍射/X 射线荧光仪器,辐射评估探测仪,火星下降成像仪,火星样品分析仪器,中子动态发射率仪器,巡游车环境监测站,样品采集、加工与处理设备
控制系统	巡航级:自旋稳定,1 个星敏感器,8 个太阳敏感器,利用 8 个 5N 推力器保持其自转速率和姿态,并进行巡航段轨道修正
通信	巡航段:中增益天线与地球通信 EDL 段:UHF 天线与轨道器通信,X 波段低增益天线向地球发送特征信号 火星表面:一个 UHF 天线与轨道器通信,两个 X 波段高增益与低增益天线与地球通信
电力	多任务放射性热电发生器(RTG),锂离子电池
推进	巡航级使用两组共 8 个 5N 推力器进行姿态和轨道控制 下降级使用 8 个制动火箭在着陆前进行减速

2.14.1 任务概述

2.14.1.1 任务背景

2000 年 10 月 26 日,NASA 揭开了下两个 10 年的豪迈的火星探测规划(Mars Exploration Program,MEP)。这个归划主要包括轨道器、着陆器、巡游车以及样品返回使命。名为"火星科学实验室"(Mars Science Laboratory,MSL)的移动科学实验室是 6 个主探测计划之一。这个漫游车将比"火星探测漫游者"(MER,即"勇气"号与"机遇"号)更大,科学能力更强。这个巡游车在火星表面行走距离更远,生命期更长,它将在火星表面探测领域取得巨大进展,并为未来的样品返回使命铺平道路。新巡游车的能力将验证精确着陆与避开障碍物的技术,这是为了到达也许很有探测价值但很难到达的科学站点。火星科学实验室的漫游车设计寿命为一个火星年(约 2 个地球年),相比"火星探测漫游者"90 天的设计寿命向前迈了一大步。

2003 年 10 月 28 日,"火星科学实验室"进行了任务概念评审,随后在 11 月开始进入规划和设计阶段,直到 2006 年进入研制阶段。2004 年 4 月,NASA 征集火星车的科学仪器,并在 2004 年 12 月 14 日选定了 8 个仪器,随即开始了设计和测试工作。到 2008 年 11 月,大部分科学仪器的硬件和软件完成了研制,但同时,预算已经超标了约 4 亿美元。为了准备在 2009 年的窗口发射,有几个仪器(包括一个样本采集仪器)被取消,同时其余的设备和相机的测试过程被简化。因测试时间不足,技术攻关和预算超支等问题,2008 年 12 月,NASA 不得不宣布火星科学实验室将推迟到 2011 年的窗口发射。

火星车的名字由一个邀请全美在校学生参与的命名活动的胜出者命名。共有年龄在 5 到 18 岁的 9000 多名学生参与了这个命名活动。2009 年 5 月 27 日,NASA 宣布来自堪萨斯州 Lenexa 的一个 12 岁的六年级学生 Clafa MA 命名的"好奇"号(图 2 – 322 ~ 图 2 – 328)最终胜出。

图 2 – 322 "好奇"号漫游车效果图(图片来源:NASA)

图 2 – 323 "好奇"号火星车、"火星探测漫游者"和
"旅居者"号漫游车模型(图片来源:NASA)

这个任务还得到了国际许多国家的支持,俄罗斯联邦航天局提供一个用于寻找水的基于中子的氢探测器,西班牙教育部提供一个气象组件,德国马克斯·普朗

图 2 - 324　已组装成巡航构型的"火星科学实验室"和
工程技术人员合影（图片来源：NASA）

图 2 - 325　MSL 任务标志（图片来源：NASA）

克学会化学研究所与加拿大航天局合作提供一个分光计。

　　MSL 造价总计 25 亿美元，包括探测器制造和研发 18 亿美元，发射和维护 7 亿美元。

2.14.1.2　任务目的

　　"火星科学实验室"的探测任务包括确定火星上是否有过生命、描述火星的气候特征、勘探火星的地形特征，以及为载人火星探测做准备。为实现上述探测目的，从而确定火星的可居住性，火星科学实验室制定了以下具体科学探测目标：

　　（1）确定有机碳复合物的特性和储量；

　　（2）探测构建生命的物质含量，如碳、氢、氮、氧、磷和硫；

　　（3）研究生物学效应的特点；

（4）探索火星表面的化学、同位素、矿物质复合物和火星近表面的地质情况；

（5）解释火星岩石和土壤的形成及变化过程；

（6）分析火星大气长时间(40亿年)以来的演变过程；

（7）确定目前火星上水和二氧化碳的状态、分布和循环情况；

（8）研究火星表面辐射的光谱特征，包括宇宙银河射线、太阳质子效应和次级中子等。

2.14.2 科学载荷

MSL载有下列仪器设备。

1）MSL桅杆相机（MSL Mast Camera，MSL MastCam）

桅杆相机是"好奇"号的主要成像工具（图2-326），负责拍摄火星地貌的高解析度彩色照片和视频，观测漫游车附近地区的地质结构与地貌。由马林空间科学系统公司提供。

桅杆相机包括四台主相机（CCD感应器），分辨率为1600×1200，使用贝尔RGB滤镜提供真彩色成像功能，多滤镜组能够提供科学多谱成像，使用两个独立镜头来获得立体成像，此外还具备高清晰度视频压缩功能（720P）。主照相机以10帧/s的速度采集压缩MPEG-2视频流，不需要探测器主计算机协助，视频大小为相机内部缓冲区大小决定。

2）化学与微成像激光诱导遥感（Laser-Induced Remote Sensing for Chemistry and Micro-Imaging，ChemCam）

图2-326 "好奇"号桅杆相机（MastCam）（图片来源：NASA）

ChemCam通过激光诱导破损分光术进行元素分析，可以向9m外的火星岩石发射激光，使其蒸发，而后分析蒸发的岩石成分（图2-327）。

3）MSL火星手持透镜成像仪（Mars Hand Lens Imager for the MSL，MSL MAHLI）

MSL火星手持透镜成像仪功能相当于一个超级放大镜，允许地球上的科学家更细致地观察火星上的岩石和土壤（图2-328）。

4）MSL α粒子X射线光谱仪（Alpha Paticle X-Ray Spectrometer for the MSL，MSL APXS）

APXS安装在"好奇"号机械臂末端，负责测量火星岩石和泥土中不同化学元素的数量。当好奇号将α粒子X射线分光计与样本接触时，这台仪器将发射X射线和氦核进行分析。这些射线将样本中的电子撞出轨道，进而产生X射线。根据放射出的X射线的特征能量，科学家能确定元素的类型（图2-329）。

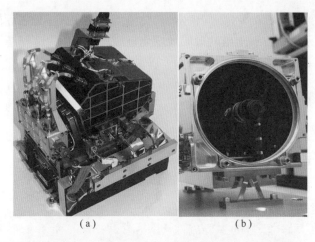

（a） （b）

图 2 - 327 ChemCam 内部的光谱仪和激光发射器（图片来源：NASA）

图 2 - 328 MSL 火星手持透镜成像仪（MAHLI）（图片来源：NASA）

图 2 - 329 MSL α 粒子 X 射线光谱仪（APXS）（图片来源：NASA）

APXS 能够在 10min 的快速检测中,探测到岩石中含量低至 1.5% 的成分。如果给足够长的时间,能够探测到含量在 0.0001% 的物质成分。它对于硫、氯、溴等与盐的生成密切相关的物质敏感度特别高,可看出是否曾经与水发生过作用。

5) MSL 化学与矿物学 X 射线衍射/X 射线荧光仪器(An Chemistry and Mineralogy X – ray Diffraction/X – ray Fluorescene Instrument,CheMin)

CheMin 进行确定的矿物学分析与元素分析,用于确定火星上的矿物类型和数量,帮助科学家进一步了解这颗红色星球过去的环境(图 2 – 330)。

图 2 – 330　MSL 化学与矿物学 X 射线衍射/X 射线荧光仪器(CheMin)(图片来源:NASA)

6) 辐射评估探测仪(Radiation Assessment Detector,RAD)

RAD 体积与一个烤面包机相当,负责测量和确定火星上所有类型的高能辐射,包括快速移动的质子和 γ 射线表征火星表面的辐射环境。这台仪器的观测数据使科学家能确定宇航员暴露在火星环境下时受到多大剂量的辐射。此外,这一信息也有助于科学家了解辐射环境对火星生命的产生和进化构成多大障碍(图 2 – 331)。

图 2 – 331　"好奇"号携带的辐射评估探测仪(RAD)(图片来源:NASA)

7）火星下降成像仪（Mars Desent Imager，MARDI）

MARDI 是一台小型摄影机，安装在"好奇"号的车身上，负责拍摄"好奇"号降落火星地面过程的影像，提供 MSL 着陆区域的详尽的图像。

MARDI 能够拍摄 500 张尺寸为 1100×1200 像素的图片。第一张照片在 4.7km 高度拍摄，分辨率为 2.5m，覆盖区域为 4000m×3000m。最后一张照片在 0.5m 高度拍摄，分辨率约为 1.5mm，覆盖区域为 1m×0.75m（图 2-332）。

图 2-332　MSL 的火星下降成像仪（MARDI）（图片来源：NASA）

8）火星样品分析（Sample Analysis at Mars，SAM）仪器

SAM 成套仪器有四极质谱仪（Quadrupole Mass Spectrometer，QMS），气体色谱分析仪（Gas Chromatograph，GC），可调激光光谱仪（Tunable Laser Spectrometers，TLS）。这些仪器负责搜寻构成生命的要素——碳化合物。此外，它们还将搜寻与地球上的生命有关的其他元素，例如氢、氧和氮。

9）中子动态发射率（Dynamic Albedo of Neutrons，DAN）仪器

DAN 仪器有脉冲电子发生器（Pulsing Neutron Generator）及热与超热中子探测器（Thermal and Epithermal Neutron Detector），安装在"好奇"号巡游车背部，将帮助火星车寻找火星地下的冰和含水矿物质，测定表面 1m 深地层内的氢的丰度。这台仪器将向地面发射中子束，而后记录中子束的反弹速度。由于氢原子往往延缓中子的速度，据此就能判断地下可能存在水或者冰。

10）巡游车环境监测站（Rover Environmental Monitoring Station，REMS）

REMS 安装在"好奇"号桅杆中部，是一座火星天气监测站，负责测量大气压、湿度、风速和风向、空气温度、地面温度以及紫外辐射。所有这些数据汇聚成每日和每季报告，帮助科学家详细了解火星环境。

11）样品采集、加工与处理（Sample Acquisition, Processing, and Handling, SA/

SPaH)设备

（SA/SPaH）设备包括机械臂、电刷/研磨机、岩芯提取器、杓状收集器与碎石机。图2－333为"好奇"号采集火星土壤样本，图2－334为机械臂进行钻孔测试。

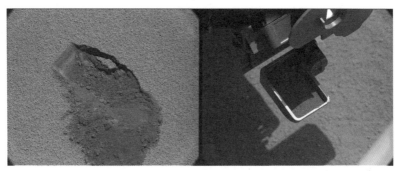

图2－333　2012年10月7日，"好奇"号使用样本
采集工具首次采集火星土壤样本（图片来源：NASA）

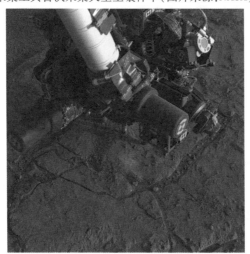

图2－334　2013年2月2日，机械臂进行第一次钻孔测试（图片来源：NASA）

2.14.3　探测器系统

MSL主要由四个部分组成：火星车、下降级、防护罩和巡航级（图2－335）。科学载荷安装在火星车上。下降级将火星车送到火星表面。防护罩由防热罩和后壳组成，在进入火星大气层的初期提供热防护和操纵升力，随后打开降落伞以减小下降速度。巡航级在从地球发射和火星着陆的8个月时间里用于轨道修正、电力供应、通信等。

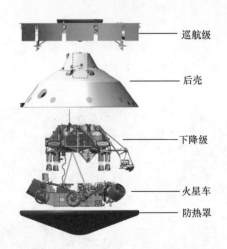

巡航级

后壳

下降级

火星车

防热罩

图 2 - 335　上到下依次为巡航级、后壳、下降级、火星车和防热罩(图片来源:NASA)

2. 14. 3. 1　巡航级

巡航级(图 2 - 336、图 2 - 337)呈圆环形,宽度约为高度的 5 倍,其边缘分布了 10 个散热器。圆环空心处的锥体结构中安装了降落伞。火箭发射 1h 后两者断开连接。巡航级的另一面与防护罩的顶部接触。在探测器进入火星大气层 10min 前两者分离。在飞行的大约 8 个月时间里,巡航级担负了飞行的重要任务,尽管它是由火星车的计算机控制的。

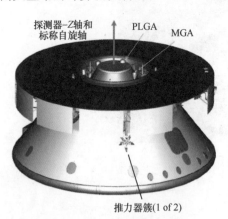

图 2 - 336　MSL 的巡航构型
(图片来源:NASA)

图 2 - 337　地面人员在组装巡航级
(图片来源:NASA)

1)推进

巡航级的主要结构组成是铝,利用一个内环与火箭和后壳连接。巡航级的推进系统用于保持探测器的自转速率,调整探测器的指向以及为轨道修正提供动力。安装在不同方位的两组推进器(共 8 个,每组 4 个)能够提供不同方向的推力。每

个推力器能够提供5N的推力。它们使用肼作为燃料,它是一种不需要氧化剂的单组元推进剂。肼是一种具有腐蚀性的液体,是氮和氢的混合物,在推进器内与催化剂接触时迅速分解成膨胀的气体。巡航级上安装有两个球形推进剂储罐,每个直径为48cm,装载了加压推进剂。巡航级和下降级上的燃料罐由加利福尼亚的ATK太空系统有限公司制造,压力罐由新泽西州卡尔士达市的 Arde 公司制造。

2)姿态控制

探测器在飞往火星的途中以 2r/min 的速率保持自旋稳定。巡航级利用 1 个星敏感器和 8 个太阳敏感器的组合监控探测器的自转速率和姿态(指向)。由 Adcoe 公司制造的太阳敏感器组合包括了指向 4 个不同方向的太阳敏感器。基于跟踪恒星和敏感太阳的信息,巡航级利用它的推进器保持其自转速率和姿态。

3)电力

在巡航段的大部分电力由太阳光照射到巡航级上表面的圆形阵列太阳能电池板产生。在巡航段,火星车上的多任务放射性同位素热电发生器也能产生电力作为补充。太阳能电池阵列由六块组成,共计 12.8 m^2,如果在地球使用可以提供 2500W 的电力,足够探测器的需要。当探测器离太阳最远时,即使探测器偏离太阳的角度达到 43°,电池仍能提供 1080W 的电力。

4)热控

巡航级的另一个重要功能是保持探测器需要的温度。在巡航级的四周安装了 10 个散热器,液压泵通过循环系统将火星车的多任务放射性同位素发生器产生的热量传给巡航级的电子设备并通过散热器释放到太空中。

5)通信

从地球到火星的大部分时间,探测器通过安装在巡航级上的中增益天线与地球通信。

6)机动模式

MSL 的机动模式可以采用"转 – 喷 – 转"模式或者矢量模式(轴向/侧向机动)。MSL 推力器安装布局如图 2 – 338 所示。自旋稳定的探测器能够通过两簇(每簇 4 个)推力器来控制。对于轴向机动,$+Z$ 轴方向的轴向机动由推力器 2 和 5 持续点火来实现,$-Z$ 轴的机动使用推力器 1 和 6;对于侧向机动,一簇中的全部 4 个推力器在指向一个合适的方位时使用脉冲形式点火,然后其余 4 个推力器也在指向相同方位时点火。脉冲点火的持续时间需要保证推力矢量通过质心。因此,"侧向"机动实际上并不在 $X – Y$ 平面内,而是略微有一点倾斜。轴向和侧向分量的合成构成了 TCM 所需的 ΔV 矢量。

侧向机动的推力效率更高,而轴向机动能够在更短的时间内完成。选择 TCM 的机动模式取决于多种因素:燃料消耗、执行时间,以及更重要的操作的约束条件。为了同时满足热控和通讯的需求,探测器的姿态指向只能够在器 – 日 – 地几何关系决定的一段范围之内。

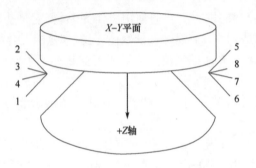

图 2 - 338　MSL 巡航级推力器配置(图片来源:NASA)

2.14.3.2　防护罩(气壳系统)

防护罩将火星车和下降级包裹起来以抵御火星大气的阻力并提供其他功能。MSL 的防护罩不但是迄今行星际探测任务中最大的一个,同时也包含了一些创新技术用于制导进入的姿态控制和材料的热防护。位于丹佛的洛克希德·马丁公司太空分部制造防护罩的防热罩和后壳。

防护罩的直径达到了 4.5m。作为比较(图 2 - 339),"阿波罗"载人返回舱的防热罩直径为 4m,"机遇"号和"勇气"号的防热罩直径为 2.65m。

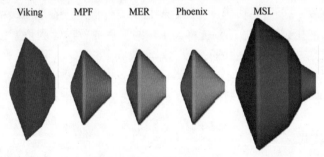

图 2 - 339　几个火星着陆任务的防护罩大小比较(图片来源:NASA)

与以前的任务不同,MSL 的防护罩具有可操纵的能力。这是任务具备制导进入并能精确着陆的关键所在。当探测器刚进入火星大气层不久,在后壳展开降落伞之前,探测器的质心会从对称轴上有一个偏移,这个偏移会使探测器具有一个攻角,当探测器与火星大气作用,火星大气会对探测器产生一个升力。利用这个升力,探测器能够像有翼飞行器一样飞翔。安装有推进器的一个反作用控制系统利用调节探测器的方位就能使其斜拉式转向。一系列转向能够减小探测器在下降段的纯水平距离。当探测器在下降过程中遇到不可预知的干扰时,通过机动就能抵消不确定干扰并提高着陆的精度。

防热罩使用了与以前的火星任务不同的热防护系统,因为 MSL 独特的进入轨道以及探测器的质量和尺寸会导致其极端高温达到 2100℃。防热罩上覆盖了含有碳纤维烧蚀材料的酚醛树脂（PICA）瓦片。位于加利福尼亚州 Moffett Field 的 NASA 埃姆斯研究中心发明了 PICA 材料；位于缅因州 Biddeford 的 Fiber Materials 公司制造该瓦片。PICA 首次用于防热罩的热防护系统是在 NASA 的"星尘"（Stardust）号取样返回舱上。

防热罩上安装有传感器用于收集火星大气和防热罩性能的相关数据。这些是 MSL 进入、下降和着陆装置（MEDLI）的一部分，由 NASA 兰利研究中心和埃姆斯研究中心研制。敏感器套件包括 7 个集成套件和 7 个用于测量压力的火星再入大气数据系统敏感器。

后壳安装了两套可分离的钨合金配重，用于调整探测器质心。在后壳的上半部分安装了 8 个小型推力器用于制导进入的机动。

后壳顶部的圆锥结构中安装了降落伞及其展开装置。降落伞的大小是有史以来的行星际任务中最大的。它具有 80 根吊绳，每根长度为 50m，展开后的降落伞直径有 16m。大部分橙色和白色的是尼龙纤维，但是在降落伞顶部的通风孔附近一小部分使用的是聚酯纤维，因为这里的压力非常大。降落伞被设计成在火星大气中 2.2Ma 的速度中展开，所承受的阻力达到 29483kg（图 2 – 340）。降落伞由位于康乃狄克州 South Windsor 的先锋航空公司制造。

图 2 – 340 MSL 使用的降落伞在地面进行风洞试验（图片来源：NASA）

安装在后壳上的两个天线——降落伞低增益天线和俯仰低增益天线——使用 X 波段直接和地球通信；另一个天线——降落伞 UHF 天线——使用超高频（UHF）波段和火星轨道器通信。

2.14.3.3 下降级

MSL 的下降级在火星车与火星表面接触前几分钟完成它的主要工作。它包含了制动火箭以及两个波段的无线电发射器，后者在防热罩和降落伞结束工作使命后开始使用。当探测器达到恒定的垂直速度后，下降级使用吊绳将火星车缓慢下降直到其接触火星表面。

下降级使用 8 个制动火箭,叫做火星着陆器引擎(MLE),分成 4 对安装在下降级四周。这是自 1976 年"海盗"号任务以来首次使用可节流引擎。它们由位于华盛顿州 Richmond 的 Areojet 公司制造。节流阀由位于纽约的 Moog 公司组装。下降级的动力系统使用加压推进剂,三个球形燃料箱装载了 387kg 的肼。两个球形罐装载加压的氦气使用机械调节器对推进剂压力进行调节。

为了使用吊绳将火星车缓慢降落,下降级安装了一个叫做吊绳脐带和下降速度限制器(BUD)的设备。这个锥形设备大约有 0.66m 长。三条吊绳与火星车的三个点相连接,缠绕在 BUD 的周围,能够使火星车下降到距离下降级 7.5m 的位置。一条稍长一些的脐带,能使火星车和下降级具备数据和动力的联系功能,也缠绕在 BUD 的周围。一个下降制动装置控制着自转速率保证吊绳不相互缠绕。下降制动装置由位于加利福尼亚州 Poway 的 SpaceDev 公司制造。使用了变速箱和机械电阻器防止吊绳下降过快或过慢。吊绳由尼龙制成。当火星车与火星表面接触后,BUD 使用弹簧将吊绳和脐带快速收起。

通过脐带,安装在火星车上的探测器主计算机在进入、下降和着陆阶段控制相关动作。当防热罩分离后,计算机通过末端下降敏感器获得的信息决定各个节点时间。安装在下降级上的雷达,有指向 6 个不同方向的盘装天线组成。它能够测量探测器的垂直和水平速度以及高度。雷达阵列质量为 25kg,尺寸为 1.3m × 0.5m × 0.4m,其工作频率为 20000MHz。

下降级安装了一个 X 波段雷达收发机、一个放大器和两个通信天线:使用 X 波段直接和地球联系的下降级低增益天线和与火星轨道器联系的 UHF 天线。

2.14.3.4 火星车

MSL 的火星车——"好奇"号——携带了 10 个科学仪器以及用于科学载荷正常工作并发送数据的多任务系统(图 2-341)。关键系统包括了六轮移动车、获取并分析样品的机械臂、使用立体照相机的导航系统、一个放射性同位素动力装置、电子设备、软件系统,以及通信和热控制系统。

"好奇"号有 3m 长(不包括机械臂),2.7m 宽和 2.2m 高(至桅杆最高处)。质量为 899kg,包括 75kg 的科学仪器。

"好奇"号的机械结构是集成各个分系统和有效载荷的支架。火星车的核心部位是其支架。它的表面具有隔热功能。

1) 移动分系统

"好奇"号的移动分系统是三个更早的火星车——"索杰纳"、"机遇"号和"勇气"号——的放大版。6 个车轮均安装了驱动电动机,4 个角落的车轮安装了转向电动机。每个前轮和后轮均可以独立转向。悬架是一个摇杆式转盘系统。火星车在平地上的最大速度为 4cm/s。

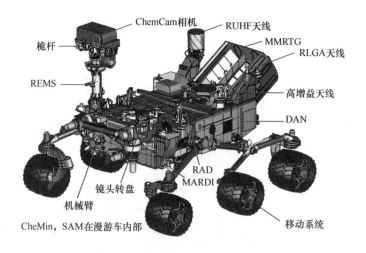

图2-341　"好奇"号上几个科学仪器和主要分系统的示意图(图片来源:NASA)

"好奇"号巡游车以莫尔斯电码形式在火星上留下了喷气推进实验室的标志。"好奇"号在测试行驶中留下轮胎标记,以作为估计行驶距离的参考点。在火星表面缺乏明显地标的情况下,巡游车的视觉测距系统可利用这些标记测量距离。轮胎花纹不是普通的直线,而是点缀了对应莫尔斯电码中的点和破折号,每个轮子印有三个莫尔斯电码(图2-342),翻译成英语是 JPL,即负责巡游车的喷气推进实验室(Jet Propulsion Laboratory)名字缩写。

图2-342　"好奇"号火星车轮胎上的莫尔斯电码(图片来源:NASA)

2)机械臂和转台

"好奇"号的机械臂有2.1m长,具有一个十字体转台,可以通过350°的旋转范围旋转持有的五台设备。在驱动时,机械臂利用三个关节向前延伸并再次收起。机械臂质量为30kg,其直径(包括安装在其上的工具)约60cm。

转台上的五个设备中两个是现场或者接触式仪器:X射线光谱仪(APXS)和火星手持透镜成像仪(MAHLI相机)。其余三个与样品采集和样品制备功能相关:冲击钻、刷子、和机制铲。钻孔直径能达到1.6cm,深度达到5cm。

"好奇"号的机械臂(图2-343、图2-344)还备有两个备用钻头,机械臂和转台系统可以通过 APXS 和 MAHLI 分析各自的目标,也可钻入岩石内部采集粉状样本,并在机身内使用火星样本分析设备(SAM)和化学和矿物学分析仪(CheMin)进行化验,将分析结果及时回传地球。

图 2-343 "好奇"号机械臂(图片来源:NASA)

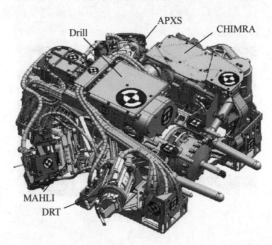

图 2-344 "好奇"号机械臂末端的装置,包括用于采样的钻孔机、α粒子 X 射线光谱仪(APXS)、采用处理分系统、火星岩石收集和处理分析仪(CHIMRA)、尘埃移除工具(DRT)以及火星手持透镜成像仪(MAHLI)(图片来源:NASA)

3) 电力分系统

为火星车提供动力的是由美国能源部提供的多任务放射性同位素热电发生器(MMRTG)。它本质上是一个将热能转化为电能的核电池。它由两个主要部分组成:含有 ^{238}Pu 的二氧化物的热源以及一套将钚的热能转化为电能的固态热电偶。

它含有 4.8kg 的钚的二氧化物作为热源转化为火星车所需的电力,并在寒冷的火星夜晚为火星车各个系统保温。

NASA 使用放射性同位素热电发生器用于探索太阳系已经很多年了。去往月球的"阿波罗"任务,去往火星的"海盗"号任务,以及去往外太阳系的"先驱者"号、"旅行者"号、"尤利西斯"、"伽利略"号、"卡西尼"号和"新视野"号任务都采用了放射性同位素热电发生器。新设计的多任务放射性同位素热电发生器能够在带有大气的行星(如火星)上使用,同时也能在真空中使用。它的设计目标是更高的安全性,至少 14 年的工作寿命,以及更小的质量。它的质量是 45kg,直径约为 64cm,长度约为 66cm。

MMRGT 有多层保护材料,经过了撞击测试。当火箭发射发生事故时,它的放射性元素也不会泄漏或者暴露在外。MMRGT 使用的钚和武器上使用的是不同类型,它不会像炸弹一样爆炸。

MMRTG 还为两块锂离子电池充电,每块容量为 42A·h。

4)通信分系统

"好奇"号有三个天线用于通信。两个天线使用 X 波段(7000~8000MHz)直接与 NASA 的深空网(DSN)天线联系。还有一个天线使用超高频(UHF,约 400MHz)波段与火星轨道器联系。

X 波段通信使用的是一个由火星车的小型深空应答机提供信号的 15W 固态功率放大器,由位于亚利桑那州 Scottsdale 的 General Dynamic Advanced Information System 制造。西班牙提供了火星车的高增益天线,它是一个六边形的约 0.3m 直径的天线。利用这个天线,X 波段子系统能以至少 160bit/s 的速度与 DSN 的 34m 天线或者至少 800bit/s 的速度与 70m 天线通信。需要精确指向的高增益天线能用于发送或接收信息。不需要精确指向的低增益天线主要用于接收 DSN 发送的信息。每天上传给火星车的指令主要是由使用 X 波段的高增益天线来接收。在火星表面,"好奇"号火星车可以直接与地球使用 X 波段无线电联系。这种情况下,只限于地球每天早晨给火星车发送的指令,火星车也可以向地球反馈信息,但是只能以相对低的传输速率——在每秒几千比特的量级——这是由于火星车有限的动力以及天线尺寸,以及遥远的地火距离决定的。

火星车的 UHF 天线,是一个安装在"好奇"号右后方的螺旋状柱形天线,由一对冗余的 Electra - Lite 无线电设备提供信号。数据的传输速率能够自动调整以适应由于角度和距离的变化导致的信号强度的变化。火星车利用 UHF 天线与火星轨道器通信。火星车将会通过 UHF 链路返回大部分的信息,使用两个无线电传送机(Electra - Lite Radios)中的一个与飞过上空的轨道器联系。轨道器在环绕火星的过程中,MRO 和"火星奥德赛"至少在每天下午和每天黎明前的凌晨飞越火星车上空一次。飞越时间非常短,大约只有 10min 左右,期间火星车将会以比直接与地球联系更高的传输速率传送数据,对"火星奥德赛"大约为 0.25Mbit/s,对 MRO

则达到 2Mbit/s。轨道器会使用它们更大功率的发送机更大的天线利用 X 波段向地球发送信息。任务计划要求每个火星日发送 250Mbit 的信息。地面对火星车的控制指令同样可以通过这种链路发送。如果 NASA 的两个轨道器因故不能传送信号，ESA 的"火星快车"作为备份也可以完成上述工作。

5）导航分系统

火星车安装了两个系列的工程相机：导航相机（Navcams）和避障相机（Hazcams），这两个相机通过火星车的自主软件和地面控制小组进行操作。

"好奇"号的导航相机和避障相机与"勇气"号和"机遇"号的类似，但是增加了冗余，并且加热器的功率更大。"好奇"号总共安装了 12 个工程相机，每个质量为 250g。

"好奇"号的导航相机成对安装在科学载荷的桅杆相机旁边，可以拍摄立体照片。每个导航相机拍摄到 45°宽和高的正方形视角，镜头焦距为 37mm，聚焦在 1024×1024 像素的 CCD 上，拍摄分辨率为 0.82mrad。

"好奇"号安装了 4 对避障相机，分别安装在巡游车底盘的前部和后部，这样"好奇"号在向前进或者后退时都能探测到地面上的障碍。每个避障相机具有一个 124°宽和高视角的鱼眼镜头，聚焦范围从 10cm 到无穷远，分辨率为 2.1mrad。

6）热控分系统

火星车部分的热设计基本思路是将对温度敏感的电子设备、蓄电池等放在箱体内，设备与箱体之间隔热设计，增大箱子的热时间常数（热阻和热容的乘积）；箱体内部使用同位素加热器加热，多余热量通过热开关和环路热管（LHP）传递到外部的辐射器进行热排散；箱体外部的设备采用单独热控措施实施控制，使用电阻加热器加热。

7）计算机

"好奇"号火星车采用 2 台（其中一台为备用）IBM 特制型号的计算机，可以承受 −55～70℃气温变化以及 1000Gy 的辐射水平。计算机使用 IBM PowerPC 750 为基础的 RAD750 处理器（可以提供 400MIPS 运算能力），配备 256MB 的 RAMB 和 2GB 闪存。

火星车使用 VxWorks 操作系统。VxWorks 由 Wind River Systems（已被 Intel 收购）开发，是在大量嵌入式系统中采用的实时操作系统。之前的"勇气"号、"机遇"号漫游车和"火星勘测轨道器"（MRO）和 SpaceX 公司的"龙"（Dragon）太空飞船都采用 VxWorks 操作系统。

8）行星保护措施

当向火星发射探测器时，必须避免将地球上的细菌带上火星。这是 1976 年外太空协议所要求的，该国际协议规定，任何探测活动必须避免污染外天体。NASA 成立了行星保护办公室，用于制定和实施行星保护条例。MSL 的飞行硬件在设计和建造时都需要符合行星保护条例的要求。

为防止地球生物污染火星,NASA 执行的首要措施是对飞往火星的硬件进行生物学意义消毒。MSL 的整个飞行系统被允许带有 500000 个细菌孢子,这相当于一茶匙海水含量的十分之一。孢子形式的细菌是行星保护标准的重点,因为这些孢子能够在非常极端的条件下存活多年。任务的一个要求是对于探测器暴露的部分以及着陆系统的外表面,包括火星车、降落伞和后壳,所带有的细菌孢子总量不得多余 300000 个,也即每平方米的孢子密度不得多于 300 个。防热罩和降落伞会猛烈撞击火星表面从而破裂。这些可能暴露在外的器件内部的孢子数量必须小于500000 个。

减少探测器上孢子数目的方法主要有两个,一是酒精擦拭消毒,另一个方法是加热消毒。技术人员和工程师在装配探测器和准备发射时例行对表面进行了酒精和其他溶剂的消毒擦拭。耐高温的部件根据 NASA 的规范被加热处理,在 110～146℃的高温持续加热 144h。行星保护小组仔细对器件表面采样进行微生物测试以验证探测器是否达到规定的标准。

MSL 同时要求不得在有水或者具有 1m 厚水冰的地点着陆。这是为了防止着陆失败可能导致加热没有完全杀死的细菌被探测器的放射性同位素热电发生器加热造成对火星上水源的污染。

确保地球上的细菌无法到达火星的另一个措施是任何没有达到消毒标准的器件都不得到达火星。当 Atlas 火箭的"半人马座"上面级和探测器分离时,这两个物体几乎运行在同一条轨道上。为了防止上面级与火星相撞,它们的飞行轨道被故意设置了偏差,探测器如果不进行中途修正将无法到达火星。因此,上面级将不会瞄准火星。

有些探测器的部件在撞击火星时会破裂,因此在制造过程中隐藏在器件内部的细菌可能会暴露出来。为了保证 MSL 所带的细菌不超过标准,对各种材料做了仔细分析(包括油漆、推进剂和粘合剂等),以确定给定体积中的孢子数量。一般情况下利用加热消毒能够将孢子的数量降到标准以下。对于要撞击火星的器件,比如和降落伞分离后的巡航级,需要做详细的热分析以确保在进入火星大气的过程中所产生的热量会杀死绝大部分甚至全部存活的孢子。

2.14.4 任务过程

2.14.4.1 发射

发射日期的选择除了与地球和火星公转周期外,还与上一次在同一个发射台发射的朱诺(Juno)木星探测器有关。另外,还要考虑探测器在火星着陆时 NASA 的火星轨道器正好经过着陆地点上空,这样轨道器就能接收到 MSL 在 EDL 阶段发出的信号。如果着陆失败的话,相比 MSL 直接与地球联系,该策略能够提供更多的有用信息。要想在火星成功着陆是非常困难的,充满了各种不确定性。在

1999 年"火星极地着陆者"着陆失败但无法获得确切的信息之后，NASA 特别关注在 EDL 阶段与火星探测器的联系。

第一次发射机会是美国东部标准时间 2011 年 11 月 25 日上午 10:25（世界时 2011 年 11 月 25 日下午 15:25，北京时间 2011 年 11 月 25 日晚上 23:25）。

2011 年 11 月 26 日 15:02:00UTC，MSL 使用"阿特拉斯"（Atlas）V541 火箭从卡纳维拉尔角空军基地发射升空（图 2 – 345）。发射后计算的入轨误差小于发射前入轨不确定度的 0.5σ，这意味着用于修正入轨误差的燃料消耗会很少。

图 2 – 345　2011 年 11 月 26 日，MSL 使用 Atlas 火箭发射升空（图片来源:NASA）

AltasV541 两级火箭（图 2 – 346）由波音公司和洛克希德·马丁公司的联合发射联盟制造。火箭代号中的 541 表示:火箭整流罩的直径大约为 5m;4 个固体火箭助推器;以及拥有 1 个发动机的"半人马座"上面级。

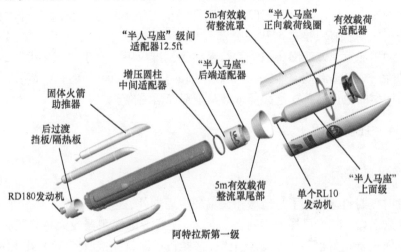

图 2 – 346　AtlasV541 运载火箭展开图（图片来源:NASA）

火箭第一级高度为 32.46m,直径为 3.81m。装有 Pratt & Whitney rocketdyne,West Palm Beach 公司以及莫斯科 NPO energomash 公司联合制造的 RD-180 发动机。发射前会向圆柱形的燃料箱中装载热稳定的煤油(类型:RP-1)和液氧。第一级火箭将会提供最大 380 万 N 推力。每个固体火箭助推器长度为 19.5m,直径为 1.55m,提供 136 万 N 推力。

火箭第一级和"半人马座"上面级由两个适配器连接。上面级拥有一个由 Pratt & Whitney rocketdyne 生产的可以重新启动的 RL-10 发动机。发动机采用液态氢和液态氧作为推进剂,可以提供最大 99200N 的推力。该上面级能够精确控制其方向,并带有一台飞行控制计算机,能与载荷以期望的姿态和自转速率分离。

探测器安装在整流罩里面,安装完毕总高度为 58m。AltasV 第一次发射是在 2002 年 8 月。2005 年 8 月 12 日,AltasV-401 将 NASA 的"火星勘探轨道器"(MRO)送入轨道。

发射时间"T0"指的是火箭起飞(liftoff)前 1.1s,Altas V-541 的第一级发动机点火是在 T0 之前 2.7s,即起飞前 3.8s。

四个固体火箭助推器在第一级发动机点火后 3.5s 开始点火(即起飞前 0.3s)。总共燃烧约 1.5min 时间,在熄火后数秒内成对从火箭脱离。

火箭第一级发动机持续工作到起飞之后 4min20s。在起飞 3 min 25s 后,整流罩被抛离(图 2-347)。在火箭第一级发动机熄火时总共消耗了约 284000kg 推进剂,并在四个固体火箭推进器的帮助下,将探测器送到了 158km 高度的太空,总共飞行里程为 494km。

图 2-347　整流罩分离效果图(图片来源:NASA)

在火箭第一级发动机熄火几秒以后,"半人马座"上面级与第一级分离,第一级掉落到太平洋。分离 10s 以后,上面级第一次点火,发动机工作约 7min,并将上面级和探测器送入停泊轨道。停泊轨道是一个高度从 165km 到 265km 的椭圆轨道。上面级发动机第一次点火结束后,上面级与探测器继续依靠惯性飞行到合适的位置等待上面级第二次点火,点火时间取决于发射日期和发射时间。滑行段持续约 14～30min,具体长度取决于发射时机——在发射窗口的第一天 11 月 25 日该长度约为 20min。

上面级第二次点火持续约 8min,将探测器送入地火转移轨道。第二次点火结束后 3 min 43s 以后,安装在上面级上的火工品激励器(Pyrotechnic Actuators)和分离弹簧(Push–off Springs)将探测器以 0.27m/s 的相对速度从上面级分离,同时给予探测器 2.5r/min 的自转速率。此时,也即发射 43min 以后,探测器相对地球的速度为 10.22km/s。随后,"半人马座"上面级进行它的最后一次机动,以防止上面级与探测器或者火星相撞。

图 2–348 所示为 MSL 发射过程。

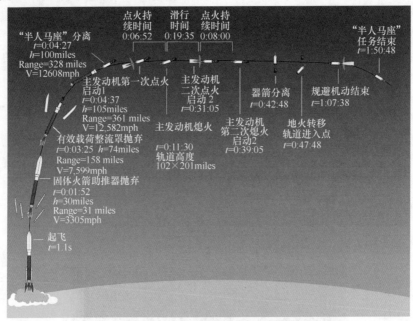

图 2–348　MSL 发射过程(图片来源:NASA)

在发射过程中,Atlas 火箭与 NASA 的跟踪和数据中继卫星系统之间的无线电传输使得地面控制中心能够监测到火箭和探测器的状态。MSL 与火箭上面级分离并展开天线以后才具备通信能力。星箭分离 1min 之后,飞行软件将 MSL 转换到巡航模式并打开 X 波段发射机。但是在此之后 5min 之内探测器将不会发送数据,因为在这段时间内需要将功率放大器预热并且配置通信系统。

最初从探测器接收到的数据将会对进入巡航模式后的探测器进行第一次健康状态评估,包括确认巡航级的太阳能电池板已能提供电力。一旦探测器进入稳定状态,就算正式进入巡航段的状态。

在 MSL 发射前制定了一个在发射失败的情况下使探测器坠落地球的应急方

案,为了使发生核燃料污染的可能性减少到最低,计划使用下降级上的反作用控制(RCS)推力器使探测器坠落到人口稀少的太平洋区域。所幸的是 MSL 发射无需用到该应急方案,但是所涉及到的轨道确定和轨道建模过程被利用到了俄罗斯"福布斯 – 土壤"(Phobos – Grunt)的援救任务中,尽管最终没有获得成功。

2.14.4.2　行星际巡航

从地球到火星的整个旅程需要花费 36 周,其中大部分时间(210 天)为巡航段(图 2 – 349),剩下的 45 天为接近火星段。MSL 采用了日心转角小于 180°的 I 型转移轨道。

图 2 – 349　MSL 在巡航轨道飞行效果图(图片来源:NASA)

在巡航段的关键活动包括了对探测器和有效载荷的状态检测,对探测器的跟踪,改变太阳能电池板和天线指向的姿态调整,以及设计和执行三次轨道中途修正。在接近火星段另外安排了三次中途修正以及最后一次应付意外情况发生的备份修正。

在巡航段和接近火星段期间,探测器以 2r/min 的自转速率自旋稳定。探测器的自转轴相对于地球和太阳的指向将会影响到通信、电力和热性能。太阳能电池板的平面垂直于自转轴,在巡航期间使用的两个天线的指向与自转轴一致。在巡航段最初两个月,探测器相对太阳和地球的角度相对较大,使用的是相比中增益天线具有更宽范围指向的低增益天线。当探测器离地球越来越远时,需要用到中增益天线进行通信,因此探测器的姿态需要保持指向地球附近。太阳不会在与地球同一个方向上。为了在巡航段后期和接近火星段使得中增益天线保持在偏离地球指向 10°以内,动力和热分系统在探测器偏离太阳角度大于偏离地球角度的情况下仍能正常工作。

1)通信

与 NASA 所有的行星际探测任务一样,NASA 深空网(DSN)与探测器进行联系,并在飞行期间跟踪探测器。深空网的测控站位于三个地方:加利福尼亚莫哈维沙漠的金石(Goldstone),西班牙马德里附近,以及澳大利亚堪培拉附近。其中每两个位置的经度相隔约120°。这样也就保证在任何时间,其中至少有一个测控站能够观测到探测器。每个测控站装备了一个70m直径的天线,至少两个34m直径的天线,以及更小的天线。所有三个测控站直接和控制中心——位于加州帕萨迪纳的NASA喷气推进实验室进行联系。

在巡航段和接近火星段,探测器使用X波段(7~8GHz)无线电直接和地面联系。探测器使用了安装在下降级上的一个应答机和功率放大器以及两个天线。其中一个天线,降落伞低增益天线安装在降落伞的椎体上,它暴露在巡航级的中心。另一个中增益天线安装在巡航级上。降落伞低增益天线在巡航段的前几个星期以及巡航级分离时使用。其他大部分时间使用中增益天线,它能提供更高的数据传输速率但需要较精确指向地球方向。通信系统为导航提供位置和速度信息,同时传送数据和指令。

2)导航

MSL导航系统在巡航段的主要功能包括:①基于无线电测量数据(包括多普勒、测距和ΔDOR)估计探测器的轨道;②提供探测器的历表和辅助的轨道数据用于深空网(DSN)和任务操作小组;③确定TCMs所需的ΔV矢量,并验证由探测器小组产生的机动执行值;④在TCMs执行期间提供实时的跟踪数据;⑤利用TCM之前和之后的跟踪数据重构TCM的ΔV。

MSL与以前的火星任务类似(除了MRO在接近火星时进行了光学导航试验),在巡航段只使用了地面测控的方法,在进入火星大气之前没有对火星或其他天体进行光学或其他无线电导航。MSL的导航(表2-37)使用了三种类型的跟踪数据,这些数据来自NASA深空网建立在加利福尼亚(图2-350)、西班牙和澳大利亚的三个测控站。一个方法是测距(Ranging),它是通过精确计算从地球发出的信号到达探测器并返回到地面的时间来测量探测器与地球的距离。第二种方法是多普勒法(Doppler),它是根据从探测器返回的信号的频率偏移来测量探测器相对于地球的速度。第三种比较新的方法叫做德尔塔差分单向距离测量(Delta Differential One-way Range Measurement),增加了探测器在垂直于视线方向上的位置信息。在这种方法中,两个测控站的天线同时接收来自探测器的信号,同时天线还接收来自一个已知参考天体(如脉冲星)的无线电波作为参考信号。

表2-37 表1 MSL在巡航段采用的导航方式

导航方式	精度	功能
多普勒	0.1mm/s	测量视线方向上的速度信息
测距	1m	测量视线方向上的位置信息
ΔDOR	400m	测量垂直视线方向上的位置信息

图 2 – 350　DSN 位于加州 Goldstone 的天线(图片来源:NASA)

　　精确预测探测器的轨道是提高导航性能的关键因素。在 MSL 的导航中,火星的星历利用最新的测距和 ΔDOR 数据不断进行更新,行星的星历由发射前两个月产生的 DE424 历表和到达火星前 3 个月产生的 DE425 历表获得,星历表的误差不大于 200m。

　　作用在探测器上的力包括引力和非引力两大类。对引力已经了解得非常透彻。非引力主要包括:在发射后几个星期的排气作用、TCMs 的推力、太阳光压和热辐射,以及在姿态机动期间由于推力器安装误差导致的不平衡效应。TCMs 的推力由测控数据进行标定,在发射前建立了太阳光压和热辐射模型,并由 MER 任务中获得的数据进行了测试。姿态机动导致的 ΔV 同样通过一系列特定设计的机动进行标定。

　　3) 轨道修正

　　巡航级上的推力器用于巡航段(图 2 – 351)以及接近火星段的中途轨道修正。根据发射前的计划,第一次中途修正安排在发射后第 15 天进行,第二次在发射后第 120 天进行。这两次中途修正用于消除大部分的入轨偏差,由于火箭上面级没有进行无菌处理,行星保护措施要求避免上面级撞击火星,因而设置了该入轨偏差。在发射后两周内,探测器的轨道瞄准点与火星会有几十万千米的偏差,前两次的中途修正将会使探测器逐步瞄准火星,但是第二次修正后探测器的轨道仍然与火星有一定偏差,这也是根据行星保护措施,为了防止探测器可能失控后撞击火星而设置的。在第二次修正两个月后,即着陆前 60 天进行的第三次中途修正才首次将探测器的轨道修正到瞄准火星大气进入点的轨道上。

　　接近火星段的三次中途修正安排在着陆前 8 天、前 2 天和前 9h。为防止意外情况发生,在着陆前 24h 安排了一次备份的轨道修正。表 2 – 38 给出了 MSL 在巡航段的制导策略,表中 L + 表示距发射后的时间,E – 表示距进入火星前的时间。

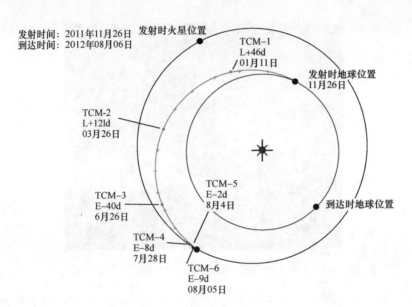

图2-351 MSL的行星际巡航轨道（图片来源：NASA）

表2-38 MSL巡航段制导策略

TCM	发射前计划	实际执行日期	作用
侧向标定	没有安排	12月22日，L+26d	测试巡航级推进系统
TCM-1	L+15d	1月11日，L+46d	消除入轨偏差和误差，瞄准着陆点
TCM-2	L+120d	5月26日，L+121d	
TCM-3	E-60d	6月26日，E-40d	修正TCM-2的传递误差
TCM-4	E-8d	7月28日，E-8d	修正TCM-3的传递误差
TCM-5	E-2d	取消	修正TCM-4的传递误差
TCM-5X	E-1d	取消	TCM-5的备份
TCM-6	E-9h	取消	修正无法忽略的传递误差

　　排气作用导致的加速度在巡航段的前几个星期是比较明显的，为了更精确预报探测器的轨道，需要对小量的随机加速度进行估计。直到12月中旬，排气加速度仍然在可以忽略的范围内。由于入轨精度很好，推迟了原定于发射后第15天（L+15d）执行的TCM-1。为了评估巡航级推进系统的健康状况，项目小组决定在TCM-1之前进行一次横向标定机动。该标定在2011年12月22日进行，两次横向机动产生的ΔV为0.555m/s。

　　1）TCM-1

　　设计TCM-1使用了TCM-1、2、3联合优化的策略，同时满足TCM-1、2在B平面上的瞄准点与火星撞击圆面存在一定距离偏差。TCM-1于2012年1月11日（L+46d）进行（表2-39），由一次轴向机动和一次横向机动组成。图2-352

显示了 TCM – 1 在 B 平面上的瞄准点,从轨道确定(OD)解开始,TCM – 1 的轴向机动后探测器看起来更加偏离火星,而在侧向机动后重新拉回到火星附近。图中还显示了轨道确定解、TCM – 1 轴向机动和侧向机动的 3σ 误差传递不确定度(由误差椭圆表示)。

表 2 – 39　TCM – 1 执行情况

速度增量	轴向机动:1.585m/s。横向机动:5.611m/s
修正效果	B 平面位置偏差:由 47513km 减少至 4956km 到达时间误差:由 14h50min 减少到 34min
执行误差	大小误差:+2.323%。指向误差:0.618°

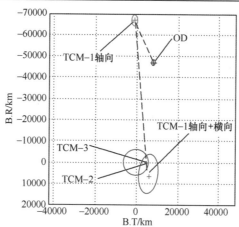

图 2 – 352　TCM – 1 在 B 平面上的机动过程(图片来源:NASA)

2)TCM – 2

原来的计划是继续使用多机动优化策略来设计 TCM – 2,也即 TCM – 2 将会和 TCM – 3 联合设计。但是分析发现采用这种优化方法可以节约的燃料不甚明显,而且 TCM – 1 之后已经有足够的燃料剩余,同时 TCM – 2 的瞄准点无需偏离火星就可以满足撞击概率的约束。因此决定 TCM – 2 直接瞄准了所期望的火星大气进入点。这样设计 TCM – 2 就比较简单。TCM – 2 于 2012 年 3 月 26 日进行,从轨道确定(OD)解开始,TCM – 2 的轴向和侧向机动逐步将瞄准点移动到期望的最终目标点。表 2 – 40 给出了 TCM – 2 的执行情况。

表 2 – 40　TCM – 2 执行情况

速度增量	轴向机动:0.195m/s。横向机动:0.726m/s
修正效果	B 平面位置修正量:5002km。到达时间修正量:21min30s
执行误差	大小误差:0.038%。指向误差:0.388°

3)TCM – 3

在 TCM – 2 之后,MSL 项目组重新选择了着陆目标点,它距离原着陆点有几千米的距离。TCM-3的任务就是做这个微小的调整,以及修正TCM-2以后积累的机动执行误差。TCM-3同样使用了简单的直接瞄准策略。

TCM-3于2012年6月26日(E-40d)执行(表2-41)。由于在TCM-2之后,MSL位于一条撞击火星的轨道上,因此如果TCM-3没有执行将会导致探测器不受控撞击火星。TCM-3的执行误差相比前几次修正比较大,原因在于TCM-3是一次ΔV很小的修正,而且它需要一次$+Z$轴方向的轴向机动,而TCM-1、2是沿着$-Z$轴方向。较大的执行误差导致了大气进入飞行航迹角位于0.2°的走廊带之外,因而需要进行TCM-4。

表2-41　TCM-3执行情况

速度增量	轴向机动:27.7 mm/s。横向机动:25.6 mm/s
修正效果	BR:354.77 km。BT:5785.83 km TCA:2012年08月06日05:10:47.40(UTC)
执行误差	大小误差:1.029%。指向误差:2.462°

4) TCM-4

在巡航段末期,MSL与火星的距离越来越近,因而改变轨道的机动能力会显著下降,应用在巡航段早期TCMs的瞄准策略不再具有优化效果。实际上,MER的导航经验表明瞄准火星大气进入点三个参数的策略已无必要。随着不断接近火星,EFPA和进入时刻变得高度相关。为了同时修正这两个参数可能需要一个较大的ΔV。因此TCM-4采用与巡航段前期不同的瞄准策略,它减少了机动时瞄准的进入点目标参数。

在最初的TCM-4设计中,对所有三种机动选项-矢量模式、只轴向模式和只横向模式都进行了分析。矢量模式机动修正了飞行时间、飞行航迹角和B平面角度,但是首先的轴向机动会导致探测器大幅偏离目标点,直到横向机动以后探测器才修正到目标着陆点附近。只进行轴向机动只能修正位置误差至距离目标点8km,其点火时间比矢量模式和只进行横向机动模式都要长。只进行横向机动修正了位置误差,没有完全修正进入飞行航迹角至标称值,但是这个差异可以忽略不计仍然满足要求,而且点火持续时间比矢量模式要短,这是有利的一面。最后决定TCM-4采取只横向机动模式,于2012年7月28日(E-8d)执行(表2-42)。

表2-42　TCM-4执行情况

速度增量	轴向机动:11 mm/s。横向机动:0 mm/s
修正效果	BR:355.1 km。BT:5785.2 km TCA:2012年08月06日05:14:32.20(UTC)
执行误差	大小误差:-5.702%。指向误差:1.750°

5）TCM‐5

在成功执行 TCM‐4 以后,预计 TCM‐5 将会取消。是否执行 TCM‐5 的抉择需要考虑执行机动后的收益和风险因素。图 2‐353 显示了 B 平面坐标系中的抉择标准。两条垂直虚线的交点代表期望的最终目标着陆点,一系列彩色的平行线代表不同宽度的 EFPA 走廊,其中黄色距离中心线是 0.1°,绿色是 0.05°。黄色带和绿色带定性代表了 EDL 修正 EFPA 和横向轨迹误差的能力。各个椭圆代表了不同时间轨道确定解的 3σ 不确定度。抉择时如果椭圆中心(可以认为是轨道确定解的最优估计)位于“绿色带”内部,则取消 TCM‐5。实际轨道确定结果确实满足了取消执行 TCM‐5 的条件,因而 TCM‐4 是 MSL 在巡航段的最后一次轨道修正。

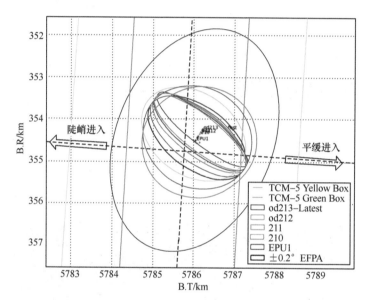

图 2‐353　TCM‐5 是否进行的抉择标准(图片来源:NASA)

2.14.4.3　进入、下降和着陆(EDL)

紧张的进入、下降和着陆(EDL)阶段(图 2‐354)开始于探测器接触火星大气层的时刻,此时探测器的速度为 5900m/s。该过程持续约 7min,结束于火星车和下降级在火星表面稳定着陆——前者开始它的使命,后者则结束它的使命。

火星大气层的高度并没有一个严格的界限。大气进入交界点——探测器飞行轨道的瞄准点——定义在离火星质心 3522.2km 处。其距离着陆点盖尔坑的海拔为 131.1km,但是进入交界点并不是在与着陆点垂直的上方。

1) EDL 的主要过程

(1) 巡航级分离。

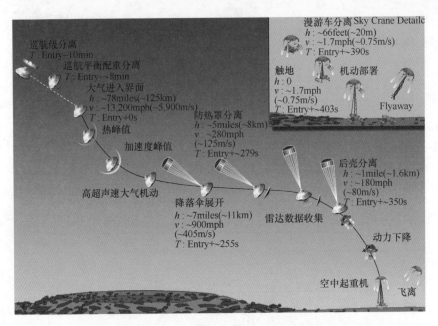

图 2 - 354　进入、下降和着陆阶段的关键节点，
具体时间由着陆当天的大气条件决定(图片来源:NASA)

2012 年 8 月 6 日 05:14:34 UTC,探测器在进入大气层前 10min 与巡航级分离(图 2 - 355),MSL 的 EDL 测量装置(MEDLI)开始工作,MEDLI 提供大气层以及防热罩性能的相关数据,为不久以后的着陆提供帮助。

图 2 - 355　巡航级分离效果图(图片来源:NASA)

(2) 准备进入火星大气。

MEDLI 开始工作 1min 以后,后壳上安装的小推进器使探测器消旋,此前在巡航段和接近火星段,探测器以 2r/min 的速度自旋稳定。进入前 9min,后壳上的推进器点火调整探测器的指向,使得防热罩面向前方,这个机动动作叫做"转向进

入"(turn to entry)(图2−356)。

图2−356　开始进入火星大气效果图(图片来源:NASA)

（3）第一次释放配重块。

转向进入动作后,后壳释放出两个由固体钨合金制成的重物,叫做"巡航平衡质量装置",每个质量为75kg。释放以后,探测器的重心位置发生了改变（图2−357）。在巡航和接近火星阶段,重心位于探测器的自旋轴上。重心的改变使得探测器在进入大气层时具有一个攻角,从而空气动力对探测器产生一个向上的升力。而MSL任务就在于操纵这个升力,使用一种叫做"制导进入"(guided entry)的技术,用于消除由于火星大气密度不可预知的变化带来的干扰并提高着陆点的位置精度。

图2−357　释放配重调整重心效果图(图片来源:NASA)

（4）制导式大气进入。

05:24:34 UTC,探测器开始进入火星大气（图2−358）。当探测器开始接触火星大气边缘时,利用后壳上的小推进器能够改变倾斜的角度和方向,使得探测器以S型曲线飞行。S型曲线能够在探测器下降时减少纯水平方向的距离。通过使用不同数目的推进器能够调整着陆点的位置。制导进入的机动还能修正由于大气中风对探测器造成的水平方向的影响。探测器根据包含陀螺仪的惯性测量装置获得的信息进行自主控制。

图 2 - 358　制导式进入效果图(图片来源:NASA)

在降落伞打开以前,探测器在着陆之前受到的阻力超过 90% 是由大气阻力产生的。热峰值产生在进入大气层后约 80s,此时在防热罩上产生的极端高温达到了约 2100℃,探测器飞行高度为 27km,距离着陆点为 230km,飞行马赫数为 24,速度为 4690m/s。10s 以后加速度达到峰值 11.4g,距离火星表面 19km,距离着陆点 200km,飞行马赫数为 19,飞行速度 3600m/s。

从探测器进入大气到接触火星表面的时间不是确定的。主要节点的时刻和高度取决于着陆当天大气条件等不可预知的因素。相比以前的火星任务,制导进入技术能够使探测器对不可预知的大气条件反应更灵敏。探测器从进入大气层到接触火星表面的时间在 369 ~ 460s 之间。降落伞的打开时间可以在 10 ~ 20s 之间变化。

(5) 第二次释放配重块。

当探测器结束制导进入机动后,在降落伞打开前几秒,后壳释放另一套钨合金配重,使得探测器的重心转移到对称轴的后部。这 6 个称为"进入平衡质量装置"的配重,每个质量为 25kg。它们被释放以后,探测器的平衡态重新得到了调整以准备降落伞的打开。

(6) 降落伞打开。

05:28:53 UTC,进入后 255s 降落伞打开(图 2 - 359),此时探测器的高度为 11km,速度约为 405m/s。20s 后,05:29:13 UTC,防热罩分离,此时高度为 8km,速度约为 125m/s。火星下降成像器开始拍摄探测器下方的火星表面。被下降级吊着的火星车此时仍然和后壳和降落伞连在一起。末端下降敏感器,安装在下降级上的一个雷达系统开始搜集速度和高度的数据。

图 2 – 360 为 MRO 拍摄到的 MSL 降落火星过程的照片。

图 2 – 359   降落伞打开效果图
（图片来源：NASA）

图 2 – 360   "火星勘测轨道器"（MRO）
拍摄到的 MSL
降落火星过程的照片（图片来源：NASA）

（7）下降发动机点火。

05：30 5：50 UTC，与降落伞连接的后壳在防热罩分离（图 2 – 361、图 2 – 362）97s 以后与下降级和火星车分离。此时，探测器高度为 1.4km，速度为 80m/s。下降级上 8 个可以调节喷气速度的制动推进器，叫做火星着陆发动机，在制动下降阶段开始点火（图 2 – 363）。

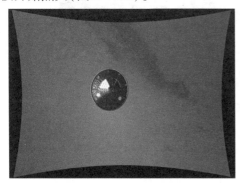

图 2 – 361   由 MSL 下降级上的火星下降
成像仪（MARDI）拍摄到的防热罩分离照片
（图片来源：NASA）

图 2 – 362   防热罩分离后效果图
（图片来源：NASA）

（8）空中吊车下降火星车。

当发动机点火使得下降级的速度减小到 0.75m/s 后，下降级保持在该速度直到火星车接触火星表面。其中 4 个发动机在下降级的尼龙绳释放火星车之前关闭。火星车与下降级分离，但是仍然被下降级的绳子吊着（图 2 – 364），此时高度为 20m，距离着陆还有 12s 时间。

图 2-363 减速发动机点火效果图
（图片来源：NASA）

图 2-364 空中吊车效果图
（图片来源：NASA）

火星车的车轮和悬挂装置，同时也作为起落架，在触地之前弹开。下降级的绳子吊着火星车使得火星车缓慢下降（图 2-365），火星车接触表面时速度约为 0.75m/s。当探测器敏感到火星车与地表接触时，系绳被切断，下降级飞到距离火星车着陆地点至少 150m 的地方着陆。

图 2-365 "好奇"号准备着陆效果图（图片来源：NASA）

2012 年 8 月 6 日 05：31：46 UTC，"好奇"号成功登陆火星（图 2-366、图 2-367）盖尔撞击坑（南纬 4°35′31″，东经 137°26′25″），距离目标点为 2.2km。随后火星车的计算机从 EDL 模式切换到表面模式。此刻自动开始了第一个火星日的活动。此时着陆点的当地平太阳时大约是下午 3 点。

2）EDL 阶段的通信

在 EDL 阶段的通信至关重要。自 1999 年火星极地着陆者（MPL）任务失败后，NASA 规定之后的火星着陆器必须能够发射数据以确保任务小组能够检测相关信息，如果着陆失败，这些通信数据会提供关键的诊断信息，为将来的火星任务

图 2 - 366　2012 年 8 月 6 日,位于 JPL 的地面控制人员
庆祝"好奇"号成功着陆火星(图片来源:NASA/JPL)

图 2 - 367　2012 年 8 月 13 日,美国总统奥巴马(Barack Obama)在空军 1 号
(Air Force One)飞机上向 MSL 任务小组通话,祝贺"好奇"号成功着陆(图片来源:NASA)

提供参考。

　　目前仍然工作的三个火星轨道器——NASA 的"火星奥德赛"(Mars Odyssey)和火星勘测轨道器(MRO),以及 ESA 的火星"快车"(Mars Express)——将会在 MSL 的 EDL 阶段飞行到合适的位置以接收来自 MSL 的信号。MSL 利用安装在后壳上的三个 UHF 天线在超高频段(大约 400MHz)与轨道器进行通信。通信从探测器进入大气前几分钟开始,直到火星车和下降级与后壳分离。这时,下降级上的 UHF 天线开始工作。当火星车吊在系绳上与下降级分离,火星车上的 UHF 天线开始工作。轨道器将期间接收到的信息通过 X 波段传回地球。

　　MSL 在 EDL 阶段同时也会使用 X 波段进行通信。由于讯号强度的限制,这些信号只是简单的几个特征信号,而不是完整的遥测信号。DSN 会收听这些直接传送到地球上的信号。开始进入大气时使用的 X 波段天线是安装在后壳上的降落伞低增益天线。在后壳分离以后,安装在下降级上的低增益天线以及火星车上的低增益天线相继使用 X 波段通信,一直到火星车在火星表面着陆。

2. 14. 4. 4　表面运作

早在 2006 年 6 月,由 150 个科学家组成的"好奇"号着陆选址工作小组就开始了对着陆地点的选择,并最终从 60 个候选着陆点中选取了最终 4 个着陆点,分别为霍登陨石坑(Holden Crater)、马沃斯山谷(Mawrth Vallis)、艾波斯沃德环形山(Eberswalde Crater)和盖尔环形山(Gale Crater)(图 2 – 368)。前三个着陆点位于南纬或北纬24°~27°之间,盖尔陨石坑则位于南纬 4.4°。"好奇"号全新的 EDL 模式更加灵活,最终的着陆点可以在发射之后再确定,在飞行途中通过轨道修正来瞄准最终着陆点。

图 2 – 368　盖尔(Gale)环形山地形图(图片来源:NASA)

2011 年 7 月,科学家为"好奇"号最终选择的着陆点为盖尔陨石坑(图 2 – 369),这是一个直径为 154km、相对海拔较低的陨石坑。它的地势比较低,并且靠近边缘的表面较高,比较适合水的自由流动并在陨石坑壁上汇集。盖尔陨石坑有个中央高地,被称为夏普山,比陨石坑底部高了 4900m。在平缓的山麓表面,"好奇"号可以执行长时间的任务,进行地质和大气调查。

MSL 的计划工作寿命为 1 个火星年。1 火星年是 687 个地球日,或者 669 个火星日,火星日叫做 Sol。1Sol 等于 24h39min35. 244s。着陆地点位于火星赤道附近,约为南纬 4.5°。在火星南半球,在任务开始和结束时均为冬季。

科学探测活动的计划基于每个火星日早晨给火星车发送的一系列指令。每个火星日的探测计划受到时间、动力、温度以及数据容量等因素的限制。火星轨道器在下午飞越火星车上空时具有一个数据传输的机会,火星车会发送探测数据(图 2 – 370、图 2 – 371)。每个火星日的探测数据都会影响到下一个火星日的探

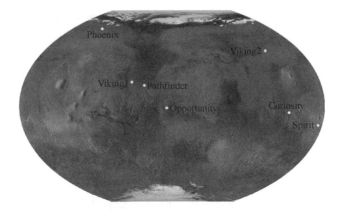

图 2 – 369 "好奇"号在火星上的着陆点位置(图片来源:NASA)

测安排。

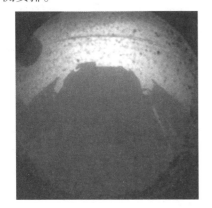

图 2 – 370 "好奇"号在 2012 年 8 月 6 日
着陆后拍摄的第一张照片
(图片来源:NASA)

图 2 – 371 "好奇"号在 2012 年 8 月 6 日
拍摄的着陆点附近的夏普山(Mount Sharp)
(图片来源:NASA)

　　根据获得的探测数据,每个火星日火星车团队需要做出决定,诸如选择什么目标,使用什么设备等。火星车团队和科学家一起讨论决定什么样的计划是安全而且具有可行性。

　　在火星车开始工作的最初几个星期,火星车团队根据火星时间安排作息时间。这样有利于指令的接收和传送。这样每天的时间将会多约 40min,因为一个火星日要比一个地球日长约 40min。在任务后期,火星车团队的作息时间又会调整到地球时间。

2012 年

　　着陆日记做 Sol 0,与"火星探测漫游者"不同,"机遇"号和"勇气"号的着陆日记做 Sol 1。在"好奇"号的 Sol 0,来自火星车的信息将会确认着陆之后的状态。关于火星车健康状态的更详细的信息在 12h 以后,Sol 1 的当地火星时间上午 3

点,当火星勘测轨道器(MRO)飞行到着陆点上空时由 MRO 中转传回地面。

Sol 1 首要进行的动作是执行着陆之前储存在火星车上的控制序列,包括升起摄像桅杆,利用导航相机拍摄天空,从中确定太阳方位,计算与地球的角度,然后将高增益天线指向地球。

接下来的几个火星日将会通过火星车的各个分系统对火星车的健康状况以及着陆地点的特征进行详细勘察,同时还会拍摄着陆点的 360°彩色全景照片并进行天气观测。火星车的第一次行驶会在着陆一个星期以后,随后会第一次使用机械臂。

8 月 14 日,"好奇"号火星车的主计算机和备用计算机已完成为期 4 天的软件升级,也就是说它的大脑已从着陆模式更换为探索模式,为接下来的火星探索任务做好准备。这次软件升级对好奇号必不可少,这一步骤完成后,飞行小组才能驱动火星车在火星表面移动,操控它的机械臂进行取样并分析。

8 月 19 日,"好奇"号成功向附近岩石发射了高能激光,利用瞬时功率上百万瓦特的脉冲将岩石外层气化,再利用分光镜分析。"好奇"号上的化学与照相机仪器(ChemCam)用激光照射了名为 Coronation 的火星岩石,在 10 余秒的时间内发射了 30 束激光脉冲(图 2-372),每束激光持续十亿分之五秒。激光束生成的高温等离子光束随后被 ChemCam 上的望远镜观测到。根据 NASA 发布的图片,8mm × 8mm 的凹陷处可以观察到一个细小瘢痕,正是激光束击中的位置。利用激光分解样本再进行光谱分析是地面上的一项技术,用于研究极端环境中目标的成分。此次"好奇"号的试验,是这项技术首次在另一个星球上使用。本次试验的主要目的是帮助科学团队表征复杂仪器的瞄准性和性能,此数据可能会带来更多认知。科学家们希望发现火星表面土壤和内部物质的区别。

图 2-372 "好奇"号发射激光想象图(图片来源:NASA)

8 月 21 日,采用 6 轮设计的"好奇"号第一次在火星上移动它的 4 个脚轮,测试轮子上的转向制动器。这项测试是首次试车的一个重要准备工作。

8月22日,"好奇"号首次在火星表面行走(图2-373),它先向前行驶了4.5m,之后顺时针转弯120°,又后退行驶了2.5m。前后共用时5min。本次行驶测试是"好奇"号着陆后健康检查的一部分。随后好奇号还将在着陆点附近工作数天,继续检查设备并研究周围环境。"好奇"号的首个考察目标位于其着陆点以东大约400m处。

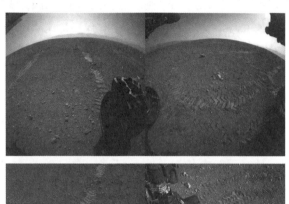

图2-373 "好奇"号拍摄的车轮印迹(图片来源:NASA)

同日,NASA宣布,将"好奇"号在火星的着陆点(图2-374)命名为"布雷德伯里着陆点",以纪念不久前去世的美国著名科幻作家、《火星纪事》等科幻名著的作者雷·布雷德伯里。布雷德伯里生于1920年,2012年6月在美国洛杉矶去世。他一生获得过很多荣誉,在好莱坞星光大道上有属于他的一颗星,太空中有以他名字命名的小行星。1950年发表的长篇小说《火星纪事》是布雷德伯里的成名作,奠定了他在科幻小说界的地位。这部作品描述了地球人移民火星,并与"火星人"发生冲突的故事。在长达几十年的创作生涯中,布雷德伯里发表了多部长篇小说和近600部短篇小说,部分作品被众多美国学校选为教材或推荐读物。

8月22日,"好奇"号还遭受了它在火星上的第一次挫折。探测器携带的气象站之上的一台风况显示传感器损坏。工程师们估计是"好奇"号着陆过程中火星表面石块飞溅,击中了传感器电路,破坏了布线。气象站是西班牙对"好奇"号的贡献。它记录空气和地面温度、空气压力和湿度、风速和方向,这些参数由遍布巡视探测器的传感器提供,但很多传感器都被安置在两个类似手指的小型吊杆上

图 2-374 "好奇"号拍摄的着陆点附近照片,远处为夏普山(图片来源:NASA)

(风力传感器正位于此),与相机桅杆相距甚远。位于小型吊杆正面的风力传感器未受影响,但只剩下一个传感器,这对全面了解火星上的风状况带来了困难,也降低了"好奇"号探测特定方向风速和风向的能力。

8月27日,"好奇"号火星车成功收到来自地球的音频,然后将其传回地球,这是人类首次在地球上传并从另一颗行星下载音频。这份音频文件由 NASA 局长查尔斯·博尔登录制,通过无线电传送给"好奇"号,再由"好奇"号传回 NASA 的深空网。

8月29日,NASA 宣布"好奇"号火星车已从布雷德伯里着陆点附近出发,正式开始向 400m 外的首个科研目的地前进。"好奇"号在 8 月 28 日已向东前进(图 2-375)了 16m,预计将在数周后抵达名为格莱内尔格的目的地。这一地点处于三种地形相交的区域,任务小组希望"好奇"号能在这一区域找到首个岩石目标,并对其进行取样和分析。"好奇"号此前曾进行两次行驶测试,这次前进真正开始了前往第一个主要行驶目的地格莱内尔格的旅程。

图 2-375 2012 年 8 月,"好奇"号向东驶向格莱内尔格(图片来源:NASA)

截至 9 月 4 日(Sol 29),"好奇"号累计走行驶了 109m(图 2-376),相当于从着陆点到格莱内尔格距离的四分之一。

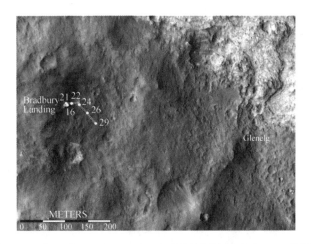

图 2 - 376　截至 2012 年 9 月 4 日 (Sol 29),"好奇"号累计行驶了 109m (图片来源:NASA)

　　9 月 5 日,"好奇"号张开机械臂,任务小组将在之后 6 至 10 天内对机械臂及机械臂上的科学工具进行测试。测试包括利用机械臂末端的火星手持透镜成像仪观察校准目标,利用 α 粒子 X 射线光谱仪读取校准目标中的化学成分。图 2 - 377 所示为"好奇"号拍摄的轮胎。

图 2 - 377　"好奇"号在 2012 年 9 月 9 日拍摄的轮胎,
背景是夏普山 (Mount Sharp) (图片来源:NASA)

9月11日,任务小组命令"好奇"号停止了两天的时间进行机械臂的热身运动,这条机械臂的顶端搭载了一个重达30kg的工具转台,而操纵人员需要慢慢适应如何在火星的引力作用下熟练使用这些工具。火星的引力大约只有地球引力的38%,因此如果用同样的操作方式让机械臂进行抬升动作,那么在火星上抬升的高度要比在地球上要高。因此"好奇"号团队借助了一些分析软件,通过软件的数学计算来对机械臂实现和在地球上相同的操控动作。因而热身的很大一部分工作就是让软件更合适地换算出操作数据。机械臂完成热身后,"好奇"号将继续向格莱内尔格的目的地进发。在路途中,"好奇"号也会使用仪器对沿途的火星岩石进行分析测试,包含对火星岩石矿物质含量与化学元素进行分析,同时火星车也会对火星土壤进行分析测试。

9月20日,"好奇"号累计行驶290m,去格莱内尔格的路程过半(图2-378)。"好奇"号使用机械臂考察了第一块火星石块(图2-379)。这个金字塔形石块刚好位于"好奇"号火星车布雷德伯里着陆点和第一个科学考察地点格莱内尔格的中间位置。在接下来几天,NASA研究小组使用光谱仪器来确定这块石头的化学元素成分,并利用安装在机械臂上的相机拍摄石块的近距离图像。NASA希望这次探索能够让他们进一步了解火星的内部结构,并对上述两种仪器的性能进行检测。科学家们把这块岩石命名为"杰克·马蒂耶维奇"(Jake Matijevic)。这个名字源自一名最近刚刚去世的NASA的科研人员雅各布·马蒂耶维奇。他是"火星科学实验室"和"好奇"号火星车项目的地面作业系统首席工程师。

图2-378 截至2012年9月20日,"好奇"号累计行驶290m,
到达格莱内尔格的路程过半(图片来源:NASA)

10月8日,"好奇"号在其仪器中存储了火星土壤样本用于分析(图2-380)。"好奇"号上的化学与矿物学分析仪器(CheMin)将对这份样本进行分析,这是"好奇"号首次在火星上研究样本。仪器将评估火星是否曾经具备微生物生存的要

图 2 - 379　2012 年 9 月,"好奇"号观察名为杰克·马蒂耶维奇
(Jake Matijevic)的岩石(图片来源:NASA)

素。科学家还研究在"好奇"号附近土壤中发现的浅色物质。此前科学家认为这些物质是从探测器上掉下的碎片,但现在认为这些物质源自火星,可能是另一种矿物质,或者是能反射阳光的晶体解理面。团队将使用 ChemCam 仪器上的物质识别激光器,该仪器使用的物质识别方法比此前在火星上使用的 X 射线辨别法更为准确。

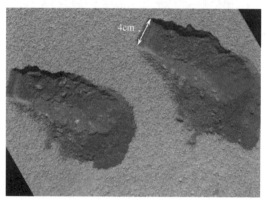

图 2 - 380　2012 年 10 月,"好奇"号宽 4cm 的勺子在火星地表所掘取的
第三勺(左侧)或第四勺(右侧)样本后留下的印记(图片来源:NASA)

　　10 月 30 日,NASA 宣布"好奇"号火星车已经完成了对火星土壤样本的首次分析。"好奇"号的内部实验室中装备的仪器包括火星样本分析仪(SAM),以及化学与矿物学分析仪(CheMin)。火星样本分析仪使用三种不同的方法开展分析工作,它会将样本送入内部一个高温室内加温,随后分析从样本中析出的气体成分。这台仪器所重点搜寻的物质之一便是有机化合物,也就是含碳化合物,它们一般被认为是组成生命必不可少的成分。

数据显示,火星部分土壤与夏威夷火山周围土壤相似。"好奇"号采集的样本来自盖尔陨石坑,火星车携带的化学与矿物学分析仪通过 X 射线衍射分析后发现,样本中含有长石、辉石、橄榄石晶体以及一些非结晶物质。NASA 发现,这些土壤的矿物成分构成与美国夏威夷火山周围的土壤类似。截至当日,"好奇"号已在名为"岩巢"的地点停留一个月,再停留一周后,"好奇"号继续前往格莱内尔格目的地。图 2 - 381 所示为"好奇"号的自拍照。

图 2 - 381　2012 年 10 月 31 日(Sol 85),"好奇"号的自拍照(图片来源:NASA)

　　11 月 2 日,"好奇"号首次分析了火星大气,未发现其中含有甲烷。科学家此前通过地面和太空设备在火星大气中发现过甲烷,但浓度非常低,约为亿分之一至亿分之五。"好奇"号项目科学家认为,目前在火星上名为"岩巢"的地点未观测到甲烷并不意味着此前发现有误,因为甲烷可能在不同时间积聚于不同地点。当日"好奇"号仍位于"岩巢",继续在前往格莱内尔格目的地的路途上。图 2 - 382 所示为"好奇"号拍摄的火星表面。

图 2 - 382　2012 年 11 月 26 日,"好奇"号拍摄的火星表面照片(图片来源:NASA)

12月13日，"好奇"号抵达格莱内尔格目的地，对当地的层叠岩石进行了观测（图2－383）。

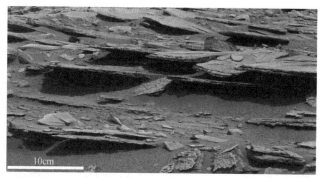

图2－383　2012年12月，"好奇"号观察格莱内尔格附近的层叠岩石（图片来源：NASA）

2013 年

1月7日，"好奇"号首次使用刷子将火星上一块岩石表面的尘土清扫干净（图2－384）。此举为探测器未来的岩石钻探工作铺平了道路。NASA 科学家为"好奇"号刷子的首次出镜选择了一块名为"Ekwir_1"的岩石，地点位于盖尔陨石坑附近的"黄刀湾"地区。这把旋转刷子清扫出一个直径大约为5cm 的区域。"好奇"号首次成功使用机械手臂末端的尘土清扫工具，标志着在5 个月的火星任务中迈出了重要一步。火星表面大部分都被红褐色的尘埃覆盖，为了判断哪块岩石值得进一步研究、比较适合钻探，科学家需要把岩石表面的尘土清扫干净，以详细观察岩石的质地和种类。同时，这也避免让岩石内部钻探出来的物质与岩石表面物质混在一起，从而影响研究结果。

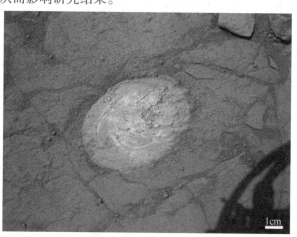

图2－384　2013年1月，"好奇"号首次使用刷子将火星上
一块岩石表面的尘土清扫干净（图片来源：NASA）

　　2月9日,"好奇"号利用机械臂末端的钻头钻取了火星表面一块基岩的样品,这是人类设计的机器人首次通过钻探获取火星岩石样本(图2-385)。"好奇"号钻探的岩石具有科研人员未曾预料的多种特征,如岩脉、矿瘤、交错的层次、镶嵌在砂岩内的光亮鹅卵石等。这些特征可能蕴藏着有关火星过去湿润环境的线索。"好奇"号在一块名为"约翰·克莱因"的岩石上钻出了宽1.6cm、深6.4cm的小洞。随后数天内,地面控制人员将指示"好奇"号利用携带的科学设备分析样品,分析其矿物和化学成分。对所获岩样的分析显示,火星的古代环境可能适合原始微生物。

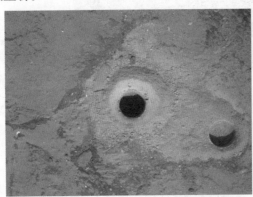

图2-385　2013年2月,"好奇"号采集的第一勺样品进行检测(图片来源:NASA)

图2-386所示为"好奇"号拍摄的火星日落照片。

图2-386　2013年2月,"好奇"号拍摄的火星日落照片(图片来源:NASA)

　　3月1日,NASA宣布由于主计算机出现故障,"好奇"号火星车已进入安全模式的最小活动状态,其科学工作也已全部暂停。故障出现于2月27日,当天"好奇"号未向地球传回记录的数据,也未按计划进入睡眠状态。地面工程师检查后发现,故障与主计算机闪存崩溃有关。尽管崩溃原因未明,但科学家推测可能由宇宙射线中的高能粒子所致。"好奇"号的备用计算机28日启动,在更新命令代码和参数后全面接管主计算机的工作。

　　3月17日,"好奇"号第二次遇到计算机故障,再次进入安全模式。"好奇"号于2月底因计算机故障进入安全模式后,于3月初返回活动状态,但科学工作未恢复。17 日晚出现的新故障是由于计算机系统要删除的一个文件与"好奇"号正使用的文件有关联,删除过程中发出错误提示,"好奇"号随即进入安全模式。

5 月 19 日,时隔 3 个月后,"好奇"号第二次在火星的岩石上钻孔取样(图 2 - 387)。"好奇"号利用机器臂最前端的钻探装置,在一块被命名为"坎伯兰"的岩石上成功打孔,孔径 1.6cm,深度 6.6cm,与 3 个月前的第一孔大小相仿。钻孔取出的岩石粉末样本由"好奇"号的内部设备进行检测。第二孔地点与第一孔只相距 2.75m,钻探装置每次取样都存在与上一次的交叉污

图 2 - 387 2013 年 5 月,"好奇"号第二次在火星岩石采样
(图片来源:NASA)

染问题,而这次样本来自一块差不多的岩石,因此结果将更加准确可信。

6 月 6 日,"好奇"号在格莱内尔格的采样工作结束,随后开始下一阶段的行程,向主要目的地——盖尔陨坑内高约 5000m 的夏普山(Mount Sharp)进发。

7 月 4 日,"好奇"号向前行进了 18m,此后在 7 月 7 日,"好奇"号又再次向前行驶了 40m。这两次行驶标志着"好奇"号正式开始踏上向着此次考察的最终目的地——8km 外的夏普山的征程,在接下来差不多一年或更长的时间之内,"好奇"号将在这颗红色星球穿行数英里,向目的地进发。夏普山地区拥有大量暴露出地表的岩层,在这里"好奇"号将可以找到大量有关火星古代环境和地质演化的信息。自从 2012 年 8 月 6 日安全着陆在 154km 宽的盖尔陨坑之后,"好奇"号一直没有到过离开其最初着陆点太远的地方,而这一次它将正式大踏步地向前进发,开启它旨在搜寻火星古代宜居环境线索的考察之旅。预计"好奇"号向夏普山的进发将需要 1 年左右,不过并没有严格的时间限制,具体的时间日程将完全取决于"好奇"号在沿途是否会有意想不到的发现。

7 月 21 日,"好奇"号行驶了 100.3m,是此前最长行驶记录 49m 的两倍。截至 7 月 23 日"好奇"号已经行驶了 1230m,"好奇"号登陆红色星球表面的时间正接近一地球年。

8 月 6 日,"好奇"号迎来成功抵达火星一周年纪念日(图 2 - 388)。在过去的一年里,"好奇"号提供了 190GB 的数据,其中包括 3.67 万张高分辨率图像以及 3.5 万张低分辨率图像;其搭载的激光设备发射激光 7.5 万次,用于对目标岩体的成分进行分析;另外它还完成了对两个选定目标的取样分析,在一年的时间里行驶了 1.6km。

图 2 - 388　2013 年 8 月 6 日,"好奇"号在火星一周年纪念日的自拍照(图片来源:NASA)

8 月 16 日,"好奇"号对火卫一产生的日食现象进行了记录。ESA 的火星"快车"轨道器记录下了火卫一在火星上留下的阴影,图 2 - 389 中那道斜长的阴影位于"勇气"号着陆点—古谢夫陨石坑附近。

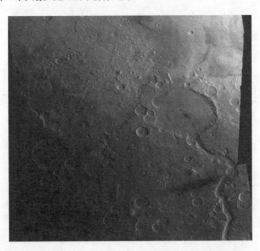

图 2 - 389　2013 年 8 月 19 日,"好奇"号观测了火卫一产生的日食现象,
火星"快车"拍摄的火卫一在火星上留下的阴影(图片来源:NASA)

10 月 28 日,"好奇"号从相距凸起的露出岩石"库珀斯敦"(Cooperstown)大约80m 处拍摄了一些照片。过去的一个月,"好奇"号一直在前往夏普山的路途中。

12月20日,"好奇"号车轮的损坏情况在加剧。从2013年5月起,在一年的长途跋涉之后,一吨重的六轮漫游车轮子表面出现了受损迹象。12月20日的照片显示,巡游车的左前轮出现了多处磨损和破洞(图2-390)。

图2-390 2013年12月,"好奇"号车轮表面出现了受损迹象(图片来源:NASA)

2014年

图2-391所示为"好奇"号拍摄的火星上的天空。

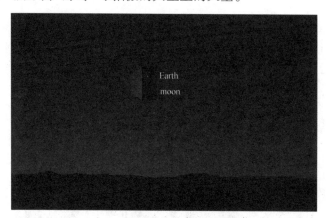

图2-391 2014年1月31日傍晚,"好奇"号拍摄的火星上的天空,
可以看到地球和月球(图片来源:NASA)

2月6日,"好奇"号翻越沙丘 Dingo Gap,主要是为了寻找比较平坦的路线,翻越 Dingo Gap 后,"好奇"号加速行驶。在2月9日行驶了41m,累计里程达到5km(图2-392)。

图2-393~图2-397为"好奇"号拍摄的部分照片。

6月24日,"好奇"号在发现火星上曾经有适合微生物生存的环境之后运行满一个火星年的探测任务。

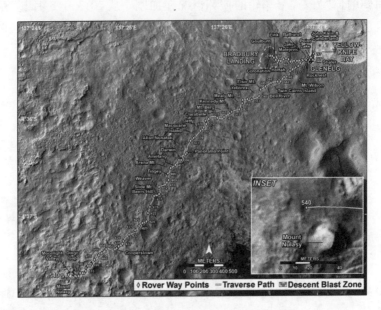

图2-392　截至2014年2月9日，"好奇"号在火星上累计行驶5km(图片来源：NASA)

图2-393　"好奇"号拍摄的火星上的日落(图片来源：NASA)

　　7月，"好奇"号穿越了一片被命名为"扎布里斯基高原"(Zabriskie Plateau)的复杂地形区域。去年在穿越一片类似的区域时，"好奇"号的轮子发生了破损，因此此次控制人员格外谨慎，采取了新的策略，决定绕开那些锋利的石块。扎布里斯基高原宽度大约200m，这是"好奇"号在前往它的目的地一路上遭遇的最长的一段艰难地形区。

　　8月6日，"好奇"号迎来着陆火星的2周年纪念日。

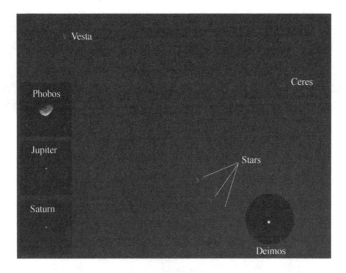

图 2-394 "好奇"号拍摄到的火星卫星和小行星(图片来源:NASA)

图 2-395 这张自拍照由"好奇"号机械臂上的火星手持透镜相机(MAHLI)在 2014 年 4 月和 5 月期间拍摄的多张照片合成(图片来源:NASA/JPL – Caltech/MSSS)

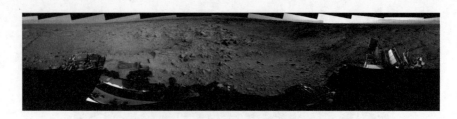

图2-396　2014年7月31日，"好奇"号在 Hidden Valley
利用导航相机拍摄的全景照片(图片来源：NASA/JPL-Caltech)

图2-397　2014年8月4日，"好奇"号正跋涉穿越一片沙地(图片来源：NASA)

2.14.5　探测成果

2012年9月27日，"好奇"号火星车日前发回的图像显示，一些火星岩石中含有火星古老河床碎石，表明火星表面确曾有水流淌过。"好奇"号传回火星砾岩层中石子大小和形状的信息，这些将为科学家研究火星表面曾淌过的河流的速度和距离提供线索。从这些碎石的大小，可以了解到水流速度约为 0.9m/s，水深大概在人的脚踝到臀部之间。曾有大量研究表明火星存在河道，并设想这些河道应该曾有水流通过，这是第一次真实地看到经水运送过的火星碎石，这是从假设到直接观察的转变。

这些发现位于从盖尔陨石坑北缘到陨坑内夏普山脚之间的区域。石子大小介于沙粒到高尔夫球之间，其中不少是圆形的。这些石子的形状和大小表明它们曾被外力运送，且这种外力不是风，而是水流。

12月5日，"好奇"号火星车首次使用其全套搭载设备对火星土壤样本进行了分析,结果显示火星土壤的化学成分非常复杂。"好奇"号使用机械臂抓取火星地表土壤样本并将其送入火星车内部的分析仪,分析结果显示,除了一些常见的成分之外,火星土壤中还有一些含有水、硫和氯的物质。

化学与矿物学分析仪设备对"岩穴"区域样本的分析结果显示其大约一半的物质是常见的火山矿物,另一半则是非结晶质,如玻璃等。火星样本分析仪的分析给出了进一步的结果:它可以分析含量低得多的成分,并且可以测量各种元素的同位素分布状况。火星样本分析仪所探测到的水并不意味着这里的这个沙丘是潮湿的。在沙粒或尘土颗粒之前存在参与胶结成分的水分子并非罕见现象,不过此次分析结果中所显示的水含量超出了原先的预期。

在分析过程中,火星样本分析仪还发现了高氯酸盐的疑似信号。这是一种活跃的化学物质,此前美国航空航天局的"凤凰"号着陆器曾经在火星北极地区的土壤中探测到这种物质的存在。火星样本分析仪内部加热时产生的物质与高氯酸发生反应,会产生甲烷氯化物,这是一种含碳有机物,而火星样本分析仪正是探测到了这种成分的存在。其中的氯肯定是火星本地的,然而科学家们无法排除其中的碳是否是来自地球的污染物,某些含碳物质被沾染在"好奇"号身上带到了火星,随后由于火星样本分析仪的高灵敏度而被探测到。

2012 年 10 月 12 日,"好奇"号火星车证实所发现的一块岩石是此前从未在火星上发现的一种岩石类型。这块岩石被命名为杰克·马蒂耶维奇(图 2 – 398),是一种高度分馏强碱性岩石。这种岩石在地球的裂谷带较为常见。

图 2 – 398　杰克·马蒂耶维奇岩石(红点为激光轰击点、
紫圈为 X 射线轰击区)(图片来源:NASA)

2012 年 10 月 27 日,NASA 宣布,"好奇"号火星车日前发回的图像显示,一些火星岩石中含有火星古老河床碎石,表明火星表面确曾有水流淌过。这些碎石发现于从盖尔陨石坑北缘到陨坑内夏普山脚之间的区域。石子大小介于沙粒到高尔夫球之间,其中不少是圆形的。这些石子的形状和大小表明它们曾被外力运送,且这种外力不是风,而是水流。

2012年11月1日,"好奇"号火星车完成了首次火星土壤矿物成分分析,其结果显示这一样本中的矿物成分与夏威夷火山地区经过风化的玄武岩土壤相似。此次分析的对象是前几天由机械臂抓取的首份分析用火星土壤样本,随后"好奇"号使用其搭载的化学与矿物学分析仪获得了分析结果。土壤样本来自名为"岩巢"的灰尘和沙砾堆,筛选掉超过150μm的沙砾后,只剩下遍布于整个星球的灰尘和更具火星特色的细沙两种成分。这与"好奇"号几周前采集的砾岩不同,那些砾岩已有几十亿年历史,表明火星曾有流动的水,而本次的土壤更能代表火星演化的现代进程。火星上布满了灰尘,其矿物成分类似于玄武岩物质,带有大量的长石、辉石和橄榄石。大约一半的土壤是非晶体物质,比如火山玻璃或玻璃风化产物。"好奇"号的分析结果与最初预想盖尔陨石坑有可能曾经历由潮湿到干燥的环境是一致的

2012年11月2日,美国航空航天局宣布"好奇"号火星车首次分析了火星大气的成分,未发现其中含有甲烷。地球大气中90%以上的甲烷由有机生命制造,因此地面上的科学家很希望看到"好奇"号在火星上发现甲烷,从而给火星生命的存在提供线索。科学家此前通过地面和太空设备在火星大气中发现过甲烷,但浓度非常低,约为亿分之一至亿分之五。但是"好奇"号没有发现甲烷并不意味着之前的研究结果是错误的,甲烷的浓度可能随着时间和地点的变化而不同。

2013年3月18日美国得州月球和行星科学会议发布的一份新闻简报证实了另一项发现,表明挖掘地点之外的区域也存在着含水物质。研究人员使用"好奇"号火星车上的红外观测相机,以及能够释放中子至火星表面的勘测仪器,他们发现之前"好奇"号抵达的含黏土岩层地点邻近区域也存在着更多的水合矿物质。使用桅杆相机在该地区岩石切面狭窄纹理上发现含水物质存在的迹象,这些明亮的纹理包含着含水矿物质,它们不同于周围岩石中的黏土矿物。

2013年9月19日,根据从"好奇"号得到的进一步测量数据,NASA科学家报告,并没有侦测到大气甲烷(Atmospheric Methan)存在迹象,测量值为0.18 ± 0.67ppbv,对应于1.3 ppbv上限(95%置信限),因此总结甲烷微生物活性概率很低,可能火星不存在生命。但是,很多微生物不会排出任何甲烷,仍旧可能在火星发现这些不会排出任何甲烷的微生物。

2013年9月26日,NASA宣布"好奇"号发现火星土壤含有丰富水分,显示火星有足够的水资源供给未来移民使用。美国伦斯勒理工学院和美国航空航天局等机构研究人员26日在《科学》杂志上报告说,他们利用"好奇"号携带的样本分析仪,将其登陆火星后获得的第一铲细粒土壤加热到835℃的高温,结果分解出水、二氧化碳以及含硫化合物等物质,其中水的质量约占2%。

"好奇"号样本分析仪还测量了高温加热土壤所获各种气体中氢与碳的同位素比率,结果发现,其比率与"好奇"号对火星大气的测量结果相似,这说明火星表

面土壤与大气存在广泛的交互作用,火星土壤可能像海绵一样从火星大气中获得水分与二氧化碳。"好奇"号样本分析仪还发现了几种简单的有机化合物,但研究人员指出,它们可能是在高温加热中合成的,并不是火星的本土物质,因为当它们接触到外界具有放射性与氧化性的环境时,无法在火星表面土壤中保存。

2.15　火星大气和挥发演化任务(2013 MAVEN)

表2-43为火星大气和挥发演化任务概况。

表2-43　火星大气和挥发演化任务概况

探测器名称	MAVEN
任务类型	环绕器
发射日期	2013 年 11 月 18 日
到达日期	2014 年 9 月 22 日
探测器平台尺寸	2. 29m × 2. 29m × 3. 47m
探测器质量	发射质量为 2454kg,干重 809kg
运载火箭	Atlas V401
科学载荷	太阳风电子分析仪,太阳风离子分析仪,超热与热粒子成分探测仪,太阳高能粒子探测仪,朗缪尔探针与波探测仪,磁强计,成像紫外光谱仪,中性气体和离子质谱仪
控制系统	三轴稳定,2 个星敏感器,2 个太阳敏感器,环形激光陀螺,4 个反作用飞轮
通信	1 个高增益天线,2 个低增益天线
电力	四块太阳能帆板,总功率为 1150 ~ 1700W;2 个 55A·h 的锂离子电池组
推进	6 个捕获制动发动机,每个推力为 198N;6 个矢量控制发动机用于巡航段的轨道修正,每个推力为 22N

2.15.1 任务概述

2.15.1.1 任务背景

火星大气和挥发演化任务(MAVEN)是 NASA 火星侦察兵计划(Mars Scout Program)的第二项任务。火星侦察兵计划是一个低成本火星探测小型计划,其第一项任务为 2007 年发射的凤凰号(Phoenix)着陆器。每个火星侦察兵项目的成本低于 4.85 亿美元(其中不包括发射费用)。2006 年 8 月,NASA 宣布火星侦察兵计划的候选任务公告,并在全国范围内征求提议,最终 NASA 从 20 个提议中选出 MAVEN 任务,该任务在这些提议中具有最高的科学价值和最低的技术风险。MAVEN 探测器设计相对简单,保证了低成本、低风险开发。NASA 在科学探测选项和运行复杂度、运行成本之间权衡,综合制定科学探测目标。

MAVEN 任务(图 2 – 399、图 2 – 400)耗资 6.71 亿美元,包括发射服务、探测器研制以及后续操作等费用。

图 2 – 399　MAVEN 在地面实验室进行旋转测试(图片来源:NASA)

图 2 – 400　MAVEN 任务标志(图片来源:NASA)

2.15.1.2 任务目的

火星的表面特征类似于干涸的河床,形成于水环境中的矿物质的发现可以表明火星存在过足够稠密的大气层,而且温度适宜,足以形成在火星表面流淌的液态水。研究者猜测在数百万年的时间里,火星的地核逐渐冷却,磁场也逐渐衰减,这使得太阳风能够刮走火星 99% 的大气,以及火星的大部分水和挥发性复合物。

MAVEN 将确定大气消失的历史,从而得到火星气候演化的相关答案。通过测量大气逃逸速率和相关过程,科学家能够推断出火星大气的进化过程。MAVEN 任务有四个主要的科学目标:

（1）了解从大气逃逸至太空的挥发物于大气演化所扮演的角色,进而了解火星大气、气候、液态水和行星适居性的历史。

（2）了解目前上层大气与电离层的状态,还有与太阳风的交互作用。

（3）了解目前中性粒子与离子从大气逃逸的状况与相关机制。

（4）测得大气中稳定同位素的比例,以了解大气随时间流失的情况。

MAVEN 预计于 2014 年 9 月到达火星,到达火星之后,"好奇"号上的采样分析设备组件将会对盖尔撞击坑进行类似的地表测量分析,这项分析工作将会有助于阐释 MAVEN 的高层大气测量。MAVEN 的测量也将会提供额外的科学环境,在这种科学环境下,可以对现在的火星甲烷形成相关模型进行测试。

2.15.2 科学载荷

MAVEN 探测器携带 3 个有效载荷包,包括粒子与场测量包、遥感包与中性气体和离子质谱仪包,包括 8 种有效载荷(表 2 – 44、图 2 – 401),总重 65kg。

表 2 – 44 MAVEN 科学载荷

载荷包	科学载荷	作 用
粒子与场测量包	太阳风电子分析仪(SWEA)	测量太阳风和电离层电子
	太阳风离子分析仪(SWIA)	测量太阳风和磁鞘离子的密度和速度
	超热与热粒子成分探测仪(STATIC)	测量热离子与中等能量的逃逸离子
	太阳高能粒子探测仪(SEP)	研究太阳高能粒子对火星上层大气的撞击情况

载荷包	科学载荷	作　用
粒子与场测量包	朗缪尔探针与波探测仪（LPW）	研究电离层属性和逃逸离子的热量，以及太阳远紫外线（EUV）对火星大气的照射情况；测量火星上层大气的电子温度、数量及密度；测量低频率电场波功率
	磁强计（MAG）	包括2个敏感器，用于测量行星际太阳风和电离层磁场戈达德太空飞行中心（GSFC）
遥感包	成像紫外光谱仪（IUVS）	测量火星上层大气和电离层的特性
中性气体和离子质谱仪包	中性气体和离子质谱仪（NGIMS）	研究火星上层中性大气的基本结构和成分；测量火星大气元素同位素比例；测量热离子和超热离子

图2–401　MAVEN的科学载荷（图片来源：NASA）

1）太阳风电子分析仪（SWEA）

用于测量在太阳风活动期间，带电电子冲击电离层的范围和比率、磁层与等离子的分布等，测量范围为5eV～6keV的带电电子。SWEA质量1.4kg，内部半径3.75cm，两板之间的距离0.28cm。

2）太阳风离子分析仪（SWIA）

用于测量太阳风的密度和分布，以及来自太阳风的速度在30～2000km/s的磁鞘（行星磁层外围的薄层）离子比率。SWIA可提供太阳风进入火星大气层的数据,了解和认识火星周围的空间等离子体分布情况。测量范围为 5eV ~ 25keV 的带电离子。

3）超热和热离子组分仪(STATIC)

用于研究从火星大气层中逃逸的热离子和超热离子。STATIC 的测量范围为 0.1 ~ 10eV 的热离子,5 ~ 100eV 的超热离子,还可捕捉 100eV ~ 20keV 的超热离子。STATIC 尺寸为 29.5cm × 6.8cm × 14.7cm,质量 3.2kg。

4）太阳高能粒子仪(SEP)

用于测量火星大气层顶部中来自太阳的带电粒子,探测质子、电子和离子的方向通量和质子的能谱。测量范围为 25keV ~ 12MeV 的带电质子和离子,25keV ~ 1 MeV的带电电子。SEP 高 9.7cm,宽 11.2cm,厚度 12.7cm,质量 0.74kg。

5）朗缪尔探测器(LPW)

用于测量火星大气层顶部的电离层分布和进入火星大气层中的太阳远紫外线辐射,研究火星大气层上部的低频电子波能量,获取火星自然光谱和朗缪尔波密度测量。

6）磁强计(MAG)

用于测绘火星的电磁场,科学家相信火星的电磁场在火星历史早期很强大,但是目前只存在于火星地壳的磁化碎块中。这些磁化碎块保护了火星大气层免受太阳风的侵袭。磁强计与其他仪器对太阳风的观测,将帮助科学家了解大气层中哪些位置最易受太阳风的剥离。MAG 尺寸为 12.7cm × 7.6cm × 9.1cm,质量 0.39kg。

7）紫外成像光谱仪(IUVS)

用于绘制火星大气层底部的分子、原子、离子和同位素的三维模型,供科学家研究火星大气层底部的结构与组成成分。IUVS 质量 27kg,尺寸 71cm × 33cm × 15cm。

8）中性气体和离子质谱仪(NGIMS)

主要研究火星大气层顶部(120 ~ 400km)的结构和组成,通过探测火星大气层中的氦、氢、氮、碳和氩等元素的同位素比值,从而计算出火星流失的大气层厚度。NGIMS 的测量范围为 2 ~ 150u(大气质量单位)。NGIMS 尺寸为 41.4cm × 39.6cm × 21.8cm,质量 14kg。

2.15.3 探测器系统

MAVEN 继承了"火星勘测轨道器"(MRO)和"火星奥德赛"(Mars Odyssey)的设计,由洛克希德·马丁公司制造。该探测器(图 2 - 402、图 2 - 403)发射质量为 2454kg,干重 809kg,采用 2.29m × 2.29m × 3.47m 的长方体构型。

1）推进分系统

MAVEN 的推进分系统基本继承了"火星勘测轨道器"(MRO)的推进分系统,

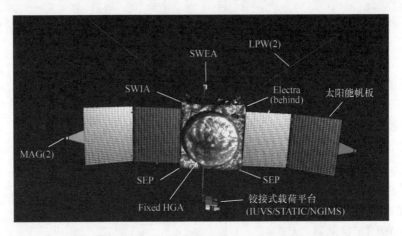

图 2 - 402　MAVEN 探测器结构图(图片来源:NASA)

图 2 - 403　MAVEN 探测器在地面组装(图片来源:NASA)

能够携带 1640kg 的肼推进剂。6 个捕获制动发动机,每个推力为 198N。6 个矢量控制发动机用于巡航段的轨道修正,每个推力为 22N。

2)热控分系统

热控分系统利用主动和被动热控方式使探测器的温度保持在零下 15℃ 到零上 40℃。被动方式通过散热器、涂层,气凝胶隔热。还通过自动温度调节器或者星载计算机控制加热器进行温度控制,在大部分加热器回路中通过温度敏感器进行反馈。

3)电力分系统

电力分系统由四块太阳能帆板提供,太阳能帆板(图 2 - 404)翼展为 11.43m,总功率为 1150 ~ 1700W。采用 2 个 55A·h 的锂离子电池组供电。

4)通信分系统

高增益天线直径为 2m,每周 2 次指向地球进行 X 频段通信。另外还配备了两

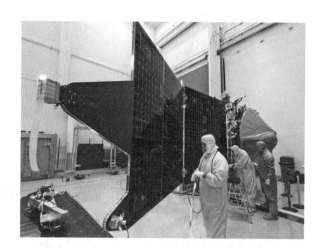

图 2-404　MAVEN 的太阳能帆板(图片来源:NASA)

个低增益天线。NASA 喷气推进实验室(JPL)提供通信中继包,质量为 6.5kg,可为目前在火星表面执行探测任务的"机遇"号和"好奇"号漫游车提供数据中继服务,数据传输率可达 10Mbit/s。

5)姿态控制分系统

探测器姿控为三轴稳定方式,利用 2 个星敏感器获取姿态基准,在安全模式利用 2 个太阳敏感器帮助探测器太阳能帆板指向太阳。MAVEN 利用环形激光陀螺来敏感探测器的惯性运动,利用 4 个反作用飞轮进行精确的姿态控制。

2.15.4　任务过程

2.15.4.1　发射

2013 年 8 月 2 日,MAVEN 探测器到达佛罗里达的肯尼迪太空中心,开始发射准备工作(图 2-405)。2013 年 11 月 18 日,NASA 计划于卡纳维拉尔角空军基地发射 MAVEN 火星探测器(图 2-406),运载火箭为"阿特拉斯"五号。探测器预期于 2014 年 9 月到达火星轨道,时间和印度的火星轨道器任务相近。

2013 年 10 月 1 日,离发射日期还有仅仅 7 周,政府关闭导致工作暂停了两周的时间,起初估计任务会被迫延期 26 个月。探测器本来计划于 11 月 18 日发射,如果发射延误到 12 月 7 日,将会导致 MAVEN 错过发射窗口。但是两天之后,NASA 一份公共通告指明 2013 年 MAVEN 发射是非常有必要的,MAVEN 的成功发射能够确保未来与 NASA 现有资产("机遇"号探测器和"好奇"号探测器)的通信,所以紧急资金得到了政府的授权,探测器进程得以重新开始,为探测器准时发射做准备。

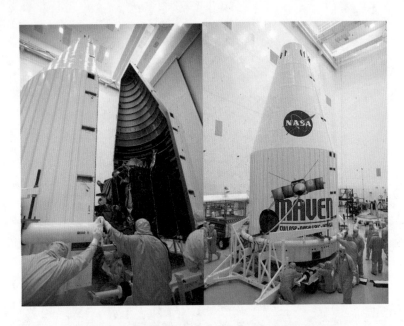

图2-405　火箭整流罩合拢(图片来源:NASA)

图2-406　MAVEN准备发射(图片来源:NASA)

2013年11月18日18:28 UTC,NASA于卡纳维拉尔角空军基地41号发射台成功发射MAVEN火星探测器,运载火箭为"阿特拉斯"(Atlas)V401(图2-407)。

"阿特拉斯"V401型火箭(图2-408)全长约57m,采用两级结构:一子级直径3.8m,长32.5m,采用1台推力3826kN的RD-180液氧/煤油发动机;上面级直径3.05m,长12.65m,采用1台推力99.2kN的RL10A-4-2氢氧发动机(即单发动机"半人马座"上面级)。该型火箭未捆绑助推器,采用直径4m、长11.98m的整流罩,地球同步转移轨道(GTO)运载能力为4.95t。在本次任务中,"半人马座"上面级点火2次。

图 2 -407　搭载 MAVEN 的宇宙神火箭发射升空(图片来源:NASA)

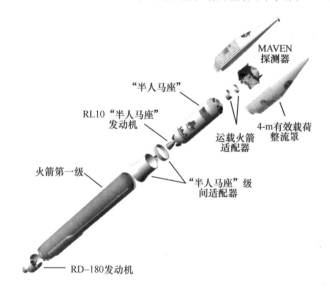

图 2 -408　Atlas V401 运载火箭(图片来源:NASA)

在"半人马座"第二级火箭第一次发动机点火之后,运载火箭在近地轨道航行 27min 后,"半人马座"火箭第二次点火,持续时间为 5min,探测器被送入日心火星转移轨道。

2.15.4.2　行星际巡航

在巡航段,探测器按计划将进行 4 次轨道修正(TCM)(表 2 -45、图 2 -409)。 2013 年 12 月 3 日执行了 TCM -1,作为最重要的一次轨道修正,TCM -1 采用 6 台 MR -107N 捕获制动发动机进行,6 台 22N 的 MR -106E 发动机用于机动时的姿态控制。迄今 NASA 没有公布如燃烧持续时间或速度变化等轨道修正参数,但宣布 TCM -1 实施后的遥测数据表明,轨道修正取得了预期效果。

表 2 - 45　MAVEN 中途修正情况

中途修正	时间(UTC)	执行结果
TCM - 1	2013 年 12 月 3 日	6 台主发动机和 6 台姿控发动机同时点火,点火数据未公开
TCM - 2	2014 年 2 月 26 日	6 台姿控发动机同时点火 16s,$\Delta V = 0.688$m/s
TCM - 3	2014 年 7 月 23 日	取消
TCM - 4	2014 年 9 月 12 日	取消

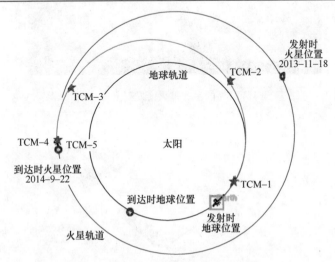

图 2 - 409　MAVEN 的行星际巡航轨道(图片来源:NASA)

在 TCM - 1 之后,飞行小组每周开启星上设备进行检查。2014 年 2 月 19 日,飞行小组顺利完成了对 MAVEN 任务的相关操作,这是发射后首次开机并检查探测器的超高频无线电收发器。这是对 MAVEN 全部有效载荷的初次检测,一切都在按预期执行。

在进入巡航段第 89 天后,MAVEN 朝向地球,利用高增益天线通信。剩余几次轨道修正采用探测器的 6 个小型矢量控制发动机进行。

2014 年 2 月 26 日,MAVEN 进行了 TCM - 2,6 个小型矢量控制发动机点火 19s,产生速度增量为 0.688m/s。

由于探测器飞行轨道状态满足设计指标,原定 2014 年 7 月 23 日进行的 TCM - 3 和 2014 年 9 月 12 日进行的 TCM - 4 均取消。

2.15.4.3　捕获制动

MAVEN 计划于 2014 年 9 月 22 日 01:38 UTC 执行捕获制动,6 个捕获制动发动机将会点火 33min 时间将 MAVEN 送入火星捕获轨道,目标捕获轨道近火点高度 380km,远火点高度 44600km,轨道周期 35h,轨道倾角 75°(图 2 - 410、图 2 - 411)。

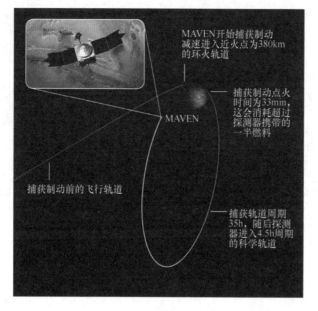

MAVEN开始捕获制动减速进入近火点为380km的环火轨道

捕获制动点火时间为33min，这会消耗超过探测器携带的一半燃料

MAVEN

捕获制动前的飞行轨道

捕获轨道周期35h，随后探测器进入4.5h周期的科学轨道

图 2 - 410   MAVEN 被火星捕获（图片来源：NASA）

图 2 - 411   位于洛克希德·马丁公司内控制大厅的飞行小组成员庆祝
MAVEN 被火星成功捕获（图片来源：Lockheed Martin）

　　在经过 5 个星期的试运行阶段后，MAVEN 将执行 5 次轨道机动，进入一条 4.5h 周期的科学任务轨道。

　　MAVEN 科学任务轨道的近火点高度为 150km，远火点高度为 6220km。在科学任务观测期间，MAVEN 将会 5 次深入火星大气，每次持续 20 圈（约 5 天时间），探测器近火点高度将下降到 125km 来采集火星高层大气样本。在这个高度，火星大气密度是正常科学观测轨道近火点的 30 倍。MAVEN 的主要科学任务持续一个地球年。

3

俄罗斯（苏联）的火星探测任务

苏联的火星探测活动始于 1960 年,在近三十年中共发射了五个系列,共 20 颗火星探测器,包括"火星"–19××（Mars–19××）系列(苏联未公布的火星探测器系列)6 颗、火星(Mars)系列 8 颗、探测器(Zond)系列 2 颗、"宇宙"(Cosmos)1 颗和"福布斯"(Phobos)系列 2 颗,"福布斯–土壤"系列 1 颗。20 世纪 90 年代至今,俄罗斯发射的火星探测器相对较少。

3.1 "火星"–19××（Mars–19××）系列

"火星"–19××系列共包括 6 个火星探测器。这 6 次发射活动因为都失败了,苏联均没有官方报道。"火星"–19××（Mars–19××）系列探测器揭开了人类探索火星的序幕,系列探测器发射情况见表 3–1。

表 3–1 "火星"–19××（Mars）–发射情况一览表

序号	发射日期	探测器	运载火箭	任务类型	任务结果	任务概述
1	1960.10.10	火星–1960A （Mars–1960A）	闪电 （Molniya）	飞越火星	失败	未能进入地球轨道
2	1960.10.14	火星–1960B （Mars–1960B）	闪电 （Molniya）	飞越火星	失败	未能进入地球轨道
3	1962.10.24	火星–1962A （Mars–1962A）	闪电 （Molniya）	飞越火星	失败	末级在地球轨道爆炸,未能离开地球轨道,用于进入地火转移轨道的发动机点火失败

（续）

序号	发射日期	探测器	运载火箭	任务类型	任务结果	任务概述
4	1962.11.4	火星-1962B（Mars-1962B）	闪电（Molniya）	飞越火星	失败	因火箭未发射成功，未能离开地球轨道
5	1969.3.27	火星-1969A（Mars-1969A）	质子K/Block D（ProtonK/Block D）	飞越火星	失败	438s 时火箭第三级爆炸
6	1969.4.2	火星-1969B（Mars-1969B）	质子K/Block D（ProtonK/Block D）	飞越火星	失败	火箭第一级故障，在发射台附近坠毁

3.1.1 "火星"-1960A/"火星"-1960B

"火星"-1960A/"火星"-1960B（图 3-1）是苏联第一代火星探测 Marsnik 计划的一部分，通过飞越研究火星并拍摄表面图像，同时研究长时期太空飞行对星载仪器的影响和长距离无线电通信能力。探测器发射质量 650kg。

图 3-1 "火星"-1960A 和"火星"-11960B 探测器照片

3.1.2 "火星"-1962A/"火星"-1962B

"火星"-1962A/"火星"-1962B 探测器（图 3-2）重约 890kg，用于飞越火星探测。探测器发射后和第三级发动机一同进入了近地停泊轨道，但在进入向火星轨道转移的轨道时发生解体，任务最终失败。

3.1.3 "火星"-1969A/"火星"-1969B

"火星"-1969A 和"火星"-1969B（图 3-3）是一对完全相同的火星探测轨道器，发射质量 4850kg，两侧装有 2 个太阳能电池板，总面积 7m²，顶部是 2.8m 的

图 3 - 2 "火星"-1962A/"火星"-1962B 探测器

碟形抛物面天线;主发动机设置在底部,用涡轮泵输送偏二甲肼推进剂和 N_2O_4 氧化剂,通信系统采用 2 个厘米波(6GHz,25kW,6000b/s)发射机,3 个分米波段(790 ~ 940MHz,100W,128b/s)接收机和一个 500 通道遥测系统,高增益定向天线。

图 3 - 3 "火星"-1969A 和"火星"-1969B 探测器照片

探测仪器主要包括 3 个 1024 × 1024 像素电视摄像机,最大分辨率 200 ~ 500m,以及辐射探测器、水蒸气探测仪、紫外和红外光谱仪、γ 射线光谱仪、氢氦质谱仪、太阳等离子光谱仪、低能离子光谱仪等。

这两个探测器发射均未成功。"火星"-1969A 在发射后第一、二级均成功,但第三级工作时,转子轴承出现故障,引起涡轮泵着火,在发射后 438.66s 时发动机关机,并导致爆炸坠毁。"火星"-1969B 火箭在起飞后 0.02s,6 个第一级发动机中的一个发生爆炸,在起飞后 41s 时火箭坠毁在离发射台 3km 处。

3.2 "火星"号系列

"火星"号系列探测器的主要任务是探测火星和其空间环境。这一时期,从 1962 年 11 月 1 日开始至 1973 年 8 月 9 日发射的"火星"号(Mars)系列探测器共 7

个,其中"火星"2 号、"火星"3 号、"火星"5 号和"火星"6 号取得了部分成功。

3.2.1 "火星"1 号

"火星"1 号(图 3 − 4)于 1962 年 11 月 1 日窗口发射,这是航天界普遍认可的首颗火星探测器。"火星"1 号的发射过程采取停泊 + 转移的方案,发射质量 893.5kg,长 3.3m,轨道舱宽 1.1m,太阳能电池阵和半球状热辐射计宽 4m,抛物状天线直径 2m,轨道舱和仪器舱压力保持在 850mmHg,温度 20 ~ 30℃。

图 3 − 4 "火星"1 号探测器

"火星"1 号原计划在 11000km 的距离从火星旁飞越,进行火星表面拍摄,收集宇宙辐射、火星磁场、大气结构、辐射环境等资料,但在发射约 5 个月后,在飞离地球 1.06×10^8 km 时失去了联系,信号的中断可能缘于星上姿控系统故障。"火星"1 号被普遍认为是火星之旅的开端,但它的主要探测任务并未完成。

3.2.2 "火星"2 号、3 号(Mars − 2/3)

"火星"2 号和"火星"3 号是一对相同的探测器,1975 年发射。任务是拍摄火星表面图像,研究其地形地貌、组成和物理性质,确定火星大气组成和温度,考察火星磁场和检测太阳风。"火星"2 号、3 号重 4650kg,是探测器 − 2 的 5 倍,其中轨道器 3440kg,下降系统 1210kg,着陆器 350kg;舱高约 4.1m,基部直径 2m,太阳能帆板展开后长 5.9m;直径 2.5m 的抛物天线可提供高增益通信。着陆舱呈球形,直径 1.2m,用一个直径 2.9m 的锥形气动制动屏蔽,以及降落伞系统和制动火箭来减速。着陆器携带了一个 4.5kg 的小型行走机器人,名为 PROP − M,用 15m 长的电缆和着陆器相连,以保持直接通信。"火星"2 号、3 号着陆器见图 3 − 5。

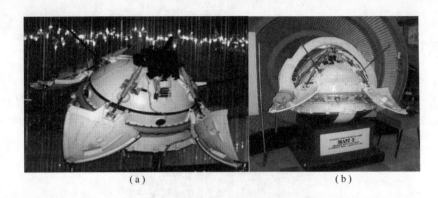

图 3 - 5 "火星"2 号(a)、3 号(b)着陆器

"火星"2 号轨道器在接近火星时释放着陆器,但着陆器在与轨道器分离后撞毁在火星表面;"火星"2 号还向火星投掷了通信筒,在八个多月的时间里不断送回观测数据;轨道舱保持在 1380km × 25000km 的火星轨道,轨道倾角 48°54′。"火星"3 号的着陆器实现了于火星表面的软着陆(图 3 - 6),在登陆后 1.5min 内通过轨道器传回一张火星地表的图片,但 14s 后通信中断。

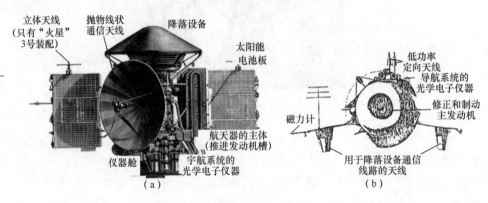

图 3 - 6 "火星"2 号、3 号着陆器(a)和轨道器(b)有效载荷配置图

3.2.3 "火星"4 号、5 号(Mars - 4/5)

"火星"4 号、5 号是一对孪生的火星探测轨道器(图 3 - 7),其基本结构和"火星"2 号、3 号十分相似,几乎就是"火星"2 号、3 号轨道器的复制品,只是它们只有轨道器,没有下降舱,注满燃料后的质量为 3440kg。

1973 年 7 月 21 日"火星"4 号发射,1974 年 2 月 10 日达到火星附近时制动发动机出现故障,最终只是在飞越火星时拍摄了一些照片,并传输回地球。1973 年 7 月 26 日"火星"5 号发射,1974 年 2 月 12 日制动发动机正常点火,进入 1755km × 32555km 的轨道,倾角 35.3°,轨道周期为 24.88h,在绕火飞行 22 圈后失联。

图 3 - 7 "火星"4 号、5 号探测器外形图

3.2.4 "火星"6 号、7 号(Mars - 6/7)

"火星"6 号、7 号也是一对孪生的火星探测轨道器(图 3 - 8),其外形和"火星"2 号、3 号基本相同,重约 3260kg,其中着陆器 635kg,比"火星"2 号、3 号的着陆器增加了 1 倍。另一个不同点是"火星"6 号、7 号的母舱是飞越探测器,而"火星"2 号、3 号都是轨道探测器。

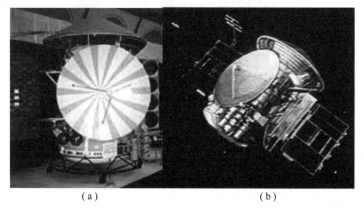

(a)　　　　　　　　　　(b)

图 3 - 8 "火星"6 号、7 号外形(a)和飞行状态模拟(b)

1973 年 8 月 5 日,"火星"6 号发射升空,1974 年 3 月 12 日到达火星。着陆舱在落地前几秒时失联。飞越探测器母舱则成功协同"火星"5 号,"火星"4 号进行了无线电掩星实验,这次发射被列入部分成功。

1973 年 8 月 9 日,"火星"7 号发射升空,它比"火星"6 号早三天就到达了火星。但由于内部计算机错误,使得着陆器和飞越探测器母舱都在 1300km 高度飞过了火星。

3.2.5　探测器(Zond)系列

1964 年和 1965 年,苏联发射了另一系列深空探测器——探测器(Zond)系列,其中探测器 1 号是金星探测器,探测器 2 号(Zond-2)的探测目标是飞越火星,进行火星轨道探测,而探测器 3 号(Zond-3)本是月球探测器,在成功拍摄月球照片后,继续向太空飞行,穿越火星,并进行了火星探测器试验。

3.2.6　探测器 2 号(Zond-2)

1964 年 11 月 30 日,苏联发射了探测器 2 号(图 3-9),1965 年 8 月 6 日,探测器 2 号丢失在距离火星 1500km 处。该探测器的结构与火星 1 号十分相似,重 890kg。需要特别指出的是,探测器 2 号是首次采用等离子体发动机进行空间姿控的飞行器。

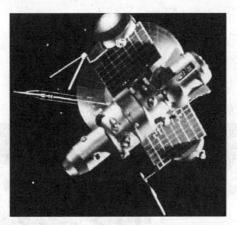

图 3-9　探测器 2 号飞行模拟图

3.2.7　探测器 3 号(Zond-3)

苏联在 1965 年 7 月 18 日发射探测器 3 号(Zond-3)(图 3-10),以测试在长空间飞行和行星际科学研究时,探测器系统的性能。

发射 33h 后,探测器 3 号飞过月球背面,到达了距离月球 9220km 处,拍下了月球背面的火星图像。然后,探测器 3 号进行了以太阳为中心的飞越太阳和地球的飞行,并接近火星轨道。但是由于它是在不适宜时间发射的,其飞行轨道并不能临近火星。1966 年 3 月,当飞行器距离地球 1.5 亿 km 时,与人类失去了联系。

探测器 3 号与火星 1 号、探测器 1 号、2 号(以及金星 2 号和 3 号等)实质上是相同的。仪器设备部署方式也相同,并采用了探测器 2 号同样的等离子体发动机。

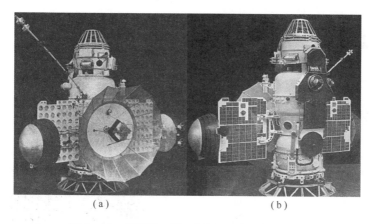

图 3 - 10   探测器 3 号正视图(a)和后视图(b)

3.3   "宇宙"(Cosmos)-419

"宇宙"-419 又称为"火星"-1971C,是苏联为了超过美国的探测器"水手"8 号、9 号而发射的,它是苏联 1971 年的 3 个火星任务之一(另两个为"火星"2 号、3 号,比"宇宙"-419 早几天发射),但其中只有"宇宙"-419 是单纯轨道器,见图 3-11。

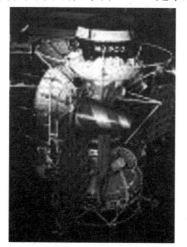

图 3 - 11   "宇宙"-419 外形图

1971 年 5 月 10 日,"宇宙"-419 由质子 K/Block D 火箭发射,进入 174km × 159km 的地球轨道,轨道倾角 51.4°。但是 Block D 的点火计时器设置上的错误使整个发射任务失败了。该点火器本应设置在送入停泊轨道后 1.5h 启动点火,但实际操作中它设置为 1.5 年,因此造成轨道渐降。探测器很快就在 2 天后于 1971 年 5 月 12 日重返大气层坠毁。

3.4 "福布斯"(Phobos)系列

"福布斯"1号、2号探测器(图3-12)是一对相同的火星探测器,是金星系列探测器的改进版,其为苏联的国际合作项目。其科学任务为研究火星的表面和大气层;研究火星卫星福布斯表面的化学构成,并进行行星际环境、火星附近等离子环境研究,考察 γ 射线爆发原因。

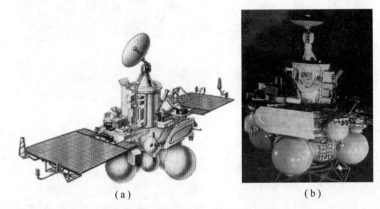

(a)　　　　　　　　　　(b)

图3-12 "福布斯"1号、2号的概念图(a)和实物图(b)

"福布斯"1号、2号发射质量2600kg,带燃料的质量为6220kg,采用24台50N推力器和4台10N推力器的推进系统,以三轴控制系统和相对太阳与星敏感器的定向进行稳定,由太阳能电池供电。它们是第一个不是完全由苏联军方设计与控制的探测器系列。

2个"福布斯"探测器均由质子号火箭发射,发射时间分别为1988年7月7日和7月12日。

"福布斯"1号的通信于1988年9月2日中断,因此并未到达火星轨道。后来诊断其原因是8月29日、30日上传的软件存在差错,在上传的20~30页指令程序中遗漏了最后一位数字。另一种说法是发送的一连串数字中的"+"和"-"发生混淆,导致姿控发动机推力器关机,探测器的太阳能电池阵无法定位指向太阳,电池无法进行充电而耗尽,无线电无法与地球定向指向苏联测控系统,使探测器失去控制。

"福布斯"2号于1989年1月29日进入火星椭圆轨道,近火星点为865km,偏心率为0.903。"福布斯"2号在其巡航阶段尚比较正常,并最终进入了火星轨道,开始对火星和火星等离子体进行观测,收集了太阳、行星间、火星、火卫一的信息。但它在接近火星前已发生了一系列故障,在途中它的3台计算机中已有一台停止工作,在它飞近火星时,第2台计算机也发生故障,到达后也停机了,最后留下的一台无法完成探测器全面控制任务;同时,它的3个射频通道已有2个失去作用,只能使用备份发射机工作;再有是探测器的许多仪器已经发热,包括由美国和匈牙利设计开发的通过测量行星周围电子与离子密度的等离子实验设备(用来确定太阳风对火星的影响以及确定火星是否存在磁场),在探测器抵达火卫一时,有些仪器实际上已经停止工作。在探测器开始最后一项机动、使它进入离火卫一表面50m范围以便释放2个着陆器前(一个是短程飞行器,一个是固定平台)与地球的联系中断,最后于1989年3月27日终止了这项任务。

尽管最终任务失败,"福布斯"2号仍然进行了一系列科学实验,并拍摄一些火星及火卫一的照片,在长达3个月时间中在轨研究了火星和火卫一,传回了38张火星卫星"福布斯"的照片,分辨率为40m。这次任务一般认为属于部分成功。

3.5 "火星"-96(Mars-96/Mars-8)

3.5.1 任务概述

俄罗斯拉瓦奇金科研生产联合体研制的火星-96探测器(图3-13),又称"火星"-8,是跨世纪探测器计划的一个组成部分。这是一项国际性考察计划,除俄罗斯外,还有美、英、法、德等20个国家参与其中。

图3-13 "火星"-96装配中

"火星"-96探测器包括一个对火星进行长期考察的轨道器、两个发送到火星上的着陆器(图3-14)、以及两个穿透探测器,探测器重6.7t,其中科学仪器重1t多。着陆器分离质量约87kg,着陆质量约40kg,有效载荷9kg;穿透器分离质量约63kg,着陆质量50kg,有效载荷5kg。

图 3 - 14 "火星" - 96 的着陆器

"火星" - 96 探测器被视为可能导致 21 世纪初载人火星飞行的几种无人驾驶先驱者之一。为了收集对于载人火星飞行安全很重要的资料,探测器携带了一套辐射和微陨星体监测仪器,研究宇宙射线和太阳 X 射线爆发等因素所产生的危害。

美国提供的等效组织正比计数器,用来精确测量地球与火星之间的宇宙射线,以便搞清进行载人飞行时需要何种保护。该仪器已经在美国航天飞机上飞过多次,用它监测舱外活动辐射剂量。法国也提供了类似的仪器。

3.5.2 探测器系统

1) 着陆器

着陆器下降到火星表面后,要用两年的时间对火星气候进行常规测量。着陆器的基本结构是 0.6m 直径球体,它有 4 个折动板,着陆后打开,将科学仪器暴露出来。着陆器质量为 40kg,有效载荷 9kg,有放射性同位素热偶电池提供电力。蓄电池作为备用电池。芬兰提供控制火星表面作业的中央电子装置。

着陆器以 5.6km/s 速度弹道式再入火星上层大气。最初用 1.2m 直径气动力减速屏来降低下降速度,然后用降落伞减速,在这期间,下降阶段仪器系统工作,进行加速度、压力、温度测定。照相机也将提供图像,图像分辨率随着离火星表面的距离减小由 20m 变到 10mm。

为了减小在火星表面以 15~20m/s 速度着陆时的冲击,着陆器被完全包在一个大球形气囊中,在下降时气囊充气。由于火星重力小和着陆高速度的综合影响,着陆器会立即反弹回到空中,其高度约 70m,连续反跳几次才能将着地冲击能耗散,最后滚到一边停住。

在每个着陆器着陆后 10~20min,着陆器将与气囊分离,并下落 0.3~0.5min,落到火星表面上。然后放下折动板,将着陆器扶直,其后开始发送信息。着陆器将储存器中的数据发送给"火星"-96 轨道器,约每星期一次。

2)穿透器

每个穿透器(图 3-15)质量为 65kg、长度 1.5m,主体用钛制造,前体内径120mm,后体内径170mm。英国为穿透器提供了进行数据处理的电子装置以及使穿透器同轨道器进行通信和进行各种实验所需要的控制系统。该装置内还包含一些敏感器,它们用于测定与火星表面撞击时产生的地震波、测定温度、测定可能发生的火星地震。

图 3-15 "火星"-96 的穿透器

穿透器释放始于轨道器在空间调姿,调姿是为了使穿透器对准火星,然后穿透器沿着纵轴以 95r/s 旋转,一边旋转一边离开轨道器。离开轨道器公用舱有足够的距离后,四个固体火箭发动机点火,提供 30m/s 速度增量,以便使穿透器进入火星大气。

初始进入速度是 5.6km/s,下降速度首先被尾部刚性锥、然后被充气减速装置减慢。穿透器以 80m/s(±20 m/s)的速度戳进火星表面,最大减速度过载约500g,备有一气垫缓冲装置可减小冲击过载 1/2。

容纳科学仪表和内务操作仪表的前体埋入地下 5~6m,而后前体仍留在地面上。穿透器由小型放射性同位素热偶电池提供电力。穿透器工作寿命为一年。如同着陆器情况一样,穿透器同"火星"-96 轨道器的通信是断断续续的。

为了验证穿透器的设计,在莫斯科航空研究所利用 60m 高升降轴进行了初步试验。1995 年秋天进行了更加完善的试验,从直升机上空投了穿透器模型,这些试验是成功的,曾考虑用小探空火箭进行大气进入试验,但由于缺少经费而未进行。

3.5.3　计划飞行过程

"火星"-96 于 1996 年 11 月 16 日由俄罗斯的质子号火箭发射,轨道器要围绕火星旋转至少 1 年,两个可穿透火星地表以下的穿透器收集火星岩层化学成分及含水量等重要数据,两个着陆器降落火星表面后,研究火星气候、表面元素构成、磁场和地震情况。探测器要经过 300 天左右的飞行抵达距离地球 1 亿 km 的火星。先是质子号火箭的第四级和"火星"-96 进入 165km 高度、倾角 51.6°的地球轨道,绕地球一周后,小推力器点火,剩余的推进剂沉到箱底,然后第四级发动机再次点火。第四级在爬升中耗尽燃料之后分离。此后不久探测器自身的自动推进舱点火,产生 575m/s 的速度增量,从而进入飞往火星的轨道。同时太阳能电池帆板、天线和 PAIS 科学平台全部展开,形成长期星际航行的状态。

探测器按照霍曼Ⅱ型轨道在太阳系中飞行,虽然这同Ⅰ型轨道比,要更长的时间,但由于在火星登陆只需要不大的制动速度(因而在空间飞行时,只要携带较少的推进剂即可),所以探测器可以运载更多的有效载荷。与此相反,美国的火星"探路者"在 1996 年发射窗期间按照霍曼Ⅰ型轨道飞行,虽然它比"火星"-96 探测器晚几个星期发射,但由于按照更快的轨道飞行,它可以比"火星"-96 探测器早两个半月到达火星。

"火星"-96 探测器在飞行途中只需要 2 次中途弹道修正。第一次是在发射的第 5~10 天之后进行,第二次在到达之前一个月进行。

探测器在飞向火星的 10 个月飞行期间,要进行太阳和恒星天文学观测,研究通过星际介质的许多粒子、波和场。

两台光谱仪监测由强烈的太阳耀斑和宇宙 γ 射线爆发产生的 γ 射线。利用尤利西斯和其他卫星上的类似测定装置,通过长基线三角测量可以将 γ 射线爆发方位准确定位在 10 弧秒之内。PGS 的 γ 射线光谱仪(一旦探测器进入围绕火星的轨道,光谱仪将观测火星)是俄罗斯和美国合作研制的仪器,仪器上使用了美国新墨西哥州洛斯阿拉莫斯国家实验室提供的锗探测器。该探测器类似于以前的火星观测器上所携带的探测器。

安装在 PAIS 仪器平台上的 EVRIS 光度计每次将瞄准 4 级星达 3~4 周,以便监测周期为 1~10min 的恒星亮度变动。这是"火星"-96 任务中很重要的一项任务。对太阳以前也未进行过这种测定。由于"火星"-96 探测器飞往火星的旅行时间很长,EVRIS 仪器有机会瞄准 10~20 个不同的天体。

在航行中其他科学研究还包括用紫外线光谱仪观测星际介质的中性成分,将采用几种等离子体物理学仪器监测地球和火星之间的空间粒子和场。

十分可惜的是,耗资 3 亿多美元,花了 10 年时间才研制成功的"火星"-96 探测器在发射过程中由于第 4 级发动机二次点火故障,致使发射失败,于 1996 年 11

月 18 日坠落在南太平洋海城中。这次失利不仅是俄罗斯航天业的重大挫折,也是人类探测火星计划的一次重大损失。

3.5.4　实际飞行过程

1996 年 11 月 16 日 20:48:53 UTC,"火星"–96 探测器采用历来十分可靠的质子号在拜科努尔发射升空,发动机燃烧正常,将探测器送入停泊轨道。然后按程序(表 3–2)进行上面级的点火,但仅仅 0.4s 后点火就终止了。随后探测器和上面级分离,并启动了探测器自身的发动机,奔向去火星轨道,但其结果只是升高了停泊轨道的远地点高度,其近地点仍在 70km 高度的大气层中,如此飞行 3 圈后,探测器约于 11 月 17 日凌晨 1 时坠落在智利附近的南太平洋中,已分离的第 4 级火箭则在 11 月 18 日凌晨坠落在智利近海。

表 3–2　"火星"–96 探测器飞行程序

项目	射后时序/s	速度/(m/s)	高度/km
发射命令	−2.8	0	0
点火	0	0	0
运载第一级启动	1.6	7	0.008
第一级达到最大速度	66	459.5	11.2
运载第二级发动机点火	118.94	1551.3	39.4
第一级分离	123.29	1677.9	42.5
整流罩分离	185.00	2151.2	78.2
运载第三级发动机点火	327.74	4349.3	119.5
第二级分离	331.14	4417.6	120.6
星箭分离	583.42	7202.4	144.7
探测器过渡段分离	638.42	—	—
上面级主发动机服务系统第一次启动	643.42	7188.1	155.6
上面级主发动机第一次点火	942.42	7175.3	166.0
上面级主发动机服务系统故障,关闭	942.84	7191.9	165.9
上面级主发动机故障,关闭	1038.98	7519.9 ($V_{abs}=7843.1$)	160.1
进入近地轨道	1046.9		
上面级主发动机服务系统启动	3833.81	7485.8	163.2
进入地球阴影	4032	—	—
上面级主发动机第二次点火	4132.81	7488.0	159.5
上面级主发动机服务系统故障,关闭	4133.23	7488.1	159.5

事故评审组无法得出究竟是上面级发动机故障还是探测器故障导致了"火星"–96探测器坠毁,原因是缺乏这个关键时段的遥测数据。失败发生在上面级二次点火时,但此时已不在俄罗斯地面站的测控范围内,而在南大西洋又没有它

们的跟踪船只,未能直接观测到第4级的最后燃烧情况。但事后,多数观点认为,上面级未点火是造成发射失败的原因。

3.6　福布斯－土壤(Phobos－Grunt)

3.6.1　任务概述

3.6.1.1　任务背景

从火卫一取土返回的设想是俄罗斯科学院空间探测研究所、俄罗斯科学院地球化学和分析化学研究所、俄罗斯科学院应用数学研究所、拉瓦奇金科研生产联合体等单位于1990年代初提出的。该设想是在"火星"–96探测器发生事故前提出的。美国当时也考虑在俄美合作To Mars together计划的框架内,下一步计划从火卫一取土。"火星"–96探测器于1996年11月16日丢失后,情况发生了变化。由于火箭上面级故障,未能进入预定轨道,此次失败对俄罗斯的行星探测计划造成了灾难性的后果。除了探测火星卫星以外,包括将着陆器以及配备土壤表面和近表面层直接测量设备的两具针入仪送到火星表面等在内的一些计划均未能实现。由于该探测器中所装科学仪器的研制费用巨大,项目失利导致损失惨重,因此,俄罗斯的行星计划有几年一度失去了俄罗斯科学院宇航委员会、航天部门领导层,乃至国际科学界的支持,处于深重的危机中。

当时由A. A. 卡雷耶夫院士领导的宇航委员会行星分会受命制定一项在最近几年开展行星探测的新计划。分会建议开展两项研究:一是探月以获取关于月球内部构造和极地环形山物质组成的资料(月球－全球计划);二是从火卫一取土。后者代号为火卫一土壤(或"福布斯－土壤"),由2005年逝世的原俄罗斯科学院地球化学和分析化学研究所总设计师 Ю. A. 苏尔科维命名。

在俄罗斯航天局科学技术委员会审批该项目时,A. A. 卡雷耶夫院士作了项目的总体方案报告,Э. M. 卡里莫夫院士作了项目科学论证报告。1998年,由于财政吃紧,俄罗斯科学院宇航委员会领导层对计划进行了修正,决定将行星探测计划中的"福布斯－土壤"项目推迟至2005年实施,将"月球—全球"项目推迟至2005年之后实施。从2000年开始,"福布斯－土壤"探测器得以转入草图设计阶段,开始了试验设计工作。非常遗憾的是,由于对该项目的拨款长期不足,其完成期限也三度推迟,从最初计划的2003年推迟到2005年,此后又推迟到2009年,最后推迟至2011年。

研制在预算范围内的高科技探测器以解决紧迫的科学任务,是现代深空探测战略的基础。"福布斯－土壤"项目旨在从火星卫星火卫一的表面采集岩石样本,将其送回地球,完全符合上述原则。该项目也是俄罗斯经过长期停滞后的首个行星任务,它采用显著不同于以往的新一代探测器。由于使用了先进的技术和中型运载火箭,项目的可行性得到了保证。项目的首要任务是解决现代天体化学的一个重要课题,即在地面实验室中研究未在太阳系演化过程中发生剧烈变化的原始物质。此外还设置了利用全套星上科学仪器,在火卫一表面和近火星空间,展开直接探测和远程探测的大量计划。同时,该项目还应展示研制探测器时采用的独特技术方案的高效率。在实现"福布斯 – 土壤"项目时,通过此类探测器的研制及其飞行试验,开启了未来对太阳系行星和小天体进行深空探测,以及解决许多其他科学和应用课题的长远计划。

"福布斯 – 土壤"(图 3 – 16)是一个国际参与度很高的项目。除了将中国小卫星送到火星以外,根据俄罗斯航天署与欧空局的协议,欧空局的地面站也将加入进来。德国、意大利、中国、法国、乌克兰、瑞典、瑞士和波兰的科学家都为科学设备的研制做出了很大贡献。

图 3 – 16 "福布斯 – 土壤"探测器在进行动态振动试验

3.6.1.2 任务目的

该任务的主要科学任务首先是解决与太阳系的起源有关的若干问题。应通过研究火卫一残留物质的理化性能来解决这一主要任务。其余科学任务是:

(1)研究火卫一这一天体的理化特性,以逐步了解火星卫星的起源,乃至其他行星卫星系的起源;

(2)确定火卫一轨道运动及其自转的具体参数,以分析这一小天体的内部构造及其轨道演变;

（3）研究近火星环境的电学和磁场等物理条件、太阳风与火星等离子环境的相互影响，包括观测从火星大气"逃逸"的氧离子，以扩大对火星上水的演变的认知；

（4）研究火星大气的变化。

3.6.2　科学载荷

为了对"福布斯－土壤"探测器的着陆点进行考核，探测器上安装了一些仪器，可分析取土点的一般理化环境。

俄罗斯科学院地球和分析化学研究所研制了下列工具。

1）γ射线光谱仪

该仪器用于测定主要造岩元素 Si、Mg、Fe、Al、Ca、Ti、K，以及放射性物质 U、Th、K40 的含量。这些元素的相对含量有助于确定着陆点的岩石类型以及主要造岩矿物的比例。对于评估在该位置采集的土壤是否具有代表性具有重要意义。

2）质谱仪

质谱仪用于分析着陆点土壤中的气体成分。该仪器可测量 $1\sim200\,\mu m$ 范围内的质谱。

3）测温器

测温器用于测定火卫一土壤表层的温度和热物理性能：热容和导热率。测温精度 $0.25\,^\circ\!C$，测温范围 $-17\sim+100\,^\circ\!C$。

4）地震计

地震计用于记录地震噪声。地震声学研究有助于获取关于火卫一力学性能、密度和内部构造的信息。地震噪声记录可说明火卫一上有地质构造（微地质构造）运动，以及地质构造过程的性质。

除了上述仪器，俄罗斯科学院地球和分析化学研究所还研制了宇宙尘检测器"流星－Φ"。该仪器可检测靠近火星的陨石微粒流的密度。对于评估陨石（微陨石）对奔火飞行的探测器的威胁来说，该项研究至关重要。无论从陨石撞击的角度，还是从火卫一轨道接近 Роша 范围的角度来说，火卫一和火卫二这两颗火星的小卫星都是火星周围固体微粒的来源。对微粒质量和速度分配功能的研究有助于重构微粒流的特性，以及评估与威胁环火星探测器生存的微粒相撞的概率。

用于着陆点研究的许多仪器都是由俄罗斯科学院空间探测研究所与其他机构合作研制的。其中包括中子光谱仪、激光跨时质谱仪、二次离子质谱仪。这些仪器均用于测定火卫一表面浮土的元素组成和同位素组成。热差分析仪和色谱仪用于分析挥发性化合物。TV 相机用于图像拍摄。除了研究和取土以外，还计划对转移飞行轨道上的某些物理特性进行附带研究，对火星及近火星空间的现象进行观测等。

3.6.3　探测器系统

　　整个探测器由以下主部件的分离系统串联而成：主发动机、过渡桁架、转移飞行器、返回器和返回舱。过渡桁架里面装有中国 YH - 1（"荧火"1 号）卫星的适配器。整个探测器用 8 个爆炸螺栓固定在过渡舱内部桁架上，外部安装头部整流罩，构成运载头部。如图 3 - 17 ~ 图 3 - 20 所示。

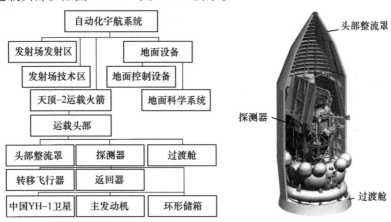

图 3 - 17　"福布斯 - 土壤"任务
自动化宇航系统结构图

图 3 - 18　"福布斯 - 土壤"
探测器发射构型

413

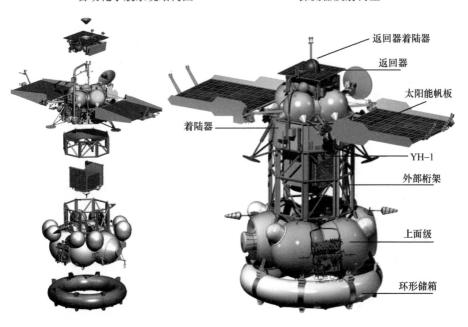

图 3 - 19　"福布斯 - 土壤"
探测器分解图(图片来源:IKI)

图 3 - 20　"福布斯 - 土壤"探测器
合拢图(不含热控包覆)

3.6.3.1　主发动机

　　主发动机采用"旗舰"- CБ 上面级的推进器,由主推进器和环形储箱组成。主发动机的所有主要结构件均继承自上面级,后者的承力结构在安装了质量远超"福布斯 - 土壤"探测器的有效载荷后通过了完整的强度验证试验。此外,"旗舰"- CБ 上面级还曾被成功地用于发射"电学"- L 探测器。

　　主发动机的主要受力结构是特殊布局和受力设计的储箱组合。这一结构鲜明地体现出了拉瓦奇金科研生产联合体多年来在探测器结构方面的设计理念,即使用薄壁壳式密封结构作为受力件,可承受来自探测器对应结构件和自身质量的巨大惯性载荷。储箱组合的受力布局是一种环球形结构,由 6 个球形壳体组成,球壳之间通过支撑框以氩弧焊密封焊接相连。4 个球形舱是推进剂储箱,另外 2 个是仪表舱。为了传递所运载的探测器的纵向惯性载荷,用 8 根承力杆"贯穿"这些密封球形容器:每个推进剂储箱各一根,每个仪表舱各两根。承力杆以先进复合材料制成,具有高强度和高硬度,可减轻质量。为增加推进剂加注量,球形储箱上还附加了容器(每个储箱各含 2 个),这些附加容器与主储箱结构一体化,共用腔室。在发射"电学"- L 探测器时,曾在"旗舰"- CБ 上面级上实现过该方案,并通过了相应的强度试验。

　　环形储箱也是一种独特的结构,是一种圆环状壳体,以密封隔板隔成 4 个推进剂储箱。为传递来自主推进器以及其上所装探测器的惯性集中作用力,外壳上安装了含垂直支撑杆的 8 个受力隔框。在这种受力结构中,轴向载荷和弯矩通过支撑杆传递,侧向载荷则通过储箱外壳的位移来传递。因此,环形储箱和主推进器都是按照承力布局来设计的。

3.6.3.2　过渡桁架

　　过渡桁架是一种双层结构。利用 8 个爆炸螺栓和弹簧推杆组成的分离系统实现两层的对接。飞抵火星,完成制动机动后,分离系统启动,主发动机和下层桁架脱离探测器。上层桁架也通过类似的分离系统与上部的转移飞行器相连接。中国小卫星的适配器也通过 8 个点固定在上部桁架上。适配器由微斜锥形转接器、圆柱转接器和四点式桁架结构三部分组成,中国探测器利用分离系统固定在适配器净空截面一侧。"福布斯 - 土壤"探测器进入火星轨道后,中国卫星从其中分离,然后上层桁架和适配器从转移飞行器中分离。完成该步骤后,"福布斯 - 土壤"探测器即准备着陆火卫一表面。

3.6.3.3　转移飞行器

　　转移飞行器(图 3 - 21)是探测器的主要结构单元,用于探测器除返回阶段以外的所有运行阶段的工作控制。转移飞行器中包括下列主要系统:①星上控制系统;②星上无线电系统;③天馈系统;④供电系统;⑤热控系统。

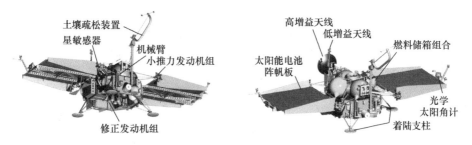

图 3 – 21 "福布斯 – 土壤"探测器的转移飞行器

转移飞行器的设计遵循了多级模块化原则。转移飞行器被直接设计为一个结构独立的自主舱段,可适应独立的地面实验验证和自主正常运行。入轨发动机和转移飞行器发动机之间的适配器壳体是承力构件。装有各种仪表的蜂窝结构板(8 块)是二级舱段。选择 8 块蜂窝板是为了最大程度地利用适配器的面积,同时单块蜂窝板的尺寸又足以安装单独的仪表。蜂窝板是一种适应性模块,可使用埋入件安装各种仪表。

3.6.3.4 返回器

返回器(图 3 – 22)用于向着地球起飞,执行火地段飞行,确保携带火卫一土壤样本的返回舱着陆地球。

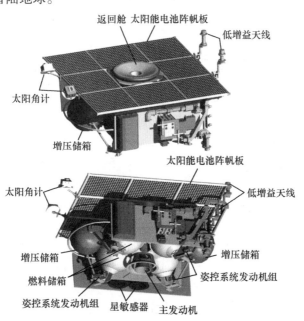

图 3 – 22 "福布斯 – 土壤"探测器的返回器

为了使返回器的质量(该舱段最关键的指标)达到最小,返回器被设计成一个整体,其主要结构件为推进器,用于执行从火卫一表面起飞,将返回器送入向地球飞行的轨道,修正火星－地球行星际飞行轨迹,以及创造条件使返回舱进入地球大气层。返回器包括下列主要系统:①星上控制系统;②星上无线电系统;③天馈系统;④供电系统;⑤推进器;⑥热控系统。

3.6.3.5 返回舱

返回舱(图3－23)用于在地球大气层中减速,使装有土壤样本的密封器皿着陆地球。

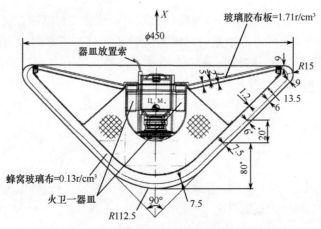

图3－23 "福布斯－土壤"探测器的返回舱

使携带火卫一物质样本的返回舱着陆地球,并对其进行搜救是"福布斯－土壤"任务的一个主要阶段,因此对返回舱系统和搜救系统都有很高的要求。返回舱采用了已熟知其气动性能的气动外形。返回舱只依靠气动阻力在地球大气层中减速,不使用减速伞系统。返回舱进入地球大气层时的质量为7.5kg,送回地面的火卫一土壤样本体积为100cm³。

3.6.4 计划飞行过程

"福布斯－土壤"探测任务飞行路线包括以下几个阶段(图3－24):

(1)探测器起飞和进入飞离地球的轨道;

(2)地球－火星段飞行,修正行星际轨道;

(3)减速并进入初始三昼夜火星卫星轨道,执行一两次小修正,主发动机和过渡桁架分离,中国 YH－1 小卫星分离;

(4)探测器轨道逐步接近火卫一轨道,直到可着陆距离;

(5)在火卫一表面着陆,土壤采样;

(6)返回器携带返回舱从火卫一起飞,沿火星卫星基准圆轨道飞行;

（7）返回器进入火星卫星远火点起动轨道；

（8）从起动轨道向地球加速飞行；

（9）火星–地球段飞行，执行最多 5 次修正；

（10）在进入地球大气层前的约 2h 内，返回舱和返回器分离；

（11）进入地球大气层及着陆；

（12）搜救携带火卫一土壤样本的返回舱。

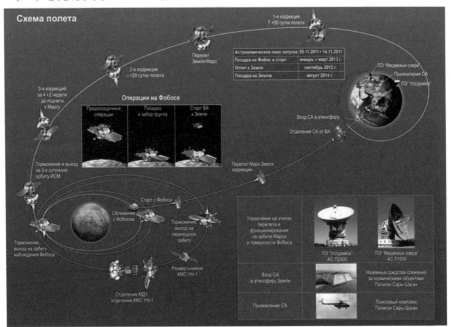

图 3–24 "福布斯–土壤"探测器飞行程序

3.6.4.1 飞离地球

"福布斯–土壤"探测器将使用宇航火箭综合系统"天顶"–M 中的"天顶"–2SB40 运载火箭送入地球人造卫星轨道。火箭的主要设计单位是南方设计局（乌克兰，第聂伯罗彼得洛夫斯克），主要制造厂是南方机器制造厂（乌克兰，第聂伯罗彼得洛夫斯克）。

选择"天顶"–2SB40 是基于其动能完全满足"福布斯–土壤"探测器质量的发射要求。"天顶"–2SB40 两级运载火箭是在海上发射平台中的"天顶"–2S 运载火箭基础上研制的，其动力性能得到了提高（从№SL16 火箭开始），第一级采用了 РД 171М 型主发动机。火箭使用煤油和液氧作为推进剂。"天顶"火箭迄今已完成了 73 次发射，其中 66 次成功。运载火箭的发射质量约 460t，"福布斯–土壤"探测器的质量约 12100kg。

根据天文条件和探测器质量能量特性事先选定的发射窗口长约三周，自 2011 年

10月28日至11月21日。入轨包括以下几个阶段：

（1）两级运载火箭"天顶"-2SB40发射，将探测器送入地球卫星基准轨道，近地点和远地点分别为207km和347km，倾角为51.4°。

"天顶"-2SB火箭起飞后的起初约149s是火箭第一级的主动飞行段。飞行约14s后，开始倾斜转弯。通过选择开始操纵发动机油门的时间，来限制最大额定纵向过载。一级分离物的落区位于距发射点约884km的哈萨克斯坦共和国境内。拜科努尔地面站负责接收第一级飞行段的遥测。

各级分离前启动第二级姿控发动机。第一和第二级分离后，启动第一级的制动发动机和第二级的主发动机。在随后的约5min飞行中，主发动机和姿控发动机同时工作，之后第二级主发动机关机。姿控发动机则继续工作约87s。

飞行约306s（第二级飞行约157s），当条件满足落区位于约1924km以外的西伯利亚时，抛掉头部整流罩。抛放整流罩时，自由分子热流量为35W/m²。

（2）在基准轨道被动飞行2.5h，期间始终保持对日定向。

（3）主发动机第一次点火，保持约8.4min的典型速度（约0.83km/s），以进入转动周期为2.1h、远地点高度4250km、远地点高度237km的过渡轨道，然后环形储箱分离；

（4）在过渡轨道被动飞行2~2.5h（约1圈），期间始终保持对日定向，然后与地面进行通信，发送遥测，并进行测轨。

（5）主发动机第二次点火，保持约16min的典型速度（约2.90km/s），以进入飞离地球的双曲线轨道（约3.1km/s），然后测轨，以确定已形成的飞离轨道（图3-25）的参数。

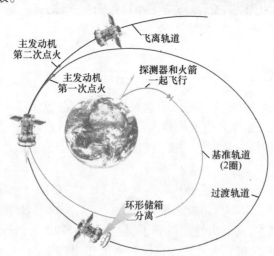

图3-25　"福布斯-土壤"探测器飞离地球轨道示意图

火箭发射时间是夜晚。发射14~16min后，探测器进入光照区。在基准轨道每飞行一圈,都会有 30~35min 的时间处于地球阴影。在过渡轨道飞行时,每飞行一圈,都有 20min 的时间处于近地点区域。之后探测器进入光照区,此后不再进入地球阴影。探测器飞行 21min 后,俄罗斯领土可观测到探测器,之后,当探测器在基准轨道飞行时,每飞行一圈,每个地面观测点都可以观测到几分钟。主发动机第一次点火后,探测器在过渡轨道飞行时,可以观测到 70min。第二次点火后,当探测器开始沿飞离轨道飞行时,观测弧段延长到 10h 以上。

3.6.4.2　地火转移段

地火转移段从探测器进入飞离地球轨道开始,至飞近火星达最小距离结束。飞行时间为 302~310 天。2011 年发射时,地火飞行段日心轨迹在黄道面的投影示例见图 3-26。

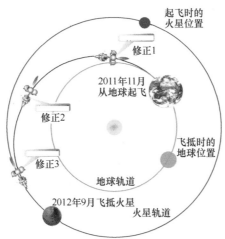

图 3-26　2011 年发射的地火转移轨道

从基准轨道和过渡轨道加速时,容易产生误差,导致进入飞离轨道时产生偏差,再加上该轨道参数的测量误差,探测器在飞向火星时的坐标可能相对其设计值有几十万千米的误差。因此必须在过渡轨道进行修正。修正策略是根据下列条件制定的:

(1) 根据两个地面深空站(乌苏里斯克站和熊湖站)同时完成的无线电测量的结果进行修正,修正的同时通过询问,分别测出斜距 ±20m 和径向多普勒速度 ±0.2mm/s,包括极限设备误差,但不考虑信号分布环境的影响。

(2) 利用模数极限误差为 ±0.25m/s,探测器连接速度矢量方向极限误差为 ±0.7°的探测器主发动机进行修正。

根据测轨和执行机动的换算特性,计划在飞行轨道上进行三次修正。

第一次修正发生在飞行的第 5~10 天,修正脉冲量可达到 85m/s。如更晚进行首次修正,则修正脉冲会增加,更早进行修正则会遇到飞离轨道参数测定精度不足的问题。

第二次修正约在飞行第 65 天进行,修正脉冲量不超过 10m/s。由于需要积累测量信息以计算出第二次修正的设定值,因此规定两次修正之间的间隔为 2 个月。

第三次修正将在飞抵火星前的 2~4 周进行,修正脉冲量可达到 35m/s。如更晚进行此次修正,则修正脉冲将急剧增加,用来测定飞近轨道的最终参数,计算出进入火星卫星初始轨道前制动设定值的测量间隔都会减小。第三次修正后,探测器在飞抵火星时的坐标误差可能会达到 ±500km,相当于近心点高度误差 ±400km。

探测器在近心点高度为 800 ±400km,向火星赤道面倾斜 20°~36°(取决于飞抵日期)的双曲线轨道上飞抵火星。近心点的最低高度是根据探测器未进入火星大气上层的条件来选择的。

3.6.4.3　到达火星

探测器按照近火点为 700~1000km 的飞越轨迹飞抵火星。下一个探测阶段是形成靠近火卫一的轨道。前次火卫一探测时,已经验证了这一阶段的过程,该过程共分三次脉冲来实现。

1)进入初始轨道

主发动机在飞近轨道的近心点区域第一次点火,使探测器进入三昼夜的火星卫星初始轨道。该轨道的近心点高度约 800 ±400km,远心点高度则为 79000km。运行周期的设计偏差可能达到 ±6h。在火星卫星初始轨道驻留的时间将晚些确定,但考虑到需要确定轨道参数,以及可能需要做些小修正(最大 5~10m/s),该时间不会少于 10~15 天。制动脉冲量为 945m/s,主发动机输出冲量的工作时间约为 2.2min。

进入火星卫星初始轨道(图 3-27)后,主发动机可与探测器分离,创造后续 YH-1 卫星分离的条件。YH-1 卫星拟于对火星卫星初始轨道做一两次小修正后的合适时机分离(进入该轨道后的 10~15 天),以便分离轨道的近心点高度不大于 1000km,而 YH-1 与"福布斯-土壤"探测器的分离也可在最佳的地面观测条件下完成。由于 YH-1 的热控设计要求主发动机和 YH-1 先后分离的间隔时间不得超过 20~30min,因此拟在一个场次中,使它们与转移飞行器分离。主发动机和中国卫星分离后,利用转移飞行器的推进器完成后续所有机动。

作出使探测器进入初始轨道远心点过渡轨道的决定后,即使用转移飞行器推进器进行第二次机动,使探测器的轨道面与火卫一的轨道面重合,近心点半径则提升到观测轨道的半径(约 9910km)。机动的特性速度为 220m/s,推进器工作时间为 4.8min。所获轨道的运行周期为 3.3 天。在该轨道驻留的时间也将后续确定,但可能少于 7~15 天。2012 年 12 月(如在 8 月末飞抵火星),该椭圆轨道上的探测器可能会开始进入火星阴影。因此探测器最好在 2013 年 1 月结束在头两条火

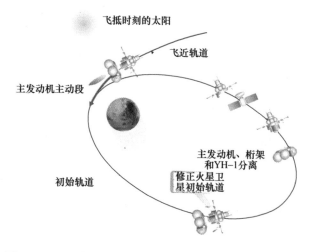

图 3 – 27 "福布斯 – 土壤"探测器进入火卫初始轨道示意图

星卫星轨道上的飞行,也就是说,最迟在 2012 年 12 月中,探测器必须开始转入过渡轨道。

2)进入观测轨道

探测器在过渡轨道的近心点实施第三次机动,进入观测轨道(近圆轨道,平均半径 9910km,比火卫一轨道高约 535km,图 3 – 28)。机动脉冲为 705m/s,推进器工作时间 12. 3min。观测轨道运行周期为 8. 3h。

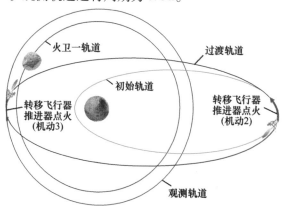

图 3 – 28 "福布斯 – 土壤"探测器进入观测轨道示意图

据初步估算,形成观测轨道的精度为:高度不低于 ± 60km,倾角不低于 ± 1. 8°,运行周期不低于 ± 4min。因此在进入观测轨道约 10 天后,须对参数进行两三次修正。为便于完成星上导航测量,应修正其近心点和远心点半径,必要时还应修正倾角。然后,由于对火卫一星历的了解准确度(3σ 约为 20km)还不足以用于探测器轨道与火卫一轨道的后续接近以及着陆火卫一表面,所以应开始对火卫一的自动导航观测。进行导航测量时,使用星上的电视摄像机,测量区域是能够保障照度条件、探测器距火卫一的距离不超过1500km的观测轨道区段。

选定观测轨道参数后,约每4天一次进行此类交会。历时约4.5h,其中40min是最接近区域(500～600km以内)。交会过程中,探测器–火卫一观测线以60°～70°的幅度在惯性空间中改变自身位置,连续两次交会(相隔4天)之间该观测线的角位置则变化约200°。因此,连续两次交会中至少有一次将在照度有利于观测的条件下完成。为确定火卫一的星历及其引力常数,必须完成至少三次交会,以进行导航测量,结合上述说明,用时约24天。

完成观测后,在进入准卫星轨道前,可能还需要对观测轨道做两三次修正,以保证准卫星轨道相对太阳及所选择的着陆点所需的形状,为此还应在观测轨道上驻留10天。因此,探测器在观测轨道上至少需飞行1.5个月。地面可对探测器轨道进行高精度测轨(距离、径向速度及三路径多普勒测量),以补充星上的导航观测。根据共同处理所有导航信息的结果,在进入更靠近火卫一的准卫星轨道前,可预测出探测器和火卫一的相互位置,极限误差为±3km。观测轨道上修正速度的总冲量为85m/s:其中20m/s用于修正平面参数,65m/s用于修正倾角。三向多普勒测量是指一个地面观测站对径向速度进行相干测量(往返两条路径),另一个地面观测站同时接收来自探测器的应答信号(第三条路径),然后处理获得的测量数据。

3) 进入着陆前的准卫星轨道

着陆前探测器与火卫一轨道交会的下一步是进入准卫星轨道,该轨道的运行周期与火卫一轨道相同,但在每圈轨道的不同区段,两者的高度差可达±50km。探测器在该轨道上运行时,将始终处于靠近火卫一的50～130km距离内。此时在绕火星轨道上每飞行一圈(约7.66h),探测器就绕火卫一飞行一整圈,顺时针经过火卫一的所有赤经(从北看)。同时探测器–火卫一观测线将在惯性空间内保持近乎固定的位置,其每圈的平均方向误差为±20°～30°。

通过45m/s和20m/s两次脉冲进入准卫星轨道,每次发送脉冲后,地面进行测轨,确定获得的轨道参数。进入准卫星轨道的时间为2天。由于进行修正和机动会影响到已经获得的轨道参数精度,因此在进入准卫星轨道后,星上需要对火卫一进行重新观测,地面需要重新测轨,然后根据结果选择开始在火卫一上着陆的时间,并预测探测器在着陆时段内的给定时刻的相对运动参数。在准卫星轨道飞行时间内,可以进行几次小修正(每次不超过1～2m/s)。

3.6.4.4 接近并着陆火卫一

1) 接近阶段

结束探测器轨道与火卫一轨道的同步和定向操作后,开始接近和着陆火卫一。此外还应保证探测器相对火卫一、太阳、恒星和地球的相对姿态。在准备接近和实施火卫一着陆的过程中,使用星上控制系统的光学设备、陀螺惯性设备、计算设备,以及着陆测量设备(高空测高稳定仪、测相对速度距离矢量的四波束多普勒测量仪和用来测定表面不平度及探测器近火卫一运动参数的 TCHH 电视系统)。根据地面设定的预测信息和星上着陆测量设备提供的信息控制接近和着陆。

接近前,根据探测器的天文定位信息和地面的策略,建立星上的陀螺惯性坐标系。根据策略,探测器的 $-X$ 固定轴转向设定的火卫一中心。高空测高稳定仪和电视系统将探测器相对火卫一的姿态信息发送给星上控制系统。执行星上导航解算和测量滤波解算。然后根据星上控制系统的导航信息,用控制算法计算出探测器接近和定向的冲量。

脱离等待轨道前,星上先诊断将参与接近和着陆操作的单机的完好性,分析高空测高稳定仪中的电视摄像机是否能够捕获火卫一表面。根据诊断、捕获分析,以及星上计算出的接近脉冲的大小,进入后续的脱离、接近和着陆等操作,或取消操作。

根据开始离开等待轨道的时间信号,发送坐标发动机点火指令。探测器的轴心按控制算法在相对火卫一的空间中定向。计算出的接近火卫一速度冲量换算成探测器轴心方向。按控制算法起动相应的坐标发动机组。冲量用完后关闭发动机。

根据星上的导航策略,可以对探测器的运动进行修正,以便在设定的接近时间末段,将探测器更精确地引入火卫一表面上方的点。根据接近操作之前对火卫一电视摄像的数据,确定设定的着陆点坐标。利用反向或正向逻辑的相同坐标发动机,在主被动飞行段对探测器的角运动进行控制。

探测器从半径为 40~60km 的等待轨道进入具有火卫一中心经度、纬度,半径为 25km 的设定点后,等待段即告结束。在这个点上,探测器相对火卫一的速度模量可达到 10~15m/s。探测器的纵轴指向探测器相对火卫一中心的设计向径,或高空测高稳定仪测得的表面法线。接近时间不超过 60min。

2)着陆阶段

之后进入着陆阶段。从结束接近到火卫一上空 0.2~0.05km 的第一个着陆段,先减小侧速,调整并减小所在高度的纵向速度。利用坐标发动机,根据导航算法和无万向节惯性系统计算出的运动参数,控制质心运动和绕质心运动。探测器的纵轴按测得的表面局部法线定向。

在接近段和开始着陆段,主要通过地面预测来确定控制所用的导航信息是否准确,不足以保证软着陆。之后,至少在 2km 高度上接通多普勒速度距离测量仪工作后,导航信息的精确度大大提升。在不低于 500~300m 的高度上,TCHH 电视系统开始测量,以判断火卫一表面的不平度以及探测器靠近火卫一运动的参数。探测器可根据该系统提供的信息,选择较为平坦的表面着陆。

第一个着陆段的末尾,在 0.2~0.05km 的高度上,垂直速度可达到 $-1.5m/s$,

侧速可达到每个分量±1m/s。纵轴按测得的表面局部法线定向。第二个着陆段，即从高度0.2~0.05km至接触火卫一表面，探测器不启动纵向制动(下部)发动机进行下降，以减弱发动机喷管喷出的气流与表面的相互作用。而是通过侧向发动机将侧速控制在允许的范围内。探测器的纵轴按照表面记忆法线定向。角位置也通过对应的坐标发动机来控制，但喷管朝向火卫一表面的发动机除外。

距火卫一表面2~1m时，启动纵向(上部)发动机，探测器获得朝向火卫一表面的加速度，接触表面后，探测器以约200N的力压向火卫一表面，接触表面2~5s后，关闭发动机。探测器着陆装置支柱接触到火卫一表面后，终端接触传感器应发出"接触"信号。

在接近和着陆段，应确保向地面发送关于探测器运动参数和星上系统工作的遥测信息。这些数据将通过高增益天线和低增益天线发送。星上控制系统借助高增益天线驱动机构将高增益天线对准地面。在准备和实施接近、着陆的过程中，对火卫一表面进行电视摄像。

设计师为探测器设计了几种取土算法。当探测器非正常着陆，或出现动力问题时，执行"盲"算法，与地面不进行通信。针入式取土器负责取土，专用的化学电源负责供电。如探测器系统工作正常，则科学仪器将先对火卫一的土壤进行预先研究，选择最佳的土壤样本，然后取土，将土壤样本放入密封器皿，随后输送至返回舱中。

3.6.4.5　从火卫一起飞

整套宇航设备是按照在火卫一表面长期驻留来设计的。这种设计的好处在于，当出现有利时机时，探测器可以在任何时候实施火卫一着陆，并且可在火卫一表面驻留，直至开始必要的机动以返回地球。

然而，如果在太阳光照不足的火卫一表面区域着陆，或探测器未能成功对日定向，则可能要求探测器在发射窗口出现之前，即提前离开火卫一的卫星。此外，如着陆火卫一表面后，探测器与地面的通信中断，并且在一定时间内未能成功恢复，则探测器也应尽早自主从火卫一起飞。因此，飞行策略中包括从火卫一起飞，以及进入某个基准轨道。此次起飞是按照着陆前即输入的程控指令执行的，即使地面与星上建立了无线电通信，也无法发指令取消。

在基准轨道上，开始作奔地飞行机动前，返回器都应安全运行，至少实施几次必要的冲量后才能进入该轨道，以减小初始误差，便于起飞后与返回器建立通信。考虑到探测器的着陆点在火卫一的背面，所以选择了比火卫一轨道高度低30~350km的圆轨道作为基准轨道，运行周期为7.23h，比火卫一轨道周期短约26h。

为了避免损伤停留在火卫一表面继续工作的转移飞行器，起飞初始段不启动返回器的推进器。返回器按以下策略起飞，进入火星卫星基准轨道：

(1)返回器在火卫一表面驻留期间，确定返回器纵轴的方向，并尽可能确定着陆点的坐标。相应数据发送至地面。

（2）在设定的时间内，返回器以约 1m/s 的速度朝着其纵轴方向与转移飞行器分离，在保持纵轴初始定向的同时开始被动飞行，同时利用稳定发动机保持姿态稳定。

（3）经过 50～60s 的被动稳定飞行后，返回器推进器点火，在约 16s 的时间内在原方向上加速到约 10m/s。

（4）被动飞行（原方向的稳定飞行）1000s，直至距离火卫一表面约 10km。

（5）搜索太阳，使纵轴对准太阳，预计该项操作将持续不超过 360s。

（6）在严格对日的方向上，向返回器推进器发送 20m/s 的速度冲量，历时约 32s，之后返回器进入过渡轨道，后称为起飞轨道，这条轨道与火卫一的轨道在起飞点相切，另外一端则距火卫一轨道 300～350km。自开始进入该轨道及之后，除了短暂的主动机动和修正时段以外，返回器的 +X 纵轴对日定向，完成飞行。返回器最多可在起飞轨道驻留 10 天，超过 10 天，与火卫一相撞的概率就剧增，因此在这之前应转入基准轨道。

（7）被动飞行约 3s，在此期间建立地面与返回器的通信，进行测轨，确定所获火星卫星轨道的参数，计算并注入下一次机动的设定值，以进入基准轨道。

（8）返回器在设计时间内转弯进入所需方向，产生约 20m/s 大小的冲量，之后返回器即进入基准轨道，重新对日定向。

3.6.4.6　返回地球前的轨道调整

飞抵火星后，最近的一个返回地球的发射窗口将于 2013 年 9 月出现。火地飞行时间为 11～11.5 个月，2014 年 8 月 15～18 日飞抵地球。上述飞行轨道均属于第二半圈轨道，对探测期限来说能耗最佳，并且需要的飞离特性速度也最小。

如同进入观测轨道一样，返回器从基准轨道进入奔地飞行轨道也采用三脉冲方案，只是顺序相反。该方案包括下列操作：

（1）利用返回器推进器加速进入三天的过渡轨道，轨道近心点半径等于基准轨道半径，拱线在火卫一轨道面上，与该平面的倾角约为 1°；

（2）在过渡轨道上做被动飞行（不少于 5 圈或 15 天），地面同时进行测轨，确定轨道参数；

（3）利用返回器推进器做远地点机动，将近心点高度降至 500～1000km，改变倾角至后续对地加速所需的大小（该轨道名为起飞前轨道）；

（4）在起飞前轨道上做被动飞行（同样不少于 5 圈或 15 天），地面同时进行测轨，确定轨道参数；

（5）在选定的日期加速，进入奔地飞行轨道，返回器开始向地球飞行。

飞离段流程见图 3-29。

对整个发射窗口来说，从基准轨道进入返回地球轨道的总特性速度为 1655m/s，其中包括：第 1 个脉冲 740m/s，第 2 个脉冲 125m/s，第 3 个脉冲 790m/s。此外，为

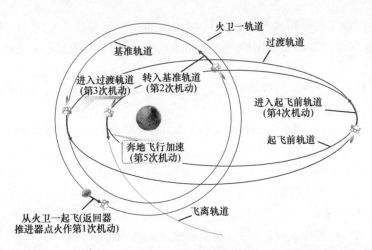

图 3 - 29 "福布斯 - 土壤"探测器在返回地球前的轨道调整示意图

了在地面观测站可视条件下进行机动,可能要求在过渡轨道和起飞前轨道上各进行一次修正,每次修正脉冲均不超过 5 ~ 10m/s。预计大的速度冲量(第 1 个和第 3 个)将在"扭转"模式下输出,其方向极限精度为 ±2°,小的冲量则在精度为 ±0.7°的三轴定向模式下输出。

3.6.4.7　火地返回轨道

根据地面观测站测得的距离和多普勒速度来确定火地返回轨道(图 3 - 30)的参数,地面测距的精度不低于 20m,多普勒速度测量精度不低于 0.2mm/s。计划至少使用乌苏里斯克和熊湖两个站来进行测量。

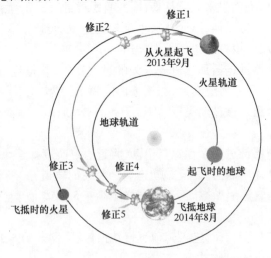

图 3 - 30 "福布斯 - 土壤"探测器火地返回轨道示意图

返回轨道的导航应确保直接进入地球大气层,在规定区域着陆,然后搜救返回舱。由于上述机动误差和测轨精度,需要在转移飞行轨道上进行 5 次中途修正。修正总冲量不超过 140m/s。返回器向地球的合成制导精度(执行完最后一次即第 5 次修正后飞近轨道误差)约为 ±30km。计划按下列方案实施返回轨道修正:

第一次轨道修正在探测器进入奔地球飞行轨道 2~3 周后实施,速度增量不大于 50m/s;

第二次轨道修正约在 3 个月后实施,速度增量不大于 10m/s;

第三次轨道修正在探测器与地球交会前约 2 个月实施,速度增量不大于 10m/s;

第四次轨道修正在探测器与地球交会前 20~10 天实施,速度增量不大于 7m/s;

最后一次即第五次轨道修正在探测器与地球交会前 72~12h 实施,速度增量不大于 8m/s。

3.6.4.8　再入地球

返回器飞行轨迹可确保其直接进入地球大气层,以及在指定的地面区域着陆。因此,当返回器飞近地球时,需要执行几次轨迹修正。返回器在飞抵地球的前几天分离出返回舱。返回舱进入大气层时,由于气动阻力,其速度从 12km/s 下降至约 30m/s,然后以这个速度着陆地球。着陆地区是方圆不超过 30km 的一个椭圆范围。利用地面的固定和移动设备搜救返回舱。返回舱将装有火卫一土壤样本的器皿送回地球,以便在严格遵守地外物质国际检疫要求的条件下对其进行化验分析,返回舱的任务即告结束。火卫一土壤样本送回地球后,探测任务并未结束。转移飞行器仍留在火卫一表面,继续执行为期一年的科学探测任务。

3.6.5　实际飞行过程

北京时间 2011 年 11 月 9 日,俄罗斯"福布斯－土壤"探测器和中国"萤火"1 号火星探测器由俄罗斯天顶－2SB 运载火箭在哈萨克斯坦拜科努尔发射场的 45 号工位发射升空。分星箭正常分离,探测器进入预定轨道。俄罗斯飞控中心收到的 FGSC 遥测数据表明探测器各项性能正常,YH－1 工作正常。

按照飞行程序,FGSC 计划北京时间 6 时 29 分至 6 时 37 分进行第一次变轨:从驻留轨道(近地约 200km,远地约 300km)进入椭圆过渡轨道(近地约 200km,远地约 4300km),按照预定程序,此次变轨不在测控弧段内。

此后,俄方发现星地通信链路未能建立,FGSC 失踪。约 9 日 10 时 46 分,俄方通过地面观测找到 FGSC,发现 FGSC 未完成变轨动作,依然在驻留轨道飞行。俄方随后开展了一系列的抢救工作。由于主发动机未能启动,最终于 2012 月 1 月 16 日,坠落在智利以西约 1250km 的南太平洋中,本次探测任务宣告失败。

4

欧洲的火星探测任务

4.1 火星快车(Mars Express)

4.1.1 任务概述

4.1.1.1 任务背景

  2003 年 6 月 2 日,欧空局(ESA)研制的第 1 个火星探测器——"火星快车"(Mars Express)探测器,由俄罗斯联盟 – FG(Soyouz – FG)运载火箭在哈萨克斯坦拜科努尔卫星发射场发射升空。该探测器总重达 2t,12 月 25 日进入环火星轨道,并于 2004 年 1 月 28 日成功到达 298km × 10107km、倾角 86°、周期 6.9h 的测绘轨道。"火星快车"由 1 个方形轨道器和 1 个重 60kg"猎兔犬"– 2(Beagle – 2)的着陆器组成(图 4 – 1),所以这次火星探测任务将分为两部分进行。轨道器设计寿命为 2 年,"猎兔犬"– 2 的寿命为 2 个月。

  2003 年 12 月 19 日到达火星前 6 天,"猎兔犬"– 2 与"火星快车"分离,原计划选项通过大气层助力减速,然后拱形降落伞,最后用气囊着陆减震,但"猎兔犬"– 2 在着陆过程中和探测器以及地球射电望远镜失去联系。但就火星"快车"轨道器而言,其发射任务是非常成功的,搭载的所有有效载荷均工作正常,已开展了多项试验,发回了大量有价值的数据,基本认定了火星南极极帽区有水存在。

  "火星快车"计划代表了欧洲进行行星际探索的新策略,即从研制最初的探测器开始,衍生出一系列既节省成本又耗时短的探测器计划。欧空局准备利用其"火星快车"平台设计技术研制新的空间探测器,这样就可充分利用已有的经验大大地节省开支、提高效率。欧洲发射的金星探测器也将以"火星快车"探测器为基

图4-1 "火星快车"及其携带的着陆器"猎兔犬"-2(图片来源:ESA)

础,只是根据探测器的目的地和有效载荷做一些改变。

4.1.1.2 任务目的

"火星快车"轨道器的科学目标为:

(1) 以高分辨率(10m)拍摄火星的整个表面,并以超高分辨率(2m)对选定区域进行拍照;

(2) 制成分辨率为100m的矿物成分图;

(3) 测绘大气成分,并确定其全球环流情况,确定几千米深度内的亚表面构造;

(4) 对火星地表下数千米至永久冻土层的结构特性进行探测;

(5) 对于火星大气与地表及行星际介质间的相互作用进行研究;

(6) 通过无线电科学试验对火星内部、大气和环境进行研究;

(7) 开展火星表面"地球化学"和外空生物学的研究。

4.1.2 科学载荷

"火星快车"上装载的有效载荷主要有:高分辨率和超高分辨率立体彩色成像仪(HRSC)、行星傅里叶光谱仪(PFS)、红外矿物学探测光谱仪(OMEGA)、紫外和红外大气光谱仪(SPICAM)、空间离子和高能原子分析仪(ASPERA)、MARSIS等,同时利用所载的数传设备开展火星无线电科学试验。

1) 高分辨率和超高分辨率立体彩色成像仪(HRSC)

HRSC重21.2kg,用于获取整个火星表面的高分辨率、彩色和三维的图像。它具有高分辨和超高分辨两种成像分辨率,前者分辨率为10~30m(和环火星轨道高度有关),用于对火星表面和大气现象,如云覆盖和尘暴的测绘;后者分辨率为2m(也和环火星轨道高度有关),用于对火星表面特别感兴趣的地区成像。两种分辨率成像可以同时进行,且是严格配准的,同时由于HRSC具有非常高的指向精度,使图像的定位精度可达千米级。

HRSC 实际上是 1 台 10 通道的推扫式线阵 CCD 相机,其中 1 个通道用于超高分辨率成像,其他 9 个通道同时进行高分辨率成像(图 4 – 2)。后者中的 4 个通道实现 4 个不同谱段的成像,以合成彩色图像,其余的 5 个通道以不同视角进行观测以获得三维立体成像。HRSC 的视场角为 11.9°,在距火星表面 300km 高度时,成像幅宽为 62km,此时高分辨率成像地面像素大小为 12m × 12m,超高分辨率成像地面像素大小为 2.75m × 2.75m。立体成像通道的最大前视角和后视角为 ±18.9°,相当于成像位置距星下点 103km 处,其立体成像的垂直分辨率与水平分辨率相近。

2) 红外矿物学探测光谱仪(OMEGA)

OMEGA(图 4 – 3)主要目标是通过分析火星表面对太阳的反射光和在火星大气中的散射光,研究火星表面的矿物含量和大气中水分子组成。也可以测量火星表面的热辐射。能对火星进行 2 ~ 5km 精度的全球覆盖探测,它对所选择区域的成像精度小于 400m。

图 4 – 2   高分辨率立体成像仪   图 4 – 3   红外矿物学探测光谱仪
（图片来源：ESA）   （图片来源：ESA）

OMEGA 重 29kg,它有两个通道:一个是可见光和近红外通道(0.5 ~ 1.0μm);另一个是短波红外通道(1.0 ~ 5.2μm)。两个通道的仪器都是由光学镜头、探测器和光谱分析装置组成。可见光和近红外通道采用的是 CCD 探测器,光谱分辨率为 7nm;短波红外通道采用的是 InSb 探测器,光谱分辨率为 13 ~ 20nm。由于"火星快车"运行在椭圆轨道上,OMEGA 的地面像元分辨率不是固定的,其范围在 0.3 ~ 4km。预期在任务期间,OMEGA 能以 1 ~ 4km 分辨率获取整个火星表面的光谱图,同时以 300m 分辨率获取火星表面 2% ~ 5% 感兴趣的选择区域光谱图;而且,由于 OMEGA 具有很高的空间分辨率,所以它不但能探测物质的成分,如硅酸盐,还能探测其存在的形式,如是长石、辉石还是橄榄石。

3) 红外和紫外大气光谱仪(SPICAM)

SPICAM(图 4 – 4)主要目标是利用气体不同的组成成分对光波的吸收不同的原理来研究火星大气组成的仪器。其中紫外传感器用于研究大气中的臭氧的含量,臭氧会吸收波长为 250nm 的光波;红外传感器用于分析大气中的水蒸气的含量,水蒸气会吸收 1.38μm 的光波。

图 4 - 4　红外和紫外大气光谱仪(图片来源:ESA)

　　SPICAM 由两个遥感器组成,一个工作在紫外谱段(118~320nm),另一个工作在红外谱段(1.0~1.7μm)。紫外遥感器以 3 种不同模式进行测量:第 1 种模式称为星下点指向模式,该模式下,紫外遥感器直接指向火星中心,用于测量经火星表面反射后通过大气的太阳光;第 2 种模式称为恒星或太阳掩星模式,该模式下,紫外遥感器穿过大气指向从火星背后出现的 1 颗恒星或者太阳,用于测量恒星光或者太阳光直接通过火星大气的吸收光线;第 3 种模式称为临边指向模式,该模式下,紫外遥感器是在掩星期间指向太空的,而不指向任何星体,用于测量火星大气本身发出的"光辉"。红外遥感器则只有星下点指向模式。

　　4)行星傅里叶光谱仪(PFS)

　　PFS(图 4 - 5)运行在 0.19~0.45μm 波长范围,主要进行行星大气垂直方向的可见光探测。其任务是:对低层大气的三维温度区进行全球、长期监控(从云高到 100km 高度);对已经了解到的较少量的大气成分进行浓度和分布测量;搜寻未知的大气成分;通过大气浮质的可见光特性确定其大小、分布和化学成分;考察大气的辐射平衡和浮质对大气能量学的影响;研究大气的全球循环、中尺度动力学和电波现象;研究行星表面与大气的交换过程。

　　PFS 的最佳工作时间是在火星"快车"运行在近火星点附近的时候,这时要求仪器精确指向星下点。为了探明极低含量的成分,必须大大提高信噪比,从而提高测量精度,这需要对尽量多的测量数据进行平均,每条轨道记录 500~600 次测量的数据。这样的数据量是相当大的,必须先在星上进行快速傅里叶转换(FFT)处理,以大大减小"火星快车"向地球传送信息的数据率。

　　5)空间离子和高能原子分析仪(ASPERA)

　　ASPERA(图 4 - 6)主要目标是:测量太阳风中的离子、电子等带电粒子。通过太阳风照射从火星大气中逃逸出的水蒸气和其他气体,研究太阳风与火星大气的相互作用。该仪器可以成像火星周围带电的和中性的气体环境,研究高能中性原子。

图4-5　行星傅里叶光谱仪　　　　　图4-6　空间离子和高能原子分析仪
　　　　（图片来源:ESA）　　　　　　　　　　（图片来源:ESA）

6) 火星射电科学试验仪器(MaRS)

MaRS 主要目标是:①探测中性火星大气层,推导垂直密度、压力和温度与高度之间的曲线;②探测电离层,推导垂直电离层的电子密度和火星电离层根据太阳风环境在每天和每个季节的变化;③通过一个静态雷达试验,确定火星表面特定目标区域的介电和散射特性;④确定重力异常现象,与高分辨率立体相机(HRSC)一起,根据三维地形图研究火星地壳和岩石圈的结构和演化;⑤在火星与太阳的上合期间,探测太阳日冕。

"火星快车"有两个下行无线电信号,一个位于 X 波段(8.4GHz),另一个位于 S 波段(2.3GHz),使用这两个信号,可以进行 4 种不同的探测研究,每种探测结果都是通过对无线电信号的频率、相位或者幅度发生变化机理的分析得到的。

7) 火星地下探测雷达/高度计(MARSIS)

火星地下探测雷达/高度计(MARSIS)(图4-7)的主要目标是绘制火星地壳浅层水和冰的分布。根据反射波研究火星地壳 2~3km 厚度内的地下结构。它也可以区分干土、冻土和湿土。

图4-7　火星地下探测雷达/高度计(图片来源:ESA)

MARSIS 由天线和数据处理单元组成,总重约 12kg。由于频率越低,穿透性越强,为了探测火星表面以下深至 5km 范围内是否有水,MARSIS 选择了很低的工作频率(1.3 ~ 5.5MHz),因此,它的天线长达 40m。MARSIS 的工作原理与雷达高度计相同,它发出的低频无线电波,一部分被表面反射形成第 1 个回波,其余绝大部分穿透火星表面向下传播,在遇到不同物质层分界面时的反射形成第 2 个回波,由这两个回波信号间的时延即可得到不同物质层分界面的深度,其中一种物质层可能就是水。MARSIS 同时发射两个不同频率无线电波,可以通过对回波的分析得到反射界面的电特性,进而得到关于物质成分的信息(地下水和周围岩石的电特性有很大不同);因为无线电波可在任何界面上反射,而不仅仅在水和岩石分界面上,因此它还可揭示火星表面以下物质成分的更多信息,例如可能探测到散布着冰的岩层、沙层等。对表层以下的探测选在火星夜间进行,此时火星电离层活动最弱。

4.1.3 探测器系统

"火星快车"平台尺寸为 1.5m × 1.8m × 1.4m,质量和电源分配如表 4 - 1 所列。图 4 - 8 所示为"火星快车"轨道器分解图。

表 4 - 1 "火星快车"质量和电源分配

内容	质量/kg		
探测器平台	439		
着陆器	71		
轨道器有效载荷	116		
推进剂	427		
发射质量	1223		
平均供电需求	观察	机动	通信
探测器/W	270	310	445
有效载荷/W	140	50	55
合计/W	410	360	500

1) 结构分系统

结构分系统的主要功能是为有效载荷和其他设备提供安装空间和力学支撑,保证设备的正常工作。

探测器采用铝蜂窝板做成的板式结构,各种仪器和有效载荷安装在铝蜂窝板上,主要位于两个部分。卫星内部的部分主要安装中小型设备,同时卫星结构可以为内部仪器提供保护,不受外部环境的影响,内部空间主要集中在高增益天线的背面的蜂窝板上。卫星外部 X 面采用封闭式结构,为了满足研制不同阶段的要求,采用容易拆卸的方式,在飞行过程中,通过姿态控制,可以在上面安装热辐射装置。

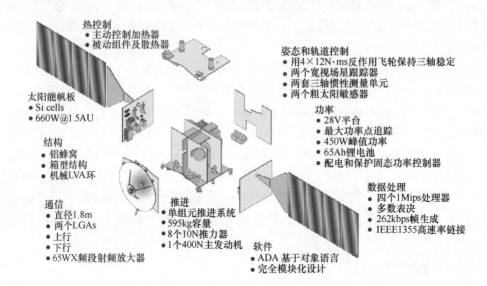

热控制
● 主动控制加热器
● 被动组件及散热器

姿态和轨道控制
● 用4×12N·ms反作用飞轮保持三轴稳定
● 两个宽视场星跟踪器
● 两套三轴惯性测量单元
● 两个粗太阳敏感器

太阳能帆板
● Si cells
● 660W@1.5AU

功率
● 28V平台
● 最大功率点追踪
● 450W峰值功率
● 65Ah锂电池
● 配电和保护固态功率控制器

结构
● 铝蜂窝
● 箱型结构
● 机械LVA环

数据处理
● 四个1Mips处理器
● 多数表决
● 262kbps帧生成
● IEEE1355高速率链接

通信
● 直径1.8m
● 两个LGAs
● 上行
● 下行
● 65WX频段射频放大器

推进
● 单组元推进系统
● 595kg容量
● 8个10N推力器
● 1个400N主发动机

软件
● ADA 基于对象语言
● 完全模块化设计

图4-8 "火星快车"轨道器分解图(图片来源:ESA)

外部其他面用于安装大尺寸仪器或者对视场范围要求高的仪器,同时有些外表面上有附加装置的连接点,用于安装大型附件,例如着陆器,连接点的选择尽量避免影响到固定装置、散热装置或者重新设计结构。

2)推进分系统

将火星"快车"从地球推进到火星所需的能量主要由火箭第4级联盟——Fregat运载火箭提供。火箭所用的Fregat上面级在将探测器送上飞向火星的轨道后,同探测器分离。探测器仅利用其自身的推进系统进行轨道修正,并减速进入围绕火星的轨道。轨道器公用舱下方的主发动机可产生400N的推力,能在30min内将探测器速度降低2880km/h。安装在探测器各个角上的8台姿控推力器,每台推力为10N。

3)电力分系统

电力分系统(图4-9)由太阳能帆板、锂离子蓄电池组、电源控制模块(PCU)和电源分配模块(PDU)组成。

轨道器所需电力由发射后不久展开的太阳能帆板提供。太阳能帆板面积为11.42m^2,在火星与太阳相距最远时,这些太阳能帆板能产生650W的电力,足以满足本次任务500W的最大电力需求。当轨道器在日食期间因火星遮挡而得不到日光照射时,电力将转由事先由太阳能帆板充电的三块锂离子蓄电池组供应,每块电池容量为22.5A·h。电源控制模块采用28V调节母线,满足星上最大用电需求;电源分配模块采用78V电流限制器(LCL),对星上仪器用电进行分配。

4)通信分系统

"火星快车"探测器配置了一副口径1.6m的S/X波段高增益天线和两副S波

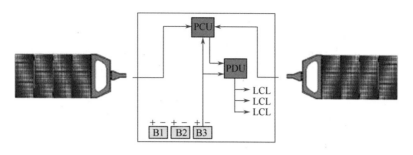

图4-9 "火星快车"的电力分系统模块

段低增益天线与地面站通信;同时在面向火星的表面安装了两副 UHF 频段微带天线,实现与火星表面的着陆器/"火星快车"进行中继通信(表4-2)。"火星快车"探测器为"勇气"号(MER-A)、机遇号(MER-B)、"凤凰"号和"好奇"号火星探测器成功地提供了中继通信服务。

表4-2 "火星快车"号探测器天线类型统计

天线类型	工作频率	数量	天线口径	备 注
高增益天线	S/X 波段	1	1.6m	后馈式双反射面天线,固定安装,无驱动机构。X 波段发射通道连接 60W 行波管放大器,S 波段发射通道连接 5W 固态放大器。天线增益:40dBi(X 波段)/ 28 dBi(S 波段)
低增益天线	S 波段	2	—	全向天线,分别安装在探测器两个表面,实现波束全向覆盖
中继天线	UHF 波段	2	—	微带天线,用于火星表面的着陆器与地球之间的中继通信

5) 数据存储分系统

轨道器采集到的科学数据不能立即发回地球。在可向地面发送之前,这些数据将先存入星上计算机中。该计算机设有 12Gb 的固态大容量存储器。

6) 导航制导与控制分系统

"火星快车"姿控系统由 2 台太阳敏感器、2 台星跟踪器、2 台惯性测量单元(每台 IMU 由 3 台陀螺和 3 台加速度计沿三轴正交安装组成)、4 台反作用飞轮(斜装)和 2 个帆板驱动机构(在探测器 +Y 面和 -Y 面)组成(图4-10)。

"火星快车"采用伽利略星跟踪器,安装在探测器的 -X 面。星敏感器主要参数如下:视场 16.5°×16.5°,敏感 1.7~5.4 等星,同时跟踪 9 颗星(最多)。2 台星敏感器冷备份。

7) 热控分系统

轨道器必须为仪器和星上设备提供适宜的工作环境。轨道器上有 2 台仪器(PFS 和 OMEGA 光谱仪)装有红外探测器,需要保持在 -180℃的温度。HRSC 相

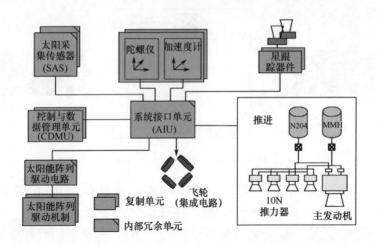

图4-10 姿轨控系统组成（图片来源：ESA）

机上的传感器也需要保持低温。但其他仪器和星上设备都需要在室温（10~20℃）下工作。轨道器将包在由镀金铝锡合金制成的隔热毡内，以使内部温度保持在10~20℃。需要冷却的仪器与轨道器常温部分进行隔热，并与向空间极冷环境散热的散热器相连。

8）测控分系统

火星"快车"的测控任务由位于澳大利亚珀斯附近的新诺舍35m深空站完成，新诺舍35m深空站是为深空航天器金星"快车"和罗塞塔提供测控支持而建设的。位于澳大利亚西部城市珀斯附近的小镇新诺舍以南8km处。新诺舍35m深空站由35m口径波束波导天线及馈源系统、射频信道（含S、X波段上下行链路，Ka波段下行链路）、中频调制解调系统（IFMS）、时间统一及频率源系统、测试标校系统（如距离校零设备）、辅助系统（如低温制冷系统、电源系统）、系统监控台等组成，具有遥测、遥控、跟踪、测速、测距和差分DOR测量能力。

4.1.4 任务过程

2003年6月2日17:45"火星快车"由Soyuz/Fregat运载火箭发射（图4-11）。

"火星快车"的任务是：安全接近火星，释放"猎兔犬"-2，进入火星轨道，以及长

图4-11 "火星快车"发射升空
（图片来源：ESA）

达1个火星年的表面科学活动(2个地球年)。火星入轨的全部过程如图4-12所示。图4-13所示为"火星快车"的行星际轨道。

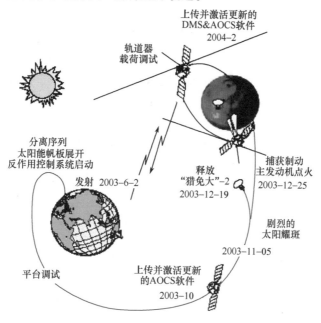

图4-12 "火星快车"入轨全过程(图片来源:ESA)

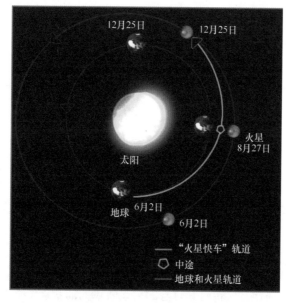

图4-13 "火星快车"的行星际轨道(图片来源:ESA)

从上图可以看出火星从发射到入轨分为以下几个阶段。

(1)发射及早期工作阶段:2003年6月2日—2003年6月7日。

（2）近地试运行阶段：2003 年 6 月 7 日—2003 年 7 月 14 日。

（3）巡航阶段：2003 年 7 月 14 日—2003 年 12 月 15 日，此时处于闲时状态，只有两次轨道修正机动（需 3 次机动使得探测器接近火星，然后在到达前 50 天直接对准冲向火星，这主要靠的是飞行动态控制的高精度导航系统及多普勒 Delta 差分 DDOR 测量方法，三角测量探测器的位置能够达到很高的精度，使用的是 NASA 的地面站，数据会被收集分析从而在必要的时候对火星探测器采取必要的机动），此时在背向太阳，排列顺序为：太阳—地球—飞行器，姿轨控系统（AOCS）控制主发动机工作，采用并行的 8 个推进器，主发动机起爆并被检测。

（4）火星轨道入轨阶段（MOI）：2003 年 12 月 15 日~2003 年 12 月 25 日，第 4 阶段的 MOI 阶段是比较重要的阶段，下面重点分析该阶段的入轨过程。

该阶段包括一系列关键过程，如表 4 - 3 所列。

表 4 - 3　MOI 阶段的时间顺序

序号	日期	到达前的天数	事　件
1	2003.12.15	到达前 10 天	开始进入 MOI 阶段
2	2003.12.16	到达前 9 天	TCM - 4，瞄准 Beagle - 2 的进入点
3	2003.12.18	到达前 7 天	Beagle - 2 准备开始
4	2003.12.19	到达前 6 天	释放 Beagle - 2
5	2003.12.20	到达前 5 天	TCM - 5 瞄准火星捕获点
6	2003.12.23	到达前 2 天	火星探测器微调机动
7	2003.12.24	到达前 1 天	火星探测器进入入轨工作模式，准备入轨
8	2003.12.25	到达当天	达到并被火星捕获

火星轨道入轨（MOI）的定义为：进入火星轨道并在轨稳定运行。地火距离长达 15 亿 km，而火星轨道进入的窗口只有 100km，在如此之远的距离之外要能精确控制入轨，对精确导航技术提出了很高的要求。期间只有 1 次机会，如果失去，探测器不是撞击到火星上，就是飞越了火星，消失在深空中。

"火星快车"的入轨同美国和俄罗斯的火星探测器入轨程序有所不同。如美国的"海盗"号，其着陆器自带推进系统。而火星"快车"释放的着陆器——"猎兔犬"-2 本身没有推进系统，轨道器还要充当定位装置的作用。为此，火星"快车"还特别设计了一种碰撞轨道（Collision Course），瞄准于"猎兔犬"-2 的着陆点。"猎兔犬"-2 以弹道式轨迹进入之后，轨道器完成目标再定位机动（Retargeting Maneuver），离开碰撞航路，转向其自身的火星轨道的捕获点。之后，开始进入真正意义上的入轨。

受到着陆器的内部设计的制约，给予下降和着陆机动的时间只有 6 天，供给的电源只能满足 6 天的需要。所以，释放前目标的精准捕获、释放"猎兔犬"-2、轨道器再对准、可能的姿态微调机动，以及火星轨道入轨等抵达火星前的全部动作必须在 9 天时间内完成。很明显，着陆器的释放和入轨程序非常紧凑，非常具有挑战性。短短 9 天时间，没有给予地面和星上的故障修复的机会。从图 4 – 14 可以看出火星轨道捕获非常紧凑的过程。

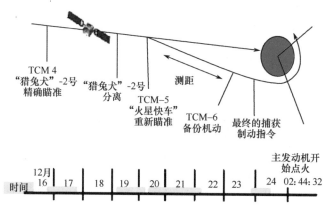

图 4 – 14 "火星快车"最后捕获过程(图片来源：ESA)

该阶段的复杂性对火星探测器的设计起到了举足轻重的作用，设计的时候要重点考虑，为此设计采取了以下三方面的措施：

（1）采用高度的星上自主控制技术，探测器在长期星际飞行过程中，通过自身控制运行，不用地面干预自主解决某些意外情况；

（2）采用星上任务时间控制功能(MTL)，超过执行时间，必要时加载时间标签控制命令；

（3）反作用控制子系统(RCS)，包括 400N 的主发动机来完成捕获，作为嵌入式(Built – in) 备份策略。

MOI 阶段可以总结为以下 5 个主要的过程：

（1）飞行器改变目标，远离火星碰撞航路，转而指向入轨点，时间是在火星轨道入轨前 5 天；

（2）捕获策略的规划设计；

（3）火星探测器设定在捕获模式；

（4）到达火星轨道进入点(MOI)；

（5）重新设置飞行器，进入正常工作状态。

在星际巡航阶段飞行器需要进行大量的准备工作。特别地，入轨阶段要求火星探测器工作在非常特别、非常具有鲁棒性的状态——即入轨工作模式，来最大化这个配置过程成功的概率从而不需要重新配置这个过程。

这个阶段包括地面控制与不控制的活动过程。地面通过监测正常工作及意外情况来协调整个操作逻辑。时间管理严格执行以下要求：

（1）所有重要的操作过程都是在经过地面站 New Norcia（NNO）的时候执行的；

（2）所有的飞行器驱动操作都是在上一次经过地面站的时候提前发出；

（3）探测器驱动活动在经过 New Norcia 后的1h 开始执行，允许取消操作和再执行上次命令操作；

（4）从探测器活动结束到经过 NNO 地面站过程，需要几小时来检查系统的状态和性能。

任何意外情况都会很严重。例如，安全工作模式本会撞击轨道，修正的时候已经很晚或许根本无法修正，这取决于发生安全模式的时间。另外，越接近到达的时候才启动安全工作模式，入轨点的撞击力就越小。实际上，捕获过程的导航要求没有释放"猎兔犬"–2 的条件苛刻。411km 的预定目标入轨高度，是经过严格优化筛选过的。这个高度足够高于大气的高度，但是却足够低于能被捕获的高度，这样的高度的优势是，几十千米内的偏差无需修正。即使一个次优化捕获也可以使得任务能够安全完成，但是在这种条件下的留给安全模式的恢复时间是很有压力的。地面需要极其小心来避免这种情况。

星上故障检测隔离和恢复模式（FDIR），使得不期望安全工作模式的风险最小化，应用在被恰好捕获（Capture Proper）的时候，但是只能在达到前的 18h 启用。其缺点是飞行器比正常工作模式缺少自动保护能力。

在到达的前 18h 建立的入轨模式只能使速度急剧下降，但无法完全避免所有引起安全模式情况，针对这种情况，写入了特别紧急恢复程序。这些将会帮助飞行小组在不超过 6h 的时间内使飞行器脱离安全模式，加载一个提前经过协议认可和确认后的命令栈，包括修正的捕获序列，这样至少保证火星探测器能够进入轨道。这很可能得一直等到捕获前的 6h 才进行。

和避免安全模式紧密相关，导航的性能是定义和执行各个阶段的主要考虑因素。除了正常的测轨跟踪，采用多普勒干涉仪测量（DDOR）方法，在两个相互协作的 DSN 地面站（马德里和 Goldstone 测东西方向的 DDOR，Goldstone 和坎贝拉测南北向的 DDOR）进行，定位精度在 20m 范围。

2003 年 12 月 20 日，火星探测器完成 TCM 瞄准捕获点，这说明火星探测器不再有和火星相撞的危险。

2003 年 12 月 21 日，捕获前的 4 天，火星轨道入轨命令被加载到星上进程序列中。在对空通信前，这几十条命令被各个相关部门检查确认，确保没有任何错误。

这些命令最初加载仅仅是为了初步保证捕获，在到达前的 24h 准备用更加精确的捕获序列所代替。这个复杂过程中要给地面尽可能多的机会控制飞行器，这是从 1999 年末不幸失败的 NASA 火星极地着陆者中学到的教训。在 358 天的时候，上行链路的任务捕获工作表是唯一没有及时执行的进程，实际上也不全是，因为从整个阶段来看，它按照列表用别的方式实现了。

主发动机可以工作在一个很特别的姿轨道控制模式(AOMMS)——主发动机助推模式(MEBM)。该模式的主要特点如下:

(1) 使用 400N 主发动机,在机动期间,探测器姿态调整到优化推力方向;

(2) 姿态导航是基于地面发布的姿态指令文件,和要求的推力方向一致;

(3) 姿态控制通过 4 个 10N 的 RCS 组成一组的推力器实现;

(4) 反作用轮关闭;

(5) 星跟踪器关闭,探测器的姿态估算仅仅基于陀螺测量;

(6) 太阳能电池阵设置到特定位置,从而在机动的时候能够经受住机械应力。

特别的,星上故障检测隔离和恢复模式(FDIR)逻辑的目的在于避免转换到安全模式,安全模式将会中断机动,意味着丢失目标。

如果主发动机硬件点火失败,这将被姿轨控系统软件(AOCS)监测到,首先将停止使用主发动机,然后使用 8 个 10N 的推进器来恢复机动。大部分情况下,除非主发动机在开始点火的时候就立即失效,仍能确保在降低了的轨道上被捕获。

所有的非重要单机在主发动机助推模式(MEBM)下将会被关掉,只有 S 波段的收发器处于开机状态,用来发送载波信号(用于释放 Beagle – 2)。这种例外情况在巡航段的时候就被讨论,在到达前的几个周被认可——当所有的部件被确认可以承受额外功耗,同时此情况引起安全模式的风险为零——没有星上软件监督 S 波段收发器。此外,从前人悲惨的教训中认识到(即便包括 Beagle – 2 在内),对于飞行器而言,在危急阶段,即便是粗糙的数据也是相当有必要的。如果 MOI 阶段出现局部故障,比如主发动机过早关闭,用 S 波段跟踪器火星"快车"是有潜在好处的。万一探测器的某部分完全坏掉,或者"火星快车"丢失,它也将会非常有用。对于发生在 35min 内的点火异常信号,S 波段的信号允许地面做出反应,同时还有 16min 的往返持续时间,这一点是得到公认的。

实际上,当主发动机点火时没有其他通信手段,因为此时高增益天线没有指向地球。在堪培拉的 DSN 地面站跟踪的 S 波段信号是从一个低增益天线发射来的。火星"快车"有两幅低增益天线,在如此之远的距离下是没有用处的。这个信号由于太微弱而不能被遥测发送,但是地面站可以锁定 S 波段的载波,转而寻找多普勒测量法,反应出探测器在主发动机点火后的速度变化。背面的低增益天线是按照飞行器在整个巡航段来配置的。

4.1.5 探测成果

"火星快车"轨道器发现火星南极存在水冰,这是人类首次直接在火星表面上发现水。该探测器上的红外相机对火星南极地区上空水气中的分子进行了分析,确认了火星南极地区存在水,不过不是液态的,而是冰冻水。这些水冰部分地裸露在火星表面上,并没有被由二氧化碳凝固成的干冰全部覆盖。根据科学家以前掌握的资料,火星两极存在巨大的白色冰冠。过去一直认为这些冰冠全是二氧化碳

441

凝固成的干冰。美国奥德赛火星探测器以前提供的数据只是间接地表明,火星南极地表下存在大量水冰,而火星"快车"则直接探测到了火星表面上的水冰。通过分析"火星快车"数据,科学家们发现火星表面有许多被水侵蚀的痕迹,这说明那里过去可能存在大量的液态水。图 4 – 15、图 4 – 16 为"火星快车"所拍摄的两张照片。

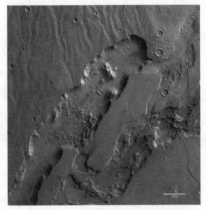

图 4 – 15 图 1"火星快车"在到达火星前
拍摄的火星照片(图片来源:ESA)

图 4 – 16 "火星快车"HRSC 相机拍摄的
火星表面高分辨率照片(图片来源:ESA)

4.2 "猎兔犬"–2

4.2.1 任务概述

"猎兔犬"–2(Beagle –2)着陆舱位于"火星快车"探测器的前部,当"火星快车"到达火星轨道后,"猎兔犬"–2 着陆舱即与轨道器分离,随后在穿过火星大气层时,着陆舱上的降落伞张开,并在即将到达火星赤道以北的伊希迪斯平原时借助安全气囊的缓冲安全着陆。

着陆舱在安全气囊排气后立即打开,其中的探测仪器朝向上方弹出,暴露在火星稀薄的空气中。4 个太阳能电池板迅即展开,开始接受阳光照射,为仪器工作提供必需的电能。约 1m 长的机械臂将负责探测周围的环境状况(图 4 – 17)。

"猎兔犬"–2 将完成下列任务:确定着陆场的地质、矿物学和化学成分数据;搜索生命特征;研究天气和气候。它必须在 180 个火星日内完成其任务。着陆后的头几天时间将用于运行预编的程序,对着陆场进行拍照,并运行环境探测器,为随后的详细岩石和土壤分析工作做准备。

"猎兔犬"–2 的主要成员及职责如下:

(1) 英国公开大学——团队领导及科学实验;

图4-17 "猎兔犬"-2在火星表面着陆想象图(图片来源:ESA)

（2）莱斯特大学——项目管理、任务管理、飞行操作组、器械管理及科学实验；

（3）欧洲宇航防务集团——主要工业伙伴；

（4）马丁贝克——进入、降落、着陆系统；

（5）罗杰克（Logica）——巡航、进入、降落及着陆软件；

（6）科斯（SciSys）——地面部分及登陆器软件；

（7）阿伯里斯特威斯大学——机械臂。

2000年，主要研发工作开始启动，欧洲宇航防务集团负责项目管理，莱斯特大学负责任务管理，包括相关的发射后操作准备和操作控制中心。登陆操作控制中心（LOCC）设在莱斯特大学的英国国家太空中心，中心还包括控制"猎兔犬"-2的操作系统、程序流程分析工具和科学遥测，准备活动序列、通信系统及地面测试模型所需的虚拟现实工具。地面测试模型由多种不同的"猎兔犬"-2系统建造，这些数据收集起来形成一套完整的登陆电子信息。地面测试模型几乎是不停地运行各种工程和科学命令，以此来检测着陆顺序，验证所搭载的软件。

英国政府为"猎兔犬"-2花费4千万美元，另外8千万美元来自私人投资。

图4-18所示为"猎兔犬"-2火星着落舱与工程技术人员的合影。

图4-18 "猎兔犬"-2火星着陆舱与工程技术人员(图片来源:ESA)

4.2.2 科学载荷

"猎兔犬"-2携带以下九个科学载荷。

1）MEMS压力传感器

"火星快车"探测器上搭载了"猎兔犬"-2火星着陆器,其上搭载的MEMS电容压力传感器绝对压力测量范围为0～3000Pa,分辨率为1Pa,功耗为4mW,工作温度为-70～+80℃,体积为30mm×30mm×14mm,质量为1g,如图4-19所示。

2）温度传感器

其上搭载空气温度传感器被安装在两个不同高度的位置上,其中一个和风速/风向传感器集成在一起,安装在机械臂上;另一个安装在太阳能电池板的边缘,以尽可能消除探测器本身的干扰。测量准确度为0.1K,分辨率为0.05K,总的质量(含电子线路部分)为16g,如图4-20所示。

 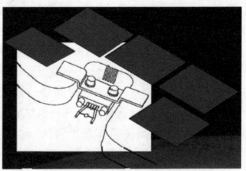

图4-19 "猎兔犬"-2搭载的MEMS　　图4-20 "猎兔犬"-2搭载的MEMS
电容压力传感器(图片来源:ESA)　　温度传感器(图片来源:ESA)

在火星着陆探测时,温度传感器需要安装在探测器外部以实现对火星大气温度的精确测量。影响温度探测器探测精度的来源主要有由于高速气流引起的自加热、支撑结构的热传导及与探测器、星体和底层大气之间的热辐射交换等额外热输入。要减小外热流引起的测量误差,就要求温度探测敏感单元质量轻小、与安装结构之间有好的热绝缘以减小敏感单元热容、缩短延迟时间、与被测大气之间形成良好的热耦合。基于MEMS技术的多孔硅基薄膜热电偶型温度传感器具有测量精度高、稳定性好、测量范围宽等优点,其中的镍铬-康铜T型热电偶工作范围为-200～+150℃,非常适合于环境温度为-130～+20℃的火星表面大气温度探测。

3）气体分析组件

气体分析组件所要开展的研究与寻找火星生命的关系最为密切。它装有12个加热炉,可用于在有氧存在的条件下对岩样或土样进行逐步加热。每一温度下产生的二氧化碳将被送到质谱仪处,以测量碳-12和碳-13的丰度和比率。质谱仪还将研究其他元素,在大气样品中寻找甲烷。二氧化碳生成时的温度值将反映出物质的性质,因为不同含碳物质发生燃烧反应的温度是不同的。

4)立体相机

两台相机可拍摄数码照片,由此可构建机械臂可触区域内的三维模型。由于工作台不能在地面上实时操纵,这一三维模型将用于把各种仪器引导到岩石和土壤研究对象侧旁的特定位置,并提供着陆场的地质环境信息。

5)显微镜

显微镜将提取由研磨器刮出的岩石表面千分之几毫米的特征信息。它将揭示岩石构造情况,从而帮助确定它是沉积岩还是火山岩。

6)穆斯堡尔光谱仪

该光谱仪将通过用同位素源(钴－57)放射出的γ射线照射岩石表面来研究岩石的矿物构成,然后测量被反射回来的γ射线的光谱。内部原始状态铁矿的性质将同岩石外表风化层做对比,以确定现存火星大气的氧化性如何。

7)X射线光谱仪

该光谱仪将用来自4个放射源(两个为铁－55,另两个为镉－109)的X射线轰击新刮出的岩石表面,以测定岩石中的元素。这些岩石将放射代表所含元素的能量较低的X射线。利用同位素钾－40会衰变为氩－40的性质将能估算出岩石的年代。射线光谱仪将对钾进行测定,而气体分析组件则将测定岩石中所含的氩。

8)掘进机

该仪器将能以0.16cm/s的速度在火星表面上爬行几米。一旦它遇到了一块大卵石,它就会向地下挖掘,以把样品采集到其端部的一个空腔内。另外还可以通过调整工作台位置来使掘进机能垂直向地下挖,从而有可能采集到距表面9m深处的样品。

9)岩芯提取器/研磨器

这种钻头可以在一个表面上移动,以除掉风化物质,也可以固定在某一点处,钻取有望含有原始样品的岩芯。

4.2.3 探测器系统

"猎兔犬"－2着陆器构型见图4－21。着陆器外表面由迎风面和背罩两部分组成。着陆舱、气囊和机械释放装置等位于着陆器内。

"猎兔犬"－2着陆舱由太阳能电池片、蓄电池、机械臂和其他电子设备组成。其着陆后展开状态示意模型见图4－22。

"猎兔犬"－2有一个设计为着陆后可展开的机械臂作为可调承载台(PAW)。可调承载台包括一对立体相机、一个显微镜,穆斯堡尔光谱学仪器,一个X光谱分析仪,一个收集岩石样本的钻头和照射灯。岩石样本由可调承载台送到质谱仪中,登陆器内置的气体色谱仪——气体分析仪(GAP),可以测量不同碳中同位素的相对比

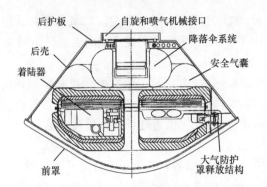

图 4-21 "猎兔犬"-2着陆器构型(图片来源:ESA)

图 4-22 "猎兔犬"-2着陆舱着陆后模型(图片来源:ESA)

例。碳是生命的基本元素,这些分析可以揭示样本中是否有生命曾经存在的迹象。

此外,"猎兔犬"-2还配备了一个由机械臂放出的小"鼹鼠"——行星浅地工具(PLUTO),它安装了一个可压缩弹簧装置,可以让鼹鼠以 20mm/s 的速度在地表移动,探查地表,并用顶端的凹腔收集地表下的土壤样本。鼹鼠与登陆器之间通过有线电缆连接,并将所收集的样本通过电缆送回登陆器。登陆器的外形看起来像是一只很浅的碗,直径 1m,深 0.25m。登陆器的外表面是以铰接的形式折叠起来的,里面是一支超高频天线和 0.75m 长的机器臂、科学设备等。主体里也包含了电池、通信设备、电子设备、中央处理器,加热器和附加荷载设备(辐射和氧化探测器)等。登陆器的盖子是 4 片暴露在外未折叠的太阳能板。登陆器发射时总计 69kg,但实际登陆质量约 33.2kg。地面部分来自于欧洲空间总署,软件核心是 SCOS2000。控制软件的原型来自于便携式计算机。

着陆器热控制(图 4-23)包括再入前热控制和着陆后热控制两部分组成。着陆器再入前热控制采取多层隔热和电加热器补偿相结合的手段,兼顾再入过程的热防护需求。

着陆器热控制主要措施:

(1)着陆器内部设置补偿加热器,由探测器平台供电。

图4-23 "猎兔犬"-2着陆器热控试验状态(图片来源:ESA)

（2）着陆器迎风面和背罩外侧均包覆30层多层隔热组件,被罩部分多层外侧使用低吸收率镀铝薄膜以减少阳光的吸收,迎风面多层外侧使用高发射率聚酰亚胺黑膜以加强散热。

着陆舱控温指标要求见表4-4。

表4-4 "猎兔犬"-2着陆舱设备温度控制要求

名称	储存温度指标/℃	工作温度指标/℃
蓄电池	无	−30 ~ +45
电池片	−120	~ +40
一般电子设备	—	−50 ~ +55
机械臂	−100 ~ +125	−60 ~ +30

着陆舱热控制以蓄电池夜间保温为核心,同时兼顾其他设备的热控要求。在满足热控要求的同时,达到加热器补偿资源利用的最小化。

着陆舱主要热控制措施为:

（1）在着陆舱布局时,长期功率电子设备(共6W)直接安装在蓄电池上,以减少电池加热器补偿,并设置低温补偿加热器(8.5W)保证蓄电池的低温要求,加热器阈值设置接近低温限,加热器程控注数,开关阈值在0.5℃以内,以此减少平均加热功率;

（2）蓄电池与仪器板隔热安装,蓄电池表面包覆低发射率和低热导率的隔热材料,隔热材料外表面使用低发射率镀金薄膜;

（3）机械臂和着陆舱外表面均包覆低发射率镀金薄膜以减少辐射漏热。

着陆舱热试验状态示意见图4-24。

图 4-24 "猎兔犬"-2 着陆舱热试验状态示意(图片来源:ESA)

着陆舱热控方案设计时还考虑了另两种补充的热控制技术。

(1) 同位素加热器:利用同位素加热器作为热控补偿主要手段,以减少能源的消耗。因安全因素和环境等因素最后未采取此措施。

(2) 相变储能装置:在着陆舱朝天面安装高吸收率低发射率的太阳能吸收器,太阳能吸收器能量传输至相变储能装置,夜间相变储能装置释放能量用于设备的保温。相变储能装置总重约 1.5kg。由于采用相同质量的太阳能电池片能够输出更多的能量,最终方案未采取相变储能的热控制措施。

4.2.4　任务过程

"火星快车"轨道器 2003 年 6 月 2 日 17:45 发射于拜科努尔。"猎兔犬"-2 装在"火星快车"的顶端平台。2003 年 12 月 19 日 8:31,登陆器由"快车"发射至飞向火星弹道轨道。12 月 25 日,"猎兔犬"-2 发射 6 天后按计划要以20000km/h 的速度进入火星大气层。登陆器外覆盖着涂有 NORCOAT(一种由 EADS 生产的烧蚀材料)的隔热罩,来抵御进入大气层时的热量。预计火星大气层中炙热气体产生的辐射和压力最高点估计可达 100W/cm^2 左右。在火星大气层中降落后,降落伞被打开,到离地 1km 的高度,巨大的气囊开始充气包裹登陆器,以减轻着陆时的冲击力。着陆时间预计在 12 月 25 日 02:45UTC。着陆后气囊减压,登陆器的顶部打开。此时,应该向"火星快车"发一次信号,当地时间的早晨会再发一次,以此证明"猎兔犬"-2 成功着陆并度过火星上的第一个夜晚。立体相机和一个弹出式镜子将拍摄着陆地点周围的全景图像,然后登陆器的机械臂展开。机械臂会用各种装备采取样品并储存起来以便日后研究,"鼹鼠"也开始工作,在以登陆器3km 为半径的范围内扫描地面,挖取岩石下的土壤样品进行分析。

虽然"猎兔犬"-2 被成功地从母船"火星快车"发射出来,但成功登陆的消息却一直没能得以证实。确认信息应该在 2003 年 12 月 25 号传来,"猎兔犬"-2 应当联系早已在轨道上的"火星奥德赛"探测器,然而接下来的几天,卓瑞尔河岸天文台的洛弗尔望远镜也没能收到"猎兔犬"-2 的信号。

2004 年 1 月到 2 月，"火星快车"一直多次试图联系"猎兔犬"–2。第一次尝试开始于 2004 年 1 月 7 日，以失败告终。直到 2 月 2 日，探测器要转为自动发射的后备模式时为止，也未能同"猎兔犬"–2 建立任何形式的通信联系。2004 年 2 月 6 日，"猎兔犬"–2 任务小组宣布确认"猎兔犬"–2 失踪。2 月 11 日，ESA 宣布将对"猎兔犬"–2 任务的失败进行调查。

4.2.5　失败原因分析

ESA 和英国国家航天中心于 2004 年 2 月成立了"猎兔犬"–2 事故调查委员会，对该任务失败的原因进行调查分析。该调查报告指出，ESA 和英国最初投入的约 9000 万美元可能无法支持"猎兔犬"–2 这样一个重要的任务。此外，尽管"猎兔犬"–2 的设计和制造取得了很大的成功，但任务小组没有充分评估其在着陆过程中的风险。

"猎兔犬"–2 首席科学家皮林格分析了探测器着陆失败的直接原因：在"猎兔犬"–2 着陆火星的前几天，火星上出现了沙尘暴，导致火星大气温度升高、密度降低，这很可能导致"猎兔犬"–2 进入火星大气时无法得到足够的大气阻力，着陆器的降落伞和缓冲气囊没有按计划打开，或根本没有打开，最终导致"猎兔犬"–2 坠毁在火星表面。另外一种可能性是"猎兔犬"–2 的后舱盖可能与降落伞缠绕在一起，使降落伞无法正常打开，导致"猎兔犬"–2 被包裹在降落伞和缓冲气囊中，坠落在火星表面。由于缺乏足够的遥测数据，至今尚不能明确是何种原因导致了"猎兔犬"–2 着陆失败。

5

日本的火星探测任务

5.1 "希望"号(Nozomi)

5.1.1 任务概况

1998 年 7 月 4 日,日本发射其第一个火星探测器"希望"号(Hope,日文名 Nozomi),成为继美、苏之后第三个能制造星际探测器的国家。该探测器又名行星 – B(Planet – B)。"希望"号(图 5 – 1)的飞行方式是先飞经月球轨道,然后借助地球引力飞向火星。原定 1999 年 10 月进入火星轨道,对火星上层大气和太阳风的相互作用进行研究。但是由于火箭助推器燃料喷射阀门发生故障,导致推进剂泄漏造成燃料消耗过度,使探测器未能按计划进入火星轨道,最终进入环绕太阳的轨道。2003 年 12 月日本航天机构宣布这次火星探测失败。

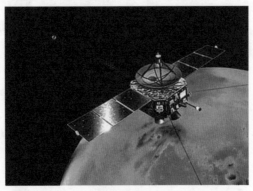

图 5 – 1 "希望"号探测器(图片来源:JAXA)

"希望"号的主要任务是研究火星大气和电离层结构及其动力学,包括与太阳风的相互作用。所获得的资料将与"先驱者 – 金星"号轨道器的结果相比较,从而进一步了解行星大气、电离层与太阳风的直接相互作用。

5.1.2 科学载荷

"希望"号上的载荷主要有:

(1)火星成像相机;

(2)磁场测量装置;

(3)电子温度探针;

(4)电子光谱分析仪。

其中十分重要的中性质谱仪是由美国提供,实际它就是美国先"驱者 – 金星"号轨道器上的中性质谱仪的复制品,将用来探测火星高层大气中主要的中性粒子组成的垂直和水平的密度变化,确定现存的动力、化学和热状态。火星密度测量方式与金星密度测量方式颇为相似,故采用金星探测器上使用过的设备。

5.1.3 探测器系统

Nozomi 是日本第一个火星探测器,探测器重 540kg,包括 282kg 推进剂,尺寸为 1.6m×1.6m×0.58m,太阳能电池板长 6.22m,天线长 52m,探测器携带了磁场测量等 14 种探测仪器。

Planet – B 热控系统受质量、电能的限制,采取了精简的基于被动热控方式的设计方案,采用热控涂层、MLI、隔热层、导热填料等被动热控措施,辅以少量电加热器,图 5 – 2 给出了探测器主框架的热控措施示意图。针对温度要求严格的蓄电池,包覆多层、隔热安装、设置补偿加热器进行热控,且安装面设置于被太阳阵遮住

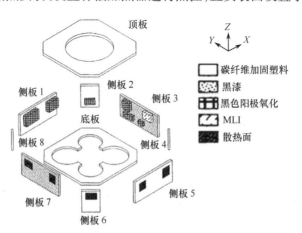

图 5 – 2 "希望"号探测器主框架的热控措施示意图(图片来源:JAXA)

阳光的部位。而探测器外包覆的 MLI 仅为 7 层,在保证隔热要求的同时减轻质量。

5.1.4　任务过程

1) 发射

"希望"号火星探测器于 1998 年 7 月 4 日 18:12 UTC 发射,原计划在 1999 年 10 月 11 日 7:45:14 UTC 到达火星。

2) 月球引力助推

该探测器发射后进入大椭圆地球轨道,分别在 1998 年 9 月 24 日和 12 月 18 日通过月球的引力进行了多次机动转轨以节省能量(图 5 - 3)。

图 5 - 3　"希望"号在 1998 年 9 月 24 日月球引力助推时拍摄的月球照片

(图片来源:ISAS / JAXA / Ted Stryk)

3) 进入地火转移轨道

1998 年 12 月 20 日,"希望"号在近地点高度 1000km 处主发动机点火进入地火转移轨道。但在火箭点火过程中出现错误将探测器推出既定轨道,地面控制中心不得不在接下来进行了两次点火以修正轨道。当探测器重新进入正常轨道之后,它所剩余的燃料已经不足以在到达火星时将探测器推入既定的探测轨道。

4) 两次地球引力助推

由于"希望"号 1999 年 10 月到达火星时无法被火星捕获,地面控制人员设计出一个新的飞行计划使"希望"号以较低的速度重新飞回到火星。这项计划需要探测器分别在 2002 年 4 月 21 日和 2003 年 6 月 19 日利用地球引力进行两次机动转轨,这样就使该探测器在太空多飞行 4 年之久。

5）飞越火星

　　"希望"号的电子线路在 2002 年因太阳耀斑而受损,造成主发动机关机。日本宇宙航空开发机构于 12 月 9 日为远程修复该探测器电子线路做了最后一次尝试,但没有成功,只好放弃了使"希望"号进入火星轨道的计划。2003 年 12 月 14日,"希望"号飞越火星,进入一条周期约为 2 年的日心轨道。2003 年 12 月 31 日本航天机构宣布"希望"号任务失败,并结束了这次火星探测任务。

6

印度的火星探测任务

6.1 "曼加里安"号(Mangalyaan)

6.1.1 任务概况

6.1.1.1 任务背景

2009 年 8 月,印度空间研究组织(ISRO)首次宣布将于未来 6 年内发射火星探测器。2012 年 8 月,印度总理曼莫汉·辛格宣布,将按期实施火星探测任务,并称这将是"推动科学技术发展的一大步"。2012 年 10 月 4 日,印度政府批准了《航天十二五规划(2012—2017)》,制定"空间科学和行星探索"领域发展规划,将火星探测正式纳入国家航天发展规划,提出将在 2013—2014 年开展火星探测,体现了国家对火星探测的高度重视。2013 年 1 月,印度印度空间研究组织再次确认,其火星探测任务将如期发射。

印度火星轨道器任务也被称为火星探测器(Mangalyaan),音译为曼加里安,是印度首次火星探测任务,由 ISRO 负责,总成本约为 45.4 亿卢比(约 4.5 亿元人民币)。

2014 年 9 月 24 日,曼加里安号探测器(图 6-1)成功进入环绕火星的轨道,标志着印度成为苏联、美国以及欧洲之后全球第四个成功进行火星探测的国家。

图 6-2、图 6-3 所示为"曼加里安"号工程实施进程中印度空间研究组织负责人视察"曼加里安"号研制工程和工程人员对"曼加里安"号探测器进行测试。

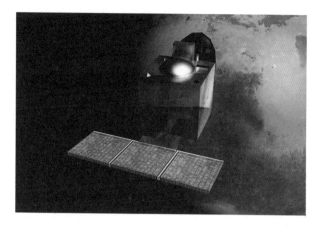

图 6 - 1　印度首个火星探测器"曼加里安"号(图片来源:ISRO)

图 6 - 2　印度空间研究组织负责人视察"曼加里安"号研制工作(图片来源:ISRO)

图 6 - 3　工程人员对"曼加里安"号探测器进行测试(图片来源:ISRO)

6.1.1.2　任务目的

印度本次火星探测任务的主要科学目标为:探索火星表面地形、矿物分布和火星大气。

其工程目标是研发行星际任务设计、规划、管理和运行所需的各项技术,具体包括以下几个方面:

(1)验证探测器从地球轨道到日心轨道再到火星轨道所需的轨道机动技术;设计并实现火星轨道器300天巡航飞行、火星捕获制动和绕飞火星。

(2)研制深空通信和导航技术,验证任务规划和管理能力。

(3)验证探测器出现意外情况时的自主运行能力。

6.1.2　科学载荷

曼加里安探测器携带了5种有效载荷(图6-4),总质量为15kg,均为印度本国研制,分别为:

(1)火星外层大气中性成分分析仪(MENCA):四极杆质谱仪,分析火星大气的中性成分。质量3.56kg。

(2)火星甲烷探测器(MSM):测量火星大气中的甲烷,如果发现甲烷则绘制其来源分布图。质量2.94kg。

(3)火星彩色照相机(MCC):三色相机,拍摄火星表面图像,也用于火卫一和火卫二图像的拍摄,还为其他科学载荷提供环境信息。质量1.27kg。

(4)热红外成像光谱仪(TIS):测量火星表面温度和辐射系数,绘制火星表面构成和矿物分布图。质量3.2kg。

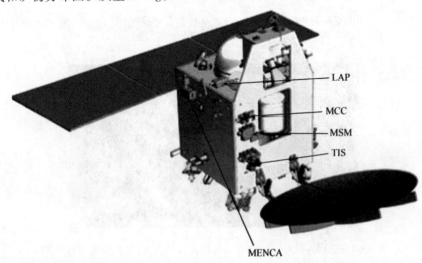

图6-4　"曼加里安"号探测器科学载荷布局(图片来源:ISRO)

（5）莱曼－α 光度计（LAP）：测量火星上层大气中由莱曼－α 辐射产生的氘和氢的相对丰度。质量 1.97kg。

6.1.3 探测器系统

"曼加里安"号探测器（图 6－5～图 6－7）的构型与"月船"－1 相似，但太阳能电池翼尺寸不同。它的发射质量约为 1340kg，干质量约为 488kg。探测器一侧装有 1 副由 3 块太阳能电池板组成的太阳能电池翼，每块尺寸为 1.4m×1.8m，在火星轨道上的功率为 840W。此外还通过 1 个 36A·h 的锂离子电池组供电。它采用双组元推进系统，燃料储箱 390L，推进剂质量 852kg，440N 液体发动机。姿态控制采用 4 个 5Nm 反作用轮和 8 台 22N 推力器。其高增益天线（直径 2.2m）、低增益天线、中增益天线各 1 副。与"月船"－1 相比，印度火星探测器的通信系统能力和星上自主能力更强，推进系统和电源系统也更为先进。

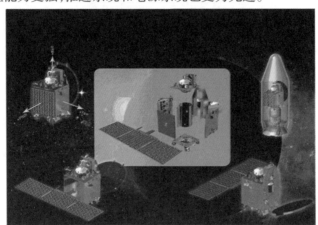

图 6－5 "曼加里安"号探测器构型图（图片来源：ISRO）

图 6－6 "曼加里安"号火星探测器（图片来源：ISRO）

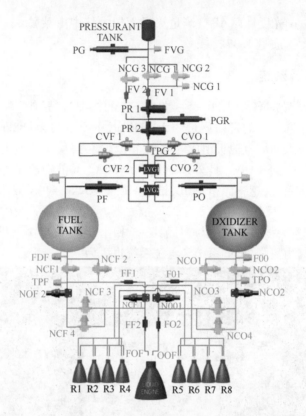

图6-7 "曼加里安"号探测器推进系统(图片来源:ISRO)

6.1.4 任务过程

6.1.4.1 发射

2013年3月,印度空间研究组织完成火星探测器的正样研制。2013年8月25日,印度空间研究组织开始进行极轨卫星运载火箭——XL火箭的组装,并在印度空间研究组织卫星中心对火星探测器携带的5种有效载荷进行集成。2013年9月11日,火星探测器完成大部分测试,地面站升级完毕。2013年9月底,火星探测器被运往斯里赫里戈达岛萨迪什·达万航天中心,准备发射。

2013年11月5日09:08 UTC,曼加里安号火星探测器从斯里赫里戈达岛(Sriharikota)萨迪什·达万航天中心(Satish Dhawan Space Centre)利用极轨卫星运载火箭(PSLV-C25)成功发射(图6-8)。"曼加里安"号发射后进入近地球轨道后,6台发动机点火,使探测器进入近地点600km、远地点23550km的椭圆轨道。

极轨卫星运载火箭(图6-9)高44m,略矮于日本的H-2B和中国的长征三号乙运载火箭。极轨卫星运载火箭是四节火箭,有固态及液态燃料系统交互使用。第一节为固态推进火箭,携带138t重的燃料(HTPB),直径为2.8m,外壳使用马钉

图 6-8 "曼加里安"号发射升空(图片来源:ISRO)

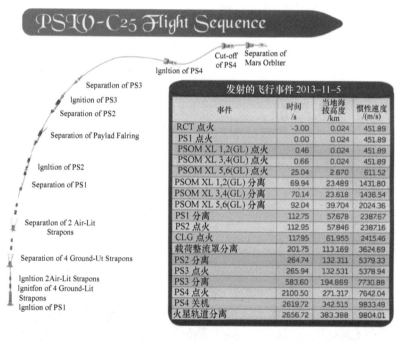

发射的飞行事件 2013-11-5			
事件	时间 /s	当地海拔高度 /km	惯性速度 /(m/s)
RCT 点火	-3.00	0.024	451.89
PS1 点火	0.00	0.024	451.89
PSOM XL 1,2(GL) 点火	0.46	0.024	451.89
PSOM XL 3,4(GL) 点火	0.66	0.024	451.89
PSOM XL 5,6(GL) 点火	25.04	2.670	611.52
PSOM XL 1,2(GL) 分离	69.94	23.489	1431.80
PSOM XL 3,4(GL) 分离	70.14	23.618	1436.54
PSOM XL 5,6(GL) 分离	92.04	39.704	2024.36
PS1 分离	112.75	57.678	2387.67
PS2 点火	112.95	57.846	2387.16
CLG 点火	117.95	61.955	2415.46
载荷整流罩分离	201.75	113.169	3624.69
PS2 分离	264.74	132.311	5379.33
PS3 点火	265.94	132.531	5378.94
PS3 分离	583.60	194.869	7730.88
PS4 点火	2100.50	271.317	7642.04
PS4 关机	2619.72	342.515	9833.49
火星轨道分离	2656.72	383.388	9804.01

图 6-9 PSLV-C25 运载火箭飞行过程(图片来源:ISRO)

钢为材料;拥有六支辅助推进引擎,其中四支在地面点燃,其他两支则在空中点燃,每支固态辅助推进火箭都有 9t 重,其使用燃料(STTVC)被沥青完好地包覆在容器内。第二节的燃料被注入在两个铝合金槽内,燃料为四氧化二氮及联氨,质量为 41.5t,也用沥青防止滚动。第三节有 7t 的燃料,使用固态推进剂(HTPB),使用凯拉夫合成纤维制成的低角度喷嘴和陀螺仪(-2° ~ +2°以内),控制偏差。极轨卫星运载火箭的第四节是有两个引擎的设计,且使用液态推进剂(甲基联氨/氮氧化物可释放氧的液体)。整流罩的外壳由纳米碳纤维管所制成。该火箭能将1.4t有效载荷送入地球同步轨道。

曼加里安号发射进入地球同步轨道后分别于7、8、9日连续完成三次变轨。3次轨道提升操作期间,主要的和冗余的陀螺仪、加速度计、22N姿态控制推进器、姿态和轨道控制电子器件,以及相关的隔离故障检测和重置部件均成功运行。主要的和冗余的星传感器也可靠运行,电磁流量控制阀的主线圈在3次轨道提升运行中也成功使用。

不过在11日第四次变轨操作中,由于火发动机发生故障,缺乏足够动力,未能将探测器的远地点提升至距地10万千米的所需高度,只达到7.83万千米。在排除故障后,于12日凌晨再次点火,成功完成变轨并进入预定轨道。印度空间研究组织于当地时间05:03开始启动探测器的液体发动机,这一过程持续5min左右,使探测器的远地点高度提升到距地11.86万km,速度增量提高到124.9m/s,达到计划要求的高度和运行速度(表6-1)。

表6-1 "曼加里安"号地球逃逸过程

时间(UTC)	事件	执行结果
2013-11-5 09:08	发射	远地点高度23550km
2013-11-6 19:47	第一次轨道调整	点火时间416s,远地点高度提升到28825km
2013-11-7 20:48	第二次轨道调整	点火时间570.6s,远地点高度提升到40186km
2013-11-8 20:40	第三次轨道调整	点火时间707s,远地点高度提升到71636km
2013-11-10 20:36	第四次轨道调整	点火未按计划完成,远地点高度提升到78276km
2013-11-11 23:33	第五次轨道调整	点火时间303.8s,远地点高度提升到118642km
2013-11-15 19:57	第六次轨道调整	点火时间243.5s,远地点高度提升到192874km
2013-11-30 19:19	地球逃逸机动	点火时间1328.89s,探测器进入地火转移轨道

北京时间12月1日03:19,"曼加里安"号发动机再次开机,实际点火1328.89s,产生速度增量647.96m/s,设计值分别是1351s和648m/s,印度火星探测器成功进入行星际转移轨道(图6-10)。

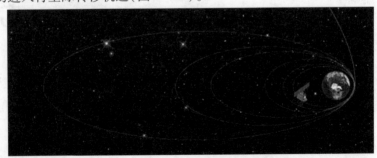

图6-10 "曼加里安"号在地球停泊轨道飞行多天后进入行星际轨道(图片来源:ISRO)

图 6 – 11 所示为"曼加里安"号拍摄的地球照片。

图 6 – 11　"曼加里安"号在 11 月 19 日 13 : 50（IST）拍摄的地球照片，
成像分辨率 3.53km，成像时高度 67975km（图片来源：ISRO）

图 6 – 12 所示为印度空间研究组织的控制中心。

图 6 – 12　印度空间研究组织位于班加罗尔的控制中心（图片来源：ISRO）

6.1.4.2　行星际巡航

　　"曼加里安"号在巡航段（图 6 – 13）需要飞行 11 个月，期间计划在 2013 年 12 月 11 日、2014 年 4 月、2014 年 8 月和 2014 年 9 月 14 日（捕获制动前 10 天）进行四次轨道修正（TCM）（表 6 – 2、图 6 – 14）。

表 6-2 "曼加里安"号巡航段轨道修正情况

时间(UTC)	事件	执行结果
2013-11-11 01:00	TCM-1	点火时间40.5s,成功执行
2014-4-9	TCM-2	推迟至2014年6月11日11:00执行,点火16s
2014-8	TCM-3	取消执行
2014-9-22 09:12	TCM-4	点火时间3.968s

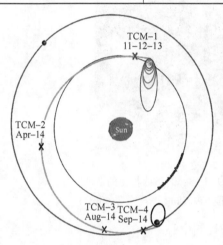

图 6-13 "曼加里安"号飞行轨道
(图片来源:ISRO)

图 6-14 2014-6-11日,NASA深空网位于
澳大利亚堪培拉测控站的70m和34m天线
用于"曼加里安"号的轨道中途修正
(图片来源:NASA)

2013年12月11日01:00 UTC进行了TCM-1,22N的推进器点火40.5s。

2014年2月6日,火星轨道器上的5个有效载荷被打开,以检测它们是否正常。所有有效载荷健康参数正常。目前,轨道器所处位置会造成大约55s的双向通信延迟。

2014年2月12日,印度第一颗火星轨道器在飞向火星的旅程中,成功完成了100天的飞行任务。轨道器一切正常,由ISRO的遥测、跟踪与指挥网的地面站持续不断地监测。除了从轨道器到地面站接收遥测数据的40min休息期外,100天的数据均连续可用。轨道器的推进系统被配置用于轨道机动修正和火星轨道插入的操作。

原定4月份进行的TCM-2推迟。2014年6月11日,ISRO对"曼加里安"号执行了TCM-2,发动机点火16s。因TCM-2修正效果良好,原计划2014年8月进行的TCM-3取消。

最后一次轨道中途修正于2014年9月22日09:12执行,同时也是对440N主发动机进行测试。主发动机和 8 个姿控发动机点火持续 3.968s,产生速度增量为 2.142m/s。这次成功测试点火,为定于 2014 年 9 月 24 日进行的火星捕获制动点火创造了条件

6.1.4.3 捕获制动

2014 年 9 月 14 日(到达火星前 10 天),地面向探测器上传了捕获制动的指令。2014 年 9 月 22 日,探测器进入火星影响球范围。

2014 年 9 月 24 日 01:47 UTC,探测器的 440N 液体发动机和 8 个 22N 姿控发动机同时开始点火进行火星捕获制动,点火持续时间 24min14s,预计消耗燃料 249.5kg,产生速度增量 1098.7m/s。目标捕获轨道近火点高度为 423km,远火点高度 80000km,轨道倾角 150°。捕获制动过程如表 6 - 3、图 6 - 15 所列。

表 6 - 3 "曼加里安"号捕获制动过程

时间(IST)	距离捕获制动时间	动作
2014 年 9 月 24 日 04:17:32	T - 3h	中增益天线指向地球
06:56:36	T - 21min	探测器转向制动姿态
07:12:19	T - 5min13s	进入太阳 - 火星背面
07:14:32	T - 3min	姿控推力点火进行姿态机动
07:17:32	T - 0	主发动机开始点火
07:21:50	T + 4.3min	进入地球 - 火星背面
07:22:32	T + 5min	信号暂时中断
07:30:02	T + 12.5min	确认主发动机点火开始
07:37:01	T + 19.48min	出太阳 - 火星背面
07:41:46	T + 24.23min	主发动机点火结束
07:42:46—08:04:32	T + 25.73min ~ T + 47min	探测器恢复转向开始
07:45:10	T + 27.78min	出地球 - 火星背面
07:47:46	T + 30.43	信号恢复
07:52:46	T + 35.23	探测器恢复转向结束

根据地面接收到的遥测信息,探测器最终进入一条近火点高度 421.7km、远火点高度 76993.3km 的大椭圆轨道,轨道周期 72h51min51s。

探测器最终进入近地点 500km、远地点 80000km 的科学任务轨道。随后曼加里安上的 5 个有效载荷将开始在接下来的 6 个月时间里开展实验工作。

图 6 - 16、图 6 - 17 所示为"曼加里安"号拍摄的火星照片。

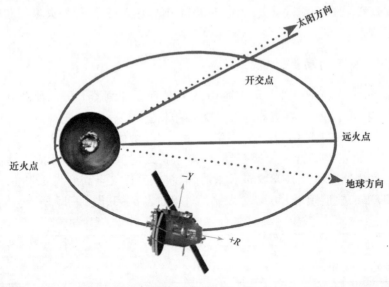

太阳方向

开交点

远火点

近火点

地球方向

$-Y$

$+R$

图 6 – 15　捕获轨道示意图

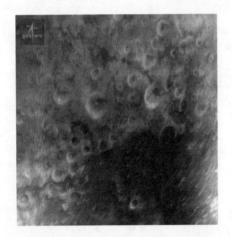

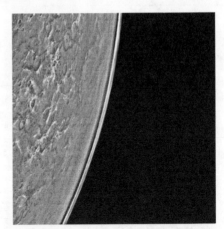

图 6 – 16　印度火星探测器拍摄的
第一张火星照片（图片来源：ISRO）

图 6 – 17　印度火星探测器拍摄的
火星照片（图片来源：ISRO）

中国的火星探测任务

7.1 "萤火"1号(YH-1)

7.1.1 任务概述

7.1.1.1 任务背景

俄罗斯航天机构计划实施一项名为"福布斯-土壤"(Phobos-Grunt,FGCS)的火星及火卫一采样返回探测项目。该项目计划原定于2009年10月实施发射任务,进行对火星的环绕探测和火卫一的着陆探测,采集0.1~0.2kg火卫一土壤样品返回地球。俄方邀请中方参与该计划,提议与俄方FGSC探测器共同发射一颗由中国研制的火星探测器("萤火"1号,YH-1),开展中国与俄罗斯联合火星探测计划。

2007年3月26日,在中俄两国元首的见证下,中国国家航天局局长孙来燕与俄罗斯联邦航天局局长佩尔米诺夫共同签署了《中国国家航天局和俄罗斯联邦航天局关于联合探测火星—火卫一合作的协议》,确定双方联合对火星及其卫星火卫一进行探测。根据协议,俄方的"福布斯-土壤"样品返回空间飞行器与中方小卫星由俄运载火箭同时发射,中方小卫星由FGCS火星探测器送入绕火星的椭圆轨道。其后,中方小卫星将自主完成对火星空间环境的探测任务,并与FGCS火星探测器联合完成对火星环境的掩星探测;FGCS火星探测器着陆在火卫一表面并进行探测,提取火卫一样品返回地球。2007年6月中俄双方合作单位在莫斯科签署了商务合同。由于俄方原因,原定2009年10月利用俄罗斯天顶号运载火箭在哈萨克斯坦拜科努尔发射场发射的计划推迟到2011年年底。中方"萤火"1号探测器将随俄FGSC探测器被送入环绕火星轨道,对火星的空间环境进行科学探测。

"萤火"1号探测器(图7-1、图7-2)由中国航天科技集团所属上海航天技术研究院制造。

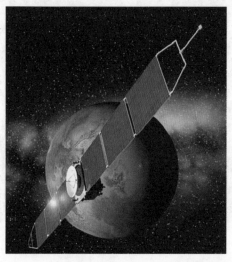

图7-1　"萤火"1号探测器(图片来源:中国国家航天局)

图7-2　由"福布斯-土壤"探测器搭载的YH-1探测器

7.1.1.2　任务目的

YH-1探测器将对火星的空间环境进行深入的探测研究。此次任务的科学目标包括:

(1)探测火星的空间磁场、电离层和粒子分布及其变化规律。

(2)探测火星大气离子的逃逸率。

(3)探测火星地形、地貌和沙尘暴。

(4)探测火星赤道区重力场。

工程目标包括:

（1）完成中俄联合探测火星任务。

（2）初步突破环绕火星轨道探测器研制的关键技术。

（3）初步实现火星探测器深空测控数传和测定轨能力。

7.1.2　科学载荷

YH－1探测器有效载荷分系统组成见表7－1。

表7－1　YH－1探测器有效载荷分系统组成

设备名称	
等离子体探测包	离子分析器 I
	离子分析器 II
	电子分析器
	等离子体探测包电子学箱
掩星接收机	掩星接收机天线
	掩星接收机电子学箱
光学成像仪	光学成像仪 I
	光学成像仪 II
磁强计	磁强计探头 A
	磁强计探头 B
	磁强计电子学箱

等离子体探测包由中国科学院空间中心研制。其中离子分析器由瑞典方提供。离子分析器采用掠入射技术代替传统的碳膜技术测量离子成分,无需极高的加速高压;采用偏转电场探测离子的入射方向,具有 2π 视场。传感器尺寸、质量和功耗小于传统探测器,实现了小型化和低功耗,特别适于火星等深空探测项目。采用基于同轴圆柱形静电分析器和偏转系统的紧凑型传感器方案,实现电子分析器的小型化和低功耗,性能和工程指标达到了国际同类产品的水平。

掩星接收机与 FGSC 探测器的掩星发射机相互配合开展火星电离层星星掩星探测,其中对火星正午和子夜面电离层的探测,特别是正午（天顶角小于43°）与子夜区域（天顶角大于138°）的掩星探测,是人类首次对该区域进行探测,将填补火星电离层掩星探测空白。掩星接收机灵敏度 －145dBm,为高灵敏度接收机。

光学成像仪由中国科学院西安光学精密机械研究所负责研制,主要用于拍摄火星表面的照片、拍摄中俄两颗探测器分离的照片。高精度磁通门磁强计由中国科学院空间中心完全独立自主研发。

7.1.3　探测器系统

YH－1火星探测器由探测器本体和太阳能电池阵构成,总质量小于115kg。

探测器本体为六面体,太阳能电池阵展开后达6.85m。探测器轨道确定通过其长基线干涉(VLBI)测轨+多普勒单向测速方法获取空间位置参数。

YH-1探测器由探测器服务平台和有效载荷两大部分组成,包括结构、太阳能电池阵、热控、姿控、推进、电源、测控数传、综合电子、总体电路、软件、有效载荷和载荷数据管理等12个分系统。探测器服务平台为有效载荷提供不同类型、不同尺寸的机械接口以实现其搭载,并按照有效载荷工作要求提供具有一定精度和稳定度的各种指向姿态,提供并分配一次电源,实施主被动热控,完成上下行数据处理与传输功能,满足有效载荷的正常工作需求,并对有效载荷的在轨运行状态进行监测、管理和调度。

图7-3所示为YH-1发射和在轨飞行构型。

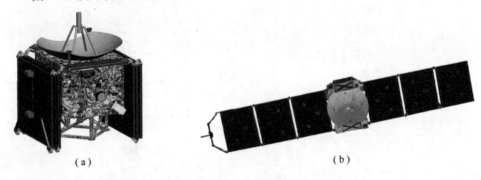

(a)   (b)

图7-3 "萤火"1号发射(a)和在轨(b)飞行构型

1)结构分系统

YH-1探测器具有剩磁矩低、质量轻(需减重)、刚度高等特点,要求结构分系统在保证将YH-1探测器各分系统组装成有机统一整体的同时,应具有一定的强度与刚度,能抵抗各种运输及发射环境载荷;结构应选用轻型材料,零部件采用热处理或涂覆保护层方式,减少地面环境及轨道环境对结构件的影响;部分结构件应采取导电、接地、导热、绝缘及隔热设计,满足探测器防静电、电磁兼容性等要求。

YH-1探测器整器结构(图7-4)由星体结构及上适配器组成。星体结构采用混合板式整体结构。YH-1探测器结构分系统呈六面体,结构本体外形尺寸为754mm×754mm×624mm。上适配器为桁架结构。

2)太阳能电池阵分系统

太阳能电池阵是电源分系统太阳能电池阵的结构支撑分系统,其主要功能是作为太阳能电池组件粘贴基板,实现太阳能电池帆板的折叠收拢压紧、释放伸展锁定等功能。

太阳能电池阵分系统由+X太阳能电池阵和-X太阳能电池阵组成。+X翼由基板、展开锁定机构、压紧释放机构以及直属件组成;-X翼由基板、展开锁定机构、压紧释放机构、磁强计支架以及直属件组成。+X翼和-X翼可根据总体要求

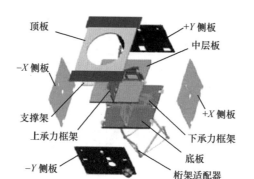

图 7 - 4 YH - 1 探测器结构

在星体上进行互换安装。装器后的太阳能电池阵已粘贴太阳能电池组件称太阳能电池阵。太阳能电池阵两翼总面积为 4.674 m²。

3）姿态控制分系统

根据 YH - 1 探测器的任务要求,姿态控制分系统担负着支持 YH - 1 探测器从入轨到有效载荷工作、太阳能帆板定向、数据传送等过程中的姿态稳定和姿态机动的任务,具体包括:

（1）初始姿态建立。与俄探测器分离后,等待帆板展开后,捕获太阳,建立起粗略的对日定向姿态。

（2）姿态测量。提供探测器相对各个不同基准参考坐标系的误差姿态。

（3）姿态保持。在探测器寿命期间内,需要相对的基准参考系,保持探测器姿态在规定的指向精度和稳定度范围内。

（4）姿态机动。根据使用要求,对姿态实施机动控制,以满足探测器的使用要求。

（5）轨道递推。器上具有轨道递推功能,提供火星、地球的公转轨道数据,以满足姿态自主控制要求。

（6）安全模式。当探测器姿态异常时,姿控分系统应具有姿态安全工作模式,确保探测器能源供给,并自主完成姿态重新捕获,恢复探测器三轴稳定对日定向姿态。

姿态控制分系统采用零动量三轴稳定控制方案,姿态控制分系统（图 7 - 5）由 1 台计算机（与综合电子分系统共用）、4 台模拟太阳角计（14 路）、4 只陀螺、2 台星敏感器、4 个反作用飞轮和 1 套姿控推力器组成。

4）热控分系统

热控分系统的主要任务是为 YH - 1 探测器提供合适的热环境,以确保 YH - 1 探测器的仪器设备在不同的飞行阶段可靠地工作在所规定的温度范围内。

YH - 1 探测器热控主要由热管、涂层、隔热多层、电加热器、隔热垫块、导热硅脂等组成（图 7 - 6）。YH - 1 探测器热控分系统总质量不大于 4.0kg;长期功耗不超过 60W,高峰期功耗可视 YH - 1 探测器在轨的条件许可而确定;热控系统工作寿命大于 2 年。

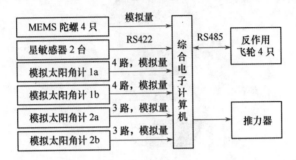

图 7 - 5　YH - 1 姿态控制分系统构成

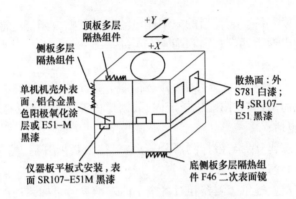

图 7 - 6　YH - 1 探测器热控措施

5）推进分系统

推进分系统配合姿控分系统完成以下工况的工作：速率阻尼、捕获太阳、粗对日定向、飞轮卸载、姿控分系统安全模式、上电自主恢复模式、帆板未展开模式的应急处理。

推进分系统采用的是液化气推进技术，该技术是一种改进型的冷气推进技术，工作原理是利用液化气可以进行加压液化储存的特点，实现推进剂的较高密度储存，而储存压力又不会太高，当需要工作时，液态推进剂转换成气态，通过喷管喷射出去产生推力。液化气推进技术具备了结构简单、成本低廉、可靠性高等优点，同时由于提高了推进剂的储存密度，在一定程度上也提高了推进系统的性能。

推进分系统由 1 个液氨储箱、加排阀集成组件、压力传感器、过滤器、自锁阀、6 台推力器和 1 套总装直属件（含储箱支架、推力器机架、接插件、管路及附件）构成。液氨储箱为球形铝合金储箱，一端出口，出口处与管路采用双密封柱塞连接方式。在储箱外壁设置了一只温度传感器（由探测器总体负责），用于监视储箱温度，便于了解推进分系统的状态。储箱后设置了加排阀集成组件、压力传感器、系统过滤器和自锁阀。自锁阀后设置编号为 J1 ~ J6 的 6 台推力器。

两探测器分离后，自锁阀、推力器加电，自锁阀打开，推进分系统推力器根据姿控分系统的指令实现开启和关闭,饱和氨蒸气在自身压强作用下从喷管喷出,提供姿态控制所需的冲量(图7-7)。

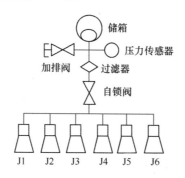

图7-7 YH-1探测器推进分系统原理

6)电源分系统

电源分系统(图7-8)主要任务是:光照期将太阳能电池阵吸收的太阳光能转换成电能,为整器提供一次电源,同时将多余能量给蓄电池组充电,若还有多余能量将其分流。阴影期控制蓄电池组放电为整器供电,控制太阳能电池阵火工品起爆,为整器提供基准地。具体包括:

(1)在YH-1探测器寿命期间各运行阶段及各种工作状态下,为器上设备提供所需的电功率,确保供电性能符合要求。

(2)在巡航段时,由俄提供(28.5 ± 1.35)V电源通过供电接口向YH-1探测器负载供电。在星星分离后飞行段的光照期,电源分系统首先为YH-1探测器负载提供稳定的电压,如太阳能电池阵产生的功率大于器上负载所需功率时,则多余的能量通过充电器为锂离子蓄电池组充电,如此时锂离子蓄电池组已充满,则将多余的能量通过分流调节器分流。在探测器短期负载超过太阳能电池阵输出的功率时,则由锂离子蓄电池组和太阳能电池阵联合向母线负载供电,以保证母线电压稳定。

(3)火影期间,锂离子蓄电池组通过放电调节器给母线供电,以保证器上设备的正常供电。

(4)供电负母线通过低频电缆网接到探测器接地桩,形成探测器基准地。

(5)为太阳能电池阵展开机构压紧点火工品供电,控制太阳能电池阵火工品起爆。

(6)提供必要的遥测、遥控通道,实现对电源分系统的检测和控制,其中包括对母线、锂离子蓄电池组及单体蓄电池的电压检测、锂离子蓄电池组的温度检测和对母线分流调节器的控制、锂离子蓄电池组充放电的控制。

YH-1探测器电源分系统电路部分由太阳能电池阵、电源控制器、锂离子蓄电池组成。

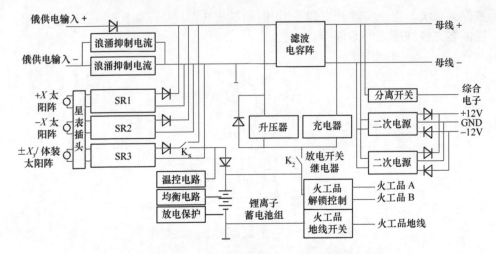

图7-8 YH-1探测器电源分系统原理

7) 测控数传分系统

测控数传分系统的主要任务是:

(1) 接收上行遥控指令,实现对探测器设备的开/关机控制及其他控制,并对重要的开/关机指令实施保护。

(2) 接收上行注入数据,完成对探测器综合电子计算机及有效载荷的数据注入,并对上行数据实施必要的保护措施。

(3) 完成探测器工程遥测参数和科学探测数据的下行传输任务。

(4) 配合地面测控系统利用甚长基线干涉(VLBI)测量网完成测定轨任务,为地面VLBI提供星地之间的高稳定频率测轨信标。

(5) 配合应用系统开展X波段星地掩星科学试验。

测控数传分系统采用一体化设计,器载设备(图7-9)包括指令接收机、高稳定频率源、X波段发射机、遥控译码器、低增益接收天线、低增益发射天线、高增益发射天线、微波开关。

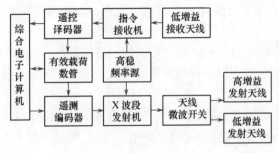

图7-9 YH-1探测器测控通信设备

8）综合电子分系统

综合电子分系统是 YH－1 探测器的核心控制系统,主要完成平台数据管理（平台模拟量遥测采样,数据处理、打包等）、姿态控制（敏感器、模拟太阳角计信号采集、处理）、推进控制与驱动、整器热控、电源控制等任务。

综合电子分系统功能高度集成,通过采取不完全冗余的计算机体系结构、合理的电路设计以及栈接式结构形式,有效实现了系统的小型化、轻型化、低功耗、高可靠。综合电子分系统的功能（图 7－10、图 7－11）由综合电子计算机实现。在巡航段及环火飞行阶段,综合电子计算机都要加电工作。具体功能如下:

（1）负责整器平台部分的供配电控制,包括对姿控分系统飞轮、陀螺、星敏感器,推进分系统电磁阀、自锁阀、压力传感器,热控分系统加热器等的供配电控制。

（2）负责整器平台部分的遥测数据采集、管理、存储、交换等。采集整器所有的模拟量遥测,并接收其他分系统的数字量遥测,完成整器工程遥测数据存储、打包等处理,将遥测数据发送至信道编码器并通过发射机下传。

（3）接收测控数传分系统的遥控注入信息,进行信息解码并执行相应控制。

（4）接收并执行测控数传分系统传送的直接遥控指令。

（5）负责火工品的保护及驱动控制。

（6）进行星地校时,产生器上时间,并转发给载荷分系统。

（7）完成电源分系统相关电源参数采集并据此对电源分系统实施程序控制。

（8）完成热控分系统温度采集并据此自主实施器上电加热器的加断电管理。

（9）完成姿态控制分系统敏感器信号的采集、处理,并据此实施对姿态控制部件的控制,包括对飞轮的数字化控制、对推进分系统推力器的控制及驱动。

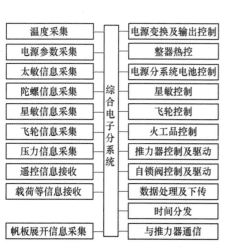

图 7－10　YH－1 探测器综合
电子分系统功能

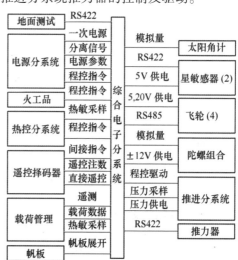

图 7－11　YH－1 综合电子分
系统对外接口关系

（10）为姿态与轨道计算提供硬件平台。

（11）接收帆板展开信息，并以此作为改变工作模式的依据之一。

（12）在巡航段，与俄方探测器进行通信，通过俄方的传输信道下传遥测数据并接收上行遥控注入。

综合电子分系统的具体实现是综合电子计算机，为一个不完全双冗余的结构。综合电子计算机由二次电源模块、CPU 模块、监控模块、I/O 模块和配电模块组成。

9）总体电路分系统

YH‐1 探测器总体电路分系统的主要任务与功能包括：

（1）提供整器供配电，供电形式为控制供电和直接供电；

（2）完成对整器的各个单机所有电接口的连接和信号传输；

（3）完成与俄 FGSC 探测器电接口的电缆连接；

（4）对太阳能电池阵火工品解锁的供电与控制驱动；

（5）火工品、推进自锁阀的安全保护；

（6）接收并生成分离信号，送探测器各有关单机。

总体电路分系统由火工品控制线路（电源控制器内）、低频电缆网、高频电缆组件、与 FGSC 探测器的连接电缆、地面有线检测电缆和电缆支架组成。

10）软件分系统

YH‐1 探测器软件分系统主要承担对探测器各 CPU 单机的控制，实现探测器一系列工作模式，完成探测器第一次加电到后续开展各项探测工作的所有控制任务。软件分系统的各软件产品运行于使用 CPU 器件的单机或分系统中。

整个软件分系统需要完成探测器巡航段、初稳态段和科学探测等各种探测器工况的功能实现，其重要工作分为两大类，即部件控制和数据传输。部件控制主要分开关控制和姿态控制，开关控制包括了热控、电源、姿控、测控数传和有效载荷等部件的开关及模式切换；姿态控制包括对探测器姿态对日定向和姿态机动。数据传输主要分遥测数据传输和科学数据传输，遥测数据传输是探测器各分系统的状态遥测数据的汇总、存储和组包下传；科学数据传输是有效载荷设备所采集到的探测数据的汇总、存储和组包下传。

软件分系统共包括综合电子分系统管理软件、程控测控应用软件、轨道与姿态确定应用软件、姿态控制应用软件、有效载荷数据管理软件、星敏感器软件、飞轮软件和磁强计软件共 8 个软件配置项。

7.1.4　计划飞行过程

联合探测器在 2011 年 10 月 30 日—11 月 21 日间实施发射，抵达火星的时间可能是在 2012 年 8 月 25 日—9 月 26 日期间。实际发射时间 2011 年 11 月 9 日。地火巡航飞行时间长度大为 10～11 月。

7.1.4.1　地球停泊段

按照计划,俄罗斯 FGSC 探测器将在拜科努尔发射场发射,运载火箭经过 699s 之后,将探测器运送至驻留轨道,近地点轨道高度 211.8km,远地点轨道高度 353.9km,轨道倾角为 51.4°。

在驻留轨道运行 1 圈结束,推进上面级发动机点火工作,探测器进入转移过渡椭圆轨道,轨道周期约 2.2h,近地点轨道高度 237km,远地点轨道高度 4141km,分离环形储箱。

在过渡轨道上无动力飞行 1 圈,上面级第二次点火,探测器进入双曲线轨道飞离地球,渐进线方向速度约 3.2km/s,完成飞离轨道测量,确定轨道参数。从起飞至进入双曲线飞离轨道的总时间约为 6h。

7.1.4.2　行星际飞行段

在巡航飞行过程中为了修正误差,计划进行 3 次轨道修正。第一次轨道修正将在飞行 5~10 天内进行,第二次轨道修正将在巡航中段进行,第三次轨道修正将在飞抵火星 2~4 周前进行。轨道修正的结果,探测器将以双曲线轨道逼近火星,近火高度(800±400)km。

绕火星飞行轨道的选择取决于在飞行过程中探测器在近火点,俄罗斯地面站具有良好的测控跟踪条件。

7.1.4.3　火星环绕段

探测器在飞抵火星双曲线轨道的近火点启动上面级发动机完成制动并转移飞行至绕火星 3 昼夜轨道上,轨道倾角为 21°~36°,轨道近火点高度(800±400)km,远火点轨道高度 80000km。轨道近火点和远火点基本处于火星的赤道面上。

在入火星环绕轨道后,考虑精确测量 YH-1 探测器初始轨道参数所需时间,计划在完成制动后 10 昼夜时间(3 轨)内分离 YH-1 探测器。在必要情况下,修正轨道近火点高度(对于 YH-1 探测器近火点高度不应超过 1000km),所以分离可能还要往后推迟 6~10 天。联合探测器分离顺序:推进上面级(含下过渡桁架)与 FGSC+YH-1 探测器(含上过渡桁架)分离;YH-1 探测器(含上适配器)与 FGSC 探测器(含下适配器及上过渡桁架)分离;FGSC 探测器与上过渡桁架分离。

7.1.5　实际飞行过程

2011 年 11 月 9 日莫斯科时间 0:16:03,FGCS 火星探测器携带中方研制的“萤火”一号(YH-1)火星探测器,在哈萨克斯坦拜科努尔航天发射中心,利用“天顶”-2SB40 运载火箭(图 7-12)发射升空。

发射后,俄飞控中心表示运载火箭飞行轨迹正常,莫斯科时间 0:27:27,星箭

图 7 - 12　发射 YH - 1 探测器的天顶运载火箭

分离正常。FGCS 火星探测器进入运载分离后近圆轨道,周期约 1.5h,帆板展开正常,完成对日定向,下传遥测数据正常。FGCS 火星探测器绕地球第二圈中,在非测控可见弧段探测器程控进行第一次变轨,但未能完成变轨动作,处于近地轨道。

由于俄方探测器上测控系统已程控切换至深空模式,且 FGCS 火星探测器运行轨道较低,存在较大的多普勒频移,初步分析在 ±120kHz 范围内变化,需对其进行补偿。因器上指令接收机捕获带宽仅 ±1.5kHz,补偿后的剩余误差须在捕获带宽内,同时由于每轨轨道变化曲线均不同,导致多普勒频率变化很大,因此需采用动态可编程的补偿方式,星地链路建立困难。

2011 年 12 月 7 日,俄方 FGCS 火星探测器研制单位拉瓦奇金科研生产联合体总经理哈尔托夫在接受俄罗斯消息报访问时介绍"器上设备只在最初飞行的 2h 内正常工作,探测器启动,结构件展开,对日定向并获得了能量,飞行程序设定的所有设备都已开机,中国的小卫星也已加电",遥测证实了以上说法。但之后 FGCS 火星探测器离开了俄罗斯地面站的可视区域(注:俄罗斯的地面站分布在本国境内)。根据轨道学定律,后续动作(对姿态调整和启动变轨发动机)应在南半球上空完成,但这些并没有发生。开始设法利用唯一的,同时也是在俄罗斯首次采用 X 波段无线电信道与器上建立通信,该信道被设计用于深空工作。FGCS 火星探测器高速飞越地面站上空时,其可视区域仅有 5～7min,而建立通信所需的时间较长,因此很难与 FGCS 火星探测器建立通信。

2012 年 1 月 16 日,俄罗斯空天国防军发言人扎拉度辛少校宣布:2011 年 11 月 9 日凌晨在哈萨克斯坦拜科努尔发射场发射升空的俄罗斯 FGCS 火星探测器(含有中国 YH - 1 火星探测器)的部分残骸已于北京时间 2012 年 1 月 16 日 2: 45 坠落在智利惠灵顿岛以西 1250km 处南太平洋中。

8

未来火星探测规划

8.1 全球探索路线

由 NASA、ESA、JAXA 等全球 12 个空间机构组成的国际空间探索协调工作组（ISECG）在 2013 年颁布了最新版的未来全球探索月球、小行星和火星的路线图。该路线图提出了以国际空间站、扩展人类在太阳系的存在为开端，一直到人类登陆火星的长远探索策略。

ISECG 的全球探索路线图在 2011 年 9 月首次颁布，2013 年 8 月再次更新，新版路线图将国际上最新的航天计划与项目纳入其中，并继续促进参与方共同制定一个火星探测国际路线图。ISECG 编制的 2025 年前全球火星探测路线图如图 8-1 所示。

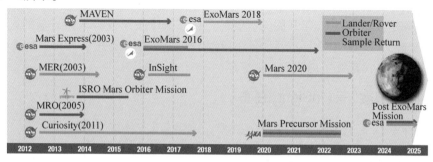

图 8-1 由 ISECG 编制的 2025 年前全球火星探测路线图（图片来源：ISECG）

目前已经规划的或者在研究中的未来火星全球探测任务如表 8-1 所列，其中包括了国际上私人航天公司的探索计划。

表 8-1　未来全球火星探测任务规划

国家和地区	发射年份	探测任务	探测方式	任务描述
美国	2016	InSight	着陆器	研究火星内部结构
	2018	MAX - C	火星车	原计划与欧空局合作的 ExoMars 任务的一个火星车,后取消
	2018	Inspiration Mars Foundation	载人飞船	美国私人公司开展的载人飞越火星任务,从火星自由返回轨道返回地球
	2018	Red Dragon	着陆器	SpaceX 公司猎鹰火箭发射红龙着陆器进行火星取样返回
	2020	Mars 2020 Rover Mission	火星车	基于"好奇"号火星车
	2025		着陆器、上升级	取样返回
	2030s		载人飞船	载人火星任务
欧空局	2016	ExoMars	环绕器、着陆器	微量气体轨道器释放着陆器
	2018	ExoMars	着陆器、火星车	俄罗斯着陆器释放 ExoMars 漫游车
	2022	Phootprint	着陆器和上升级	火星卫星样本返回任务
俄罗斯	2024	Mars - Grunt	轨道器、着陆器、上升级	火星及其卫星取样返回任务
印度	待定	Mangalyaan 2	环绕器、着陆器	由 GSLV 火箭发射轨道器和着陆器
日本	2020s	MELOS - 1	轨道器、着陆器	研究火星地质和大气

8.2　美国火星探测计划

　　美国作为航天超级大国,在未来将继续引领全球火星探测的热潮。NASA 的重点任务是计划于 2016 年开展的"洞察"号(InSight)任务和 2020 年开展的火星漫游车(Mars 2020 Rover Mission)任务,并计划在 2025 年左右完成火星取样返回任务,在 2030 年代最终实现载人火星登陆。

8.2.1　"洞察"号(InSight)任务

8.2.1.1　任务概述

　　"洞察"号(Interior Exploration Using Seismic Investigations. Geodesy and Heat Transport,InSight)全名为采用地震研究、测地学和传热学进行内核探测。2012 年 8 月,在 NASA 举行的项目评审中击败了同时于 2011 年授权论证的另外两个项目(Hopper 彗星探测和"土卫"-6 探测)。该项目由 NASA 下属的喷气推进实验室主持,主合同商为洛克希德·马丁公司。该任务将在法国空间局(CNES)和德国航天中心(DLR)的协同下完成,美、法、德、奥地利、比利时、加拿大、瑞士、英国的科学家和工程师将共同实施这项科考活动。"洞察"号原名为火星地质物理监测站(GEMS),2012 年才改为现名。

"洞察"号是一个固定式火星着陆器(图 8 - 2),重约 350kg。它继承了"凤凰"号和"火星极地着陆者"的技术,采用了相同的主体设计,使用太阳能电池供电,总经费 4.25 亿美元(不包括运载火箭费用)。预定于 2016 年 3 月发射,同年 9 月着陆火星,在火星表面工作 1 个火星年(或 2 个地球年)。由于任务时间较长,因此将部署在火星赤道附近,以保证火星冬季时也能正常工作。

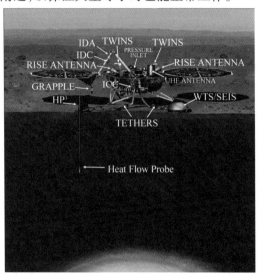

图 8 - 2 "洞察"号着陆器(图片来源:NASA)

"洞察"号的任务目的是研究 40 多亿年前太阳系岩石行星形成的演变史。因为研究表明,太阳系内层行星在形成时都从一个称为"堆积"的过程开始,随着行星尺寸的逐渐增大,内热不断升高,演变为后来的由内核、地幔、地壳构成的类地行星。尽管它们有一种共同血统,但对各个类地行星后来的形成过程中是否都分化出地核、地幔、地壳仍不十分清楚。"洞察"号的研究目的就是增进对这一过程的理解,这方面的研究反过来又可以帮助解释行星磁场动力学的演变史。

这是首次尝试探测火星的内核状况。选择火星进行研究,是因为它的大小既可以经历早期类地行星形成时的堆积和内热过程,又可以保留下这些过程的痕迹,获得深层次的、精确的历史记录,提供它们形成过程的基本信息,有助于人类对太阳系所有岩石行星演变过程的研究。洞察号的研究项目包括火星内核、地幔、地壳的尺寸、厚度、密度、总体结构,以及内核是固态还是液态,从内核释放热量的速率;第二个目的是深入研究火星的地质物理、构造活动、地震活动和火星上的小行星撞击活动,用以提供地球上这些过程的知识。

8.2.1.2 科学载荷

"洞察"号将携带以下几个科学载荷:

1)火星内部结构地震实验仪(Seismic Experiment for Interior Structure, SEIS)

由法国空间局提供,希望用它监测到一个火星年内火星的4.5级或5级地震,以精确测量火星地震和其他内部活动,用地震设备绘制火星内部和表层的分界线,搞清它是否拥有地球那样的断层性、是否有一个熔融核心,以及火星内核亿万年来有什么样的变化。

2)热流和物理性能包(Heat Flow and Physical Properties Package ,又称HP3)

由德国航天中心提供。这是一台钻入火星地表下5m的热流探测仪,诨名称为"鼹鼠",其进入深度比以往所有的机械臂、取样铲、钻孔机和探测仪都深,用来考察从火星地核传出热流的传输机制和揭示火星的"热史"。

3)旋转和内结构实验仪(Rotation and Interior Structure Experiment, RISE)

使用探测器的通信设备实施,提供对火星旋转的精确测量,以便更好地理解行星的结构。

4)黑白相机(Camera)

安装在着陆器机械臂上的黑白相机,视场45°,可以提供着陆场四周的全景图像,采集着陆器甲板上仪器的相片和地震仪与热流探测仪周围地面的三维图像,帮助工程师们正确地布置探测仪器。此外在甲板边上还安装了一台视角为120°的广角相机,协助仪器布置工作。

8.2.1.3 任务进展

2014年2月10日,NASA局长和法国国家空间研究中心(CNES)主任签署了一项协议,就未来NASA火星着陆器"洞察"号开展合作。这项新协议加强了NASA和CNES在星际科学研究方面的合作。该项研究将为双方提供更多的关于火星早期形成的信息,有助于加强了解地球的演进。

NASA全球的合作伙伴已经在任务关键设计评审阶段取得了显著进展,并做好了充分准备,提供给他们的硬件于2014年11月开始系统集成,这是该项目的一个重要里程碑。目前"洞察"号任务从设计和分析阶段转到建造和测试硬件和软件阶段。法国航天局(CNES)和德国航天局(DLR)是NASA的合作伙伴,提供洞察号的2个主要科学仪器。内部结构地震试验仪(SEIS)将由CNES与DLR、瑞士和英国的太空机构合作建造,它将测量来自火星地震和流星撞击时经过火星内部而产生的地面运动波。来于DLR的热流和物理性能组件将测量从火星内部到火星表面的热流。

8.2.2 天体生物学野外实验室(Astrobiology Field Laboratory,AFL)任务

8.2.2.1 任务概述

1)任务背景

天体生物学野外实验室(AFL),也被称为火星天体生物学野外实验室,是一个NASA无人飞行器任务,该探测器将针对火星生命进行一次机器人搜索。原计划于2016年在火星着陆一个漫游车,并探索一个地点作为栖息地,这类地点有着如活性或者停止活动的热液矿床和干涸湖(图8-3)。

自从该任务得到基金支持之后,漫游车由NASA的JPL设计制造,其设计是在火星科学实验室的基础上进行的,该探测器将装载天体生物学科学设备,该设备是一组定向设备,理论上而言,探测器还将携带一个空心钻。原计划中发射定于2016年,但是由于预算约束的原因,任务经费被取消。

图8-3 天体生物学野外实验室效果图

2)任务目的

该任务目的是在地面操作区域内,依据不同的可居性潜能,对火星环境进行确认和分类,并对它们的地质环境进行描述。具体为:

(1)测量采样的同位素、化学组成、矿物组成以及结构特性,包括碳化合物的分布和分子复杂性。

(2)评估生物可利用能源,包括化学能、热能和电磁能。

(3)确定水在着陆区域地质进化过程中的作用。

(4)研究对生命可能信号的保留有影响的因素,这指的是特殊生物特征存在并在特定区域被探测到的可能性。此外,信息收集之后的保留工作可能也会需要,用于之后的样品回收,这项工作需要火星采样返回任务精确着陆的进一步评估。

(5)研究火星前生命化学的可能性,包括非碳生物化学。

(6) 验证任何不规则的特征,这些特征能够被假定为可能的火星生物特征。

8.2.2.2 有效载荷

概念有效载荷包括 1 个精确采样操作处理系统,该系统能够代替和增强采样获取 - 采样处理操作系统的功能和性能,采样获取 - 采样处理操作系统是火星科学实验室探测器结构的一部分。AFL 有效载荷试图将任何相冲突的积极生命探测活动最少化,为了实现这一目标,AFL 装载了一组设备,这组设备能够提供至少三组有效的分析实验室测量。为了能够辨别合理的估计,并在此估计的基础上设定漫游车质量,概念有效载荷包括:

(1) 精确采样操作处理系统;
(2) 用于特定区域生命探测任务的前向天体保护设备;
(3) 生命探测污染防护设备;
(4) 天体生物学设备;
(5) MSL 降落伞增强设备;
(6) 自主安全远距离航行设备;
(7) 自主单循环设备安装;
(8) 30°高斜坡地形机动性设备。

8.2.3 "火星 2020 漫游车"(Mars 2020 Rover)任务

8.2.3.1 任务概述

火星 2020 探测任务将建立在大获成功的"好奇"号火星车的基础之上。新的火星车将携带更尖端的升级硬件,还有新的设备能够对火星车的着陆地点展开地质评估,测定环境的潜在宜居性,还将直接搜寻古代火星生命的迹象。科学家还将利用"火星 2020 漫游车"辨认和筛选一批岩石和土壤样本,它们会被存储起来,留待未来的任务带回地球。

"火星 2020 漫游车"任务将帮助科学家们进一步探索未来载人火星任务将如何就地取材地利用火星当地资源,如此次项目便包含有验证在火星表面利用二氧化碳产生氧气的技术。未来载人火星任务的规划者们也将受益于这些先导项目,得以提前了解火星沙尘等环境因素可能导致的潜在威胁。这些信息对于最终实现载人登陆火星具有关键性意义。

这辆新火星车(图 8 - 4)还将使用与"好奇"号一样的登陆系统,采用史无前例的底盘和空中吊车抵达火星表面。火星 2020 任务预计需要耗资 15 亿美元,比"好奇"号少了 10 亿美元。

8.2.3.2 科学载荷

2014 年 7 月 31 日,NASA 宣布为将于 2020 年前往火星的下一辆漫游车选定

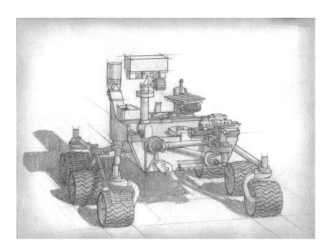

图 8 – 4   "火星 2020 漫游车"想象图（图片来源：NASA）

了 7 个科学载荷（图 8 – 5），将对那颗红色星球展开前所未有的科学探测。从 2014 年 1 月开始向全世界的科学家和工程师征集想法以来，NASA 共收到了 58 份提案。提案数量比往年火星任务的科学设备提案翻了一番。被选中的提案共包含 7 样科学设备，研发成本约为 1.3 亿美元。此次 NASA 选中的科学设备包括：

1）桅杆相机 – Z（Mastcam – Z）

Mastcam – Z 是一套先进的相机系统，拥有全景和立体成像功能，能够进行变焦缩放。拥有 3.6∶1 的缩放特征，在近场能够解析大小约是 1mm 的图片，在相距 100m 距离时，能够分辨直径 3 ~ 4cm 的物体。该设备还将测定火星表面的矿物学，并协助漫游车的运转。该设备的首席研究员是美国亚历桑那州立大学坦普尔分校的詹姆斯·贝尔（James Bell）。

2）超级相机（SuperCam）

SuperCam 能够提供成像、化学构成分析和矿物学分析。该设备还有能力远距离检测岩石和风化层中是否存在有机成分。首席研究员是美国洛斯·阿拉莫斯国家实验室的罗杰·威恩斯（Roger Wiens）。

3）行星岩石化学 X 射线设备（PIXL）

PIXL 是一台 X 射线荧光光谱仪，还将包含一台高分辨率成像仪，用以测定火星表面物质的精细尺度元素构成。PIXL 还将提供前所未有的能力，更精细地检测和分析化学元素。首席研究员是 NASA 喷气推进实验室的阿比盖尔·奥尔伍德（Abigail Allwood）。

4）宜居环境有机物及化合物拉曼及荧光扫描仪（SHERLOC）

SHERLOC 是一台光谱仪，将提供精细结构成像，并且利用一台紫外激光器测定精细尺度矿物学，检测有机化合物。SHERLOC 将是第一台前往火星表面的紫外拉曼光谱仪，将为火星车上携带的其他设备提供互补的测量。首席研究员是喷气推进实验室的路德·比格尔（Luther Beegle）。

5）火星氧气就地资源利用实验设备（MOXIE）

MOXIE 是一项技术探索性的实验，将利用火星大气中的二氧化碳产生氧气。首席研究员是美国麻省理工学院的迈克尔·赫奇特（Michael Hecht）。

6）火星环境动态分析仪（MEDA）

MEDA 是一套能够测量温度、风速、风向、气压、相对湿度以及尘埃大小及形状的传感器。首席研究员是西班牙航天航空技术研究所天体生物学研究中心的何塞·罗德里格斯－曼弗雷迪（Jose Rodriguez－Manfredi）。

7）火星地下勘测雷达成像仪（RIMFAX）

RIMFAX 是一台穿地雷达，将提供地表以下地质结构的厘米级分辨率影像。首席研究员是挪威国防研究所的斯韦恩－埃里克·哈曼（Svein－Erik Hamran）。

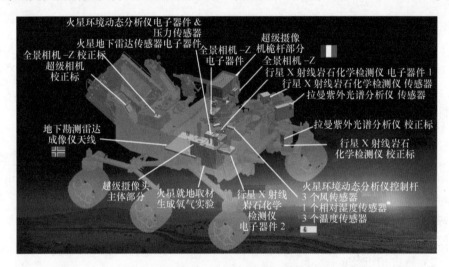

图8-5　火星2020漫游车将携带7种科学载荷（图片来源：NASA）

8.2.3.3　任务进展

2014年5月14日，多位行星地质学家共同参与 NASA 在2020年发射的下一个火星巡视探测器进行设计。虽然该巡视器的外观和"好奇"号几乎相同，但用于探测火星表面的设备更加先进。尽管 NASA 还未定下细节，下一个巡视探测器几乎肯定会有一项重要、前所未有的任务：收集和存储岩石和土壤，配合未来航天器将样本带回地球。这将是首次火星采样返回任务。

NASA 此次研讨会的目的是选出可能的着陆地点，其中，马沃斯山谷也是 ESA2018年 ExoMars 巡视探测器的计划着陆地点。2020任务中其他可能的着陆位置还有若干个古老、现在已经干涸的湖和三角洲，其中包括埃伯斯沃德环形山。

样品采集是2020巡视探测器的一项至关重要任务。关于利用返回的火星岩石寻找过去的生命迹象,科学家已经讨论了几十年。尽管人类已经研究了源自火星的陨石,但各国航天局尚未实现火星样本返回,其中既有成本因素,也有技术原因。NASA 的火星样本返回计划(图 8-6)将涉及多年的一系列任务。第一阶段中,利用巡视探测器收集和存储约 30 小桶的岩石和土壤。在第二阶段,一枚无人运载火箭将飞到火星,释放另一台用来装载样本的巡视探测器,随后将样本运送至轨道。第三阶段是捕获装有样品的轨道包裹并将其返回地球。

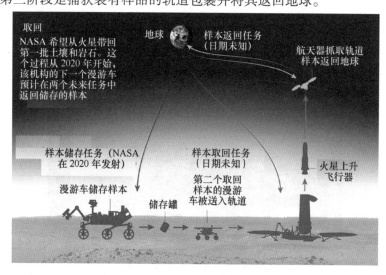

图 8-6　基于"2020 漫游车"的火星取样返回计划(图片来源:NASA)

　　2014 年 5 月 16 日,NASA 向大约 25 家供应商授予火星 2020 巡视探测器的合同。指定的一些公司已经签署了合同,包括洛克希德·马丁空间系统公司和航空喷气洛克达因公司。NASA 从洛克希德·马丁公司采购保护巡视探测器进入火星大气层时热防护系统所需的材料,而航空喷气洛克达因公司提供用于飞向火星 6 个月巡航阶段所需的机动助推器和最终降落在火星表面期间用以减慢探测器速度的 8 台反推火箭发动机。穆格公司也签订了合同,将提供下降级火箭管道的阀门。其他曾提供"好奇"号硬件的供应商仍然没有签订合同,但是很快就会签订。这些供应商包括霍尼韦尔航空航天公司和内华达山脉公司。霍尼韦尔制造了"好奇"号巡航级和下降级的微型惯性测量单元;内华达山脉公司建造了下降制动机构,以使"好奇"号的空中吊车着陆系统可以安全地展开缆绳,将巡视探测器降落到火星表面。

　　火星 2020 巡视探测器设计的最大问题是科学有效载荷。除了储藏样本之外,该任务还将评估古代火星上的潜在可居住性。火星 2020 的 15 亿美元的开发预算中大约有 1 亿美元用于科学有效载荷的研发。NASA 希望在 7 月选出仪器,以便 JPL 的工程师们能够完成取决于部件位置、质量和电源需求的航天器的设计选择。火星 2020 也可能成为一个国际合作项目,NASA 正在与加拿大航天局商量可否提供用于巡视探测器样本储藏系统的机械臂；与西班牙政府商量可否提供曾用于"好奇"号的天气传感器。

2014年6月28日，NASA在美国海军太平洋导弹靶场进行了低密度超声速减速(LDSD)技术(图8-7～图8-9)的首次近空间试验飞行，以评估未来火星任务的新着陆技术。该技术通过充气气闸和比"好奇"号登陆器大两倍的巨大降落伞，让尺寸非常大的登陆器安全登陆到火星表面。

图8-7　进行低密度超声速减速(LDSD)技术测试的碟状飞行器(图片来源：NASA/JPL)

图8-8　2014年6月28日，NASA进行低密度超声速减速(LDSD)
技术的测试(图片来源：NASA/JPL)

NASA在飞碟状登陆器上装备了最新的科研技术，称之为超声速充气气动减速器(SIAD)的革命性技术，通过环形外观的空气门阀能够将3.8倍声速下降到2倍。该碟状飞行器原型直径约为4.57m，飞行器利用一个巨大的氦气球从夏威夷岛起飞进入36km高的高空，然后再由飞行器上所携带的一个固体燃料火箭将其推送到55km高的空间。当它以超声速的速度下降时，其内部的一个内胎设备开始膨胀，飞行器直径会增加到6.1m，由此产生的大气阻力将其速度减到足以支持

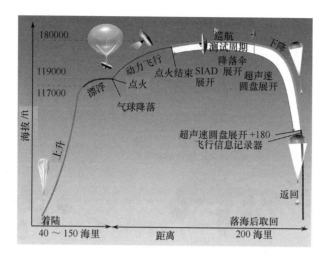

图 8 - 9　低密度超声速减速(LDSD)技术测试过程(图片来源:NASA/JPL)

一个超强降落伞的展开。

2014 年 8 月 8 日,NASA 公布了一份含大量视频的试验结果简报。试验中的超声速充气式气动减速器和气球降落伞(用于展开盘帆伞)的表现超出预期,研究人员也已从录像中了解了许多内容,观测到前所未有的现象,包括降落伞充气展开的基础物理现象。在了解了降落伞展开失败原因后,研究人员正在为下一次的飞行试验重新设计降落伞。NASA 将于 2015 年夏季进行 LDSD 的另外两次飞行试验,第一次试验的核心结构已经在 JPL 组装完毕。

8.2.4　火星取样返回(Mars Sample Return)任务

美国提出了火星取样返回(Mars Sample Return,MSR)探测设想,其雏形是 NASA 于 2003 年提出的火星生物学野外实验室(AFL),此后该方案历经多次修改,由 JPL 于 2009 年首次提出以 2018 年发射火星生物体探测器存储器(MAX - C)漫游车(样品采集车)为基础的三元火星取样返回任务方案。

2009 年,NASA 和 EAS 发布火星联合探测构想(Mars Joint Exploration Initiative,MJEI),宣布将结合 MAX - C(火星生物学探索 - 收集者)和 ExoMars(火星生物学)的相关技术,联合进行火星采样返回(MSR)任务。探测构想初步确定分 3 次分别发射漫游车(MAX - C)、着陆上升器和轨道器,原计划分别于 2018 年、2022 年和 2026 年发射。

8.2.4.1　漫游车

1) 任务背景

漫游车(MAX - C)(图 8 - 10)主要有两项任务:一是对采样地区进行详细的现场地址考察,搜寻火星上曾经有过生命的证据,对火星的地质演变、气候演变和宜居性等进行研究;二是选择、采集并存储样品,为今后的火星采样返回任务做准备。MAX-C原计划在2018年与欧洲的ExoMars探测器一同发射,但是由于预算的消减,这个探测计划在2014年被取消。

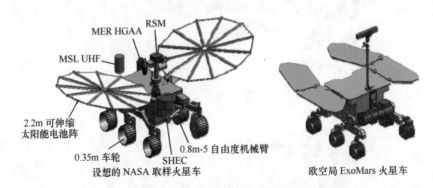

图8-10 原计划发射的火星漫游车示意图

这个探测器以太阳能提供动力,最大质量为300kg,,大部分是以火星科学实验室(MSL)的组件为基础,带有专为特定载荷定制的系统。MAX-C探测器将完成对火星上的太空生物体的探测,并且评估在火星的不同环境下,火星可居住的可能性,探测器将收集、归类和存储在未来任务中可能会被送往地球的样本。

2)任务目标

主要的目标是以物质和化学生物印记存在的可能性比较高的地方为选址,估计古环境的条件,描述生命信号保存的可能性,访问多样性的地质单元,寻找以往的生命迹象和生命起源以前的化学物质。收集、记录、打包能够在后续任务中有潜在可能被送到地球的样本。

首要的科学目标是选择在一个代表可居住性潜力高,并且物质和化学生物被保存的可能性比较高的地方探测生命的迹象。第二个科学目标是要得到火星表面的长期大气压数据。

3)科学载荷

探测器将携带足够的科学仪器来选择和存储样本。据推测有以下的测量方法和载荷套件:

(1)能够大概描述露出地面的岩层,鉴别它们的特征;

(2)能够收集露出地面岩层上的微小物,接触器(显微成像仪);

(3)用表面磨损的工具能够暴露风化的岩石表面;

(4)能够测量刮擦的岩石表面上的微小矿物质,接触器(拉曼光谱);

(5)能够测量刮擦的岩石表面上的大块化学元素,接触器(光谱仪);

(6)能够测量刮擦的岩石表面上的有机物,接触器(光谱仪);

(7)能够测量岩石上的微小结构(显微影像仪)。

4）探测器系统

MAX-C 探测器将主要依靠与继承 MSL 火星漫游车的设计,飞行设计、测试设计、最小化成本和风险的测试和处理硬件。这种太阳能探测器需要不小于 20km 的范围和至少 500 火星天的时间。由于火星上许多感兴趣的地质地形都暴露在火山口、通道和山坡的斜坡的分层上,计划让 MAX-C 任务拥有导航到斜坡 30°的能力是相当重要的。探测器质量大约为 300kg,与 ExoMars 探测器相差不大,但是比 MSL 的质量要小(图 8-11)。

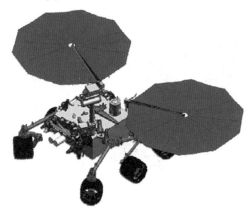

图 8-11 MAX-C 火星车概念图

5）样本采集与储存

将火星上的样品返回地球是火星任务的最高目标,然而火星样品返回任务的成本和风险很高。探测器将行驶到一个比较安全的地点对 20 个样本进行存储(图 8-12),便于在 2020 年后的某个时候由获取探测器找回。根据这种方案, MAX-C 探测器将要移动 10km。MAX-C 探测器将能够通过岩芯钻取和研磨来获取样本。使用放置在岩芯提取器的专用研磨钻头对表面材料进行研磨,探测器应该能够存储至少 38 个岩芯样本。

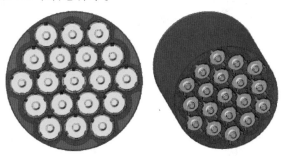

图 8-12 火星样品存储容器示意图(可容纳 19 组样品)

8.2.4.2 火星着陆上升器

着陆上升器主要由着陆平台、火星上升器(Mars Ascent Vehicle,MAV)和样品摆渡车组成。与 MAX – C 一样,着陆上升器也采用 NASA 于 2011 年发射的火星科学实验室(MSL)的巡航级开展星际飞行,并采用其空中吊车(Sky Crane)技术实现在火星表面的精确着陆。在着陆器最终下降和着陆阶段,在降落伞使其减速、防热大底分离后,着陆器从后壳脱离,数个可控发动机点火进行反向制动,着陆器进一步减速。当着陆器速度减为 0 时,触及火星表面实现软着陆(图 8 – 13)。

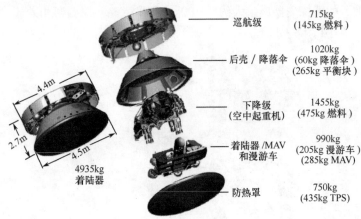

巡航级	715kg (145kg 燃料)
后壳 / 降落伞	1020kg (60kg 降落伞) (265kg 平衡块)
下降级 (空中起重机)	1455kg (475kg 燃料)
着陆器 /MAV 和漫游车	990kg (205kg 漫游车) (285kg MAV)
防热罩	750kg (435kg TPS)

4.4m
2.7m
4.5m
4935kg 着陆器

图 8 – 13　火星着陆系统示意图

1)着陆平台

着陆平台(图 8 – 14)的设计寿命为 1 年,装有与凤凰号探测器相似的机械臂、采样铲和桅杆相机等设备,也可收集并分析样品(图 8 – 15)。着陆平台主要由着陆器电子暖箱、太阳能电池阵、着陆器机械臂、火星上升器支架、取物车坡道等组成。

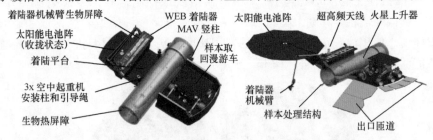

着陆器机械臂生物屏障
太阳能电池阵(收拢状态)
着陆平台
3x 空中起重机安装柱和引导绳
生物热屏障
WEB 着陆器 MAV 竖柱
样本取回漫游车
太阳能电池阵
超高频天线　火星上升器
着陆器机械臂
样本处理结构
出口匝道

图 8 – 14　火星着陆平台示意图

2)火星上升器(MAV)

火星上升器的质量为 267.5kg(包括样品容器的质量),由固体二级火箭发射,采用标准固态发动机(SRM)、三轴单组元推进系统,其任务是将 5kg 的样品容器送入 500km 的低火星轨道。上升器高 2.5m,从上至下依次是整流罩、样品容器、电子设备舱、Star – 13A 标准固体发动机、推力矢量控制器、Star – 17A 标准固体发动机、标准固体发动机点火器、推力矢量控制器等(图 8 – 16)。表 8 – 2 所示为 MAV 主要参数。

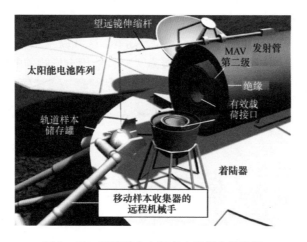

图 8 – 15　着陆平台上保存火星样本的容器

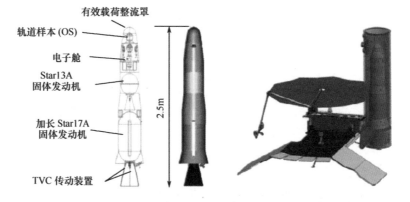

图 8 – 16　火星上升器组成示意图

表 8 – 2　MAV 主要参数

MAV 组成	质量/kg	描述	推力参数
第一级干重	27.7	电机箱、喷嘴、级间机构	21576.8N/285.7s
第一级推进剂	158.6	固体推进剂	喷口截面 0.032m²
第二级干重	38.4	电机箱、航电、有效载荷附加机构	6318.9N/285.5s
第二级推进剂	34.7	固体推进剂	喷口截面 0.0093m²
有效载荷整流罩	3.1	在 200km 高度抛掉	
有效载荷	5.0	样品与容器	

　　MAV 的上升轨迹(图 8 – 17、图 8 – 18)相对简单，与大多数的地球发射航天器轨迹不同，从地面到轨道过程不采用连续点火，而是分级两次点火。发射台清理之后(巡视器撤离)，第一级火箭从 0 时刻点火发射。一级点火机动后达到最优的俯仰角。依赖控制系统的使用，这一机动包括最优的滚转和偏航机动与俯仰机动协同。根据点火的最优控制区间，点火结束时的气动角为 0°。一级点火结束以后，

航天器接近远拱点,在第二级火箭开始点火前与第一级和有效载荷整流罩分离。目前的基准假定在 200km 高度进行分离,实际上这可以发生在离开火星大气后(大约在火星表面上方 100km)和第二级点火对性能没有影响前的任一时间。

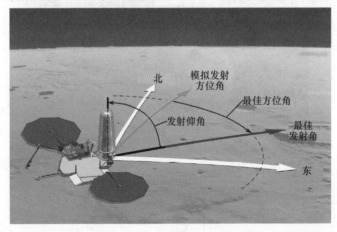

图 8-17 火星上升器发射示意图

图 8-18 火星上升器发射效果图

8.2.4.3 样品摆渡车

样品摆渡车的设计寿命为 1 年,任务使用 3 个月的时间从漫游车(MAX-C)上取回样品储藏罐。它采用了类似"火星探测漫游者"(MER)的设计,但装备了火星科学实验室的电子装置,比 MER 的自主驾驶能力有所增强,并增加了图像处理能力,还装有五自由度的机械臂。样品摆渡车可通过火星轨道器与地球进行 UHF 通信,还可在位于着陆平台附近时与着陆平台进行通信。

8.2.4.4 轨道器

轨道器包括地球返回器(ERV)和地球再入器(EEV),任务是捕获由着陆器的火星上升器释放的样品容器,然后携带样品容器返回地球(图 8 – 19 ~ 图 8 – 23)。

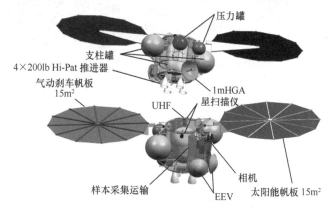

图 8 – 19 火星轨道器组成示意图

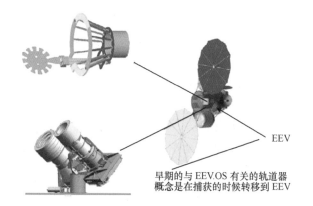

图 8 – 20 轨道器篮筐式捕获样品示意图

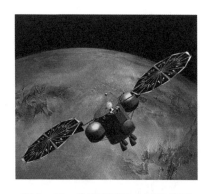

图 8 – 21 轨道器到达火星效果图

图 8 – 22 轨道器返回地球效果图

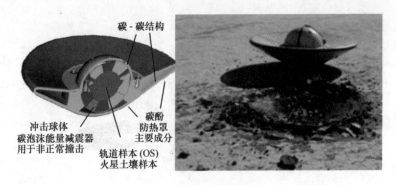

图 8-23　地球再入器示意图

8.2.4.5　任务规划

火星区域返回任务的过程(图 8-24)如下:

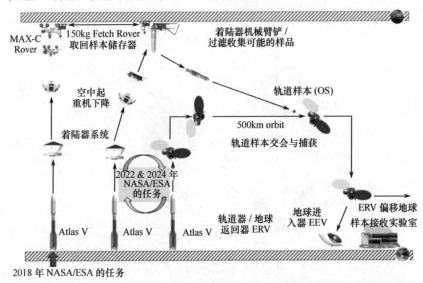

图 8-24　MSR 任务方案示意图

(1) 2018 年发射的 MAX-C 进入火星大气,抛弃巡航级,在火星表面软着陆,进行现场分析和样品收集。MAX-C 对一部分样品进行现场分析,将另一部分样品储存在样品储藏罐中等待摆渡车取走。

(2) 2022 年发射的着陆器在火星表面软着陆,进行现场科学探测,同时部署火星上升器和样品摆渡车。样品摆渡车寻找 MAX-C,从 MAX-C 中取得样品储藏罐,返回着陆平台。着陆平台将样品储藏罐密封后装入样品容器中,并将样品容器转移到火星上升器上。火星上升器从着陆平台发射,进入低火星轨道。

(3) 2026 年发射的轨道器进入火星轨道,绕火星运行,与火星上升器释放的样品容器在(500±100)km 高的火星轨道交会;轨道器的探测和捕获系统接收到

样品容器的信标信号,利用篮筐式装置捕获样品容器,并将其封装到地球再入器中。地球返回器飞越地球,抛掉推进模块,释放地球再入器,随后进入非返回轨道;地球再入器再入地球大气层,以硬着陆的方式在回收场区域着陆。

(4)地面人员回收样品容器,对火星样品进行分析和研究。

8.2.5 载人火星计划

8.2.5.1 任务概述

1) 20 世纪的载人火星计划

火箭专家沃纳·冯·布劳恩是历史上首位着手研究火星探测科技的人,《火星计划》与一些后续的著作内详细记录着他的构想。沃纳·冯·布劳恩计划将近千个三段式火箭从地球发射升空,随后在近地球轨道上建造太空站。

Aeronutronic Ford、通用动力公司及洛克希德公司在 1962 年曾研究一项火星探测计划,它也是马歇尔太空飞行中心主导的帝国计划的一部分。虽然帝国计划只是构想,但是该计划也是 NASA 首次详细探讨载人火星任务的可能性。

沃纳·冯·布劳恩在阿波罗计划成功后,曾提出一项载人火星任务计划来主导载人太空任务,他计划使用土星 5 号运载火箭将核热力火箭发射升空。后来美国总统尼克松取消该计划,转而支持发展航天飞机。

科罗拉多大学博尔德分校在"海盗"号登陆火星后,曾于 1981 年至 1998 年间进行一项称为 Case for Mars 的计划,提出从火星返回地球时使用火星资源来当作火箭燃料,该计划后来在美国太空航行学会(American Astronautical Society)出版的书籍中公布。一些后续的载人火星任务概念沿用了 Case for Mars 计划的设计,包含罗伯特·朱布林(Robert Zubrin)的"火星直击"概念及杰弗里·兰迪斯的"火星足迹"概念。

NASA 在 1989 年曾进行所谓的宇宙探索计划(Space Exploration Initiative),准备在国际太空站完成后进行载人月球及火星探测任务。这项研究被称为 90 天研究计划,但是外界批评该计划太过复杂且昂贵,后来该计划不了了之。

因为火星与地球之间的距离,所以火星载人探测任务比月球载人探测任务更加危险且昂贵。火星载人探测任务必须携带 2~3 年的燃料,而且太空船至少必须能够抵挡宇宙辐射。罗伯特·朱布林与大卫·贝克在 1990 年提出,计划使用火星大气层气体来当作火箭燃料,借此减轻太空船的质量及成本。后来罗伯特·朱布林将这个概念发展成"火星直击"构想,并于 1998 年创办火星学会(Mars Society)来提倡该计划。

NASA 在 1990 年代曾设计过几个载人火星任务,其中一个是火星设计参考任务 3.0 计划(Design Reference Mission 3.0),描述了载人火星任务的运作及技术概念。该火星设计参考计划沿用之前的设计概念,包括罗伯特·朱布林使用火星大气层气体的构想。

图 8 - 25 所示为艺术家想象载人太空船在火星上空对接。

图 8 - 25 艺术家想象载人太空船在火星上空对接

2) 21 世纪的载人火星计划

时任美国总统乔治·沃克·布什在 2004 年 1 月宣布一项载人探测计划,称为太空探测愿景,计划于 2020 年在月球建造前哨基地(图 8 - 26)。时任 NASA 局长麦可·格利芬(Michael D. Griffin)在 2007 年 9 月 24 日暗示将在 2037 年进行载人火星探测,从太空科学任务发展至载人火星探测所需的资金约为 110 亿美元。NASA 认为从月球发射太空船至火星可以减少成本。

NASA 在 2009 年的报告中,提出使用战神 5 号(Ares V)运载火箭(图 8 - 27)来发射猎户座太空船的构想。美国总统贝拉克·奥巴马于 2010 年 4 月 15 日在肯尼迪太空中心发表演说,认为美国在 2030 年代中期可以将宇航员送至火星轨道上,随后让宇航员登陆火星。美国国会也支持 NASA 新的发展方向,取消布什总统的 2020 年载人登月计划,转而计划在 2025 年进行小行星探测及 2030 年代进行火星探测。根据奥巴马载人航天新政,明确了载人火星探测时间节点,即 2015 年前研制重型运载火箭,2015—2020 年载人飞行试验,2020—2025 年研制新型航天器,2030 年后实现载人火星探测(图 8 - 28)。

火星的机器人探测已开展了 40 多年,NASA 的载人火星探测之路计划始于国际空间站。轨道实验室中的宇航员帮助 NASA 验证了许多载人深空探测(包括火星)所需的技术和通信系统。太空站也使 NASA 更加了解人体在太空中的变化和保护宇航员生命安全的措施。

从 2018 财年起,性能强劲的太空发射系统(SLS)火箭,可确保 NASA 通过这些试验场任务对新的能力进行试验。目前,NASA 正通过许多部署在火星上的机器人航天器和巡视探测器加深对火星的了解,为未来载人探测奠定基础。火星科

图 8 – 26　布什总统提出 2020 年载人登月，
建立月球基地，为载人登陆火星提供跳板
（图片来源：NASA）

图 8 – 27　计划用于载人登月的
战神（Ares）运载火箭
（图片来源：NASA）

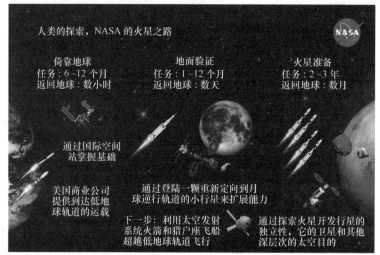

图 8 – 28　NASA 于 2014 年提出的载人火星之路，
目标在 2030 年代登陆火星（图片来源：NASA）

学实验室"好奇"号巡视探测器正在对火星表面的辐射能进行测量并将其送回地球。这些数据将帮助 NASA 了解保障进行火星探测的宇航员的措施。火星 2020 巡视探测器等未来任务将会寻找曾经的生命迹象，也将验证宇航员火星生存所需的新技术。美国全部的工程师和科学家正努力研究未来宇航员在火星上生活、工作和安全返回所需的技术。作为"全球探索路线图"的领导者，NASA 将以载人火星任务为驱动目标，协同国际伙伴和美国商业航天工业协调发展太阳系内的人类活动。

为了最终实现载人登陆火星的目标,NASA 最先开展的将是小行星捕获和再定向的机器人任务。乘坐猎户座航天器的宇航员将于 2020 年开展载人小行星探测和样本返回任务。该任务将帮助 NASA 试验新的系统和能力,如载人火星任务中运送货物所需的太阳能电推进(SEP)技术。

8.2.5.2　总体方案

美国 NASA 从 20 世纪 90 年代起就一直在进行载人探火任务的方案研究,称为设计参考任务(Design Reference Mission,DRM),广泛而深入地研究了载人探火任务的重要方面,并相继提出了一系列系统结构方案。DRA5.0 是美国目前为止最为先进的载人探测火星方案,该方案在继承了 DRM1.0 和 DRM3.0 的基础上,以战神 V、战神 I 和猎户座为基准,采用多次发射、多次对接的方式,设计了载人火星探测 900 天的任务。往返地火的星际载人飞行器将是人类历史上最为复杂的探测器,这种飞行器的研制将代表人类最先进的航天技术。

图 8 – 29 所示为宇航员在火星上进行实地科考构想图。

图 8 – 29　宇航员在火星上进行实地科考构想图

1) 载人火星任务飞行路线

NASA 的载人登火方案第一种是"合点型"路线(Conjunction Class),当地球和火星分别处在太阳的两侧时发射。该方案使整个任务需要燃料较少,因为在飞行途中太阳引力将提供一些帮助。宇航员将在 6 个月内到达火星,并在火星表面停留 18 个月(约 550 天),然后经过 6 个月的星际航行返回地球,总任务时间约 900 天。该路线的一个变种称为"长期滞留、快速转移"路线——即宇航员将沿同样的路线往返火星,但速度更快,需要更多的燃料和新型、效率更高的火箭。总任务时间保持不变(由地球和火星的位置和运动决定),较快的飞行过程将使宇航员尽量少受空间辐射危害,并有更多的时间停留在火星的表面。

第二种称为"冲点型"(Opposition Class)路线,在火星和地球处在太阳同一侧时发射。任务总时间 400 ~ 650 天,宇航员往返火星航程分别约需 6 个月,但在火星表面逗留仅有 30 天左右。冲点型路线的一个变种称为飞越金星路线——即可在地球和火星位于金星两侧时飞向火星,但是无论是去还是回,都要飞临金星并且利用它的引力。尽管这样可节约燃料,但机组人员在火星表面也只能停留不到 30 天,并将在飞行过程中因为靠太阳太近而暴露在较强的辐射中。

图 8 - 30 所示为两种奔火路线比较。

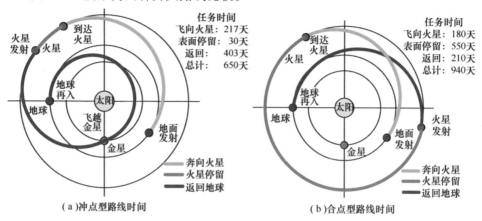

图 8 - 30　两种奔火路线比较

对于载人探火任务,选用合点型(长周期)路线还是选用冲点型(短周期)路线对整个飞行任务有着较为重要的影响。根据 NASA 的 DRM 5.0 计算结果,从 2030—2048 年间,共有 9 次登火窗口,在不同窗口开始载人登火任务。采用冲点型路线,最小机动能力需求为 8km/s,最大能力需求为 15.6km/s。采用合点型路线,最小机动能力需求为 6km/s,最大能力需求为 8km/s。采用合点型路线的总体能力需求较低,且机动能力需求变化范围小,可以采用相似的推进系统,使得登火任务继承性较好。从时间角度考虑,冲点型路线中,最大任务时间约 700 天,最小任务时间约 590 天,火星停留时间占总任务时间 5% 左右。合点型路线中,总任务时间相差不大,都在 900 天左右,火星停留时间约占总任务时间的 55%。从飞行任务总发射质量看,采用核热推进系统时,合点型路线总发射质量 825t,冲点型路线总发射质量 800t。而采用化学推进系统时,合点型路线的总发射质量约 1200t,而冲点型路线发射的总质量约 1300t。两种方案下的飞行器质量相差不多,这是由于虽然合点型路线中宇航员消耗的水、食物等较多,但其推进系统机动能力需求较冲点型路线要低,两相抵消,从而使得两种方案下的整体发射质量相差不多。总结上述各点,合点型路线具有下列优点:

(1) 合点型轨道投入产出比低,即采用较少的投入可获得较多的科学回报;

(2) 宇航员具有充足的时间探索火星表面,处理各类事件;

(3) 宇航员在宇宙射线辐射下的暴露时间较少,并且不存在其他未预知的对人类健康威胁的风险;

（4）不靠近近日点，减少辐射和热防护风险；

（5）整个过程加速制动能力需求低，每次加速/制动需求相近；

（6）对加速/制动过程的推力大小变化不敏感，因此整个任务体系更稳定；

（7）人员舱和货运舱规模相近，便于维护；

（8）返回飞行器的返回速度较低。

总之，尽管合点型路线投入资金更多，风险更大，但合点型路线较冲点型路线具有更多优点，可以取得更多的科学回报。

2）载人火星任务流程

根据载人登火任务，登火机组人员需要包括医护人员、科研人员、机械师等多个方面专业人员，因此登火机组人员最少6人。在合点型路线登火方案中，宇航员在火星表面停留550天；在冲点型路线登火方案中，宇航员在火星表面停留30天。整个登火飞船系统包括两艘货运飞船和一艘载人飞船，三艘飞船分批发射，其中第一艘货运飞船先行发射，并进入环火轨道；第二艘货运飞船和载人飞船在第二个奔火窗口发射，一同进入环火轨道。

登火任务第一阶段发射的货运飞船包括两个主要部分：火星表面下降/上升级（Descent/Ascent Vehicle，DAV）以及人员在火星表面的居住舱。由于整个货运飞船质量很大，需要地面将这两部分分批发射，然后在近地轨道组装成为载人登火任务的第一艘货运飞船。在近地轨道组装完毕之后，整个货运飞船在地火转移窗口到来之后进入最小能量奔火轨道。在飞船到达火星上方时，进入大椭圆火星轨道。人员居住舱停留在火星轨道上，并转入半休眠状态，等待宇航员到来。下降/上升级携带相应载荷在火星表面指定地点着陆。着陆后，下降/上升级首先进行状态自检，然后展开电力系统——核反应堆，为火星表面设备供电。同时，就地资源利用（In‑Situ Resource Utilization，ISRU）设备开始利用火星表面大气等资源，生产氧气、水及甲烷等后续任务所需要的物资。部分氧气、水等用于宇航员火星表面生存所需，剩余氧气及甲烷等用于补充下降/上升级中上升级离开火星时的燃料。

第二阶段发射的第二艘货运飞船由火星转移飞行器（Mars Transfer Vehicle，MTV）和火星转移居住舱两大部分组成。火星转移飞行器主要提供载人飞船往返地火之间需要的动力，火星转移居住舱提供宇航员在地火往返期间的居住空间。该飞船在第一艘货运飞船发射之后的下一个地火转移窗口之前发射，之间时间间隔约26个月。同样，该飞船由地面多次发射入近地轨道后，在近地轨道上完成组装，等待乘员舱发射入轨。

第三阶段发射宇航员及相应的乘员舱，进入近地轨道之后，乘员舱与第二次发射的火星转移飞行器对接组装。在对整个系统完成状态检测之后，宇航员由乘员舱进入火星转移居住舱，飞行器在地火窗口到来之后开始点火，进入地火转移轨道。

在火星轨道上，组装后的乘员舱、火星转移居住舱、火星转移推进飞行器与第一阶段发射的人员火星表面居住舱对接,宇航员进入人员火星表面居住舱,着陆火星表面,并开始工作。对于合点型路线,宇航员在火星表面驻留工作时间约550天;冲点型路线,人员工作时间约30天。在返回窗口到来之后,火星表面下降/上升级分离,宇航员乘坐火星表面上升级返回火星轨道,进入火星转移飞行器,返回地球。合点型路线下的整个飞行任务如图8-31所示,冲点型路线下的飞行过程和合点型路线基本一致,仅宇航员在火星表面停留30天。

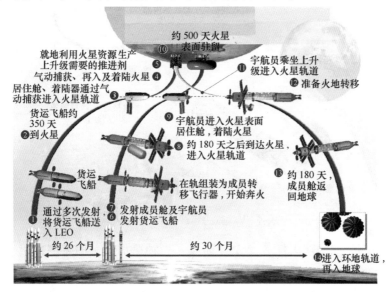

图8-31　合点型路线下载人登火任务流程

载人登火过程需要推进系统具有很高的总冲,并能够在较短时间内完成轨道加速、制动、修正等操作。可选的推进系统有核热推进系统(Nuclear Thermal Rocket)和化学推进系统,对地火转移飞行器分别采用这两种推进系统的质量初步比较,结果表明,采用核热推进系统能够减少总发射质量,因此建议采用核热推进系统。

8.2.5.3　系统组成

一般的载人飞船由三部分组成:轨道舱、返回舱和服务舱。美国阿波罗登月计划的飞船除了这三个舱以外还多了个登月舱。根据NASA的各项载人登火星计划,可将载人火星探测系统的组成分为六大组件,它们分别是大推力运载火箭(Heavy-Lift Launch Vehicle, HLLV)、火星转移飞行器(Mars Transfer Vehicle, MTV)、火星下降/上升级、乘员舱(Crew Exploration Vehicle, CEV)、地火转移居住系统(Mars Transit Habitat Systems, MTHS)、火星表面居住舱(Surface Habitation Systems, SHS)及火星表面应用系统。

1) 大推力运载火箭

在 DRM5.0 中,用于载人火星任务的重型运载火箭沿用了星座计划的战神(Ares)系列(图8-32)。它包括两个5段式可重复使用的固体火箭助推器,一个芯级采用的是5台RS-68B发动机,离地级(EDS)发动机为J-2X,以及一个整流罩。运载火箭起飞时初始质量约为3323t,长为110.3m。

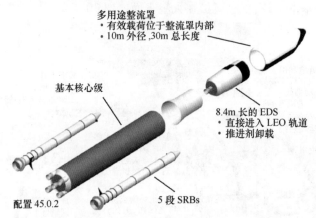

图8-32 "战神"V大推力运载火箭(图片来源:NASA)

为适应新时期的航天任务,NASA研发了一种更加先进的重型发射工具——太空发射系统(Space Launch System,SLS)。太空发射系统是一种从航天飞机演变而来的运载火箭,主要是为了取代已遭取消的星座计划,并取代已经退役的航天飞机。经过了美国2010年的授权法案之后,便打算将战神Ⅰ号与战神Ⅴ号改变成单一个可以载人与载物的运载火箭。最初的第一阶段以70t的星座计划载人任务为主,之后会发展出130t的货舱型版本。

在设计方案中,SLS用于把猎户座宇宙飞船和上面的重要货物以及科学实验装置送至地球轨道或更远的目的地,2014年1月15日,NASA公布了正在建设的全球最大火箭SLS的最新照片(图8-33),该火箭将用于发射更多行星探测器,并有望在未来人类登陆火星任务中扮演重要角色。

SLS使用液氢和液氧作为推进燃料,火箭的核心级(第一级和第二级)采用航天飞机上的RS-25D/E发动机,上面级(改进型号的第三级)则采用J-2X发动机。SLS还将选用固体火箭助推器来进行初始型号的试验性发射任务。初始型号的SLS可发射70t的有效载荷(图8-34),大约相当于40辆SUV车的质量。改进型号SLS的发射能力可扩展到130t(图8-35),相当于75辆SUV车,是一个约117m高、约3000t重的庞然大物,将成为人类有史以来最大的火箭,定于2017年首次试飞,此前的航天飞机、土星5号运载火箭都会相形见绌(图8-36)。

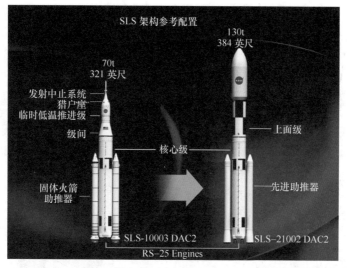

图 8 – 33　SLS 火箭初始型号(左,载人型)和改进型号(右,货运型)(图片来源:NASA)

图 8 – 34　70t 级 SLS 发射概念图(图片来源:NASA)

图 8 – 35　130t 级 SLS 发射概念图
(图片来源:NASA)

2) 火星转移飞行器

地面将火星下降/上升级、乘员舱等设备发射入近地轨道,并等待奔火窗口,进入地火转移轨道。这些飞行器进入环火轨道所需能量非常大,需要采用火星转移飞行器将它们送入火星轨道。进入火星轨道之后,火星表面上升/下降级、火星表面居住舱等设备着陆火星表面,火星转移飞行器停留在火星轨道上。宇航员执行完火星表面探测任务返回火星轨道后,然后进入乘员舱,再由火星转移飞行器将宇航员送回地球轨道。

火星转移飞行器是整个载人火星探测系统中质量最大的部分,它主要由推进系统组成。推进系统可选方案有核热推进系统(图 8 – 37)和化学推进系统

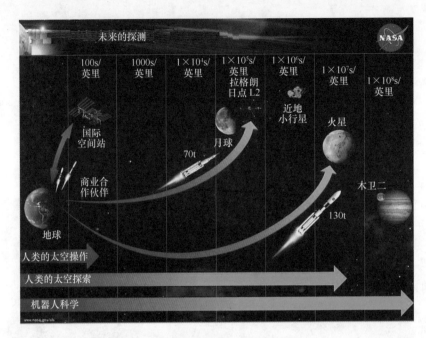

图 8-36 SLS 将用于未来的载人火星任务(图片来源:NASA)

(图 8-38),选用化学推进系统则需要更多的推进剂,导致总体发射任务更为庞大,因此建议选择核热推进系统。

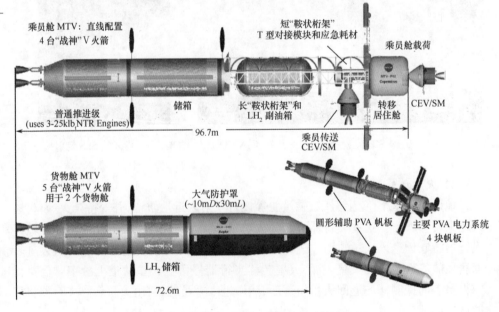

图 8-37 采用热核推进方案的火星转移飞行器

核热火箭是一种和同位素温差电源不同的能源系统。同位素温差电源是一种

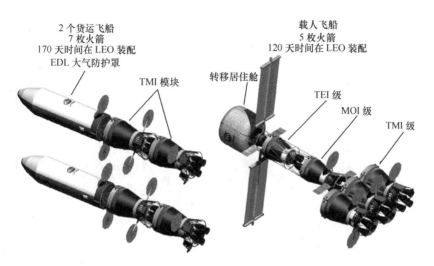

2 个货运飞船
7 枚火箭
170 天时间在 LEO 装配
EDL 大气防护罩

载人飞船
5 枚火箭
120 天时间在 LEO 装配

TMI 模块

转移居住舱

TEI 级

MOI 级

TMI 级

图 8-38　采用化学推进方案的火星转移及飞行器

核衰变过程,释放出的能量有限;而核热火箭利用的是放射性同位素裂变过程,在分裂成两个核子时能释放出巨大的能量。核热推进是一种性能优异的火箭推进系统,现代核热火箭的输出功率已达 1787MW,推力 334000N,足以满足载人探火任务。执行同样的载人火星探测任务,它的推进剂消耗量仅为化学火箭推进的24%,和电推进系统大致在同一个水平,但它能提供的推力已非电推进系统可比。与化学推进相比,核热火箭有着优异的性能,因此是载人火星探测首选方案。

　　图 8-37 给出的核热推进的空间运输方案。所有飞行器都有一个芯级推进级,通过 3 个核热发动机完成全部机动。推进级上有圆形太阳能电池阵,为关键分系统提供电源。需要 5 枚"战神"V 火箭来运输两艘货船,前两枚"战神"V 火箭运输核热火箭的芯级推进级,后三枚火箭运送两个液氢储箱。入轨后,两个储箱分离,与推进级对接。两个气动外形由最后两枚"战神"V 运送。

　　与载货转移飞行器不同的是,载人转移飞行器具备了防辐射措施。火星转移飞行器安装有大面积的太阳能电池翼,可提供 50kW 的电源,用于支持人员生命保障系统及其他消耗。

　　3)火星下降/上升级

　　火星下降/上升级包括下降级和上升级两部分,分别执行火星表面下降和火星表面上升两类任务。当地火转移级将宇航员、乘员舱、火星表面居住舱和其他设备从地球推到火星时,必须先"停留"在环绕火星的轨道上,不能直接着陆在火星表面。因为这时候的速度很大,如果不减速而让它直接着陆,必将冲击在火星表面而被撞得粉碎。为使所有这些载荷安全着陆,必须使用火星下降级进行减速。火星下降级由 4 部分构成:用于支持载荷的着陆器基础结构,用于火星轨道气动捕获的气动捕获设备,减速并实现软着陆的反推火箭,最后是用于移动载荷到指定位置的表面机动装置。

当宇航员完成火星探测任务以后,需要使用地火转移级将宇航员送入地球轨道。由于地火转移级等舱段停泊在环绕火星的轨道上,因此宇航员必须先到环绕火星的轨道。火星上升级(图8-39)用于将宇航员从火星表面送到火星轨道,并与在火星轨道上的乘员舱交会对接。火星上升级由一个上升推力系统组成,上升级需要的燃料部分由地球携带,另外一部分则由就地资源利用设备利用火星资源生产而成。

图8-39　火星上升级想象图

4)乘员舱

乘员舱(图8-40)是宇航员短期乘坐的飞行器,用于短期发射任务。在DRM5.0构型中,采用了猎户座作为乘员舱,它在载人登火中主要由四个工作阶段,按时间顺序分别是:①由地面进入近地轨道;②由环火轨道进入火星表面;③由火星表面进入环火轨道;④由近地轨道返回地球。

在2010年奥巴马总统下令取消星座计划一个多月后,NASA又接到指令继续猎户座飞船的研发。彼时猎户座相关技术已接近成熟,美政府希望这种原本用于登月的运输工具能改造成宇航员的紧急逃生设备,并在今后几年内将它送上国际空间站。猎户座飞船未来还将会用于包括小行星和火星在内的深空探测目标。

载人登火的猎户座采用的是载人登月猎户座的基准构型,但技术状态稍有改进。主要原因是返回速度不同,火星返回速度为12km/s,大于月球返回速度11km/s。其次,火星任务有6名宇航员,多于4名宇航员的月球任务,而且火星要带回至少250kg样本,要为样本腾出更多空间。因此在其他质量不减轻的情况下,火星飞行器本身要比月球飞行器重。

NASA新的猎户座飞船(图8-41~图8-43)将于2014年12月在肯尼迪航天中心发射,进行首次无人飞行试验。该猎户座宇宙飞船直径约5m,总质量约25t,其内部空间比阿波罗飞船大2.5倍,融入了计算机、电子、维生系统、推进系统及热防护系统等领域的诸多最新技术,还参考了航天飞机计划中所衍生出来的新型技术,但同美国已退役的航天飞机相比,猎户座的使用成本更加低廉,安全系数也相应提高了 10 倍左右,且与航天飞机一样可以回收再用。

图 8 – 40　基于载人登月计划
猎户座载人飞船的乘员舱

图 8 – 41　在装配中的猎户座宇宙飞船
（图片来源:NASA）

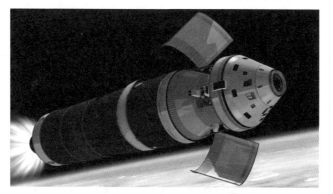

图 8 – 42　猎户座飞船和运载火箭上面级概念图(图片来源:NASA)

图 8 – 43　2014 年 8 月 3 日,加州附近海域,NASA 猎户座(Orion)飞船的测试版进行
回收测试,为 2014 年 12 月的发射测试做准备(图片来源:NASA)

作为 NASA 星座计划的重要组成部分,它将用以实现地球与火星或其他小行星之间载人飞行计划,向国际空间站输送 6 名宇航员,并能经由国际空间站再向月球输送 4 名宇航员。如果实验成功,人类登陆火星计划又将向前迈出一步。

5) 地火转移居住系统

地火转移居住系统是宇航员在由地球到火星或由火星至地球的转移过程中的居住空间。整个登火任务中,星际飞行时间约 400 天,因此,地火转移居住系统需要提供至少供宇航员消耗 400 天的物资。整个系统段分为两层,一层供宇航员居住,另一层供宇航员餐饮、锻炼及医疗护理等。舱内主要结构和设备有舷窗、舱门对接装置、配电系统、环控生保系统、废物处理系统、通信系统、储藏室、防宇宙辐射的安全装置、宇航员出舱活动用的气闸舱和进出通道等。居住舱内除储存有宇航员的生活必需品外,还装有生命保障系统、植物生长系统、医学监督和医学保障系统、舱外活动航天服、配电器材、信息管理系统、姿态控制系统以及宇航员的生活设施,如床、餐桌、烹调设备、体育锻炼设备和娱乐设备等。

6) 火星表面居住系统

火星表面居住系统供宇航员在火星表面居住时使用,对于冲点型路线任务,由于宇航员在火星表面停留时间较短,可以不采用独立的火星表面居住舱,而使用乘员舱作为临时的火星表面居住舱。对于合点型路线任务,宇航员在火星表面停留 500 天以上,必须要使用火星表面居住系统(图 8-44)。火星表面居住系统基本结构和地火转移居住系统类似,但需要根据火星探测任务对地火转移居住系统做适当改动。初步估计,火星表面居住系统质量在 21.5t 左右,耗电量约 12.1kW。

图 8-44　NASA 规划的火星人类居住基地

7) 火星表面应用系统

火星表面应用系统包括火星表面的核反应堆电力系统、就地资源利用设备、火星表面漫游车以及各种试验设备等。核电反应堆应能够提供 40kW 能量,其中有12kW 用于维持人员生保系统所需。为保护人员安全,需要将核反应堆远离人员居住舱,并加强核反应堆面向火星表面居住舱方向的辐射防护。火星表面漫游车要求能够探索 100km 范围,能续航 15 天以上。考虑到火星表面非平坦,漫游车并非走直线,需要能够航行 130km 以上。图 8 - 45 所示为 NASA 计划的载人火星任务想象。

图 8 - 45   NASA 计划的载人火星任务想象图

8.3   俄罗斯火星探测计划

俄罗斯在政府各项预算均大幅缩减背景下,仍然将火星探测作为其在深空探测领域展示实力、维持航天技术水平发展的重要手段。

8.3.1   火星生物学(ExoMars)任务

2013 年年初,欧空局与俄空局宣布共同开展欧洲地外生物研究漫游车(Exo-Mars)计划,它的任务是通过现场分析来寻找过去和现在的火星生命迹象,探测有机物、水和岩石成分,确定宇航员登陆火星可能会遇到的危险,并为火星采样返回任务作准备。该计划包括两次发射任务:①2016 年发射一颗微量气体轨道探测器和一组小型俄罗斯火星车;②2018 年发射一架大型 ExoMars 火星车,俄罗斯提供运载及进入器部分,具体包括热防护系统、推进模块、着陆平台部分,欧空局负责其中的大型火星车。

ExoMars2018 任务(图 8 - 46)中俄方承担的部分,还计划作为俄未来火星取样返回任务中第一阶段火星着陆任务

图 8 - 46   ExoMars2018 任务效果图

的技术验证项目,即俄罗斯远征火星任务的 MG - 1 探测器的巡航级、下降模块的防热大底和背罩等系统及产品。

8.3.2 "福布斯－土壤"2 号

2014 年 8 月 2 日,俄罗斯科学院航天研究所所长列夫·泽廖内宣布,未来 10 年俄罗斯将专注于研究月球和火星。泽廖内在当天开幕的国际空间研究委员会学术会议上表示,月球和火星将是俄罗斯 2016—2025 年航天研究的优先领域。

根据泽廖内提交的计划,2016—2018 年俄罗斯联邦航天局将与欧洲航天局一起落实关于火星的研究项目;在技术成熟的条件下,俄罗斯将于 2024 年左右重新发射"福布斯－土壤"2 号探测器(图 8 – 47),以完成从火星的卫星火卫一采集土壤并运回地球的任务。

图 8 – 47　"福布斯－土壤"2 号
探测器效果图

8.3.3 火星取样返回

8.3.3.1 任务概述

远征火星任务是俄罗斯进行火星取样返回的任务设想,包含两个探测,其中 MG – 1 着陆器进入、下降、着陆于火星表面,将在火表采集的样品通过上升器将样品舱释放进入轨道,待由 MG – 2 轨道器在轨道上捕获样品舱,逃逸火星轨道,携带样品返回地球。

MG – 1 着陆器的主要任务目标:火表就位探测,获取不同深度的土壤样品,将样品转移至上升器中配合 MG – 2 轨道器任务。

MG – 2 轨道器的主要任务目标:火星遥感探测,与 MG – 1 着陆器建立通信联系,在轨捕获上升器释放的样品舱,将样品转移至地球返回器,由再入器携带样品返回地球。

8.3.3.2 探测器系统

远征火星任务计划于 2024 年发射两组探测器,一个火星轨道器和一个火星着陆器,实现火星采样返回。

1)火星土壤 – 1(Mars Grunt – 1)

远征火星任务的第一阶段着陆任务由火星土壤 – 1(MG – 1)(图 8 – 48)完成,探测器主要由巡航级和下降模块组成(图 8 – 49),下降模板包含背罩、上升器、样品舱、着陆平台及防热大底等主要部分。

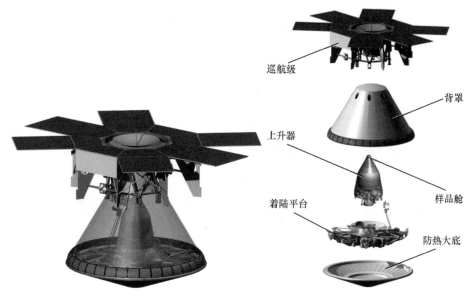

图 8 – 48　MG – 1 组合体构型　　　图 8 – 49　MG – 1 探测器组成

2）火星土壤 – 2(Mars Grunt – 2)

远征火星任务的第二阶段着陆任务由火星土壤 – 2(MG – 2)(图 8 – 50)完成，探测器主要由推进模块、轨道器、返回器、再入器及样品捕获舱等主要部分组成(图 8 – 51)。

511

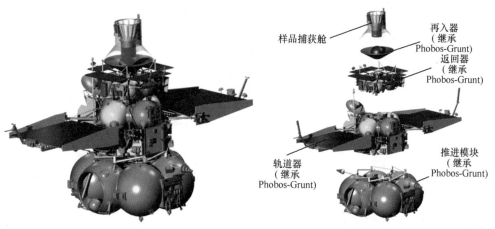

图 8 – 50　MG – 2 组合体构型

图 8 – 51　MG – 2 探测器组成

8.3.3.3　飞行过程

MG – 1 和 MG – 2 探测器的发射、巡航、进入、下降、着陆、上升等飞行过程如图 8 – 52 和图 8 – 53 所示。

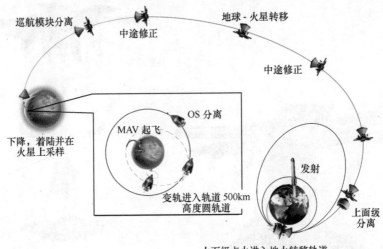

图 8 – 52　MG – 1 探测器飞行过程

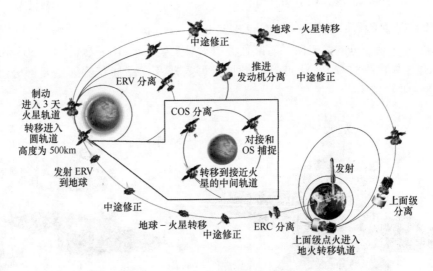

图 8 – 53　MG – 2 探测器飞行过程

8.3.4　载人火星任务

根据俄罗斯2040年前的空间探索规划,俄罗斯计划在2025年前进行载人登月,并于2027年至2032年间在月球建立永久性基地,在2035年后开始载人火星之旅。

8.4 欧洲火星探测计划

进入 21 世纪以来,欧洲空间局(ESA)发挥自身优势,开展了具有独自特色的火星探测活动。其中火星生物学(ExoMars)原计划是欧空局与 NASA 联合进行火星探测的一次重要深空探测活动,后 NASA 因经费原因退出,改由俄罗斯参与该计划。

8.4.1 火星生物学(ExoMars)任务

8.4.1.1 任务概述

火星生物学任务(Exobiology on Mars,ExoMars)(表 8 – 3)原来是欧空局"曙光"计划的第一个旗舰类任务,由 1 个固定式着陆器和 1 台火星车组成。该计划已于 2005 年由欧洲各国航天局长批准,原先拟定于 2011 年用俄罗斯的质子号 – Fregat 火箭发射。任务目的是寻找火星过去和现在的生命迹象,探测火星表面有机物、水和岩石成分,确定宇航员登陆火星可能会遇到的危险,并为火星采样返回任务做准备。ExoMars 的火星车将携带用来探测有机物的多种仪器和钻探设备,可以补充和显著地拓宽美国"好奇"号火星车的生物分析能力,成为发送到火星上最先进的生物学分析着陆器。

但该计划后来经历了一系列变化,探测方案和发射方式也在不断改变。在 2009 年欧空局和 NASA 达成了一项"联合探测火星倡议",后又与俄罗斯航天局签订 ExoMars 和"福布斯 – 土壤"两项计划合作的合同。2012 年 2 月奥巴马政府由于财政原因决定终止参与 ExoMars 计划,2013 年 3 月 15 日欧空局宣布俄方将参与 ExoMars 计划。

表 8 – 3 ExoMars 任务概况

探测器名称	ExoMars—2016	ExoMars—2018
任务类型	环绕器、着陆舱	火星车、着陆器
发射日期	2016 年 1 月 7 日—27 日	2018 年
到达日期	计划 2016 年 10 月 19 日	2019 年
探测器质量	环绕器 3130kg,着陆舱 600kg	火星车 270kg
运载火箭	质子火箭	质子火箭
科学载荷	轨道器:火星大气微量分子掩星光谱仪、火星大气全球成像系统、火星生物学气象探测仪、高分辨率彩色立体成像仪 着陆舱:DREAMS 气象包	全景摄影系统,火星次表层多光谱摄影机,火星有机分子分析仪,红外线摄谱仪,火星 X 射线衍射仪,拉曼光谱仪,透地雷达

根据欧空局最新的计划,ExoMars 计划将包括 4 个探测器,包括 2 个固定式着

陆器,1 个火星车,1 个轨道器,分别于 2016 年和 2018 年各用 1 枚俄罗斯质子号火箭发射。2016 年 1 月将发射 ExoMars 微量气体轨道器(Trace Gas Orbiter,TGO)(图 8 - 54)和进入、下降和着陆演示舱(Entry, Descent and Landing Demonstrator Module,EDM)。2016 年的发射任务主要是为了对实现火星表面安全软着陆的主要关键技术进行相关试验验证。2018 年发射 ExoMars 火星车(图 8 - 55)和俄罗斯着陆器。

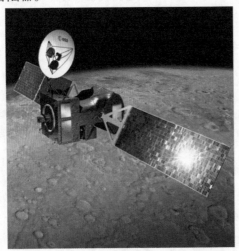 

图 8 - 54 2016 微量气体轨道器(TGO)　　　图 8 - 55 2018 ExoMars 火星车
　　　　　(图片来源:ESA)　　　　　　　　　　　(图片来源:ESA)

ExoMars 任务的主要科学目标是:探索火星过去和现在存在生命的生物迹象;分析火星次表层水和化学环境;研究火星环境以研判未来载人火星任务的危险性;研究火星浅表和深层地质状况以了解火星的演化和适居性;为未来的火星采样和返回任务做好准备。

ExoMars 计划的主要技术目标包括:将有效载荷安全着陆在火星表面的 EDL 验证技术;用一个火星巡视器实现火星表面的移动探测;实现火星次表层样品采集;具备对火星样本的获取、封装、转移以及分析能力。

8.4.1.2　科学载荷

2016 年任务

微量气体轨道器(TGO)用于火星大气分析,绘制火星大气中甲烷和其他微量气体的资源图,并帮助选择两年后火星着陆任务的着陆点。微量气体是指大气中浓度在百万分之一以下的气体粒种,这些微量粒种受到各种物理、化学和生物作用并参与生物化学的循环,对大气环境及生态有一定的影响。火星大气中的微量气体可以用作火星是否存在生命及研究地质演化的依据。

TGO 科学载荷包括:

（1）火星大气微量分子掩星光谱仪（Mars Atmosphere Trace Molecule Occultation Spectrometer，MATMOS）；

（2）火星大气全球成像系统（Mars Atmospheric Global Imaging Experiment，MAGIE）；

（3）火星生物学气象探测仪（ExoMars Climate Sounder，EMCS）；

（4）高分辨率彩色立体成像仪（High – resolution Stereo Color Imager，HiSCI）。

进入、下降和着陆演示舱（EDM）着陆将在火星沙尘暴季节进行，因为这是表征火星沙尘大气独一无二的好机会，同时将进行与沙尘环境相关的表面测量。EDM 的科学目标主要包括：确定从火星高空到表面的火星大气的密度、温度、气压和风场等关键参数特性；研究在沙尘暴条件下火星大气的主要特征。

EDM 舱着陆后将成为一个火星环境测量站，用站上 DREAMS 气象包的一整套传感器来进行火星大气环境测量，包括用以测量风速和风向的 MetWind 传感器、测量湿度的 MetHumi 传感器、测量压强的 MetBaro 传感器、测量表面温度的 MarsTem 传感器，并用 ODS 传感器（Optical Depth Sensor）测量大气粉尘浓度、研究电量对粉尘飞扬的作用和引发沙尘暴的机理，还将用 MicroARES 传感器首次进行火星表面电场测量。

2018 年任务

火星现在的环境对于生物在表面繁殖是相当不利的：火星表面太过于干冷，且表面暴露于强烈的紫外线和宇宙射线。尽管有这些险恶条件，低阶的微生物仍可能生存于被保护的地表下或者是岩石缝隙甚至岩石内。ExoMars 将使用多种科学仪器进行环境生物物理、火星过去与现在的适居性和可能的火星表面生物特征研究。ExoMars 首次的科学仪器提案（2004 年）包括：

1）全景摄影系统（Panoramic Camera System，PanCam）

该摄影系统用来合成数位地形图用于火星车的导航，并研究火星岩石表面可能的古生物活动造成的地质特征。该系统有两台广角相机拍摄多光谱立体全景图像，以及一台高分辨率摄影机拍摄高解析彩色影像。PanCam 也可拍摄火星车难以到达区域（如撞击坑或岩壁）的高分辨率影像，以支持其他仪器的科学测量。另外也可以协助选择进行太空生物学研究的最佳地点。

2）火星有机分子分析仪（Mars Organic Molecule Analyzer，MOMA）

包含一个激光脱附离子源和气相层析质谱分析仪。激光脱附离子源可以使有机分子蒸发，即使该种分子并非挥发性。气相层析质谱分析仪则可以用气相层析的方式分离出高挥发性的小分子。最后分析出来的分子将以四极离子阱进行分析。

3）红外线光谱仪（Infrared imaging spectrometer，MicrOmega – IR）

红外线光谱仪可以用红外光谱分析用钻孔机收集的矿物粉末。可使用该仪器对矿物组成进行详细研究以了解火星某区域的地质演进、构造以及成分。这些资料将会是了解火星过去和现在地质作用和环境的关键。因为该仪器也有摄影的功能,也可使用该仪器来确定火星表面特定的砂石颗粒,并且可将这些砂石作为火星有机分子分析仪和拉曼光谱仪的观测目标。

4) 火星 X 射线衍射仪(Mars X – Ray Diffractometer,Mars – XRD)

该仪器包含一个 X 射线荧光光谱仪以分析矿物内原子组成信息,X 射线衍射可以精确测定晶体矿物的成分。

5) 拉曼光谱仪(Raman spectrometer,Raman)

拉曼光谱仪可以有效判定形成过程和水相关的矿物,它将作为红外线摄谱仪的补充,以提供地质和矿物成分信息。

6) 透地雷达(Water Ice and Subsurface Deposit Information On Mars,WISDOM)

透地雷达用来探测火星表面以下状况以判定地层和选择适合的地层进行取样本分析。进入地下的电磁波会在土壤电磁参数突然改变的地方反射,科学家可依照电磁波反射状况以建立地表下可能的地层图并选定地表下 2 ~ 3m 的探测目标,以配合钻孔深度最深可达 2m 的钻孔机。探测资料将与全景摄影机和收集的样本分析资料整合以协助钻孔探测。

7) 火星表面下研究多光谱摄影机(Mars Multispectral Imager for Subsurface Studies,Ma – MISS)

Ma – MISS 是一台安装在钻孔机内的红外线摄谱仪,它可以观测钻孔机所钻出的孔壁以研究火星地层、确定火星地表的物理环境、矿物的分布与状态。

8.4.1.3 探测器系统

2016 年任务

1) 痕量气体轨道器(TGO)

痕量气体轨道器(图 8 – 56)是基于 Thales Alenia Space(TAS)通信卫星进行设计的。探测器发射质量为 4330kg(包括着陆舱 EDM)。

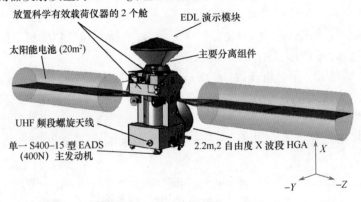

图 8 – 56 痕量气体轨道器(TGO)

轨道器使用肼和氧化剂的推进系统进行三轴控制,包括一台 400N 发动机和 20 个 10N 反作用控制推力器。轨道器使用 20mNs 的反作用飞轮进行精确的指向控制。

两块太阳能帆板只能单轴控制,保持大部分时间对日定向。一个 2.2m 高的高增益天线具有两个自由度,保持大部分时间对地定向,使用 X 波段高速下传科学数据。一个 UHF 天线用于轨道器和火星车之间的通信。一个低增益全向天线用于着陆器或火星车的中继。

在 2018 年或 2019 年火星车着陆后,TGO 将降低飞行高度,在进行科学探测的同时,还为火星车及 EDM 着陆器提供通信中继。2022 年之前 TGO 轨道器将一直作为未来火星着陆器任务的中继卫星。

图 8 - 57 所示为火星生物学任务联合探测器组成示意图。

2)进入、下降和着陆演示舱(EDM)

EDM 的主要任务是验证火星着陆器控制方向和降落速度的技术。在探测器进入火星大气层后,舱内释放出降落伞,基于雷达多普勒高度仪传感器和探测器惯性测量单元,通过闭环制导、导航和控制系统控制一组推力器,以脉冲方式开启 - 关闭,实现半软方式着陆。该着陆舱拟定在火星梅里迪亚尼平原(Meridiani)着陆,该地区平坦少岩石,是气囊式着陆的理想地点。俄罗斯将为 EDM 着陆器提供同位素温差电池,使该着陆器可以在火星表面持续工作数月。

作为 EDL 验证任务的主要组成部分,EDM 是一个质量为 600kg 的钝形体进入器,由一个半锥角 70°的钝头前体结构和一个半锥角为 47°的圆锥形后体结构组成(图 8 - 58)。EDM 的外直径为 2.4m,着陆火星的表面平台直径为 1.7m。

8 . 4
欧洲火星探测计划

517

图 8 - 57   ExoMars 联合探测器组成示意图   图 8 - 58   EDM 组成示意图

EDM 主要由热控系统、后体、降落伞系统、表面平台、前体和前体分离机构等部分组成。其中表面平台质量为 300kg,由平台结构、反推控制系统、电子和电源系统、数据储存系统、导航制导与控制传感器、UHF电子通信设备、热控系统和表面传感器单元组成。

8.4.1.4 任务规划

2016年任务

ExoMars的2016年任务包括一个微量气体轨道器（TGO）和EDM验证着陆器。表8-4给出了主要事件的日期安排，表8-5给出了整个任务速度增量的预算，总计约2.5km/s。

表8-4 ExoMars 2016计划发射任务主要事件表

事件	日期
发射窗口	2016年1月7—27日
深空机动	2016年5月20—29日
TGO-EDM分离	2016年10月16日
EDM着陆	2016年10月19日
TGO火星捕获	2016年10月19日
捕获后第一次经过近火点	2016年10月23日
捕获后第二次经过近火点	2016年10月27日
开始大气制动	2016年11月8日
大气制动结束，科学观测段开始	2017年6月25日
科学任务段结束（1个火星年30天）	2019年1月13日
2018 ExoMars火星车到达	2019年1月15日
任务结束	2022年12月31日

表8-5 2016 ExoMars计划速度增量预算

机动	速度增量/(m/s)
火箭入轨误差修正	25
巡航段导航误差修正	25
深空机动（DSM）	574
轨道器重新瞄准机动（ORM）	20
火星捕获制动（MOI）	1277
火星轨道维持	25
轨道倾角机动	137
远火点降低机动	136
进入科学轨道的大气制动	120
未来任务的数据中继	120
总计	2459

1）巡航至火星

在 EDM 和 TGO 的组合体飞往火星的巡航过程中，EDM 处于休眠状态，主要是为了减少主电池的能量消耗。TGO 负责与地球的通信，并为 EDM 提供所需能量。

在组合体到达火星前 3 天，EDM 通过旋转分离机构与 TGO 分离。分离后 EDM 具有一个 0.3m/s 的相对速度和 2.5r/min 的自旋角速度。EDM 在分离后到进入火星大气层的时间约为 3 天，具体取决于 EDM 在分离后进行的轨道修正。这一阶段对于火星着陆的精度非常关键，本阶段最为重要的动作是利用 EDM 后体上的太阳敏感器对惯性姿态进行测量。EDM 在到达火星大气进入点之前相关系统被激活，为 EDL 阶段执行相关工作程序做好准备。

2）进入、下降与着陆

EDM 在与 TGO 分离后将以双曲线轨道进入火星大气层。EDM 的目标着陆点是火星子午线平原区域（6.15°W，1.82°S），目前科学家已经较为全面掌握该区域的地形和大气特性，在此区域着陆可以将危险性降到最低。着陆点误差分布椭圆半长轴小于 50km。

EDM 在分离后进入、下降和着陆程序如图 8 – 59 所示。

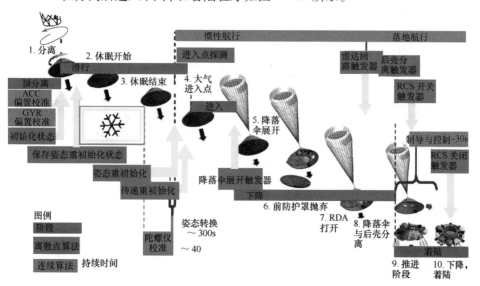

图 8 – 59　EDM 在分离后的进入、下降和着陆过程

在距离火星表面 120km 高度的火星大气进入点，EDM 的最大相对速度为 5.827km/s，当 EDM 以双曲线轨道进入火星大气后，到速度达到 1.8 ~ 2.1Ma 时，直径为 12m 的盘 – 缝 – 带降落伞开伞。当降落伞温度速度后，EDM 防热罩分离。随后安装在 EDM 表面平台上的多普勒雷达高度计开始工作，将获得的数据传输至惯性测量单元中，经过 GNC 算法计算得到 EDM 动力下降段点火的高度。当到达

此高度时,EDM 表面平台分离,开始最后动力下降段的阶段,此时高度约为 1400m,速度约为 80m/s。

在动力下降段,EDM 使用 9 个 400N 单组元发动机进行减速下降,最终在高度 1.5m 处垂直速度和水平速度降至零。此时反推发动机关机,EDM 表面平台自由着陆到火星表面。EDM 表面平台下方的缓冲蜂窝夹层结构将进一步减小着陆时的冲击。这种压缩吸能结构具有质量轻、体积小、简单可靠和低成本的优点。

EDM 表面平台上安装有多个传感器,总质量约为 6kg,在着陆后通过传回的工程数据可以对飞行轨道进行重构。

(1) GNC 系统。

EDM 的关键执行动作有两个:确定降落伞装置的开伞时间;发送指令并控制动力下降段序列。这两个动作主要依靠 EDM 上 GNC 系统的两个传感器——惯性测量单元和多普勒雷达高度计来实现。

GNC 系统启动开伞的功能主要是通过基于加速度测量的一种算法来实现。该算法简单可靠,能够确保降落伞装置在正确的马赫数 – 动压条件下展开。

GNC 系统控制动力下降段工作的功能主要是通过几个特殊的驱动程序来实现。EDM 相对火星表面的高度和速度都由雷达高度计获得,但其测量精度是变化的,当 EDM 下降到 10m 以下高度时,雷达高度计的精度就不能够满足任务要求了。

着陆段 GNC 系统工作结束后 EDM 的技术状态指标见表 8 – 6。

表 8 – 6　着陆段 GNC 系统工作性能指标

性能指标	GNC 系统能力	着陆系统要求指标
高度误差/m	0.70	1.25
垂直速度误差/(m/s)	0.51	1
水平速度误差/(m/s)	1.05	2
姿态/(°)	4.9	9
角速度/(°/s)	7.4	11

(2) 着陆系统。

EDM 的着陆系统包括一个被动着陆装置(可压缩缓冲结构)和一个主动着陆装置(单组元肼推进系统)。推进系统使 EDM 在高度为 1.5m 时速度降为 0m/s。

着陆缓冲系统由一种层压的可压缩缓冲材料构成,这种材料在冲击过程中将冲击能量吸收后产生变形,以达到缓冲目的。在反推发动机点火结束后,EDM 平台将以 4m/s 的速度着陆,使用可压缩缓冲材料能将该速度带来的冲击降到最低,并承受最大 40g 的冲击过载。

3) 火星表面科学任务段

EDM 没有放射性同位素能源和太阳能帆板,在任务所有阶段都由主电池供

电,因此 EDM 在火星表面的工作寿命只有 4 个工作日。

　　EDM 的通信系统在着陆后的表面科学任务段提供可靠的链路以实现 EDL 阶段所有数据(100Mbit)和表面科学任务段的所有数据(50Mbit)的传输。

8.4.1.5　任务进展

　　2013 年 3 月 14 日,欧洲航天局局长与俄罗斯联邦航天局局长签署正式协议,俄罗斯替代美国与 ESA 合作开展 ExoMars 火星计划,双方同意均衡分担建造不同任务元素。欧洲航天局将提供 2016 年任务中的 TGO 和再入、下降及着陆演示器模块(EDM),负责建造 2018 年任务中的运送航天器和巡视探测器。俄罗斯航天局负责在 2018 年任务的下降模块和表面平台,并为两次任务提供运载火箭。合作双方将提供科学仪器,并将就任务科学探索进行密切合作。NASA 将为 ExoMars提供重要的援助,包括为 TGO 提供 Electra UHF 无线电,为 EDM 提供火星近距链路通信和工程技术支持。

　　2013 年 10 月,参照 ExoMars 2018 的火星探测任务计划,ESA 在智利阿塔卡马沙漠开展了火星车试验(图 8 - 60),所使用的漫游车叫布里奇特(Bridget)。阿塔卡马沙漠作为地球上最干燥的地区之一,其自然环境与火星很相似。火星车上装有全景 3D 照相机、近景摄影机、能够提供地下土壤三维视图的雷达。这些仪器能够选出最适合开钻的区域,以便收集地下样本。这些远离地表辐射和高氧化物影响的样本可能含有远古或者现今生命的标志物。试验获得了遥控火星车上科学设备的经验。

　　2014 年 3 月 30 日,ESA、英国航天局、空客防务与航天公司在英国斯蒂夫尼奇(Stevenage,UK)开启最先进的火星表面试验场为火星车的模拟试验做准备。空客防务与航天公司位于斯蒂夫尼奇的火星表面试验场,共有 300t 沙土,30m × 13m大,模拟了火星地表景观外貌。试验场内部遍布岩石障碍,为发展复杂环境下的导航提供足以媲美实境的训练场地。试验场的墙壁、门和内表面都涂上了红棕色,尽可能确保火星车的导航相机处于媲美火星实境的环境中。

　　2014 年 6 月,ExoMars 的 TGO 在位于法国戛纳泰雷兹·阿莱尼亚宇航(公司)的洁净室进行装配(图 8 - 61),包括由 NASA 提供的两个多区无线电导航系统超高频无线电中继。

　　2014 年 7 月,作为全球第二大航天公司的空客防务与航天公司(ADS)完成了欧洲首次 ExoMars 任务(2016 年)所需的两个防热罩。该防热罩的作用是在斯基亚帕雷利(Schiaparelli)舱穿过火星大气下降的过程中为其提供保护。两个防热罩将被运至代表 ESA 的主承包商泰勒斯·阿莱尼亚航天公司(TAS)。

　　斯基亚帕雷利舱的防热罩由 ADS 的航天系统组研制的。ADS 作为 ExoMars任务(2018 年)巡视探测器的主承包商之一,还参与巡视探测器的研制工作。ExoMars巡视探测器将能够在火星表面实现自主导航,研究过去或现在的生命迹象。

图 8 - 60 ESA 在智利阿塔卡马沙漠
开展火星车试验(图片来源:ESA)

图 8 - 61 TGO 在洁净室进行装配
(图片来源:ESA)

ADS 已在行星探测领域积累了无以伦比的专业知识,如曾成功研制出 2005 年着陆土卫六的惠更斯所用的防热罩。ADS 以早期用于地球和其他行星大气进入研究为基础,正在研究下一代热防护材料和系统,用于外星球或空间站的样品返回。

斯基亚帕雷利舱的前防热罩直径为 2.4m,质量为 80kg,由覆盖 90 片 Norcoat liege 防热瓦的碳夹层结构组成。在进入大气阶段,该材料将承受超过 1850℃ 的温度。在质量仅 20kg 的后防热罩中,包含一个下降段展开的降落伞。后防热罩由固定在碳结构上的 12 种不同型号的 93 片防热瓦构成。探测载荷集成在前防热罩中,并在发射准备的最终组装前完成后防热罩的装配。斯基亚帕雷利舱也被称为进入、下降与着陆验证器(EDM),不仅将演示欧洲在火星表面着陆的能力,还将通过其上的科学设备增进对火星的了解。在这类任务中,大气进入段是至关重要的,两个防热罩在本次验证中起重要作用。

8.4.2 载人火星计划

根据 2001 年 11 月 ESA 部长级理事会批准的"曙光"计划,ESA 最终将在 2030 年左右实现载人登上火星的梦想。但由于欧洲是一个多国集合体,ESA 的管理方式和 NASA 具有很大的差别,ESA 的计划经费来源于各成员国的承诺,这种承诺在国与国之间、不同年份之间的变异很大。这种体制决定了它的大型空间计划只能在比较宽松的环境下以多阶段的方式操作。所以 ESA 迄今为止未制定出由它们独立完成的载人登月和登火计划。然而,这并不意味着欧空局对载人探火的意愿不强烈,他们的策略是希望以国际合作的方式来实现,ESA 将在其中提供关键的技术,发挥关键的作用。

2004 年由 ESA 组织的关于载人探火的多学科研究班子,完成了一项称为"载人探火任务研究"（Study for a Human Mission to Mars）的研究工作,比较清晰地勾画了它们的开发思路。该方案是一项 6 名宇航员完成的历时 965 天的探火任务,其特点是立足于目前已有一定基础的技术,暂不考虑采用核动力、电推进、火星上资源利用、充气式居住舱等技术。该方案的不足之处是仅由 3 名宇航员登陆火星表面,并且仅停留 30 天,届时另 3 名宇航员将在绕火星轨道中工作。表 8 - 7 列出任务的主要参数和指标,其中不包括将任务组件发射到低地轨道的运载火箭的有关数据。

表 8 - 7　ESA 规划的载人探火任务情况汇总

性能参数		值
机组	机组的总人数	6 人
	着陆火星的机组人数	3 人
质量分配	转移居住舱的质量/t	（湿重）66.7,（干重）56.5
	火星漫游飞行器的质量/t	46.5
	返回地球舱的质量/t	11.2
	消耗品的质量/t	10.2
	推进剂的质量/t	1083
	推进系统的质量/t	130
	支撑结构的质量/t	19.7
	离开地球时总的质量/t	1357
	采集的样本/kg	65
飞行轨迹	离开地球	2033 年 4 月 8 日
	到达火星	2033 年 11 月 11 日
	离开火星	2035 年 4 月 28 日
	到达地球	2035 年 11 月 27 日
	在火星表面停留时间/d	30
	向火星轨道转移的 ΔV/(m/s)	3639
	火星轨道入轨的 ΔV/(m/s)	2484
	向地球轨道转移的 ΔV/(m/s)	2245
	进入地球大气层的速度/(m/s)	11505
发射和装配	总的发射次数	28
	低地球轨道发射质量/t	1541
	低地球轨道装配时间/a	4.6

8.4　欧洲火星探测计划

8.4.2.1　运载火箭

ESA 将采用俄罗斯的能源号运载火箭作为该任务的主要运载器。由能源号火箭将载人探火飞船的各个模块部件分多次运送到低地球轨道,在轨道上完成组装后飞往火星。能源号火箭是一种两级式运载火箭,包括中央芯级与助推器,起飞质量2400t,向200km低地轨道发射有效载荷的能力为80t,整流罩直径6m,长35m。虽然该运载火箭已经停产,但将其再次投入使用所需的工作量肯定要比重新开发一种具有同等性能的运载火箭低得多。

8.4.2.2 任务组件

载人火星探测需要的主要探测器包括推进舱模块、转移居住舱模块和火星漫游飞行器(MEV)三部分,其任务组件结构如图8-62所示。

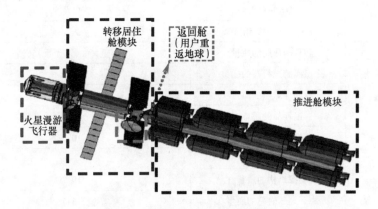

图8-62 载人探火任务的组件

1) 推进舱模块

推进舱模块为载人探火飞行器组件离开地球轨道后的各阶段飞行提供动力,它由3个子舱构成,即TMI子舱、MOI子舱、TEI子舱,见图8-63。

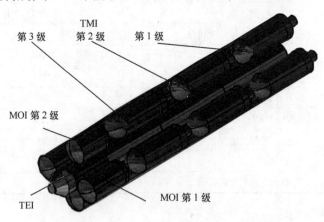

图8-63 推进舱模块组成

TMI即火星轨道转移推进,TMI子舱提供向火星轨道转移的动力,由3个串联级组成,每个串联级包括 4 个相同的 Vulcain-2 低温发动机和 1 个支持结构,每台发动机重 80t(含推进剂 70.7t),推力 130 万 N,比冲 450s,这 4 台低温发动机同时工作,为探火飞行器提供了强大的动力。

MOI 子舱提供火星轨道推进和最后轨道机动的动力,由 2 个并联级组成,每个级包括 2 个相同的 RD-0212 可储存推进剂发动机和 1 个支持结构,推力 612kN。每个第一级发动机重 80t(含推进剂 76.3t),第二级重 50t,含推进剂 47.7t。

TEI 即地球轨道转移,TEI 子舱提供向地球轨道转移的动力,包括 1 个可储存推进剂发动机和 1 个支持结构,其发动机和 MOI 子舱的第一级发动机完全相同。

2)转移居住舱模块(THM)

转移居住舱模块包括转移居住舱和地球再入舱两部分,是 ESA 规划的载人探火任务的核心,它在巡航期间为生命保障、通信、数据处理等提供基本功能,并且是登火和返回地球途中宇航员居住的空间。

转移居住舱由一个中心圆柱体构成,大部分的设施和设备都安装在其内部,还有两个起连接作用的节点,它们的内部安装着其他的任务组件,同时也为机组人员提供了额外的空间。在紧急情况下,这几个部分都可以被密封。太阳风暴屏障设施也包括在这些部分中,从而在太阳粒子活动期间保护机组人员。

地球再入舱(ERC)用于机组人员再入地球大气层和着陆期间任务,ESA 在规划时只考虑 11.2t 的参考质量,该舱的外形基本上类似放大的阿波罗飞船。

3)火星漫游飞行器(MEV)

火星漫游飞行器可运送三名宇航员在火星表面着陆,并在 30 天后重新飞向火星上空,与转移飞行器交会对接。MEV 总长 12.1m,直径 6m,总重 46.5t,内含推进剂 20.5t。它主要由以下 3 个组件构成:火星上升飞行器(MAV)、表面居住舱(SHM)和降落舱(DM)。

火星上升飞行器(图 8-64)的座舱设计参照了联盟号飞船的座舱设计。它的座位与火星漫游飞行器的纵轴垂直,从而使宇航员能够承受最大的机动过载。起飞轨迹在设计上力求将起飞质量降至最低。飞往绕火星轨道与在轨飞行的转移居住舱对接,最后返回地球。它主要由座舱(宇航员在降落期间也在此舱内)和一个两个级式推进舱组成,可提供 5 天的生命保障。

表面居住舱(SHM)是个圆柱形舱体(图 8-65),它是宇航员在火星表面停留期间的居住场所(30 天,加上 7 天用来处理紧急情况),配备了生命保障系统和舱外活动设备,舱体内部安装有着陆系统(减速火箭和着陆支架)。它可与火星上升飞行器座舱对接,还配备了在火星表面进行舱外活动所需的气闸舱。

降落舱(DM)主要由离轨推进系统、可膨胀隔热层、后盖以及降落伞构成,它还带有与火星上升飞行器连接的接口。通过执行脱轨机动,降落舱可实现火星漫游飞行器进入大气层后的降落和着陆。它能提供所需的气动特性,并为进入大气层和降落提供热保护。由于着陆的质量很大,因此需要防热。

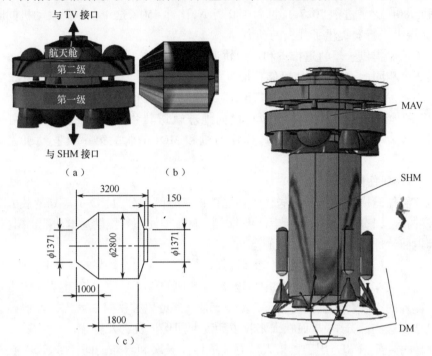

图 8-64   火星上升飞行器(a)
座舱(b)和尺寸(c)

图 8-65   表面居住舱内部结构详图

8.5   日本火星探测计划

日本的"希望"号火星探测任务失败后,日本宇宙航空开发机构(JAXA)提出了 MELOS(Mars Exploration with Lander – Orbiter Synergy)探测器方案(图 8-66), MELOS 包括 1 个轨道器和 4 个小型着陆器,计划在 2020 年左右发射。

图 8-66   日本 JAXA 联合多所大学正在研制的火星车(图片来源:JAXA)

8.6   印度火星探测计划

2014 年 7 月 17 日,印度空间研究组织负责人宣布,印度将在 2017 年到 2020 年启动第二个火星探测项目。

8.7   阿联酋火星探测计划

据美国媒体 2014 年 7 月 16 日报道,阿联酋计划建立航天局并在 2021 年以前向火星发射首个阿拉伯航天器,以庆祝建国 50 周年。

阿联酋称,阿联酋火星探测器代表了伊斯兰世界进入太空探索的纪元。此举将证明阿联酋有能力为人类带来新的科学贡献。阿联酋的目标是在 2021 年以前进入航空航天领域的领先国家行列。在航空航天及太空探索领域构建技术能力,进入航天工业,利用航天技术,以加强国家的发展计划。

向火星发射探测器对于任何航天机构来说都是一个很大的挑战,特别是作为首次太空任务。目前,还不确定阿联酋是否有能力建造这样一个探测器,有可能需要与外国公司合作。阿联酋已在发展航天技术方面投入了大量资金,其中包括通信与遥感卫星技术。这些工作由阿联酋先进科技研究院(EIAST)牵头负责。阿布扎比是阿联酋的七个酋长国之一,已为英国维珍银河公司投资了 3.9 亿美元,该公司正在研发亚轨道旅游飞船太空船二号,并计划在阿联酋建造一个航天发射场发射太空船二号。

8.8   中国火星探测计划

继"萤火"1 号(YH - 1)任务之后,中国官方尚未发布有关未来火星探测计划的消息。但是 2013 年 9 月 23 到 27 日在北京举行的第 64 届国际宇航联(IAC)大会上,中国航天科技集团董事长许达哲在中国专场"中国航天发展与展望"的全体会议中作了关于中国航天的报告,透露了关于中国深空探测的最新消息。报告中提到中国 2030 年前将进行火星探测、深空太阳观测、小行星伴飞和着陆、金星探测、木星探测和火星取样返回等多个深空探测项目,其中规划中国在 2018 年左右将进行第一次火星探测,探测器包括轨道和巡视器,2020 年左右将发射深空太阳天文台,2020 到 2025 年之间先后进行小行星伴飞和附着探测器和金星探测器的发射,2025 年到 2030 年先后进行木星探测器和火星取样返回探测器的任务。

此前在 2010 年 10 月 21 日,以"火星探测"为主题的第三届中国空间技术论坛在北京召开。作为论坛的主办方,中国空间技术研究院院长杨保华在致辞中表示,实施自主火星探测将是中国继探月工程之后的又一个具有重要里程碑意义的重大航天活动,开展火星探测是航天技术发展的必然趋势和重要使命,也是实现中国航天跨越式发展,推动科学研究深入的重要保证。

在论坛上,中国科学院院士欧阳自远表示,中国应根据现有基础,在首次火星探测中开展全球性、整体性和综合性的火星探测,为研究火星与类地行星的演化积累科学证据。在这一原则指导下,要实现四大科学目标,即火星表面地形地貌及其变化的探测与测绘,火星表面矿物质岩石分布调查和资源分析,火星表面和大气中的水或水冰探测与研究,火星物理和大气层探测。

"嫦娥"1号月球探测器总设计师叶培建院士在论坛上表示,在中国自主火星探测方面应开展7项研究:火星探测器在后续深空探测规划中如何定位;在火星探测任务设计中如何权衡技术创新与技术继承;在火星探测任务中如何权衡独立自主与国际合作;如何克服执行火星任务中存在的通信路径损耗大、信息传输速率受限的困难;如何克服执行火星任务中存在的时间延迟大、无法对探测器实时监控的困难;如何保证火星探测任务实施的关键环节——捕获制动;火星新环境中几个重点考虑因素,主要包括火星引力场模型、火星热流模型和火星大气模型。

在这次论坛上,中国空间技术研究院还公布了瞄准2013年11月发射的火星探测方案。该火星探测器以"嫦娥"1号探测器平台为基础,综合应用月球探测一、二期工程技术,探测器发射质量约为2350kg,干重1040kg,可携带约110kg有效载荷。整个火星探测任务飞行流程如下:探测器直接由运载火箭送入地火转移轨道,并在该轨道上飞行约10个月;期间,经过2~4次中途修正,最后实施火星轨道捕获;捕获后,探测器进入环绕火星运行的大椭圆轨道,并在此后的1~2月内进行轨道调整,最终形成工作轨道,并在此轨道上开展为期1~2年的火星探测。

而刊载于2011年第2期《上海航天》杂志上的一篇论文则提出了上海航天技术研究院基于"萤火"1号技术的自主火星探测器方案,文章提出在"十二五"期间,中国将在积累YH-1火星探测器技术的基础上进一步开展自主火星探测,用中国研制的运载火箭将环绕器运送到火星轨道,并主要依靠中国的深空站完成深空测控任务。其总目标是:成功自主发射火星环绕器;通过光学等手段,对火星地形地貌进行成像,为比较行星学的研究搜寻相关依据;初步建立国内深空测控体制,使火星环绕器技术趋于成熟;在此基础上,初步建立国内适应深空的测控、运载、发射场和地面应用等各大系统,形成中国深空探测体系;以光学为主,通过环绕器对火星表面进行普查和详查,对成像类载荷分辨率、谱段及探测区域与国外已有成果进行互补;配合环境类载荷,认识火星空间环境,掌握第一手科学数据。

该方案的自主火星探测器系统由环绕器和推进舱组成,上部为环绕器,下部为推进舱,其构型如图8-67、图8-68所示。探测器巡航期间的轨道机动和修正,以及到达火星引力场后的制动和轨道修正均由推进舱实现,环绕器采用基于HY-1火星探测器的SAST100增强型平台,可携带较多较大的有效载荷,进入火星轨道后,开展环绕火星的科学探测。

图 8 - 67　基于 YH - 1 的火星
　　探测器收拢发射状态构型

图 8 - 68　基于 YH - 1 的火星探测器
　　　展开状态构型

该火星探测器采用长征三号乙运载火箭发射,探测器的发射质量 1700kg,环绕器质量 300kg,推进舱 1400kg。探测器飞行期间长期功耗 280W,短期功耗 500W,初步设计寿命为 3 年。

推进舱采用外承力筒结构。氧化剂箱和燃料箱间隔布置。主发动机安装在储箱之间,仪器舱设备布局于舱体内。姿控发动机置于推进舱舱壁。外承力筒结构推进舱储箱采用球柱形储箱,用双法兰面连接。推进舱采用 4 个体积 280L 的球柱形表面张力储箱、单台推力 490N 的主推力器,进行轨道控制。该推进舱与火箭采用直径 ϕ1666mm 接口,与环绕器采用 4 只爆炸螺钉的连接接口。环绕器控制推进舱的工作,并对推进舱供电。

该火星探测器由长征三号乙运载火箭直接发射至地球双曲线逃逸轨道,沿地火巡航轨迹至火星影响球内,经减速制动被火星捕获,捕获轨道为远火点高度 60000km、近火点高度 400km 极火大椭圆轨道,然后多次调整进入远火点高度 2600km、近火点高度 250 ± 50km、轨道倾角 95° ± 5° 的第一工作轨道,进行各种科学试验探测。推进舱燃料耗尽后,地面上行指令实施推进舱与环绕器分离,环绕器依靠自身携带的燃料主动变轨并验证大气制动技术进入远火点高度 600km、近火点高度 250 ± 50km、轨道倾角 95° ± 5° 的第二工作轨道,在更低轨道进行科学试验探测。自主火星探测器在巡航段及变轨段过程中均进行相应的科学探测。

图 8 - 69 所示为基于 YH - 1 的火星探测器方案飞行过程示意图。

该论文指出,基于 YH - 1 火星探测器 + 推进舱的自主火星探测方案,在充分继承 YH - 1 火星探测器已有成熟技术的基础上,对关键技术进行了可行性分析,总体方案合理可行,通过了中国航天科技集团公司的专家评审,满足 2013/2016 年发射工程任务的需求。

尽管中国空间技术研究院和上海航天技术研究院各自提出了火星探测器方案,但是截至 2014 年 8 月,中国官方尚未公开透露何时发射中国自主火星探测器的消息。据《科技日报》2013 年 12 月 17 日报道,中国探月工程总设计师吴伟仁表

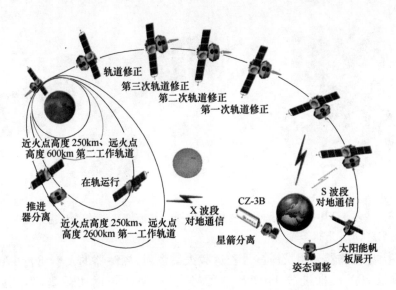

图 8 - 69　基于 YH - 1 的火星探测器方案飞行过程示意图

示,中国已经具备火星探测能力,是否探测、何时探测,取决于国家财力和政策的支持。

另据人民网 2014 年 5 月 15 日报道,"嫦娥"1 号探测器系统总设计师兼总指挥叶培建院士在北京呼吁,中国在火星探测领域落后于印度,而中国科学家有技术能力在 2018 年实现"既能绕又能落"的火星探测。叶培建透露,中国航天科研团队目前已经有了比较具体的方案。

8.9　私人火星探测计划

8.9.1　灵感火星(Inspiration Mars)计划

灵感火星计划(图 8 - 70)是首位以私人身份登上国际空间站的美国亿万富翁、前 NASA 工程师丹尼斯·蒂托(Dennis Tito)发起的耗资 10 亿美元的火星游非盈利性私人计划,他计划于 2018 年发射一艘飞往火星的载人飞船,并为非盈利性的"火星鼓励基金会"(Inspiration Mars Foundation)提供两年的资金支持,剩余的资金将通过私人来源募集。这项火星任务将有两名宇航员,飞船从地球发射 228 天后抵达火星,距离火星最近处约为 100km,同时利用火星的引力将飞船"甩回"地球,返程为 273 天时间,总旅程为期 501 天。

按照计划,此次火星之旅将采用艾隆·马斯克的太空探索技术公司(SpaceX)正在研制的重型猎鹰火箭。太空探索技术公司女发言人克里斯蒂娜 - 拉在接受《今日美国》采访时说:"SpaceX 与灵感火星基金会并没有建立合作关系。不过,SpaceX 向来就是持一种开放态度,为致力于太空探索的顾客提供全面的发射服务。"

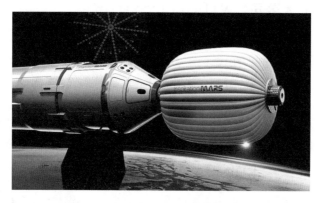

图 8-70　灵感火星载人飞船概念图

Tito 团队为了验证 1.4 年快速自由返回轨道的可行性,使用 STK 的高精度的轨道动力学模型进行仿真,得到了最优地球-火星自由返回轨道窗口,轨道示意图如图 8-71 所示。2018 年 1 月 5 日从地球发射,经过 228 天飞行后,2018 年 8 月 21 日飞越火星(图 8-72),飞越火星也就是引力助推的过程,返回轨道需要飞行 273 天,最终于 2019 年 5 月 21 日返回地球。

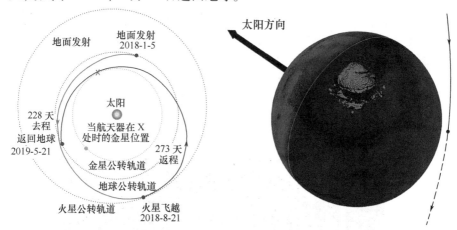

图 8-71　灵感火星计划的火星自由返回轨道　　图 8-72　飞越火星示意图

NASA 尚未对蒂托公布的火星之旅细节作出回应,但是在回应灵感火星计划和 NASA 之间合作可能性相关问题时,NASA 曾发布过一份措辞谨慎的声明,宣称"将继续与对方展开讨论,研究 NASA 可以如何就共赢的活动展开合作,借此推动 NASA 的载人航天计划、航空技术以及火星探测项目。"声明还专门提到:"本机构尚未就发射设备方面对灵感火星计划作出任何承诺"。而曾负责 NASA 火星探测任务的斯坦福大学的斯科特·哈伯德教授认为,灵感火星基金会的技术报告"长于灵感,短于技术细节,有待调整"。

8.9.2 Space X 公司红龙(Red Dragon)计划

2011 年 7 月,NASA 下属的埃姆斯研究中心(Ames Research Center)提出了一个低成本的火星任务设想,在这一设想中将使用 SpaceX 公司的重型猎鹰火箭作为发射和火星入轨载具,运送龙(Dragon)飞船进入火星大气层(图 8 − 73)。

图 8 − 73   Space X 公司的龙(Dragon)宇宙飞船进行载人登陆火星想象图

SpaceX 公司在 2002 年由艾隆·马斯克创立,其目的在于利用商业航天的路线打造出低成本的发射业务,将近地轨道任务的价格降到最低。该公司开始从近地轨道向火星迈进,其研制的龙二代飞船具备独特的软着陆能力,不像联盟和神舟飞船那样无着落支架。

龙飞船(图 8 − 74)是一个由 SpaceX 开发的航天器。它在 2010 年 12 月成为首个由私人公司发射进入轨道并返回地球的航天器。龙飞船的外形是一个传统的钝锥形弹道胶囊与一个鼻锥形帽设计,打开后能实现国际空间站的商业轨道运输服务。最多可载 7 名机组人员。能够携带 3310kg(包含燃料则为 6000kg)有效载荷及 $14m^3$ 货物到近地轨道,采用 18 个德拉科推进器,防热板使用酚碳烧蚀材料。

图 8 − 74   龙飞船在近地轨道上效果图

从目前的发展看,SpaceX 公司具备了将航天器送入轨道的能力,该公司打造的"猎鹰"(Falcon)9号火箭成功完成了数次航天发射(图8-75),并实现了龙飞船与国际空间站的对接任务。

图8-75　Space X公司"猎鹰"9号火箭发射场景

"猎鹰"9号火箭(图8-76)的两个子级均采用液态氧和煤油作为燃料。"猎鹰"9号火箭的低地球轨道运载能力为13150kg,而地球同步转移轨道的运载能力为4850kg,属中等能力的运载火箭。2014年3月,Space X公司宣布将试飞一枚号称是目前私人航空公司制造的最重的新型火箭——重型猎鹰(Falcon Heavy)火箭。重型猎鹰火箭外观与SpaceX的标准火箭"猎鹰"9号火箭类似,但在芯级两

图8-76　"猎鹰"9号采用了9台灰背隼发动机

边捆绑了另 2 枚"猎鹰"系列火箭当作助推器。重型猎鹰火箭的动力强劲,能够将 53000kg 有效载荷送入近地轨道。SpaceX 试飞重型猎鹰火箭的最终目的就是登陆火星。它能够使用 27 台灰背隼(Merlin)发动机向火星运送 13200kg 的物资。

SpaceX 公司同时也在测试可重复使用火箭,该火箭被命名为"蚱蜢"(Grasshopper),在发射升空后可自行着陆,可以预见可重复使用火箭技术将被用于火星登陆,宇宙飞船进入火星大气后可调整姿态垂直降落。

艾隆·马斯克表示自己的太空公司 SpaceX 将有望在 2026 年将第一批人类送上火星。艾隆·马斯克表示,无论 NASA 的火星探测成果如何,他的 SpaceX 太空船将于 2026 年将人类带上火星。

8.9.3 荷兰"火星"一号(Mars one)计划

"火星"一号计划是由荷兰一家私人公司宣称的所主导的火星探索移民计划,目的是在火星建立永久殖民地。按照"火星"一号计划,火星第一批移民将在 2015 年确定,共包括 6 批人,每批由 4 人组成。此后,他们将开始为期 7 年的火星登陆准备工作。从 2016 年到 2020 年,将有机器人被送往火星,它们将在火星上建造居住区和服务区。"火星"一号计划在 2016 年首先发射火星通信卫星,进行几个阶段任务后,最终于 2023 年建立永久殖民地。火星首批移民将于 2022 年从地球上起飞,并于 2023 年到达火星,到达火星需要航行 7 个月。第一批火星移民将包括 2 男 2 女。此后每隔 1 年,其他 5 批移民都将被送上火星。"火星"一号项目为单程之旅,没有回程。

"火星"一号项目通过其官网招收移民志愿者,志愿者提供一段 1min 左右的个人介绍视频,并需根据不同国家缴纳 5 ~ 75 美元不等的报名费。项目还计划通过真人秀节目选出最终 4 名志愿者。"火星"一号计划于 2013 年 12 月 10 日在美国召开新闻发布会,宣布与美国洛克希德·马丁公司、英国萨里卫星技术有限公司(SSTL)展开合作,委托他们设计火星探测器和通信卫星。"火星"一号计划于 2014 年 1 月 2 日宣布,已经从 20 万报名者中初选出 1058 人,允许他们参加第二轮选拔,并最终选出 24 人登陆火星。

"火星"一号项目陆续受到了一些媒体和学者的质疑,认为这很可能是一场商业骗局,理由包括:其公司注册于 2011 年,雇员仅 CEO 一人、注册地点为 CEO 所居住的民居,表示报名费用不会退还,而且该机构也没有足够的科学经验和经济实力,将宇航员送上火星的各种风险极大目前还难以实现等。针对"骗局"的说法,有媒体调查后发现,"火星"一号项目的工作仍在稳步推进。"火星"一号计划还受到了各种各样的批评,主要是有关技术的及财务的可行性。在 2014 年 1 月,德国前宇航员乌利希·瓦尔特为道德上的原因强烈批评了该项目。在和柏林《每日镜报(Der Tagesspiegel)》的谈话中,他估计活着到达火星的概率只有 30%,而三个月以上的的存活概率低于 20%。

结 束 语

自 1960 年苏联发射人类第一个火星探测器开始,在过去数十年中,苏联/俄罗斯、美国、欧洲、日本、中国以及印度相继开展了火星探测任务。尤其是随着航天技术的进步,20 世纪 90 年代至今,火星探测任务的次数越来越多,基本上每个发射窗口(间隔 26 个月)均有火星探测器发射,任务次数已超过同期月球探测,火星已成为深空探测任务中最重要的探测目标之一,并且探测方式及技术手段越来越完善和多样化。技术发展方面,已实现了火星飞越、环绕、着陆、巡视勘察等多种形式的探测;科学研究方面,在火星大气、地形地貌与地质构造、表面物质、内部结构等方面取得了丰富的成果。未来的火星取样返回和载人登陆火星计划也在酝酿之中。

通过国际合作,中国的火星探测事业已经起步。在继承嫦娥探月卫星和"萤火"1 号火星探测器研制的基础上,通过重点领域的补缺可能以较快的速度进行中国自主的火星探测。纵观人类的火星探测史,我们可以充分借鉴世界各国发展过程中成熟的经验,详细考察研究各国遵循的技术途径,吸取各国探测征程中得到的教训。以和平利用外层空间、促进人类文明和社会进步为宗旨,以科学探索和工程技术发展需求为牵引,坚持自主创新,重点突破,通过开展以火星探测为重点的深空探测活动,构建深空探测科学和技术体系,促进原创性科学成果的产生,实现中国航天技术新的跨越。围绕中国未来火星探测任务规划,重点突破深空测控通信、自主导航与控制、长期自主管理、行星际飞行轨道设计、特殊环境适应和有效载荷等技术,具备环绕、着陆、巡视、取样返回等探测技术能力。相信在不久的将来,中国的火星探测器必将到达这颗红色的星球,为帮助人类进一步认识宇宙贡献力量。

附录　全球已执行火星探测任务汇总

序号	发射日期	探测器名称	国别	任务类型	结果
1	1960.10.10	"火星" – 1960A（Marsnik 1）	苏联	飞越火星	发射失败
2	1960.10.14	"火星" – 1960B（Marsnik 2）	苏联	飞越火星	发射失败
3	1962.10.25	"火星"1962A（Mars – 1962A）	苏联	飞越火星	发射失败
4	1962.11.1	"火星"1（Mars – 1）	苏联	飞越火星	在巡航轨道 失去联系
5	1962.11.4	"火星" – 1962B（Mars – 1962B）	苏联	火星着陆器	发射失败
6	1964.11.5	"水手"3（Mariner – 3）	美国	飞越火星	发射失败
7	1964.11.28	"水手"4（Mariner – 4）	美国	飞越火星	首次成功飞越火星
8	1964.11.30	探测器2（Zond – 2）	苏联	飞越火星	在巡航轨道 失去联系
9	1965.7.18	探测器3（Zond – 3）	苏联	飞越火星	通信系统故障与 地球失去联系
10	1969.2.25	"水手"6（Mariner – 6）	美国	飞越火星	成功飞越火星
11	1969.3.27	"水手"7（Mariner – 7）	美国	飞越火星	成功飞越火星
12	1969.3.27	"火星" – 1969A（Mars – 1969A）	苏联	可能是火星着陆器	发射失败
13	1969.4.2	"火星" – 1969B（Mars – 1969B）	苏联	可能是火星着陆器	发射失败
14	1971.5.8	"水手"8（Mariner – 8）	美国	火星轨道器	发射失败
15	1971.5.10	"宇宙" – 419（Cosmos – 419）	苏联	火星轨道器	进入地球停泊轨道， 没有进入地 火转移轨道
16	1971.5.19	"火星"2（Mars – 2）	苏联	火星轨道/着陆器	着陆失败， 轨道器运行正常
17	1971.5.28	"火星"3（Mars – 3）	苏联	火星轨道/着陆器	着陆器和环 绕器均部分成功
18	1971.5.30	"水手"9（Mariner – 9）	美国	火星轨道器	首次成功环绕火星
19	1973.7.21	"火星"4（Mars – 4）	苏联	火星轨道器	捕获制动失败
20	1973.7.25	"火星"5（Mars – 5）	苏联	火星轨道器	部分成功
21	1973.8.5	"火星"6（Mars – 6）	苏联	火星轨道/着陆器	着陆失败
22	1973.8.9	"火星"7（Mars – 7）	苏联	火星轨道/着陆器	着陆失败

序号	发射日期	探测器名称	国别	任务类型	结果
23	1975.8.20	"海盗"1(Viking-1)	美国	火星轨道/着陆器	首次成功软着陆
24	1975.9.9	"海盗"2(Viking-2)	美国	火星轨道/着陆器	成功软着陆
25	1988.7.7	福布斯1(Phobos-1)	苏联	火星轨道器/飞越火卫一/着陆	在巡航轨道与地球失去联系
26	1988.7.12	福布斯2(Phobos-2)	苏联	火星轨道器/飞越火卫一/着陆	部分成功
27	1992.9.25	"火星观测者"(Mars Observer)	美国	火星轨道器	在接近火星时与地球失去联系
28	1996.11.8	"火星全球勘测者"(Mars Global Surveyor)	美国	火星轨道器	成功
29	1996.11.16	"火星"96(Mars-96)	苏联	火星轨道/着陆器	发射失败
30	1996.12.4	"火星探路者"(Mars Pathfinder)	美国	火星着陆器	成功
31	1998.7.3	"希望"号(Nozomi)	日本	火星轨道器	失败
32	1998.12.11	"火星气候轨道器"(Mars Climate Orbiter)	美国	火星轨道器	坠入火星大气
33	1999.1.3	"火星极地着陆器"(Mars Polar Lander)/深空2(Deep Space-2)	美国	火星着陆器	着陆失败
34	2001.4.7	"奥德赛"(Odyssey)	美国	火星着陆器	成功
35	2003.6.2	"火星快车"(Mars Express)	欧洲	火星轨道/着陆器	成功
36	2003.6.2	"勇气"号(Spirit)	美国	火星巡视器	成功
37	2003.6.8	"机遇"号(Opportunity)	美国	火星巡视器	成功
38	2005.8.12	火星勘测轨道器(Mars Reconnaissance Orbiter)	美国	火星轨道器	成功
39	2007.8.4	"凤凰"号(Phoenix)	美国	火星着陆器	成功
40	2011.11.9	"福布斯-土壤"/"萤火"1号(Phobos-Grunt/Yinghuo-1)	俄罗斯/中国	火卫一着陆器/火星轨道器	发射后进入停泊轨道,俄探测器点火失败未能变轨进入地火转移轨道
41	2011.11.25	火星科学实验室(Mars Science Laboratory)	美国	火星巡视器	成功
42	2013.11.08	"曼加里安"(Mangalyaan)	印度	火星轨道器	成功
43	2013.11.18	火星大气与挥发物演化探测器(MAVEN)	美国	火星轨道器	成功
44	2016.03.14	痕量气体轨道器(TGO)	欧空局/俄罗斯	火星轨道/着陆器	飞行途中

参 考 文 献

[1] Paolo Ulivi, Harland. Robotic Exploration of the Solar System Part 1: The Golden Age 1957 – 1982[M]. Praxis Publishing,2007.

[2] Paolo Ulivi, David M. Robotic Exploration of the Solar System Part 2: Hiatus and Renewal 1983 – 1996[M]. Praxis Publishing,2009.

[3] Paolo Ulivi, David M. Robotic Exploration of the Solar System Part 3: Wows and Woes 1997 – 2003 [M]. Praxis Publishing,2012.

[4] Edward Clinton Ezell, Linda Neuman Ezell. On Mars, Exploration of the Red Planet, 1958 – 1978, The NASA History[M]. Dover Publication,INC. 2009.

[5] Scott Hubbard. Exploring Mars, Chronicles from a Decade of Discovery[M]. The University of Arizona Press. 2011.

[6] Rod Pyle. Destination Mars, New Exploration of the Red Planet[M]. Prometheus Books. 2011.

[7] Nadine G. Barlow. 火星:关于其内部、表面和大气的引论[M]. 吴季,等,译. 北京:科学出版社,2010.

[8] 侯建文,张晓岚,王燕,等. 火星探测征程[M]. 北京:中国宇航出版社,2013.

[9] 焦维新,邹鸿. 行星科学[M]. 北京:北京大学出版社,2009.

[10] Report from Mars Mariner 4 1964 – 1965. NASA Report.

[11] To mars: the odyssey of mariner iv. JPL Technical Memorandum No. 33 – 229.

[12] Mariner Mars 1964 project report – Mission operations. JPL Technical Report No. 32 – 881.

[13] Robert B. , Leighton, Bruce C. Murray, Robert P,Sharp. Mariner IV Pictures of Mars. Mariner Mars 1964. Project Report: Television Experiment, Part 1. Ivvestiators' Report. NASA Technical Report 32 – 884.

[14] Mariner Mars Encounter. NASA Press Kit. Release No:65 – 227.

[15] Mariner Mars 1964 Project report – Spacecraft performance and analysis. NASA Technical Report No. 32 – 882.

[16] Schutz F L,et al. Mariner – Mars Science Subsystem. NASA Technical Report No. 32 – 813.

[17] Dennis A. TITO Trajectory design for the Mariner – Mars 1964 mission[J]. AIAA Paper No. 65 – 516.

[18] Mariner – Journey around the sun. JPL Technical Memorandum.

[19] Richard J Spehalski. Mariner IV Mechanical Operations. NASA Technical Report No. 32 – 954.

[20] Oran W Nicks. A review of the Mariner IV results. NASA SP – 130.

[21] William H Pickering, et al. Mariner 4 mission to Mars, part 2. NASA Tcehnical Report No.

32 – 782.

［22］Mariner Mars 1969 launches. NASA Press kit. Release No. 69 – 26.

［23］Mariner – Mars 1969 A preliminary report. NASA SP – 225.

［24］Gordon H J, et al. The Mariner 6 and 7 flight paths and their determination from tracking data. NASA Tchnical Merorandum 33 – 469.

［25］Flight projects. for the period January 1 to February 29, 1968. Space programs summary no. 37 – 50, volume 1.

［26］James H Wilson. Two over Mars: Mariner 6 and Mariner 7, February – August 1969. NASA Roport.

［27］Mission to Mars: Mariner Mars 1971 Project. JPL.

［28］William K Hartmann, Odell Raper. The new Mars: The discoveries of Mariner 9. NASA.

［29］Laeser R P, Textor G P, Kelly L B, et al. Tracking and data system support for the Mariner Mars 1971 mission. Prelaunch phase through first trajectory correction maneuver, JPL Memorandum 33 – 523.

［30］Textor G P, Kelly L B, Kelly M. Tracking and data system support for the Mariner Mars 1971 mission. Volume 2 First trajectory correction maneuver through orbit insertion. JPL Technical Memorandum 33 – 523.

［31］Mariner Mars 1971 project Final Report. Project Volume 1: Development Through Launch and Trajectory Correcfion Maneuver. JPL Technical Memorandum 32 – 1550.

［32］Mariner Mars 1971 project. Final Report Volume 3: Mission operations system implementation and standard mission flight operations. JPL Technical Memorandum 32 – 1550.

［33］Mariner Mars 1971 project Final Report Volume 5: Science experiment reports. JPL Technical Memorandum 32 – 1550.

［34］The face of Mars Mariner 9. NASA – CR – 128028.

［35］William R Corliss. The Viking mission to Mars. NASA SP – 334.

［36］Viking 75 project Viking lander system primary mission performance report. NASA – CR – 145148.

［37］Viking Press Handbook. NASA News Release 76 – 116.

［38］Viking. NASA News Release 75 – 42.

［39］Bevan M French. Mars: The Viking discoveries. NASA EP – 146.

［40］O'Neil W J, Rudd R P, Farless D L. Viking Navigation. NASA – Ch – 162917.

［41］Return to the red planet The Mars Observer Mission. NASA – CR – 197707.

［42］Dennis L Potts. Mars Observer Spacecraft Description[J]. SPACECRAFT, Vol. 28, No5, 1991.

［43］Suzanne Palocz. Mars Observer Mission and System Overview[J]. SPACECRAFT, Vol. 28, No5, 1991.

［44］William H Blume, Suzanne R Dodd, Charles W Whetsel. Mars Observer Mission Plan[J]. SPACECRAFT, Vol. 28, No5, 1991.

［45］ Dodd S R, Roncoli R B. Mars Observer Mission Status and Orbit Insertion Phase Planning［C］. 44th Congress of The International Astronautical Federation, Graz, Austria, 16 – 22 October, 1993.

［46］ Albee A L. Mars Observer Mission toward a basic understanding of Mars［M］. NASA N93 – 18557.

［47］ Pasquale Esposito, Duane Roth. Mars Observer Orbit Determination Analysis［J］. SPACE-CRAFT, Vol. 28, No5, 1991.

［48］ Mckinley E L. Mars Observer Project: An Introduction［J］. SPACECRAFT, Vol. 28, No5, 1991.

［49］ Stephen C Bell, Marc A Ginsburg, Prabhakara P Rao. Monte Carlo analysis of the Titan Ⅲ Transfer Orbit Stage guidance system for the Mars Observer mission［J］. AIAA – 93 – 3889 – CP.

［50］ Carl S Guernsey. Propulsion Lessons Learned From the Loss of Mars Observer［C］. 37th AIAA/ASME/SAE/ASEE Joint Propulsion Conference. Salt Lake City, Utan. 8 – 11 July 2001.

［51］ Joseph G. Beerer, Ralph B Roncoli. Mars Observer Trajectory and Orbit Design［J］ SPACE-CRAFT, Vol. 28, No5, 1991.

［52］ Mars Global Surveyor Arrival. NASA Press Kit. September, 1997.

［53］ Arden L Albee. Overview of the Mars Global Surveyor mission［J］. Journal of Geophysical Research, Vol. 106, NO. E10, Pages23,291 – 23,316, October 25,2001.

［54］ 朱仁章,王鸿芳,泉浩芳,等. 美国火星表面探测使命述评(上)［J］. 航天器工程,2010 (2):17 – 34.

［55］ 朱仁章,王鸿芳,泉浩芳,等. 美国火星表面探测使命述评(下)［J］. 航天器工程,2010 (3):7 – 29.

［56］ Mars Pathfinder Landing. NASA Press Kit. July 1997.

［57］ Sam W Thurman, Vincent M. Pollmeier. Guidance and Navigation for the Mars Pathfinder Mission. IAA – L – 0604P.

［58］ Braun R D, Spencer D A. Mars Pathfinder Atmospheric Entry Navigation Operations［J］. Jouranl of Spacecraft and Rocket. Vol. 36, No3, May – June 1999.

［59］ Mars Climate Orbiter Arrival. NASA Press Kit. September 1999.

［60］ Edward A Euler, Steven D Jolly. The Failures of The Mars Climate Orbiter and Mars Polar Lander: A Perspective From The People Involved［C］. 24th Annual AAS Guidance and Control Conference. Breckenridge, Colorado. Junuary 31 – February 4,2001.

［61］ 1998 Mars Missions. NASA Press Kit. December 1998.

［62］ Mars Polar Lander/Deep Space 2. NASA Press Kit. December 1999.

［63］ JPL Special Reviewe Board. Report on the Loss of the Mars Polar Lander and Deep Space 2 Missions. JPL D – 18709.

［64］ Pieter H Kallemeyn, Philip Jr, C. Knocke, et al. Navigation and Guidance for the Mars Surveyor

1998 Mission[C]. AIAA/AAS Astrodynamic Specialist Conference. Boston, MA. August 10 – 12, 1998.

[65] 2001 Mars Odyssey Arrival. NASA Press Kit. October 2001.

[66] 2001 Mars Odyssey Launch. NASA Press Kit. October 2001.

[67] David A Spencer, Roger G Gibbs, Robert A Mase. 2001 Mars Odyssey Project report[C]. IAC – 02 – Q. 3. 1. 01.

[68] Saunders R S, Arvidson R E. Badhware G D. 2001 Mars Odyssey Mission Summary [J]. Space Science Reviews 110:1 – 36, 2004.

[69] Robert A Mase, Peter G Antreasian, Julia L Bell. Mars Odyssey Interplanetary Navigation Strategy[C]. 26th Annual AAS Guidance and Contral Conference. Breckenridge, Colorado. Feburary 5 – 9, 2003.

[70] Mars Exploration Rover Landings. NASA Press Kit. January 2004.

[71] Mars Exploration Rover Launch. NASA Press Kit. January 2003.

[72] Erickson J K, Manning R, Adler M. Mars Exploration Rover: Launch, Cruse, Entry, Descent, And Landing [C]. IAC – 04 – Q. 3. a. 03.

[73] Christopher L Potts, Behzard Raofi, Julie A Kangas. Mars Exploration Rovers Propulsive Maneuver Design[C]. AIAA/AAS Astrodynamics Specialist Conference and Exhibit. Providence, Rhode Island. 16 – 19 August 2004.

[74] Ralph B Roncoli, Jan M. Ludwinski. Mission Design Overview For The Mars Exploration Rover Mission [C]. AIAA/AAS Astrodynamics Specialist Conference and Exhibit. Monterey, California. 5 – 8 August 2002.

[75] Louis D'Amario. Mars Exploration Rovers Navigation Results [C]. AIAA/AAS Astrodynamics Specialist Conference and Exhibit. Providence, Rhode Island. 16 – 19 August 2004.

[76] Mars Reconnaissance Orbiter Arrival. NASA Press Kit. March 2006.

[77] Mars Reconnaissance Orbiter Launch. NASA Press Kit. August 2005.

[78] Ben Jai, Daniel Wenkert, Brian Hammer, et al. An Overview of Mars Reconnaissance Orbiter Mission, and Operations Challenges [C]. AIAA Space 2007 Conference and Exposition. Long Beach, California. 18 – 20 September 2007.

[79] James E Graf, Richard W Zurek, James K Erickson. Status of Mars Reconnaissance Orbiter Mission [J]. Acta Astronautica 61(2007) 44 – 51.

[80] Robert E Lock, Peter Xaypraseuth, Daniel M. The Mars Reconnaissance Orbiter Mission Plan [C]. AAS – 04 – 269.

[81] Tung – Han You, Eric Graat, Allen Halsell. Mars Reconnasissance OrbiterInterplantary Cruise navigation[C]. 20th International Symposium on Space Flight Dynamics.

[82] Tung – Han You, Eric Graat, Stuart Demcak. Navigating Mars Reconnaissance Orbiter: Launch Through Primary Science Orbit[C]. AIAA Space 2007 Conference and Exposition. Long Beach, California. 18 – 20 September 2007.

541

[83] Stacia M Long, Tung – Han You, Allen C Halsell. Mars Reconnaissance Orbiter Aerobraking Navigation[C]. SpaceOps 2008 Conference .

[84] Phoenix Landing: Mission to the Martian Polar North. NASA Press Kit. May 2008.

[85] Raofi B, Flight Path Control Strategies and Preliminary ΔV Requirements for the 2007 Mars Phoenix (PHX) Mission. Paper AAS 05 – 285, AAS/AIAA Astrodynamics Specialist Conference, Lake Tahoe, California, 7 – 11 August 2005.

[86] Raofi B, Guman M D, Potts C L. Preliminary Statistical ΔV Analysis for a Representative Europa Orbiter Mission, Paper AIAA 2000 – 4035, AIAA/AAS Astrodynamics Specialist Conference, Denver,. CO, 14 – 17 August 2000.

[87] Portock, Brian M, et al. Navigation Challenges of the Mars Phoenix Lander Mission. Paper AIAA 2008 –7214, AIAA/AAS Astrodynamics Specialist Conference, Honolulu, Hawaii, 18 – 21 August 2008.

[88] Bonfiglio E P. Landing Site Dispersion Analysis and Statistical Assessment for the Mars Phoenix Lander. Paper AIAA – 2008 – 7348, AIAA/AAS Astrodynamics Specialist Conference, Honolulu, Hawaii, 18 – 21 August 2008.

[89] Raofi B, Bhat R, Helfrich C, et al. Propulsive Maneuver Design for the 2007 Mars Phoenix Lander Mission. Proceedings of the AIAA Guidance, Navigation, and Control Conference, Honolulu, HI, Aug. 2008.

[90] Ryne M, et al. Orbit Determination for the 2007 Mars Phoenix Lander. Paper AIAA 2008 – 7215, AIAA/AAS Astrodynamics Specialist Conference, Honolulu, Hawaii, 18 – 21 August 2008.

[91] Mars Science Laboratory Launch. NASA Press Kit. Novermber 2011.

[92] Wong M, Kangas J A, Ballard C G,et al Mars Science Laboratory Propulsive Maneuver Design and Execution [C]. 23rd International Symposium on Space Flight Dynamics, Pasadena, CA, USA, 2012.

[93] Wong M, Kangas J A, Ballard C G,et al Mars Science Laboratory Propulsive Maneuver Design and Execution [C]. 23rd International Symposium on Space Flight Dynamics, Pasadena, CA, USA, 2012.

[94] Martin – Mur T J, Kruizinga G L, Wong M. Mars Science Laboratory Interplanetary Navigation Analysis [C]. 22nd International Symposium on Space Flight Dynamics, Sao Jose dos Campos, Brazil, 2011.

[95] D'Amario L A. Mission and Navigation Design for the 2009 Mars Science Laboratory Mission [C], IAC – 08 – A.3.3. A1, 59th International Astronautical Congress, Glasgow, Scotland, 2008.

[96] Mars Atomsphere and Volatile Evolution Mission. NASA Press Kit. November 2013.

[97] Jorg Fischer, Michel Denis, Alan Moorhouse. Mars Orbit Insertion – A New Challenge for Europe Success with ESA's Mars Express. SpaceOps 2006 Confernce.

［98］陈世平．"火星快车"的有效载荷［J］．国际太空，2004，7.

［99］文戈．"猎兔犬"2 着陆器简介［J］．中国航天，2003，7.

［100］Mars Orbiter Mission. Indian Space Research Organisation.

［101］衡岗，侯建文，陈昌亚，等．"萤火"1 号火星探测器研制经验总结［J］．上海航天，2013
（30）．

［102］褚英志，曹志宇，陆启省．俄罗斯福布斯探测器发射情况［J］．上海航天，2013（30）．

［103］陈昌亚，方宝东，王伟，等．基于"萤火"1 号技术的自主火星探测器方案［J］．上海航天
2011（2）．

［104］Ian J Dux, Joseph A Huwaldt, Steve Mckamey R. Mars Ascent Vehicle Gross Lift – off Mass
Sensitivities for Robotic Mars Sample Return. NASA/TM – 2011 – 216968.

［105］贾贺，荣伟．ExoMars 2016 火星探测计划进入、减速、着陆的验证任务分析［J］．航天器
工程，2013，22（4）：109 – 115.